四川省"十四五"普通高等教育本科省级规划教材
普通高等教育电气信息类系列教材

自动控制原理

第2版

王　军　刘栋博　宋潇潇
舒欣梅　侯思颖　高秀梅　编著

机械工业出版社

本书系统地介绍了自动控制理论的基本内容，并注重阐述基本理论、基本概念和综合分析方法。本书共分9章，主要内容包括：绪论、自动控制系统的数学模型、时域分析法、根轨迹分析法、频率分析法、控制系统的校正、离散控制系统以及现代控制理论基础的部分内容与非线性系统分析。本书重点突出，层次分明，理论联系实际。各章不仅介绍 MATLAB 相关应用的内容，而且有一定数量的典型例题分析。

本书是一本面向高等院校电气自动化、电子信息、仪表及测试、机电类等专业的本科教材，也可供从事控制工程领域工作的工程技术人员参考。

本书配有授课电子课件教学大纲、习题详解、试卷及参考答案等配套资源，需要的老师可登录 www.cmpedu.com 免费注册，审核通过后下载，或联系编辑索取（微信：18515977506，电话：010-88379753）。

图书在版编目（CIP）数据

自动控制原理/王军等编著. —2 版. —北京：机械工业出版社，2024.5（2025.1 重印）

普通高等教育电气信息类系列教材

ISBN 978-7-111-74436-8

Ⅰ.①自… Ⅱ.①王… Ⅲ.①自动控制理论-高等学校-教材 Ⅳ.①TP13

中国国家版本馆 CIP 数据核字（2023）第 242313 号

机械工业出版社（北京市百万庄大街22号 邮政编码 100037）

策划编辑：李馨馨 责任编辑：李馨馨 尚 晨

责任校对：王 延 责任印制：张 博

北京雁林吉兆印刷有限公司印刷

2025 年 1 月第 2 版第 2 次印刷

184mm×260mm · 16.25 印张 · 399 千字

标准书号：ISBN 978-7-111-74436-8

定价：59.80 元

电话服务	网络服务
客服电话：010-88361066	机 工 官 网：www.cmpbook.com
010-88379833	机 工 官 博：weibo.com/cmp1952
010-68326294	金 书 网：www.golden-book.com
封底无防伪标均为盗版	机工教育服务网：www.cmpedu.com

前　言

本书是自动控制理论的入门教材，内容编排上以经典控制理论为主，同时扼要地介绍了现代控制理论基础部分内容。本书共分9章，首先对控制系统的基本概念做了必要的叙述，讨论了控制系统数学模型的建立；然后阐述了线性控制系统的时域分析法、根轨迹分析法、频率分析法，介绍了自动控制系统的校正、离散控制系统；最后对现代控制理论基础部分内容与非线性系统分析进行了介绍。

本书定位于工程应用型人才培养，内容编排上以对控制系统进行分析与综合的体系为线索，力求重点突出，层次分明，理论联系实际，尽量避免烦琐的数学推导和定理证明。在书中加入一定数量的典型例题分析，使学生在学习各章的控制系统分析方法时，能够针对实际系统进行分析，更加直接地与工程系统进行连接。同时，由于 MATLAB 软件已成为控制系统分析和设计的主要工具，在各章中均用一节内容介绍 MATLAB 的相关应用，以帮助学生掌握用 MATLAB 软件进行分析与设计的方法。为了加深学生对概念和理论的理解，每章都有足够的例题和习题。

本书的第1版2012年出版，自出版以来，已成为多所高校多年使用的教材，使用效果良好。为了全面提高人才自主培养质量，建设具有中国特色的高质量教材体系，编者对第1版教材进行了修订，形成了第2版。

第2版保持了第1版的章节框架和主体内容，相比于第1版的主要修订之处如下：

（1）本次修订在引言部分增加了以钱学森为代表的中国科学家案例内容，体现了我国科学家敢于创新、顽强拼搏、为中华民族争气的宏大抱负，体现了我国知识分子爱国主义的高尚情操和中华民族自强不息的优良传统，旨在增强学生的历史自信、文化自信，激励学生积极奋斗、至诚报国的浓烈情怀。

（2）修改了部分章节的例题，学生在所学习的控制系统分析方法中，能够通过针对实际系统的分析，更加直接地与工程系统进行连接。

（3）对部分章节的内容进行了更新，力求内容更加全面、重点更加突出、层次更加分明。

本书由西华大学王军、刘栋博、宋潇潇、舒欣梅、侯思颖和高秀梅编写。编写人员分工如下：第1章由王军和刘栋博编写；第2章由高秀梅和刘栋博编写；第3章由王军编写；第4章由高秀梅编写；第5、6章由侯思颖编写；第7、9章由宋潇潇编写；第8章和每章的 MATLAB 部分由舒欣梅编写。刘栋博总体校稿。

本书在编写过程中，得到了许多朋友的帮助和支持，在此表示由衷感谢，同时向引用文献作者表示深深的谢意。

由于编者水平有限，书中难免有疏漏之处，请读者批评指教，我们将不胜感激。

编　者

目　录

第1章　绪　　论

1.1　引言

自动控制原理是研究自动控制技术的理论基础，是一门理论性较强的工程科学。目前，自动控制技术已广泛应用于各个领域，例如导弹能准确地命中目标，人造卫星能按预定的轨道运行并返回地面，宇宙飞船能准确地在月球着陆并重返地球，都是自动控制技术迅速发展的结果。随着数学理论、计算机技术和电子技术的迅速发展，自动控制技术不仅广泛应用在空间、工业、交通管理、环境卫生等领域，而且它的概念和分析方法也渗透到其他领域（如经济、政治等）。

1.1.1　自动控制理论的发展及思政探索

自动控制技术的广泛应用开始于欧洲工业革命，其代表是1788年瓦特发明的飞球式调速器（也称离心式调速器），通过自动控制阀门开度，使得当负载或蒸汽的供给量发生变化的时候，蒸汽机的转速得到控制。1868年，基于飞球式调速器，物理学家麦克维斯第一次系统研究了反馈系统的稳定性问题。1892年，俄国科学家李雅普诺夫在其《论运动稳定性的一般问题》的博士论文中，提出了李雅普诺夫稳定性理论。20世纪20年代，反馈控制器的诞生确立了“反馈”在自动控制技术中的核心地位。20世纪30年代，比例积分微分（PID）控制器出现，此后获得广泛应用。20世纪40年代是控制理论思想空前活跃的年代，1945年贝塔朗菲提出了《系统论》，1948年维纳提出了著名的《控制论》，形成了完整的经典控制（classical control）理论体系——以传递函数为基础，研究单输入单输出、线性定常系统的分析与设计问题。

进入20世纪50~60年代，随着人类对进入太空技术的需要，催生了现代控制（modern control）理论的问世——研究多输入多输出、定常数或变参数、线性或非线性一类自动控制系统的分析和设计问题。1957年，苏联成功发射了第一颗人造地球卫星。1968年，美国阿波罗飞船成功登上月球。随着现代科学技术的发展，出现了最优控制、最佳滤波、模糊控制、系统辨识和自适应控制等一些新的控制方式。因此，现代控制也是研究庞大的系统工程和模仿人类的智能控制等方面必不可少的理论基础。

自动控制理论的发展不仅仅是技术和科学的演进，它同样承载了坚持、创新、爱国和责任等核心价值。钱学森的事迹是这一领域的灵魂。

我国航天事业的奠基人钱学森出生于上海的一个书香世家，从小就展现出非凡的才能。他赴美国留学，在加州理工学院获得博士学位。他在火箭推进技术方面的研究取得了重大突破。然而，他的心始终与祖国紧密相连。1955年，钱学森放弃在美国的优厚待遇，回到了祖国。他以自己的智慧和努力，帮助我国在航天、导弹等领域取得了举世瞩目的成就。钱学森的事迹体现了坚持不懈和创新的精神。这种精神不仅在自动控制理论方面产生了深远的影响，而且激发了学生的科学精神和创新精神。

自动控制理论课程中对我国航空航天和军事领域应用的介绍，如火箭的精确导航和无人战斗机的控制，进一步展示了我国在科技领域的最新成就，不仅增强了国家的国防能力，而且激发了学生的爱国精神和自豪感。

自动控制原理课程始终坚持“以学生发展为中心，教书与育人相融合”的教学理念，并将科学方法和科学思想贯穿于整个专业领域，如反馈的方法、系统的方法和稳定性概念等。通过结合自动化专业的形成、发展、现实状况和未来趋势，以及祖国在航天、工业、机器人制造等领域的成就，培养学生的职业素养和社会责任感。同时，结合时事、社会热点问题深刻阐释科技发展对我国的战略意义。自动控制原理不仅是一门技术课程，而且是一门培养学生科学素养、社会责任和职业道德的课程。它将工程师价值观和工程伦理道德与专业知识融合，为学生的全面发展提供了坚实的基础。

1.1.2 人工控制与自动控制

人工控制（manual control）是指一个系统中由人来操作机器，例如开汽车和图 1.1a 所示的水箱水位控制系统。当水箱的水位保持在给定值且流入、流出量相等时，系统处于平衡状态。当系统受到扰动作用，如水位给定值发生变化时，工人通过肉眼观测水位的高度，与大脑中存储的给定水位进行比较，得到差异值，凭经验做出决策，然后用手操作进水阀门，最终使水位等于给定值。

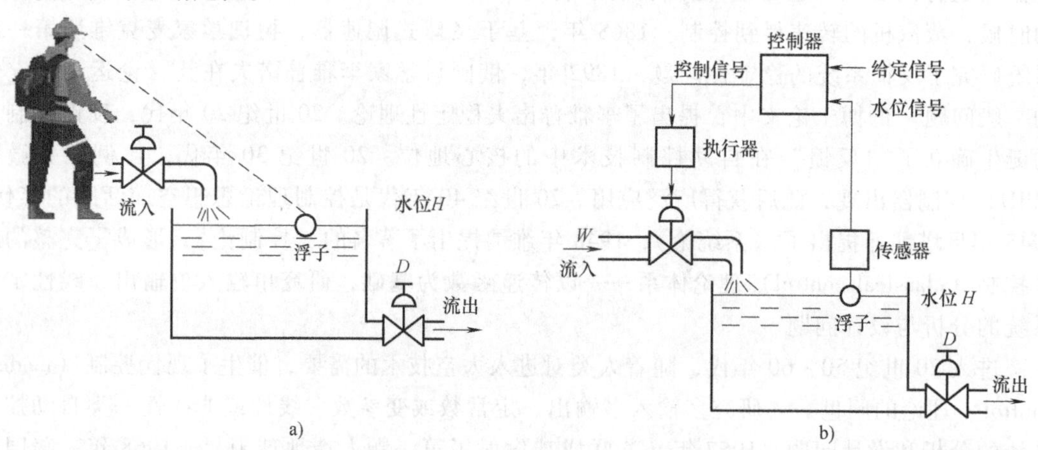

图 1.1 水箱水位控制系统

自动控制（automatic control）是指在没有人直接参与的情况下，利用外加的设备或装置，使机器、设备或生产过程的某个工作状态或参数自动地按照预定的规律运行。在水位的自动控制中，测量元件（传感器）测量水位的变化情况，并传给控制器，控制器将给定值与水位实际值进行比较，并发出控制信号给执行器，执行器操作进水阀门。

在图 1.1b 所示的水位自动控制系统中，水箱水位高度预先给定，称为参考输入或给定输入（reference input）。当流出阀门开度加大（或变小）使水位变化，称为扰动（disturbance）。水箱是被控对象（plant）或过程（process）。水位是被控量（controlled variable）。用于控制所需要的信号的部件称为控制器（controller）。

1.1.3 开环控制与闭环控制

1. 开环控制系统

开环控制和闭环控制是自动控制系统两种最基本的形式。开环控制（open-loop control）是一种最简单的控制方式。其特点是，在控制器与被控对象之间只有正向控制作用而没有反馈控制作用，如图 1.2 所示。这种控制系统结构简单，系统的精度主要取决于元器件的精度和调整的精度。

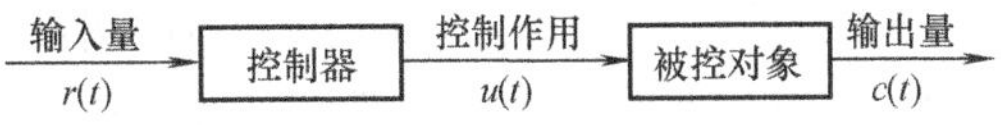

图 1.2　开环控制系统框图

当系统内部干扰和外部干扰影响不大、精度要求不高时，可采用开环控制方式。但是当系统在干扰作用下，输出一旦偏离了原来的预定值，由于系统没有输出反馈，对控制量没有任何作用，因此系统没有消除或减少偏差的功能，这是开环控制最大的缺点，从而限制了它的应用范围。

图 1.3 所示的直流电动机控制系统是开环控制系统。u_g 为给定参考输入，它经触发器和晶闸管整流电路后产生直流电动机的供电电压 u_d，使电动机产生期望的转速 ω。但是若电动机负载、电网电压或励磁电流发生变化时，转速 ω 会改变，显然该系统无抗干扰能力。

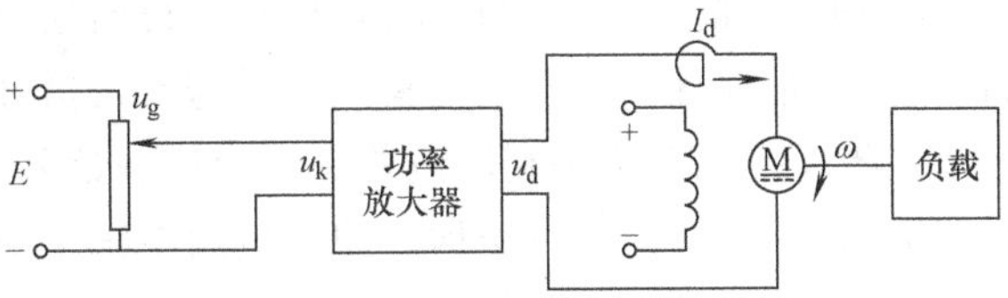

图 1.3　开环直流调速系统

2. 闭环控制系统

若将系统的输出量反馈到它的输入端，并与参考输入进行比较，则构成闭环控制（closed-loop control）系统，其框图如图 1.4 所示。闭环控制的特点是，在控制器与被控对象之间，不仅存在着正向作用，而且存在着反馈（feedback）作用，即系统的输出量对控制量有直接影响。由于偏差信号是输入信号与反馈信号之差，偏差信号作用于控制器上，使系统的输出量趋向于给定的数值，则称为负反馈（negative feedback）。闭环控制的实质，就是利用负反馈的作用来减小系统的误差，因此闭环控制又称为反馈控制（feedback control）。若反馈信号与输入信号相加，送入控制器输入端，则称为正反馈（positive feedback）。若控制系统按正反馈构成闭环，是不能正常工作的。

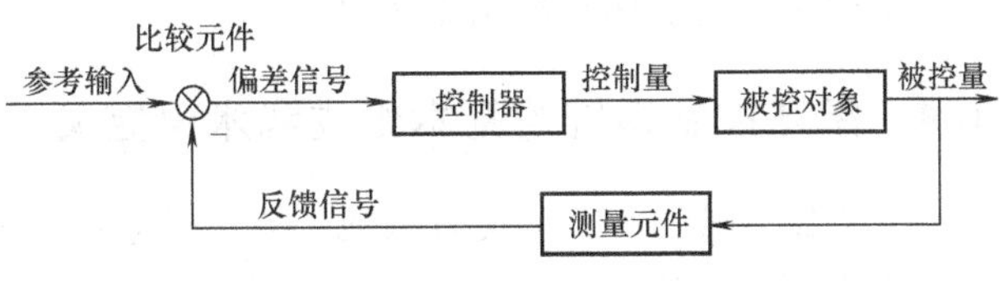

图 1.4　闭环控制系统框图

图 1.5 是闭环直流调速系统。直流输出转速通过测速发电机 GT 检测出来，并转换成电压信号 u_{fn}，反馈到输入端与参考输入电压 u_g 相减，产生偏差信号 ΔU，经功率放大和晶闸管整流电路后，使输出转速完全按照参考输入的要求变化。当电动机受到干扰，

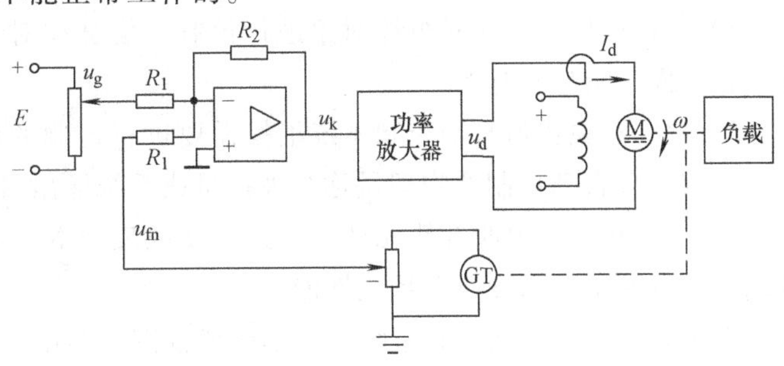

图 1.5　闭环直流调速系统

如负载增大时，使电动机流过的电流 I_d 上升，电枢电阻压降增大，导致电动机转速 ω 下降，从而测速发电机输出电压 u_{fn} 减小，偏差电压 ΔU 上升，经放大后使触发脉冲前移，晶闸管整流输出电压 u_d 上升，从而补偿了由于负载增大所造成的电动机转速下降，使转速 ω 近似保持不变。分析可知，闭环控制系统可以通过负反馈产生偏差，取得控制作用去消除输出量的误差，这种控制原理称为反馈控制原理。

归纳起来，开环控制系统与闭环控制系统的区别如下：

1）在开环控制系统中，从控制信号来看，只有输入量对输出量产生控制作用；从控制结构上来看，只有从输入端到输出端从左向右的信号传递通道（该通道称为前向通道）。而闭环控制系统中，除了有从输入到输出的通道（称为前向通道）外，还必须有从输出端到输入端的信号传递通道，使输出信号也参与控制作用，该通道称为反馈通道。闭环控制系统就是由前向通道和反馈通道组成的。

2）闭环控制系统为了检测偏差，必须直接或间接地检测出输出量，并将其变换为与输入量相同的物理量，以便与给定量比较，得出偏差信号。因此，闭环控制系统必须有测量输出信号的测量元件，以及比较输入信号与反馈信号的比较元件。

3）闭环控制系统是利用偏差量作为控制信号来纠正偏差的，因此系统中必须具有执行纠正偏差这一任务的执行结构。闭环控制系统正是靠放大了的偏差信号来推动执行结构，进一步对控制对象进行控制的。只要输出量与给定量之间存在偏差，就有控制作用存在，并力图纠正这一偏差。由于反馈控制系统是利用偏差信号作为控制信号，自动纠正输出量与其期望值之间的误差的，因此可以构成精确的控制系统。

本书将重点研究闭环控制系统。

1.1.4 闭环控制系统的基本组成和术语定义

尽管控制系统由不同的元件组成，系统的功能也不一样，但相同的工作原理决定了它们必然具有类似的结构，都可以用一些基本框图和符号来表示。一般来说，一个闭环控制系统由以下基本元件（或装置）组成。

1）测量元件：检测被控制的物理量，如果该物理量是非电量，一般要转换成电量。如热电偶用于检测温度并将其转换成电压。

2）比较元件：对系统输出量与输入量进行比较后得到偏差（误差）信号。

3）放大元件：将比较元件输出的偏差信号进行放大和变换，用来驱动执行元件，以控制被控对象。

4）执行机构：直接对被控对象进行控制，使被控对象与希望值趋于一致。执行机构有电动机、阀、液压马达等。

5）被控对象：指自动控制系统根据需要进行控制的机器、设备或生产过程，而被控对象内要求实现自动控制的物理量称为被控量或系统输出量。

6）校正元件：也叫补偿元件，通过串联或反馈等方式加在系统中，从而对系统的参数或结构进行调整，用于改善系统性能。

图 1.6 是一个自动控制系统的基本组成框图。图中，系统的基本元件和被控对象用方框表示；信号传输方向用箭头表示；“-”号表示输入信号与反馈信号相减，即负反馈。

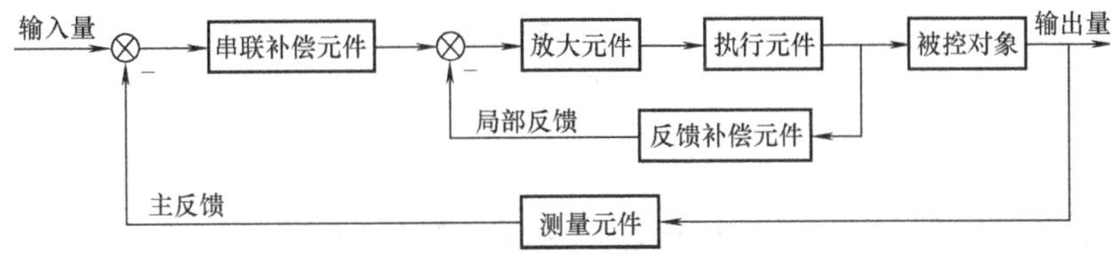

图 1.6 典型的自动控制系统的基本组成框图

一个复杂的控制系统也可能有多个反馈信号（除被控量的反馈信号外，还有其他的反馈信号）组成多个闭合回路。只有一个反馈通道的系统称为单回路系统（single loop system），有两个及以上反馈通道的系统称为多回路系统（multi-loop system）。系统输出经过测量装置反馈到输入端的通道称为主反馈通道。前向通道与主反馈通道一起，构成主回路。

此外，系统的输入变量 r 有时也不止一个，可能有 m 个输入变量。具有多个输入变量的系统，称为多输入系统（multiple input system）；反之，只有一个输入变量的系统，称为单输入系统（single input system）。

1.2 自动控制系统的分类

自动控制系统的种类很多，应用范围很广，性能与结构各异，因此可以从不同角度进行分类。一般情况下，自动控制系统有下面几种常用的分类方法。

1.2.1 线性控制系统和非线性控制系统

按系统的数学模型是否为线性方程，系统可分为线性控制系统和非线性控制系统。

1. 线性控制系统

当控制系统各组成元件的输入/输出特性是线性特性，控制系统的动态过程可以用线性微分方程（或线性差分方程）来描述，则称这种控制系统为线性控制系统（linear control system）。线性控制系统的特点是可以应用叠加原理，当系统存在几个输入信号时，系统的输出信号等于各个输入信号分别作用于系统时系统输出信号之和。

如果描述系统的线性微分方程的系数是不随时间而变化的常数，则这种线性控制系统称为线性定常系统。这种系统的响应曲线只取决于输入信号的形状和系统的特性，而与输入信号施加的时间无关。若线性微分方程的系数是时间的函数，则这种线性系统称为线性时变系统，这种系统的响应曲线不仅取决于输入信号的形状和系统的特性，而且和输入信号施加的时刻有关。本书主要讨论线性定常系统。

2. 非线性控制系统

当控制系统中有一个或一个以上的非线性元件时，系统的特性就要用非线性方程来描述。由非线性方程描述的控制系统称为非线性控制系统（nonlinear control system）。在控制系统中常见的非线性元件有饱和非线性元件、死区非线性元件、磁滞非线性元件、继电器特性非线性元件等。

非线性控制系统不适用于叠加原理。严格地说，实际的控制系统都存在着不同程度的非线性特性，所以绝对的线性控制系统（或元件）是不存在的。但在一定条件下，可以对某些非线性特性进行“线性化”处理，这样就可应用线性控制理论进行分析和讨论。

但是，如果在系统中能正确地使用非线性元件，有时可以得到意想不到的控制效果。因此，近年来在实际应用系统中引入了非线性特性以改善控制系统的质量，并已取得了很成功的经验。

1.2.2 恒值控制系统、随动控制系统和程序控制系统

按给定值信号的特点分类，控制系统可分为恒值控制系统、随动控制系统和程序控制系统。

1. 恒值控制系统

参考输入为常量的系统称为恒值控制系统（constant control system），为此要求系统保持被控量恒定不变，也就是在控制过程结束时，被控量等于给定值。这是生产过程中用得最多的一种控制系统，例如发电机电压控制、电动机转速控制、电力网的频率（周波）控制和各种恒温、恒压、恒液位等控制都属于恒值控制系统。

2. 随动控制系统

给定信号随时间的变化规律事先不能确定的控制系统，称为随动控制系统（servo control system）。随动控制系统的任务是在各种情况下快速、准确地使被控量跟踪给定值的变化。例如自动跟踪卫星的雷达天线控制系统、工业控制中的位置控制系统、工业自动化仪表中的显示记录等均属于随动控制系统。

3. 程序控制系统

在程序控制系统（process control system）中，给定值按事先预定的规律变化，是一个已知的时间函数，控制的目的是要求被控量按确定的给定值的时间函数来改变，例如机械加工中数控机床、加热炉的自动温度控制系统等均属于程序控制系统的范畴。

1.2.3 连续控制系统和离散控制系统

按控制系统信号的形式分类，控制系统可分为连续控制系统和离散控制系统。

1. 连续控制系统

若控制系统中传递的信号都是时间的连续函数，则这种系统称为连续控制系统（continuous control system）。连续控制系统又常称为模拟量控制系统（相对于数字量信号控制系统而言）。目前大部分控制系统都是连续控制系统。本书将主要研究连续控制系统。

2. 离散控制系统

若控制系统在某处或几处传输的信号是脉冲序列或数字形式，在时间上是离散的，则称为离散控制系统（discrete control system）。离散控制系统的主要特点是，在系统中采用采样开关，将连续信号转变成离散信号。如果用计算机或数字控制器，离散信号是以数码形式传输的系统，称为数字控制系统（digital control system）。由于被控制量是模拟量，所以这种系统中有模–数（A-D）和数–模（D-A）转换器。图 1.7 是典型计算机控制系统的框图。本书将在第 7 章对其作简要阐述。

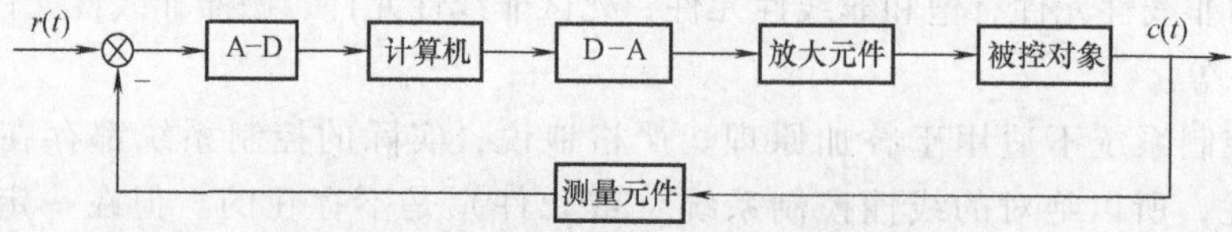

图 1.7　典型计算机控制系统的框图

自动控制系统的分类方法还有很多，例如按控制系统的输入和输出信号的数量来分，有单输入单输出（single input and single output，SISO）系统和多输入多输出（multiple input and multiple output，MIMO）系统；按控制器采用常规的模拟量控制器还是采用计算机控制，则可分为常规控制系统和计算机控制系统；按照不同的控制理论分支设计的新型控制系统，则可分为最优控制系统、自适应控制系统、预测控制系统、模糊控制系统和神经元网络控制系统等。

1.3 对自动控制系统的基本性能要求

当自动控制系统给定值（参考输入）改变或受到各种干扰（扰动）时，被控量就会发生变化，偏离原来的稳态值。通过系统的反馈控制作用，经过一定的过渡过程，被控量又恢复到原来的稳态值或稳定到一个新的稳态值。这时系统从原来的平衡状态过渡到一个新的平衡状态，被控量在变化中的过渡过程称为动态过程（dynamic process）或暂态过程（transient process），而把被控量处于平衡状态时称为静态或稳态。

对一个自动控制系统的性能要求可以概括为三个方面：稳定性（stability）、快速性（transient performance）和准确性（steady-state performance）。

1.3.1 稳定性

稳定性是保证控制系统正常工作的先决条件。一个自动控制系统最基本的要求是系统必须是稳定的，不稳定的控制系统是不能工作的。所谓稳定性，是指系统受到扰动作用后偏离原来的平衡状态，在扰动作用消失后，经过一段过渡时间能否回到原来的平衡状态或足够准确地回到原来的平衡状态的性能。若系统能回到原来的平衡状态，则称系统是稳定的；否则称系统是不稳定的。一个稳定的系统，当内部参数稍有变化或初始条件改变时，仍能正常工作。因此要求系统具有一定的稳定裕量。

如何判断系统稳定性，有很多科学家提出了判断系统是否稳定的判据（如劳斯稳定判据、赫尔维茨稳定判据、奈奎斯特稳定判据、李雅普诺夫稳定判据和伯德定理等），这些判据将在本书后续章节中详细介绍。

1.3.2 快速性

在具体介绍自动控制系统的动态过程要求之前，先看看控制系统动态过程（动态特性）的类型。自动控制系统被控量变化的动态过程一般有以下几种：

（1）单调过程。被控量 $c(t)$ 单调变化（即没有“正”、“负”的变化），缓慢地到达新的平衡状态（新的稳态值），如图 1.8a 所示，一般这种动态过程具有较长的动态过程时间（即到达新的平衡状态所需的时间）。

（2）衰减振荡过程。被控量 $c(t)$ 的动态过程是一个振荡过程，但是振荡的幅度不断衰减，到过渡过程结束时，被控量会达到新的稳态值。这种过程的最大幅度称为超调量，如图 1.8b 所示。

（3）等幅振荡过程。被控量 $c(t)$ 的动态过程是一个持续等幅振荡过程，始终不能达到新的稳态值，如图 1.8c 所示。这种过程如果振荡的幅度较大，生产过程不允许，则认为是

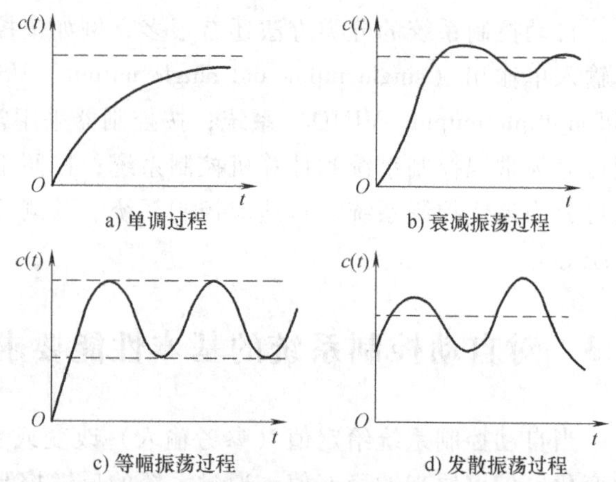

图 1.8 自动控制系统被控量的动态过程

一种不稳定的系统；如果振荡的幅度较小，生产过程可以接受，则认为是稳定的系统。

(4) 发散振荡过程。被控量 $c(t)$ 的动态过程不但是一个振荡的过程，而且振荡的幅度越来越大，以致会大大超过被控量允许的误差范围，如图 1.8d 所示。这是一种典型的不稳定过程，设计自动控制系统要绝对避免产生这种情况。

一般说来，自动控制系统如果设计合理，其动态过程多属于图 1.8b 所示的情况。为了满足生产过程的要求，希望控制系统的动态过程不仅是稳定的，并且希望过渡过程时间（又称调整时间）越短越好，振荡幅度越小越好，衰减得越快越好。但是二者存在矛盾，如果要求过渡过程时间很短，可能使动态误差（偏差）过大。合理的设计应该兼顾这两方面的要求。

1.3.3 准确性

准确性又称稳态精度。系统在过渡过程结束后实际输出与给定期望值之间的偏差，称为稳态误差。稳态误差越小，系统的控制精度越高。稳态误差是衡量控制系统性能的另一项重要指标。设计者的任务之一就是要求控制系统被控量的稳态误差（偏差）为零或在允许的范围之内。对于一个好的自动控制系统来说，一般要求稳态误差越小越好，最好稳态误差为零。但在实际生产过程中往往做不到完全使稳态误差为零，只能要求稳态误差越小越好。一般要求稳态误差在被控量额定值的 2% ~5% 之内。

由于被控对象具体情况的不同，不同的控制系统对上面提出的三方面基本要求的侧重点也各有不同。例如，恒值控制系统对稳定性的要求严格，随动控制系统对快速性的要求较高。而且，对同一个系统，以上三方面的性能要求往往是相互制约的。例如，提高系统的快速性，会使系统强烈振荡；若改善平稳性，控制过程又可能延缓，甚至会影响准确性。分析和解决这些问题，正是控制理论研究的主要内容。

1.4 MATLAB-Simulink 介绍

MATLAB 仿真软件，全称 Matrix Laboratory（矩阵实验室），是自动控制理论常用的基本数学工具。它的 TOOLBOX 工具箱和 Simulink 仿真工具，为控制系统的计算与仿真提供了一个高性能、强有力的仿真工具。

1.5 本章小结

自动控制原理按控制理论和设计方法不同可以分为两类：经典控制（classical control）理论和现代控制（modern control）理论。经典控制以传递函数为基础，研究单输入单输出、线性定常系统的分析与设计问题。现代控制理论是基于状态空间法，研究多输入多输出、定常数或变参数、线性或非线性一类自动控制系统的分析和设计问题。

根据系统结构不同，控制系统可分为开环控制系统和闭环控制系统。闭环控制也称反馈控制，通过传感器检测输出信号，利用偏差信号作用于控制器上，使系统的输出量趋向于给定的数值。高精度控制系统必须采用闭环控制系统。

一般来说，一个闭环系统由基本元件（或装置）组成。利用框图（block diagram）这种图形化形式来简单方便、直接描述控制系统的结构和组成。

自动控制系统按不同方式，可以分为不同类型。一般可以分为：线性控制系统与非线性控制系统，恒值控制系统、随动控制系统和程序控制系统，连续控制系统和离散控制系统。按控制系统的输入和输出信号的数量来分，有单输入单输出系统和多输入多输出系统。

自动控制系统的基本性能可以概括为三个方面：稳定性（stability）、快速性（transient performance）和准确性（steady-state performance）。控制理论研究的主要内容就是分析和解决控制系统的性能。

思考题与习题

1-1 试举出几个日常生活中的开环控制系统和闭环控制系统的实例，并说明它们的工作原理。

1-2 闭环控制系统的组成部件有哪些？传感器、执行机构的作用是什么？

1-3 对自动控制系统基本的性能要求是什么？最主要的要求是什么？

1-4 反馈控制系统的动态过程有哪几种类型？生产过程希望的动态过程是什么？

1-5 图 1.9 为仓库大门自动控制系统原理示意图，试说明系统自动控制大门开启和关闭的工作原理，如果大门不能全开或全关，则应如何调整。

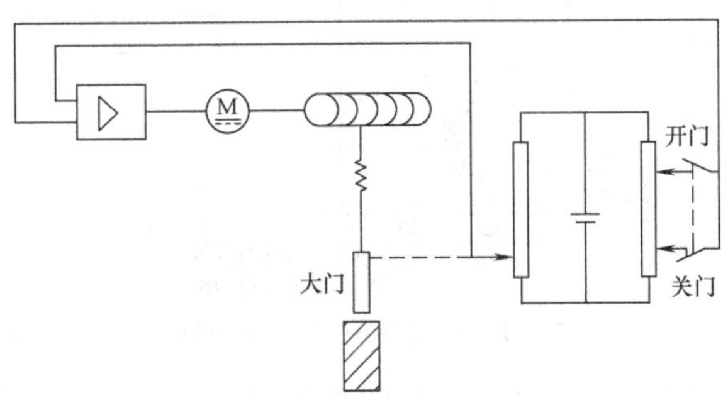

图 1.9 仓库大门自动控制系统

1-6 图 1.10 为水温控制系统示意图。冷水在热交换器中由通入的蒸汽加热，从而得到一定温度的热水。冷水流量变化用流量计测量。试绘制系统框图，并说明为了保持热水温度为期望值，系统是如何工作的？系统的被控对象和控制装置各是什么？

1-7 图 1.11 为一电位器位置随动系统，输入量为给定转角 θ_r，输出量为随动系统的随动转角 θ_c。R_P 为圆盘式滑动电位器，K_s 为功率放大器。说明：

（1）该系统由哪些环节组成？各起什么作用？试用框图表示出该系统的组成和结构。

（2）该系统是有差系统还是无差系统？

（3）说明当输入转角 θ_r 变化时输出转角 θ_c 的跟随过程。

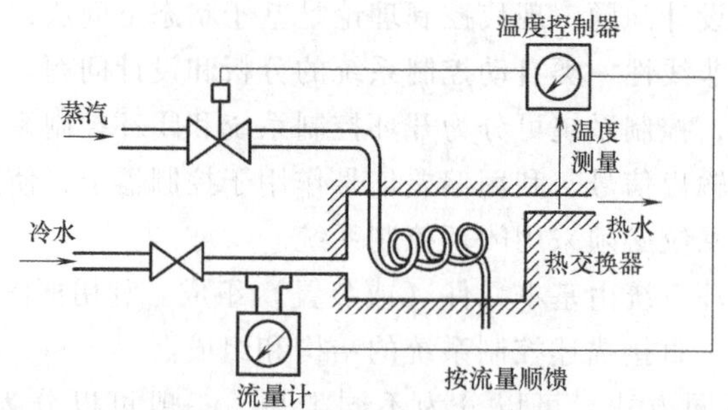

图 1.10 水温控制系统示意图

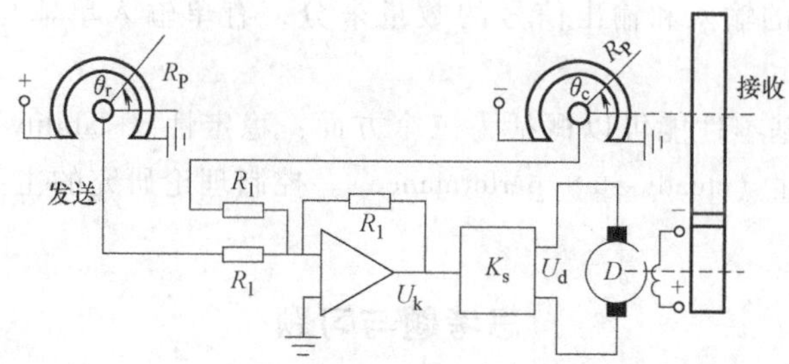

图 1.11 电位器位置随动系统

1-8 许多机器，像车床、铣床和磨床，都配有跟随器，用来复现模板的外形。一种跟随系统的原理图见图 1.12，在此系统中，刀具能在原料上复制模板的外形。试说明其工作原理，画出系统框图。

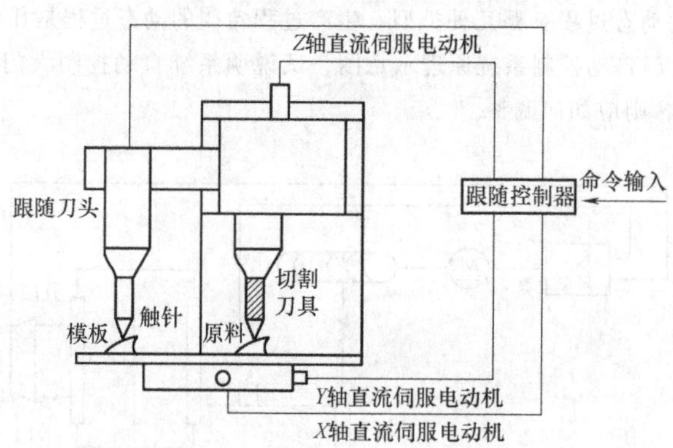

图 1.12 一种跟随系统的原理图

1-9 图 1.13 为谷物湿度控制系统示意图。在谷物磨粉的生产过程中，有一个出粉最多的湿度，因此磨粉之前要给谷物加水以得到给定的湿度。图中，谷物用传送装置按一定流量通过加水点，加水量由自动阀门控制。加水过程中，谷物流量、加水前谷物湿度以及水压都是对谷物湿度控制的扰动作用。为了提高控制精度，系统中采用量谷物湿度的顺馈控制，试画出系统框图。

1-10 下列各式是描述不同系统的微分方程，试判断哪些是线性定常系统或时变系统，哪些是非线性系统？

（1）$c(t)=5+r^2(t)+t\dfrac{\mathrm{d}^2r(t)}{\mathrm{d}t^2}$；

（2）$\dfrac{\mathrm{d}^3c(t)}{\mathrm{d}t^3}+3\dfrac{\mathrm{d}^2c(t)}{\mathrm{d}t^2}+6\dfrac{\mathrm{d}c(t)}{\mathrm{d}t}+8c(t)=r(t)$；

（3）$t\dfrac{\mathrm{d}c(t)}{\mathrm{d}t}+c(t)=r(t)+3\dfrac{\mathrm{d}r(t)}{\mathrm{d}t}$；

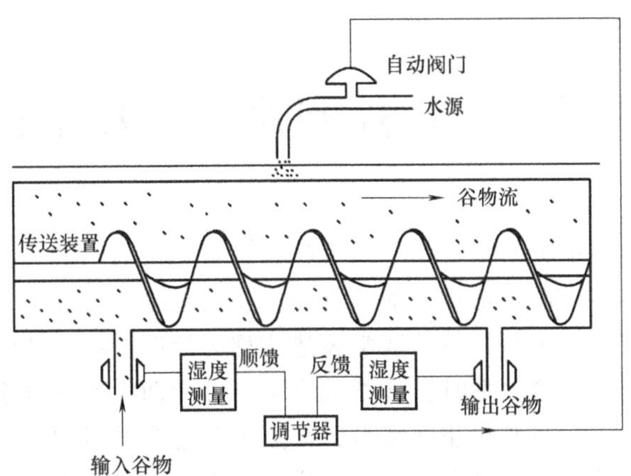

图 1.13　谷物湿度控制系统示意图

(4) $c(t)=r(t)\cos\omega t+5$;

(5) $c(t)=3r(t)+6\dfrac{\mathrm{d}r(t)}{\mathrm{d}t}+5\int_{-\infty}^{t} r(\tau)\,\mathrm{d}\tau$;

(6) $c(t)=r^2(t)$;

(7) $c(t)=\begin{cases}0, & t<6,\\ r(t), & t\geqslant 6。\end{cases}$

第 2 章　自动控制系统的数学模型

建立和研究自动控制系统的数学模型是工程师首要关注的问题，在控制系统的分析和设计中，无论是进行定性解析还是定量评估，首先需要构建该系统的数学模型。描述系统的输入、输出变量及系统各个变量间关系的数学表达式称为控制系统的数学模型。

在考虑系统内各个变量的关系时，数学模型可以分为两大类：静态模型和动态模型。静态模型适用于那些变量随时间变化非常缓慢，甚至可以忽略其时间导数的系统。而对于变量的时间导数不可忽略的系统，通过微分方程来描述其在动态过程中的行为，这种数学模型就是动态模型。

依据描述方式的不同，数学模型也可以进一步细分为两类：一是输入-输出描述，也叫端部描述，这是以微分方程为基础，而传递函数、动态结构图和信号流图都是从这里派生出来的；二是状态变量描述，也叫内部描述，它不仅阐述了输入与输出之间的联系，还揭示了系统内部的特性，特别适合多变量控制系统。

实际中存在的不同类型的控制系统也可用相同的数学模型来描述，数学模型表达了这些系统的共性，所以通过这种数学模型，也能够完全了解具有这种数学模型对应的不同系统的特性。

系统数学模型的建立一般采用解析法和实验法（又称辨识法）两种方式。解析法主要是基于系统及其各元素和变量之间的客观规律来推导微分方程。实验法则是通过实验曲线回归统计出系统数学模型的方法。

2.1　微分方程

2.1.1　建立系统微分方程的步骤

系统中的输入量和输出量通常都是时间 t 的函数。常见的元器件或系统的输入量和输出量之间的关系都可以用一个微分方程表示，方程中含有输入量、输出量以及它们对时间的导数或积分，这种微分方程又称为动态方程。微分方程的阶数一般是指方程中最高导数项的阶数，又称为系统的阶数。

微分方程系统的构建可以按照以下步骤进行：

1）分析实际系统的具体特点，明确系统及其各个组件的输入和输出变量。

2）依据各个变量遵从的基础科学原理，针对输入变量、输出变量以及相关的中间变量，建立各个组件或环节的微分方程。从而形成一个微分方程组。

3）通过消除中间变量，得到仅含输入和输出变量的微分方程。在这个方程里，将与输出量有关的各个项移到等号左侧，而将与输入量有关的各个项移到等号的右侧。同时，确保方程中各阶的导数项是按照降幂排列的。

2.1.2 系统微分方程的建立

建立系统微分方程的关键是了解系统所遵循的基本定律，下面通过一些简单的例子来说明如何建立系统或者环节的微分方程。

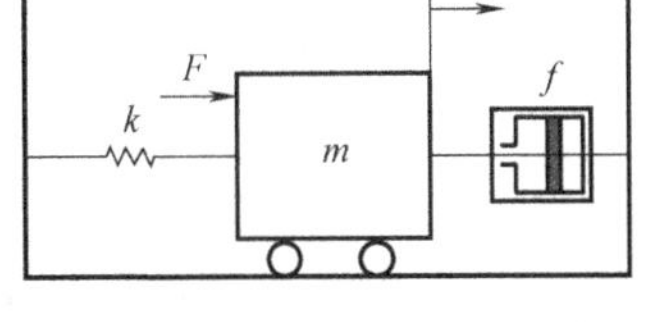

图 2.1 弹簧-质量-阻尼器机械位移系统

例 2.1 图 2.1 是由质量、弹簧和阻尼器组成的机械位移系统，系统运动部分的质量为 m，位移为 y，其中 k 为弹性系数，f 为阻尼系数，作用于系统上的外力为 $F(t)$，试求其微分方程。

解： 在外力 $F(t)$ 作用下，如果弹簧恢复力和阻尼器阻力与 $F(t)$ 不能平衡时，则质量块 m 将产生加速度。根据牛顿第二定律可得

$$F(t)-F_{B}(t)-F_{K}(t)=ma$$

式中，$F_{B}(t)$ 为阻尼器阻力，它与质量块的运动速度成正比，即

$$F_{B}(t)=f\frac{dy(t)}{dt}$$

设 $F_{K}(t)$ 为弹簧恢复力，它与质量块的位移成正比，即

$$F_{K}(t)=ky(t)$$

a 为质量块的加速度，即

$$a=\frac{d^{2}y(t)}{dt^{2}}$$

将以上几式联立，消除中间变量可得

$$m\frac{d^{2}y(t)}{dt^{2}}+f\frac{dy(t)}{dt}+ky(t)=F(t)$$

得到该机械系统的数学模型为二阶常系数线性微分方程。

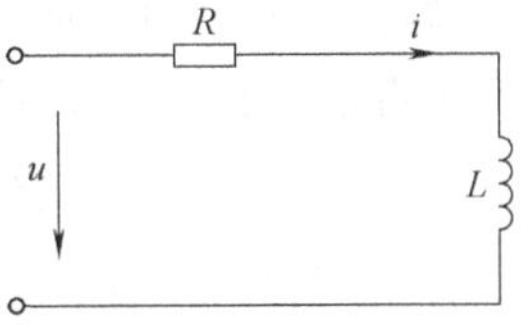

例 2.2 图 2.2 为一 RL 电路，输入电压为 $u(t)$，输出电流为 $i(t)$，试求 $u(t)$ 与 $i(t)$ 之间的微分方程。

图 2.2 RL 电路

解： 由基尔霍夫电压定律可得下列方程：

$$L\frac{di(t)}{dt}+Ri(t)=u(t)$$

例 2.3 图 2.3 为一 RC 电路，输入电压为 $u_1(t)$，输出电压为 $u_2(t)$，试求 $u_1(t)$ 与 $u_2(t)$ 之间的微分方程。

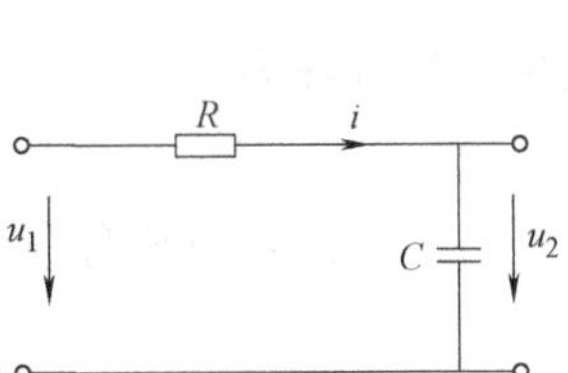

图 2.3 RC 电路

解： 设回路电流为 $i(t)$，由基尔霍夫电压定律可得下列方程

$$Ri(t)+u_2(t)=u_1(t)$$

$$i(t)=C\frac{du_2(t)}{dt}$$

将以上两式联立，消去中间变量 $i(t)$，得

$$RC\frac{du_2(t)}{dt}+u_2(t)=u_1(t)$$

例 2.4 图 2.4 为一 RLC 电路，输入电压为 $u_i(t)$，输出电压为 $u_o(t)$，试求 $u_i(t)$ 与

$u_o(t)$ 之间的微分方程。

解：设回路电流 $i(t)$ 如图 2.4 所示。由基尔霍夫电压定律可得下列方程：

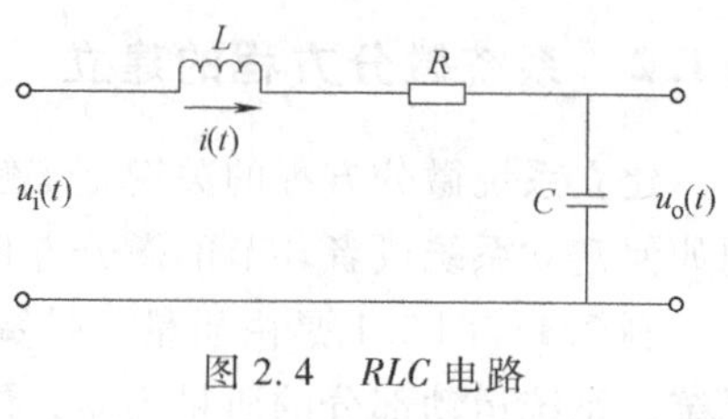

图 2.4　*RLC* 电路

$$L\frac{\mathrm{d}i(t)}{\mathrm{d}t}+Ri(t)+u_o(t)=u_i(t)$$

$$i(t)=C\frac{\mathrm{d}u_o(t)}{\mathrm{d}t}$$

将以上两式联立，消去中间变量 $i(t)$，得

$$LC\frac{\mathrm{d}^2u_o(t)}{\mathrm{d}t^2}+RC\frac{\mathrm{d}u_o(t)}{\mathrm{d}t}+u_o(t)=u_i(t)$$

得到的是一个二阶常系数线性微分方程，对应的系统为二阶线性定常系统。

通过以上几个例子读者对微分方程的建立过程有了一个初步了解，即先根据各变量所遵循的规律列写微分方程组，然后消去中间变量，求出整个系统的微分方程。

例 2.1 与例 2.4 得到的数学模型均为二阶常系数线性微分方程，由此可见不同类型的物理系统可以得到相似形式的数学模型，从而可以利用相同的方法来分析或改善系统的性能。

例 2.5　图 2.5 为电枢控制的他励直流电动机示意图，试求以电枢电压 u_a 为输入量，以电动机的转速 ω 为输出量的微分方程。其中，R_a 表示电枢电阻，L_a 表示电枢电感，i_a 为电枢电流，i_f 为固定励磁电流，E_b 为电枢反电动势，f 为电动机的黏性摩擦系数，T_L 为负载力矩。

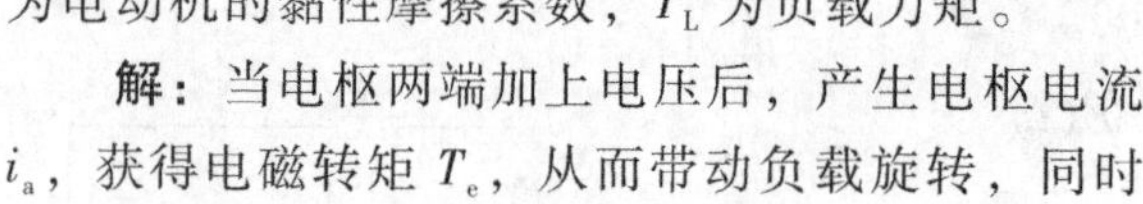

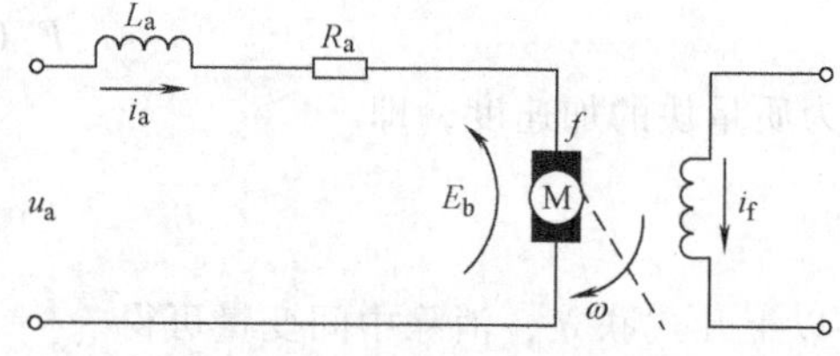

图 2.5　电枢控制的他励直流电动机示意图

解：当电枢两端加上电压后，产生电枢电流 i_a，获得电磁转矩 T_e，从而带动负载旋转，同时在电枢两端产生反电动势 E_b，削弱外电压的作用，减少电枢电流，保持电动机恒速运转。

根据基尔霍夫电压定律和电机学等相关理论，列出下列方程：

$$R_ai_a+L_a\frac{\mathrm{d}i_a}{\mathrm{d}t}+E_b=u_a$$

$$E_b=K_b\omega$$

电磁转矩方程为

$$T_e=C_mi_a$$

电动机轴上的转矩平衡方程为

$$T_e=J\frac{\mathrm{d}\omega}{\mathrm{d}t}+f\omega+T_L$$

式中，K_b 为电动机反电动势系数；C_m 电动机转矩系数；J 为电枢转动惯量。将以上方程联立，消去中间变量得

$$JL_a\frac{\mathrm{d}^2\omega}{\mathrm{d}t^2}+(JR_a+fL_a)\frac{\mathrm{d}\omega}{\mathrm{d}t}+(fR_a+C_mK_b)\omega=C_mu_a-R_aT_L-L_a\frac{\mathrm{d}T_L}{\mathrm{d}t}$$

在工程应用中，由于电枢电感 L_a 较小，通常可以忽略不计，上式可简化为

$$JR_{\mathrm{a}}\frac{\mathrm{d}\omega}{\mathrm{d}t}+(fR_{\mathrm{a}}+C_{\mathrm{m}}K_{\mathrm{b}})\omega=C_{\mathrm{m}}u_{\mathrm{a}}-R_{\mathrm{a}}T_{\mathrm{L}}$$

2.2 传递函数

通过对微分方程求解，就可以得到系统在给定输入信号作用下的输出响应，但是对微分方程，特别是对高阶微分方程的求解是十分困难的，所以微分方程所表示的变量之间的关系总是显得很复杂。可以利用拉普拉斯（Laplace）变换（后文皆简称拉氏变换）将时域下的微分方程变成复数 s 域下的代数方程——传递函数，来简化对微分方程的求解。传递函数是经典控制理论中最基本的概念，它是由微分方程经过拉氏变换而来的。传递函数不仅可以表征系统的动态特性，还可以用来研究系统的结构或参数变化对系统的影响。

2.2.1 传递函数的定义

线性定常系统在零初始条件下，输出量的拉氏变换与输入量的拉氏变换之比，称为系统的传递函数，用 $G(s)$ 表示。

对于单变量线性定常系统，微分方程的一般表达式为

$$\begin{aligned}&a_0\frac{\mathrm{d}^n c(t)}{\mathrm{d}t^n}+a_1\frac{\mathrm{d}^{n-1}c(t)}{\mathrm{d}t^{n-1}}+\cdots+a_{n-1}\frac{\mathrm{d}c(t)}{\mathrm{d}t}+a_n c(t)\\&=b_0\frac{\mathrm{d}^m r(t)}{\mathrm{d}t^m}+b_1\frac{\mathrm{d}^{m-1}c(t)}{\mathrm{d}t^{m-1}}+\cdots+b_{m-1}\frac{\mathrm{d}r(t)}{\mathrm{d}t}+b_m r(t)\end{aligned}\tag{2.1}$$

式中，$c(t)$ 是输出量；$r(t)$ 是输入量；a_0、a_1、…、a_n 和 b_0、b_1、…、b_m 都是由系统结构参数决定的常系数。设 $r(t)$ 和 $c(t)$ 及其各阶导数在 $t=0$ 时刻的值均为零，$C(s)=L[c(t)]$，$R(s)=L[r(t)]$，对式（2.1）各项求拉氏变换，得

$$(a_0s^n+a_1s^{n-1}+\cdots+a_{n-1}s+a_n)C(s)=(b_0s^m+b_1s^{m-1}+\cdots+b_{m-1}s+b_m)R(s)\tag{2.2}$$

则其传递函数为

$$G(s)=\frac{C(s)}{R(s)}=\frac{b_0s^m+b_1s^{m-1}+\cdots+b_{m-1}s+b_m}{a_0s^n+a_1s^{n-1}+\cdots+a_{n-1}s+a_n}\tag{2.3}$$

例 2.6 试求例 2.4 中 *RLC* 电路的传递函数。

解： 在零初始条件下对例 2.4 中得到的微分方程进行拉氏变换，得

$$(LCs^2+RCs+1)U_{\mathrm{o}}(s)=U_{\mathrm{i}}(s)$$

其传递函数为

$$G(s)=\frac{U_{\mathrm{o}}(s)}{U_{\mathrm{i}}(s)}=\frac{1}{LCs^2+RCs+1}$$

求传递函数一般都要先列写微分方程，然而对于电气网络，采用电路理论中复阻抗的概念和方法，不列写微分方程也可以方便地求出相应的传递函数。

首先介绍复阻抗的概念，电气网络中电阻 R 的复阻抗还是 R，电感 L 的复阻抗是 Ls，电容 C 的复阻抗是 $1/Cs$。同样地，电路中对应的电流 $i(t)$ 和电压 $u(t)$ 也换成相应的拉氏变换

式 $I(s)$ 和 $U(s)$。那么从形式上看，在零初始条件下，电路中的复阻抗和电流、电压的拉氏变换式 $I(s)$、$U(s)$ 之间也满足各种电路定律。于是，采用普通的电路定律，经过简单的代数运算就可以求解出相应的传递函数。

例 2.7 试用复阻抗的概念求例 2.4 中 RLC 电路的传递函数。

解： 输出端对应的是电容 C，输入端对应的是 RLC 的串联，则其电压拉氏变换的比即为其对应的复阻抗的比。

$$G(s)=\frac{U_{\mathrm{o}}(s)}{U_{\mathrm{i}}(s)}=\frac{\dfrac{1}{Cs}}{Ls+R+\dfrac{1}{Cs}}=\frac{1}{LCs^{2}+RCs+1}$$

与例 2.6 中得到的传递函数是一样的，但是例 2.7 所用的方法更简单快捷。

2.2.2 传递函数的性质

1）传递函数是由微分方程变换而来的，它和微分方程之间存在着一一对应的关系。

2）传递函数只与系统本身内部结构、参数等有关，代表了系统的固有特性，而与输入量、扰动量等外部因素无关，也不反映系统内部的任何信息。可以用图 2.6 所示的框图来表示具有传递函数 $G(s)$ 的线性系统。

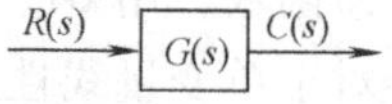

图 2.6 传递函数框图

3）传递函数是一种运算函数，是复变量 s 的有理真分式函数，其分子多项式的次数 m 低于或等于分母多项式的次数 n，即 $m\leqslant n$，且系数均为实数。同时定义分母阶次为 n 的传递函数为 n 阶传递函数，相应的系统为 n 阶系统。

4）传递函数的分母是特征方程。特征方程的根称为特征根，它反映了系统动态过程的性质。

5）传递函数是复变量 s 的有理真分式，只适用于线性定常系统。

6）传递函数只能表示单输入单输出（SISO）系统。

7）传递函数表达系统输出量对于系统输入量的响应关系，因此，在进行拉氏变换时，所有初始状态均为零。

8）传递函数的表示形式常用的有时间常数形式和零极点形式。

时间常数形式为

$$G(s)=\frac{K\prod_{i=1}^{m}(\tau_i s+1)}{s^{v}\prod_{j=1}^{n-v}(T_j s+1)}$$

式中，K 为系统的开环增益；v 为传递函数中积分环节的个数；τ_i 为分子各因子的时间常数；T_j 为分母各因子的时间常数。

零极点形式为

$$G(s)=\frac{K^{*}\prod_{i=1}^{m}(s-z_i)}{s^{v}\prod_{j=1}^{n-v}(s-p_j)}$$

式中，K^* 为系统的根轨迹增益；v 为传递函数中积分环节的个数；z_i 为传递函数的零点；p_j 为传递函数的极点。

2.3 典型环节的传递函数

实际的控制系统通常是由一个或多个基本环节按照一定的方式组合而成的，这些基本环节又称为典型环节。下面介绍几种最常见的典型环节。

在以下叙述中，均设 $r(t)$ 为环节的输入信号，$c(t)$ 为输出信号，$G(s)$ 为传递函数。

2.3.1 比例环节

比例环节的特点是输出不失真、不延迟、成比例地复现输入信号的变化。它的微分方程为

$$c(t) = Kr(t) \tag{2.4}$$

式中，K 是常数，称为放大系数或增益。因此比例环节又称为放大环节，对应的传递函数为

$$G(s) = \frac{C(s)}{R(s)} = K \tag{2.5}$$

几乎每一个控制系统中都有比例环节，由电子电路组成的放大器是最常见的比例环节，常用的线性电位器、旋转电位器、感应同步器等都可以看成是比例环节。

图 2.7 为比例环节的框图和由运算放大器构成的比例环节的电路图。

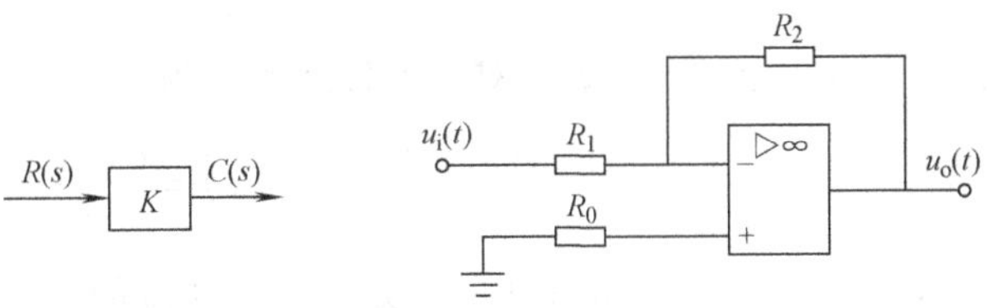

图 2.7　比例环节的框图和由运算放大器构成的比例环节的电路图

2.3.2 积分环节

积分环节的特点是输出量与其输入量对时间的积分成正比。它的微分方程为

$$c(t) = \frac{1}{T}\int r(t)\,\mathrm{d}t \tag{2.6}$$

式中，T 为积分时间常数。对应的传递函数为

$$G(s) = \frac{C(s)}{R(s)} = \frac{1}{Ts} \tag{2.7}$$

由积分环节的特点可知，当输入突变时，输出要滞后一定的时间才能等于输入；当输入变为零时，输出将保持输入变为零时刻的值不变。

图 2.8 为积分环节的框图。

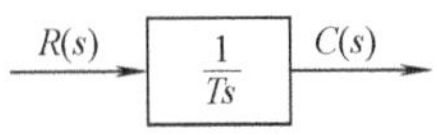

图 2.8　积分环节的框图

2.3.3 惯性环节

惯性环节的特点是输出量延缓地反映输入量的变化规律。它的微分方程为

$$T\frac{\mathrm{d}c(t)}{\mathrm{d}t}+c(t)=r(t) \tag{2.8}$$

式中，T 为惯性环节的时间常数。对应的传递函数为

$$G(s)=\frac{C(s)}{R(s)}=\frac{1}{Ts+1} \tag{2.9}$$

图 2.9 为惯性环节的框图和由运算放大器构成的惯性环节的电路图。

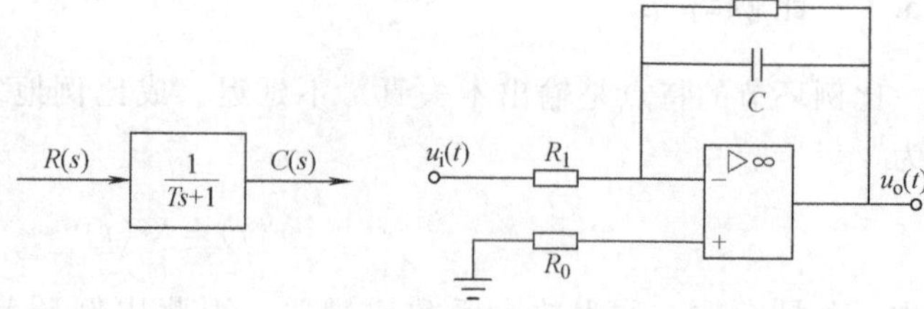

图 2.9　惯性环节的框图和运算放大器构成的惯性环节的电路图

2.3.4 微分环节

1. 纯微分环节

纯微分环节的特点是输出量与其输入量对时间的微分成正比。它的微分方程为

$$c(t)=\tau\frac{\mathrm{d}r(t)}{\mathrm{d}t} \tag{2.10}$$

式中，τ为微分时间常数。对应的传递函数为

$$G(s)=\frac{C(s)}{R(s)}=\tau s \tag{2.11}$$

理想的纯微分环节在实际中是不可能实现的，因为它既要有一个能瞬间提供无穷大信号的能源，又不能存在任何惯性。

2. 一阶微分环节

一阶微分环节的微分方程为

$$c(t)=\tau\frac{\mathrm{d}r(t)}{\mathrm{d}t}+r(t) \tag{2.12}$$

式中，τ为一阶微分环节的时间常数。对应的传递函数为

$$G(s)=\frac{C(s)}{R(s)}=\tau s+1 \tag{2.13}$$

3. 二阶微分环节

二阶微分环节的微分方程为

$$c(t)=\tau^2\frac{\mathrm{d}^2r(t)}{\mathrm{d}t^2}+2\xi\tau\frac{\mathrm{d}r(t)}{\mathrm{d}t}+r(t) \tag{2.14}$$

式中，τ和 ξ 均是常数，τ为二阶微分环节的时间常数。对应的传递函数为

$$G(s)=\frac{C(s)}{R(s)}=\tau^2s^2+2\xi\tau s+1 \tag{2.15}$$

2.3.5 振荡环节

振荡环节的特点是，当输入为阶跃信号时，其输出呈现周期性振荡。它的微分方程为

$$T^2 \frac{\mathrm{d}^2 c(t)}{\mathrm{d}t^2} + 2\xi T \frac{\mathrm{d}c(t)}{\mathrm{d}t} + c(t) = r(t) \tag{2.16}$$

式中，T 为振荡环节的时间常数；ξ 为阻尼比。对应的传递函数为

$$G(s) = \frac{C(s)}{R(s)} = \frac{1}{T^2 s^2 + 2\xi Ts + 1} = \frac{\omega_n^2}{s^2 + 2\xi\omega_n s + \omega_n^2} \tag{2.17}$$

式中，$\omega_n = \frac{1}{T}$，称为振荡环节的无阻尼自然振荡角频率。

前面例 2.1 和例 2.4 均为振荡环节的例子。根据振荡环节的特点，输入为阶跃信号时，其输出响应具有振荡的形式，并且因阻尼比 ξ 的不同，而具有不同的振荡形式，这一点将在下一章时域分析法中做详细的介绍。

2.3.6 延迟环节

延迟环节的特点是输出信号比输入信号延迟了一定的时间。它的微分方程为

$$c(t) = r(t - \tau) \tag{2.18}$$

式中，τ为延迟环节的延迟时间。对应的传递函数为

$$G(s) = \frac{C(s)}{R(s)} = \mathrm{e}^{-\tau s} \tag{2.19}$$

2.4 动态结构图的等效变换

由前面的介绍可知，传递函数只反映系统输入与输出之间的关系，而无法反映系统中信息的传递过程。采用动态结构图，不仅能够非常清楚地表示输入信号在系统各元件之间的传递过程，也可以方便地求出较复杂系统的传递函数。动态结构图既适用于线性控制系统，也适用于非线性控制系统。因此，动态结构图作为数学模型的一种图形表示方式，在控制理论中得到了广泛的应用。

2.4.1 动态结构图的建立

系统的动态结构图，是将系统中所有环节用框图表示，再按照各环节之间信号的传递关系，从输入端开始依次连接每一个框图至系统的输出端。

1. 基本单元

系统的动态结构图包含 4 个基本单元。

（1）信号线：带箭头的直线，箭头表示信号的传递方向，且信号只能单向传输。在直线旁标记信号的时间函数或象函数，如图 2.10a 所示。

（2）方框：表示对信号进行的数学变换，方框中写入环节或系统的传递函数，如图 2.10b 所示。

(3) 分支点：表示信号引出或测量的位置，在同一位置引出的信号在数值和性质方面完全相同，如图 2.10c 所示。

(4) 相加点：表示对两个或两个以上信号进行加减运算。“+”表示信号相加，“-”表示信号相减，“+”可省略不写，但“-”必须标明，如图 2.10d 所示。

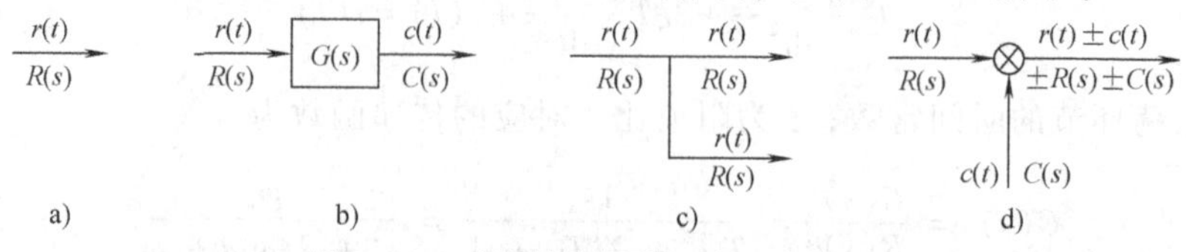

图 2.10　动态结构图的 4 个基本单元

2. 动态结构图建立的步骤

1) 写出系统每个环节的传递函数。列出系统各环节的微分方程，在零初始条件下，对各微分方程进行拉氏变换，并将变换式写成标准形式，得到各环节的传递函数。

2) 利用动态结构图的 4 个基本单元，分别画出各环节的框图。

3) 系统的输入量置于左端，输出量置于右端，并按系统中各变量的传递顺序，依次将各环节框图中相同的量连接起来，即可得系统的动态结构图。

例 2.8　试绘制图 2.11 所示系统的动态结构图。

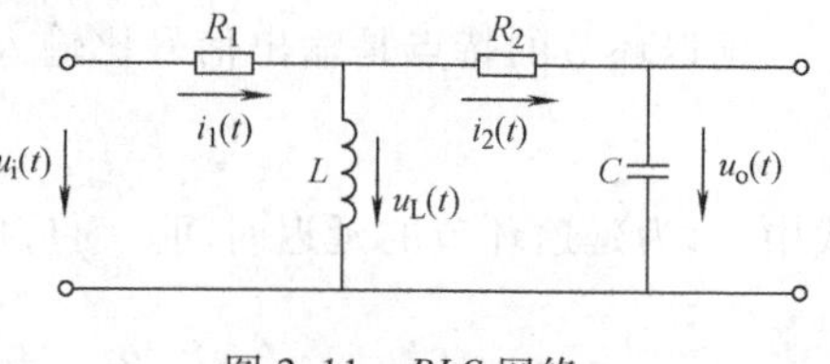

图 2.11　*RLC* 网络

解： 图中 $i_1(t)$、$i_2(t)$、$u_L(t)$ 为中间变量。要得到各个环节的传递函数，首先要列写其微分方程，然后在零初始条件下进行拉氏变换，得到其传递函数。但是对于只包含电阻和电容的电气网络，可以不用列写微分方程，直接写出各个环节的传递函数。各个环节的传递函数分别是

$$U_o(s)=\frac{1}{Cs}I_2(s)$$

$$I_2(s)=\frac{1}{R_2}[U_L(s)-U_o(s)]$$

$$U_L(s)=Ls[I_1(s)-I_2(s)]$$

$$I_1(s)=\frac{1}{R_1}[U_i(s)-U_L(s)]$$

列方程组的过程中，可以从输出量开始写，以系统输出量作为第一个方程的输出量，写在等式左边；下一个方程左边的量用上一个方程右边的中间变量；系统输入量至少要在一个方程中作为输入量出现；除输入量外，在方程右边出现过的中间变量一定要在某个方程的左边出现。

其次，要画出各个环节的框图。由于动态结构图是输入量在左端，输出量在右端，因此画环节的框图时应先画含输入量的环节，再画含输出量的环节。各个环节的框图如图 2.12 所示。

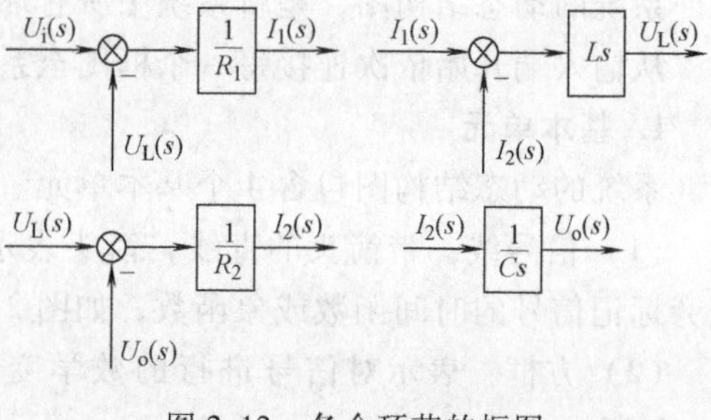

图 2.12　各个环节的框图

最后，按系统中各变量的传递顺序，依次将各环节框图中相同的量连接起来，得到系统的动态结构图，如图 2. 13 所示。

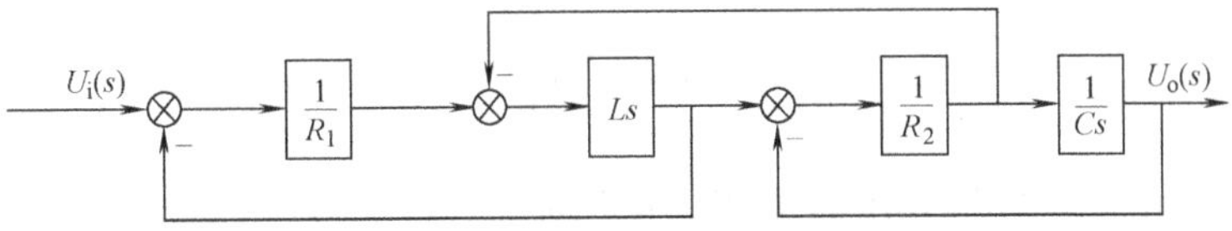

图 2. 13　系统的动态结构图

2. 4. 2　动态结构图的等效变换法则

根据动态结构图求系统的传递函数，需要对动态结构图进行等效变换。动态结构图的等效变换需要遵循的原则是：保持变换前后信号的等效性。其等效变换可以分为两大类：一类是环节的合并，包括串联环节、并联环节、反馈环节；另一类是分支点和相加点的移动。下面分别介绍这两类等效变换规则。

1. 环节的合并

(1) 串联环节

串联环节的特点是：前一环节的输出量是后一环节的输入量。图 2. 14a 所示为 3 个串联环节，由图可得

$$U_1(s)=G_1(s)R(s)$$

$$U_2(s)=G_2(s)U_1(s)$$

$$C(s)=G_3(s)U_2(s)$$

R(s)　G1(s)　U1(s)　G2(s)　U2(s)　G3(s)　C(s)

a)

R(s)　G1(s)G2(s)G3(s)　C(s)

b)

图 2. 14　串联环节及其等效传递函数

消去中间变量，得 $C(s)=G_1(s)G_2(s)G_3(s)R(s)$。其等效传递函数为

$$G(s)=\frac{C(s)}{R(s)}=G_1(s)G_2(s)G_3(s)$$

如图 2. 14b 所示。由此可以推导出 n 个环节串联时，其等效传递函数为所有串联环节的传递函数的乘积，即

$$G(s)=G_1(s)G_2(s)\cdots G_n(s)=\prod_{i=1}^{n}G_i(s) \tag{2.20}$$

(2) 并联环节

并联环节的特点是：各环节具有同一个输入信号，输出是各环节输出之和。图 2. 15a 所示为 3 个并联环节，由图可得

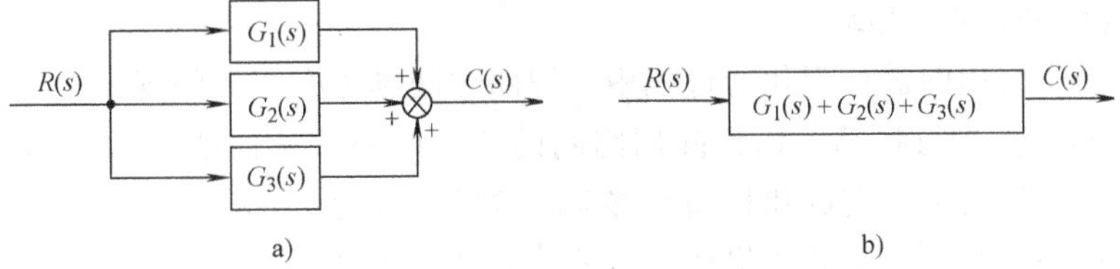

图 2. 15　并联环节及其等效传递函数

$$C(s)=G_1(s)R(s)+G_2(s)R(s)+G_3(s)R(s)=[G_1(s)+G_2(s)+G_3(s)]R(s)$$

其等效传递函数为所有并联环节的传递函数之和，即

$$G(s)=\frac{C(s)}{R(s)}=G_1(s)+G_2(s)+G_3(s)$$

如图 2.15b 所示。由此可以推导出 n 个环节并联时，其等效传递函数为所有并联环节的传递函数之和，即

$$G(s)=G_1(s)+G_2(s)+\cdots+G_n(s)=\sum_{i=1}^{n}G_i(s) \tag{2.21}$$

(3) 反馈回路

图 2.16a 为一个基本反馈回路。图中，$R(s)$和 $C(s)$分别为该回路的输入信号和输出信号，按信号的传递方向，可将闭环回路分为前向通路和反馈通路，前向通路传递函数为 $G(s)$，反馈通路传递函数为 $H(s)$。输出信号 $C(s)$通过反馈通路后得到反馈信号 $B(s)$，与输入信号 $R(s)$进行代数和运算，得到偏差信号 $E(s)$。取“+”号为正反馈，表示输入信号与反馈信号相加；反之，取“-”号为负反馈，表示输入信号与反馈信号相减。“+”号可以省略，“-”号不能省略。负反馈回路是自动控制系统中最常用的基本结构。

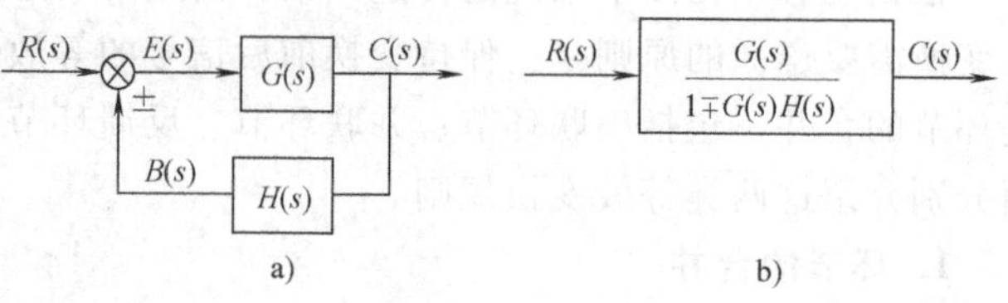

图 2.16 反馈回路及其等效传递函数

对于负反馈回路，可得

$$\begin{aligned}C(s)&=G(s)E(s)=G(s)[R(s)-B(s)]\\&=G(s)[R(s)-H(s)C(s)]=G(s)R(s)-G(s)H(s)C(s)\end{aligned}$$

其等效传递函数为

$$\frac{C(s)}{R(s)}=\frac{G(s)}{1+G(s)H(s)} \tag{2.22}$$

同理，正反馈回路的等效传递函数为

$$\frac{C(s)}{R(s)}=\frac{G(s)}{1-G(s)H(s)} \tag{2.23}$$

如图 2.16b 所示。

2. 分支点和相加点的移动

在对系统动态结构图进行简化的过程中，回路之间难免有交叉的现象，这时就需要对分支点或（和）相加点进行移动，以消除回路间的交叉联系，从而能对动态结构图进行进一步的简化。表 2.1 列出了分支点和相加点移动时常用的规则。

需要注意的是，在移动前后要保持信号的等效性，而且分支点和相加点之间一般不宜交换其位置。另外，“-”号可以在信号线上越过方框移动，但不能越过分支点和相加点。

表 2.1 分支点和相加点的移动规则

序号	变换	原结构	等效结构
1	分支点前移	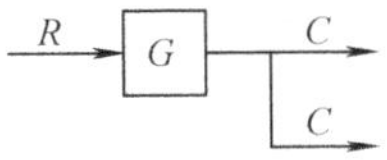	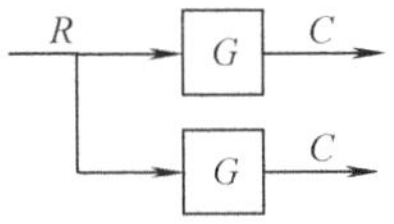
2	分支点后移	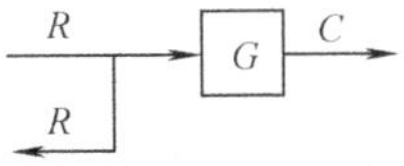	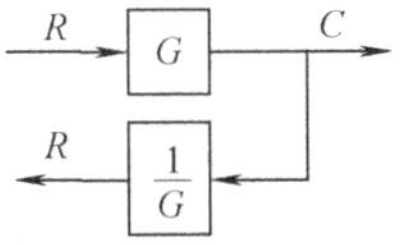
3	相加点前移	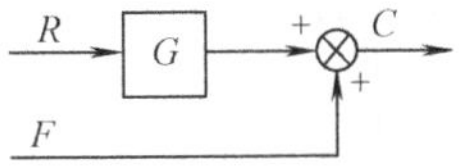	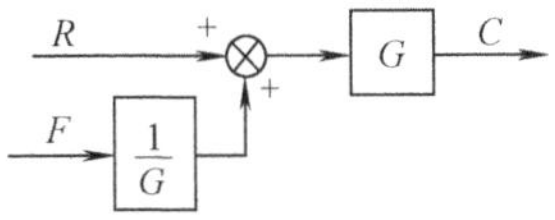
4	相加点后移	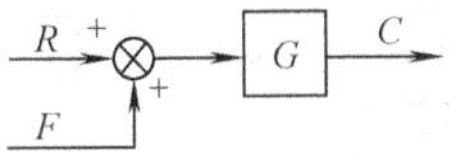	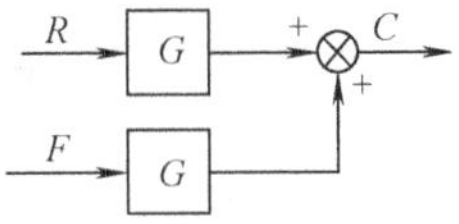
5	相邻分支点之间的移动	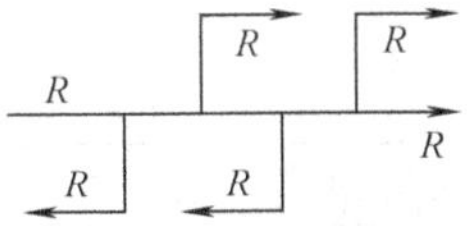	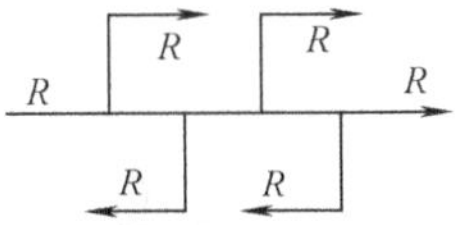
6	相邻相加点之间的移动	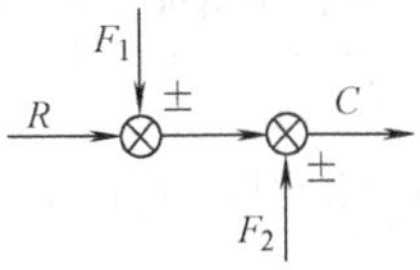	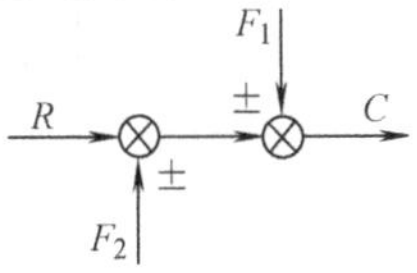

上面介绍的两大类规则，其实真正具有简化作用的是环节的合并，即串联环节、并联环节和反馈环节。分支点和相加点的移动并不是真正意义上的简化，移动的目的是为了出现能串联、并联、反馈连接的环节，从而可以更进一步地对动态结构图进行简化。

2.4.3 动态结构图的等效变换举例

例 2.9 试简化图 2.17 所示系统的动态结构图，求传递函数 $C(s)/R(s)$。

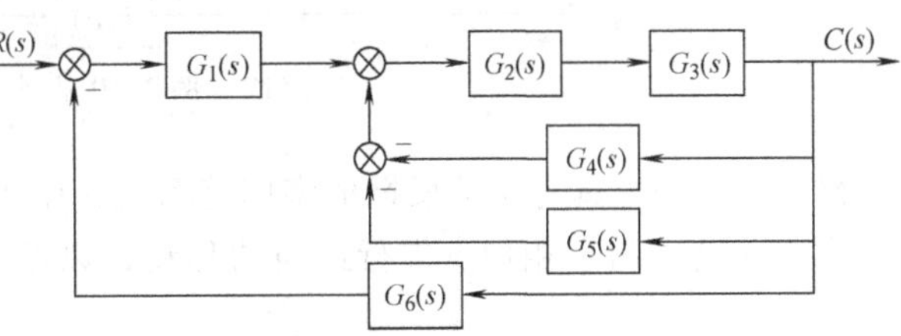

图 2.17 例 2.9 的动态结构图

解： 这是一个没有交叉现象的多回路系统，因此简化时不需要将分支点或（和）相加点作前后移动。可直接按简单串联、并联和反馈连接的简化规则，从内部开始，由内向外逐步简化。简化过程如图 2.18 所示。

最后求得该系统的传递函数为

$$\frac{C(s)}{R(s)}=\frac{G_1(s)G_2(s)G_3(s)}{1+G_2(s)G_3(s)G_4(s)+G_2(s)G_3(s)G_5(s)+G_1(s)G_2(s)G_3(s)G_6(s)}$$

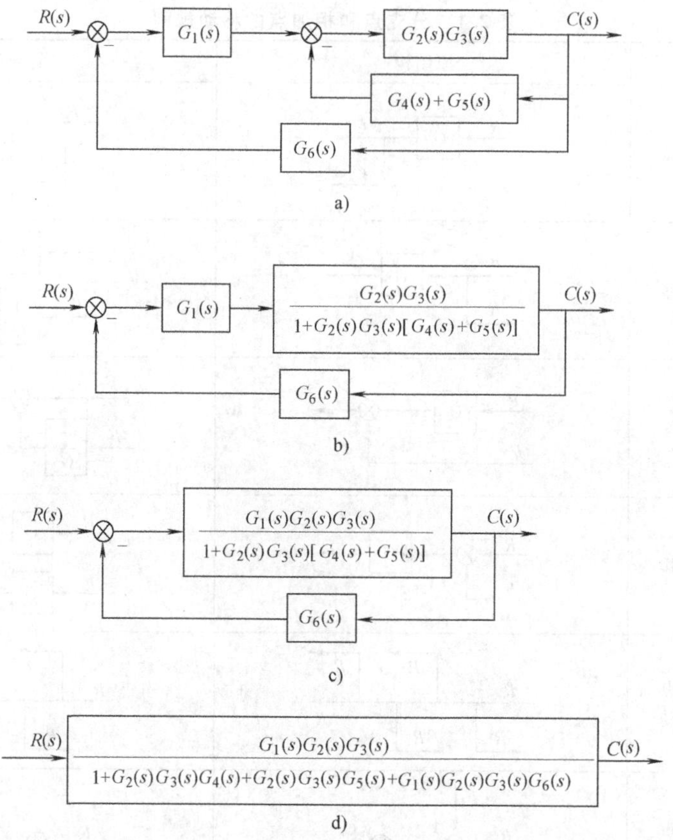

图 2.18　例 2.9 的动态结构图简化过程

例 2.10　试简化图 2.19 所示系统的动态结构图，求传递函数 $C(s)/R(s)$。

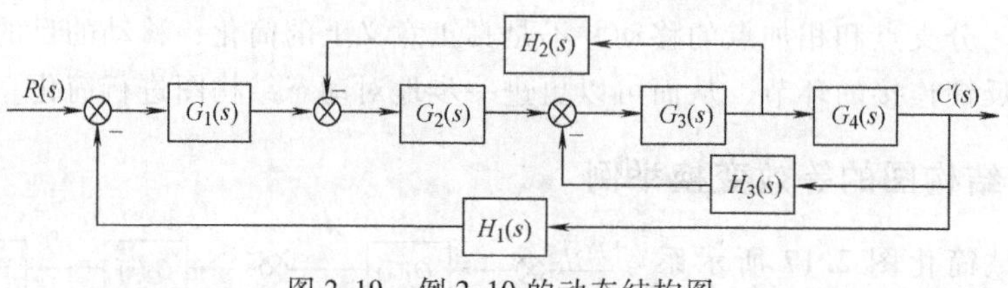

图 2.19　例 2.10 的动态结构图

解： 这是一个具有交叉反馈的多回路系统，图中并没有能直接进行合并的环节，因此需要对分支点或（和）相加点进行适当的移动，以便能对系统进行简化。简化过程如图 2.20 所示。

最后求得该系统的传递函数为

$$\frac{C(s)}{R(s)}=\frac{G_1(s)G_2(s)G_3(s)G_4(s)}{1+G_3(s)G_4(s)H_3(s)+G_2(s)G_3(s)H_2(s)+G_1(s)G_2(s)G_3(s)G_4(s)H_1(s)}$$

本例还有其他的变换方法。例如，可以将 $G_4(s)$ 前的分支点后移，或者将相加点移动到一起加以合并，然后再进一步简化。

总之，动态结构图的简化可以有不同的变换方法，但是得到的传递函数都是一致的。

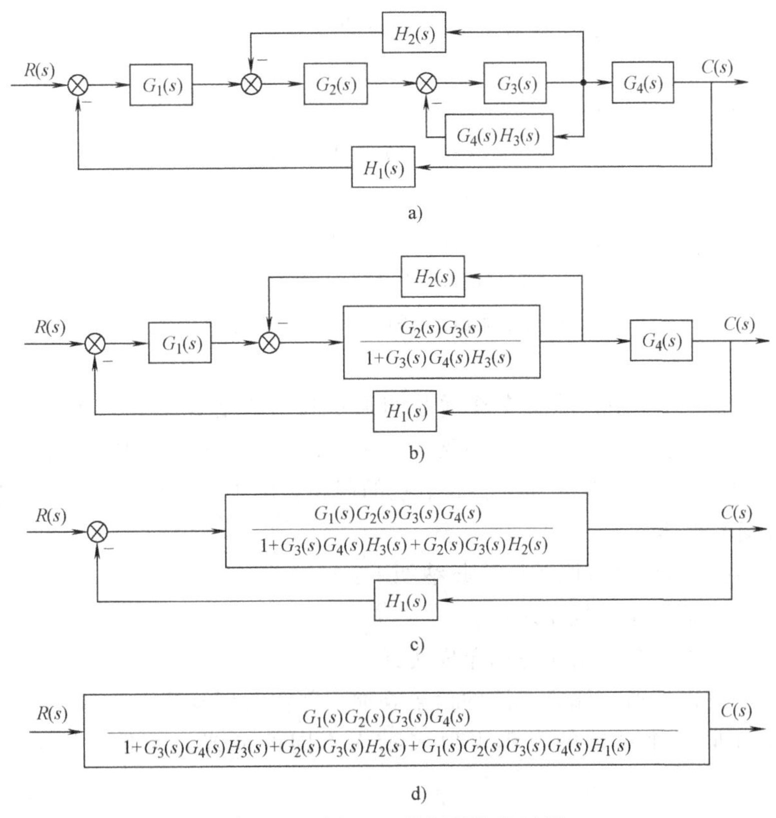

图 2.20　例 2.10 的框图简化过程

2.5　信号流图

信号流图是一种用图线表示线性代数方程组的方法，和动态结构图一样，都是数学模型的图形表示方式，但是信号流图更简洁。

信号流图由两个基本单元构成，即节点和支路。节点代表系统中的变量，用“◦”表示；支路代表两变量之间的因果关系，用有向线段来表示，信号只能沿箭头指向单向传递。两变量之间的因果关系称为增益，用支路增益表示系统中变量之间的因果关系，因此支路相当于乘法器。

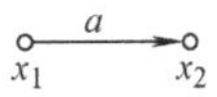

例如一个线性系统的方程为 $x_2 = ax_1$。其中，x_1 是输入量，x_2 是输出量，a 是这两个变量之间的增益，如图 2.21 所示。

图 2.21　信号流图

2.5.1　信号流图的术语和性质

1. 信号流图的术语

为了阐述信号流图的组成，下面以图 2.22 为例对信号流图中的一些术语作必要的解释。

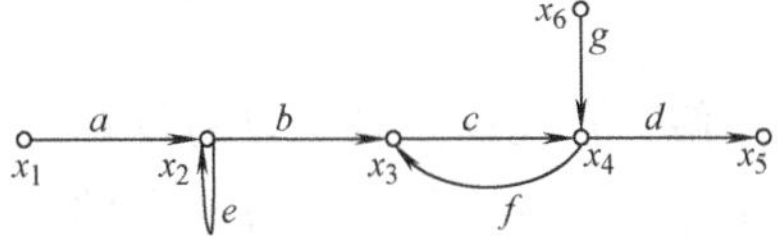

图 2.22　典型的信号流图

(1) 输入节点（或源节点）：只有输出支路的节点，一般代表系统的输入变量，如 x_1、x_6。

（2）输出节点（或阱节点）：只有输入支路的节点，一般代表系统的输出变量，如 x_5。

（3）混合节点：指的是既有输出支路，又有输入支路的节点，如 x_2、x_3、x_4。

（4）传输：两个节点之间的增益叫传输。如 x_1 和 x_2 之间的增益为 a，则传输也为 a。

（5）前向通路：信号由输入节点到输出节点传递时，每个节点只通过一次的通路称为前向通路，如 $x_1 \to x_2 \to x_3 \to x_4 \to x_5$ 和 $x_6 \to x_4 \to x_5$。

（6）前向通路总增益：前向通路上各支路增益的乘积称为前向通路总增益。如：x_1 到 x_5 的前向通路总增益为 $abcd$，x_6 到 x_5 的前向通路总增益为 gd。

（7）回路（回环）：通路的起点就是通路的终点，并且与其他节点相交不多于一次的闭合通路叫回路。

（8）回路增益：回路中，所有支路增益的乘积叫回路增益。图中有两个回路，一个是 $x_3 \to x_4 \to x_3$，其回路增益为 cf；另一个回路是 $x_2 \to x_2$，又叫自回路，其增益为 e。

（9）不接触回路：指相互间没有公共节点的回路。图中的两个回路都为不接触回路。

2. 信号流图的性质

基于以上叙述，对信号流图的性质归纳如下：

1）信号流图只适用于线性系统。

2）信号在支路上只能沿箭头方向单向传递。

3）在节点上可以把所有输入支路的信号叠加，并传送到该节点所有的输出支路。

4）由于描述同一个系统的方程可以表示为不同的形式，因此其信号流图并不是唯一的。

2.5.2 信号流图的绘制

系统的信号流图可以根据微分方程得到，也可以由系统的动态结构图按照对应关系得到。

1. 由系统微分方程绘制信号流图

首先，在零初始条件下，把微分方程经拉氏变换变换为 s 的代数方程。然后，对系统中每个变量指定一个节点，按变量的因果关系从左至右顺序排列，根据代数方程用标明增益的支路将节点连接起来即可得到信号流图。

例 2.11 设一线性系统由以下代数方程组描述，x_1 是输入变量，x_5 是输出变量，试绘制该系统的信号流图。

$$x_2 = ax_1 + bx_3 + cx_4 + dx_5$$

$$x_3 = ex_2$$

$$x_4 = fx_3 + gx_5$$

$$x_5 = hx_3 + ix_4$$

解：首先确定各节点的位置，由于 x_1 是输入变量，x_5 是输出变量，则按信号的传递顺序由左至右依次排列好各节点的位置，如图 2.23 中的（1）所示。然后分别画出每个方程式的信号流图，如图 2.23 中的（2）、（3）、（4）、（5）所示。最后，将各节点连接起来，即得系统的信号流图，如图 2.23 中的（6）所示。

需要指出的是，对于节点 x_5，通过增加一个具有单位增益的支路，可以把它作为输出节点来处理。

2. 由系统的动态结构图绘制信号流图

在动态结构图中，由于传递的信号标记在信号线上，方框则是对信号进行的数学运算。因此，由系统的动态结构图绘制信号流图时，动态结构图的信号线用节点表示，用带有支路增益的支路表示方框，就可以得到信号流图。动态结构图和信号流图中的基本单元的对应关系见表 2.2。

这里需要注意两点：

1）支路增益可以是正的，也可以是负的。正反馈用正支路增益，负反馈用负支路增益。

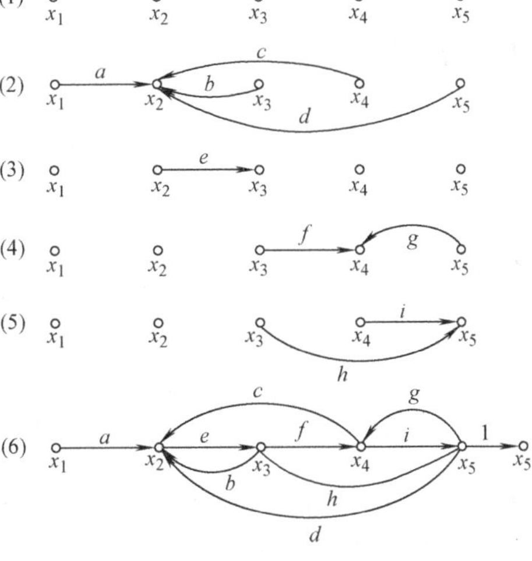

图 2.23　例 2.11 的信号流图

表 2.2　动态结构图和信号流图对应关系表

动态结构图	信号流图
输入量	输入节点
输出量	输出节点
相加点、分支点和其他中间变量	混合节点
方框	支路
方框中的传递函数	支路增益

2）如果相加点之前有分支点，则相加点和分支点应分别设置节点，节点之间为单位增益，视为互不接触回路。

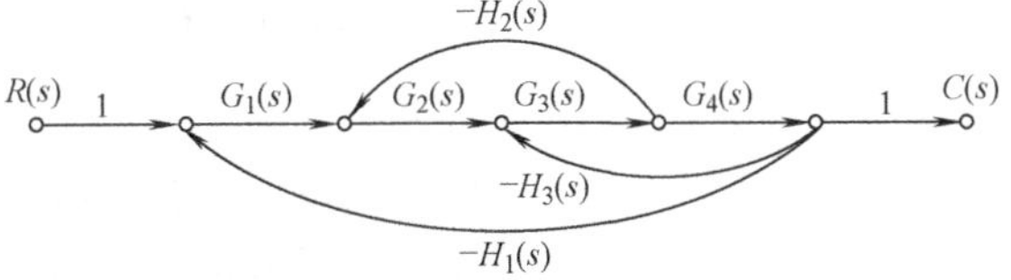

图 2.24　例 2.12 的信号流图

例 2.12　试画出图 2.19 对应的信号流图。

解： 根据动态结构图和信号流图之间的对应关系，画出的信号流图如图 2.24 所示。

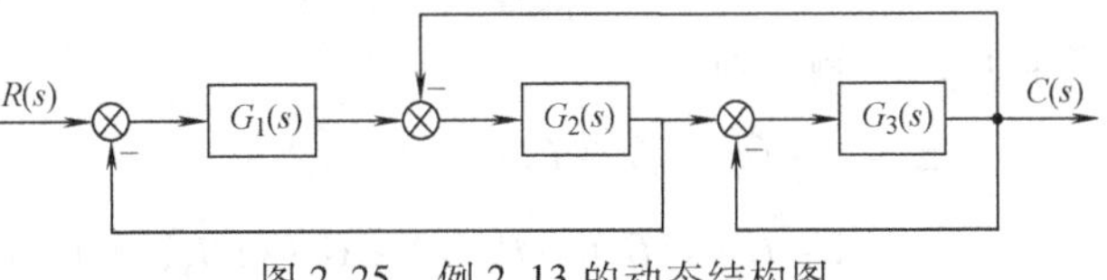

图 2.25　例 2.13 的动态结构图

例 2.13　试画出图 2.25 对应的信号流图。

解： 在该动态结构图中，$G_2(s)$ 和 $G_3(s)$ 之间的相加点之前有分支点，因此，相加点和分支点应分别设置节点，节点之间为单位增益，视为互不接触回路。画出的信号流图如图 2.26 所示。

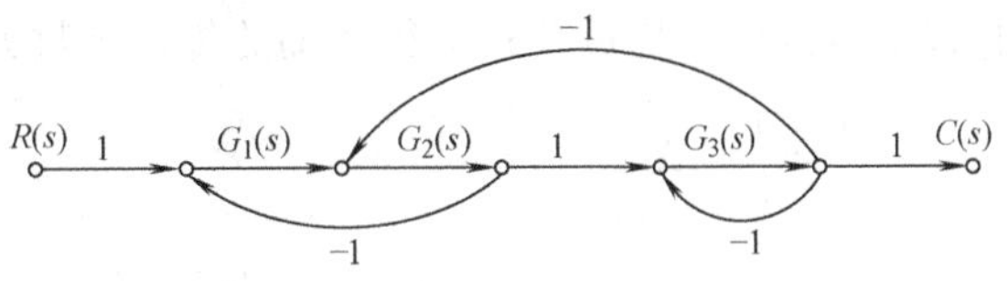

图 2.26　例 2.13 的信号流图

2.6 梅逊公式

对于一个复杂的系统，由于其内部交叉较多，利用等效变换规则简化就显得很烦琐，也很麻烦。控制工程中常用梅逊（Mason）公式求系统的传递函数。

2.6.1 梅逊公式的定义

梅逊公式定义为

$$G(s) = \frac{1}{\Delta}\sum_{k=1}^{n} P_k \Delta_k \tag{2.24}$$

式中，$G(s)$为系统的传递函数（或总增益）；n为前向通路总条数；P_k为第k条前向通路的增益；Δ为特征式，且

$$\Delta = 1 - \sum L_a + \sum L_b L_c - \sum L_d L_e L_f + \cdots \tag{2.25}$$

式中，$\sum L_a$为所有回路的增益之和；$\sum L_b L_c$为两两互不接触回路的增益乘积之和；$\sum L_d L_e L_f$为三个互不接触回路的增益乘积之和。

Δ_k为第k条前向通路特征式的余因子，表示在Δ中除去与第k条前向通路相接触的各回路的增益（即将其置0）。

2.6.2 应用梅逊公式求系统闭环传递函数举例

例 2.14 试用梅逊公式求例 2.10 的闭环传递函数。

解： 系统有一条前向通路和三个回路。前向通路增益为

$$P_1 = G_1(s)G_2(s)G_3(s)G_4(s)$$

三个回路增益为

$$L_1 = -G_2(s)G_3(s)H_2(s)$$
$$L_2 = -G_3(s)G_4(s)H_3(s)$$
$$L_3 = -G_1(s)G_2(s)G_3(s)G_4(s)H_1(s)$$

三个回路均接触，则

$$\begin{aligned}\Delta &= 1-(L_1+L_2+L_3)\\ &= 1+G_2(s)G_3(s)H_2(s)+G_3(s)G_4(s)H_3(s)+G_1(s)G_2(s)G_3(s)G_4(s)H_1(s)\end{aligned}$$

前向通路与回路均接触，将Δ中L_1、L_2、L_3均置0，则$\Delta_1 = 1$。

将以上各式代入梅逊公式，得系统的传递函数为

$$\begin{aligned}\frac{C(s)}{R(s)} &= \frac{1}{\Delta}P_1\Delta_1\\ &= \frac{G_1(s)G_2(s)G_3(s)G_4(s)}{1+G_2(s)G_3(s)H_2(s)+G_3(s)G_4(s)H_3(s)+G_1(s)G_2(s)G_3(s)G_4(s)H_1(s)}\end{aligned}$$

比较本例与例 2.10 的结果，可以看出用动态结构图化简和用梅逊公式求得的传递函数

是相同的。

需要指出的是，若某条前向通路与回路均接触，则其对应的余因子式等于 1；若某条前向通路与回路均不接触，则其对应的余因子式等于特征式 Δ。

例 2.15 用梅逊公式求例 2.10 所示系统的误差传递函数 $E(s)/R(s)$。

解： 根据误差传递函数的定义，将误差 $E(s)$ 标记于图上，如图 2.27 所示。

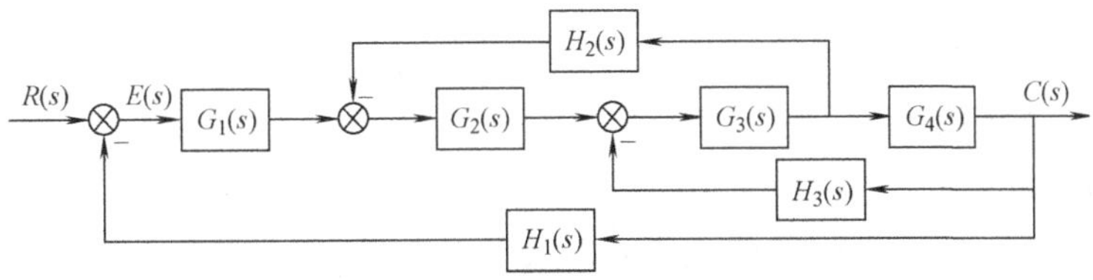

图 2.27 动态结构图

现以 $R(s)$ 作为输入，$E(s)$ 作为输出，系统有一条前向通路，三个回路。前向通路增益为

$$P_1 = 1$$

三个回路增益为

$$L_1 = -G_2(s)G_3(s)H_2(s)$$

$$L_2 = -G_3(s)G_4(s)H_3(s)$$

$$L_3 = -G_1(s)G_2(s)G_3(s)G_4(s)H_1(s)$$

三个回路均接触，则

$$\begin{aligned}\Delta &= 1-(L_1+L_2+L_3)\\ &= 1+G_2(s)G_3(s)H_2(s)+G_3(s)G_4(s)H_3(s)+G_1(s)G_2(s)G_3(s)G_4(s)H_1(s)\end{aligned}$$

前向通路与回路 L_3 接触，与回路 L_1、L_2 不接触，将 Δ 中的 L_3 置 0，则得

$$\Delta_1 = 1+G_2(s)G_3(s)H_2(s)+G_3(s)G_4(s)H_3(s)$$

将以上各式代入梅逊公式，得系统的传递函数为

$$\begin{aligned}\frac{E(s)}{R(s)} &= \frac{1}{\Delta}P_1\Delta_1\\ &= \frac{1+G_2(s)G_3(s)H_2(s)+G_3(s)G_4(s)H_3(s)}{1+G_2(s)G_3(s)H_2(s)+G_3(s)G_4(s)H_3(s)+G_1(s)G_2(s)G_3(s)G_4(s)H_1(s)}\end{aligned}$$

例 2.16 用梅逊公式求图 2.28 所示系统的闭环传递函数。

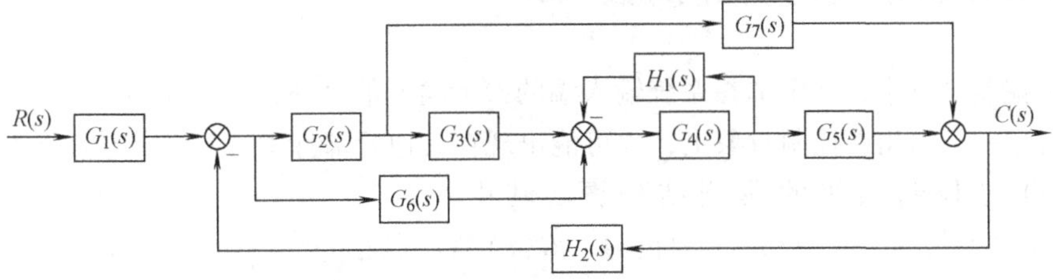

图 2.28 例 2.16 的动态结构图

解： 可以直接根据动态结构图，也可以根据信号流图利用梅逊公式来求系统的闭环传递

函数。画出图 2.28 对应的信号流图，如图 2.29 所示。

根据动态结构图或信号流图，分析得知，系统有 3 条前向通路和 4 个回路。前向通路增益为

$$P_1 = G_1G_2G_3G_4G_5\text{，}P_2 = G_1G_6G_4G_5\text{，}$$

$$P_3 = G_1G_2G_7$$

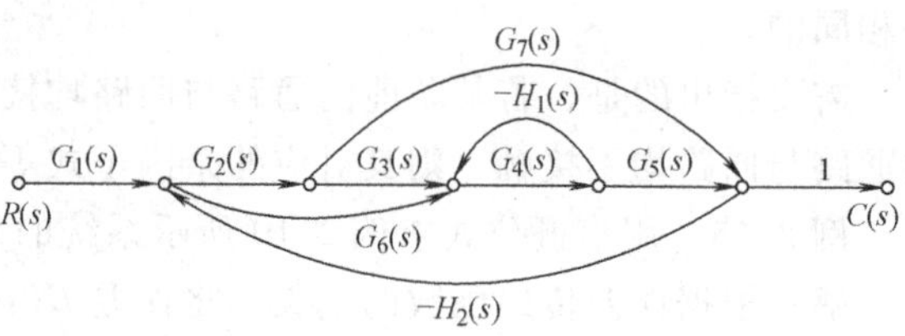

图 2.29　例 2.16 的信号流图

4 个回路增益为

$$L_1 = -G_6G_4G_5H_2\text{，}L_2 = -G_2G_7H_2\text{，}L_3 = -G_2G_3G_4G_5H_2$$

$$L_4 = -G_4H_1$$

4 个回路中，L_2 与 L_4 不接触，则

$$\begin{aligned}\Delta &= 1-(L_1+L_2+L_3+L_4)+L_2L_4\\ &= 1+G_6G_4G_5H_2+G_2G_7H_2+G_2G_3G_4G_5H_2+G_4H_1+G_2G_4G_7H_1H_2\end{aligned}$$

前向通路 P_1、P_2 与四个回路均接触，因此 $\Delta_1=\Delta_2=1$。

前向通路 P_3 与回路 L_4 不接触，将 Δ 中 L_1、L_2、L_3 置 0，则得

$$\Delta_3 = 1+G_4H_1$$

将以上各式代入梅逊公式，得系统的传递函数为

$$\begin{aligned}\frac{C(s)}{R(s)} &= \frac{1}{\Delta}(P_1\Delta_1+P_2\Delta_2+P_3\Delta_3)\\ &= \frac{G_1G_2G_3G_4G_5+G_1G_6G_4G_5+G_1G_2G_7(1+G_4H_1)}{1+G_6G_4G_5H_2+G_2G_7H_2+G_2G_3G_4G_5H_2+G_4H_1+G_2G_4G_7H_1H_2}\end{aligned}$$

通过以上例题，对应用梅逊公式求系统传递函数的步骤总结如下：

1）首先明确系统的输入量和输出量。

2）其次在输入量和输出量之间，准确地分析出系统包含几条前向通路、几个回路，以及回路与回路之间、前向通路与回路之间的接触关系。这是梅逊公式的关键所在。

3）最后写出各部分的增益、特征式、余因子式，将它们代入梅逊公式，即可得系统的传递函数。

2.7　自动控制系统的传递函数

在实际控制系统中，除了加在系统输入端的参考输入信号外，系统还会受到扰动信号的影响。扰动信号一般作用在控制对象上，也可能出现在其他元部件中，甚至夹杂在指令信号中。

图 2.30 是控制系统的典型结构图。其中，$R(s)$是参考输入信号，$N(s)$是扰动信号，$C(s)$是输出信号，$B(s)$是反馈信号，$E(s)$是误差信号。本节将基于后面章节的需要，参考该典型结构图，介绍几种常用的传递函数的概念。

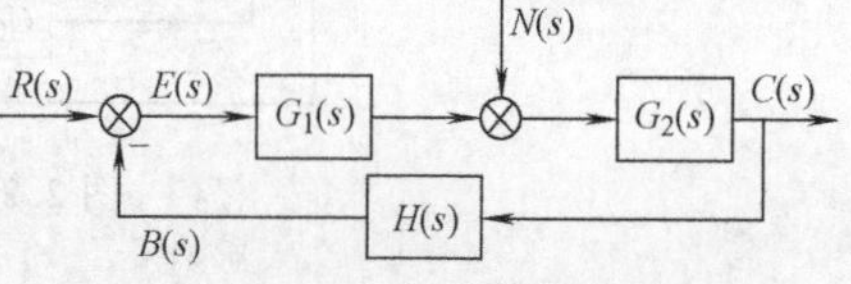

图 2.30　控制系统的典型结构图

2.7.1 闭环控制系统的开环传递函数

闭环控制系统的开环传递函数定义为系统反馈信号 $B(s)$ 与误差信号 $E(s)$ 的比值，即

$$G(s)=\frac{B(s)}{E(s)}=G_1(s)G_2(s)H(s) \tag{2.26}$$

2.7.2 闭环传递函数

为了研究系统的参考输入信号对系统输出的影响，需要求出参考输入作用下的闭环传递函数 $C(s)/R(s)$。同样，为了研究扰动信号对系统输出的影响，需要求出扰动作用下的闭环传递函数 $C(s)/N(s)$。另外，在控制系统的分析和设计中，还常用到在参考输入信号或扰动信号作用下，以误差信号作为输出的闭环误差传递函数 $E(s)/R(s)$ 或 $E(s)/N(s)$。以下分别对其进行介绍。

1. 参考输入单独作用下系统的闭环传递函数与误差传递函数

参考输入单独作用时，令 $N(s)=0$，系统的结构图变换成图 2.31。图中，$C_R(s)$ 和 $E_R(s)$ 分别为参考输入单独作用下系统的输出和误差。图 2.31a 中以输出 $C_R(s)$ 作为系统的输出，图 2.31b 中以误差 $E_R(s)$ 作为系统的输出。

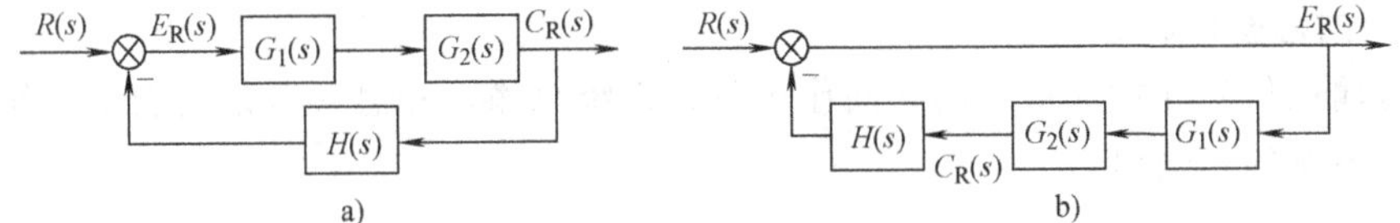

图 2.31 参考输入单独作用下系统的动态结构图

根据图 2.31a 求得系统的闭环传递函数为

$$\Phi_R(s)=\frac{C_R(s)}{R(s)}=\frac{G_1(s)G_2(s)}{1+G_1(s)G_2(s)H(s)} \tag{2.27}$$

系统相应的输出为

$$C_R(s)=\frac{G_1(s)G_2(s)}{1+G_1(s)G_2(s)}R(s) \tag{2.28}$$

根据图 2.31b 求得系统的误差传递函数为

$$\Phi_{ER}(s)=\frac{E_R(s)}{R(s)}=\frac{1}{1+G_1(s)G_2(s)H(s)} \tag{2.29}$$

系统相应的误差输出为

$$E_R(s)=\frac{1}{1+G_1(s)G_2(s)H(s)}R(s) \tag{2.30}$$

2. 扰动信号单独作用下系统的闭环传递函数与误差传递函数

扰动信号单独作用时，令 $R(s)=0$，系统的结构图变换成图 2.32。图中，$C_N(s)$ 和 $E_N(s)$ 分别为扰动信号单独作用下系统的输出和误差。图 2.32a 中以输出量 $C_N(s)$ 作为系统的输出，图 2.32b 中以误差 $E_N(s)$ 作为系统的输出。

根据图 2.32a 求得系统的闭环传递函数为

$$\Phi_N(s)=\frac{C_N(s)}{N(s)}=\frac{G_2(s)}{1+G_1(s)G_2(s)H(s)} \tag{2.31}$$

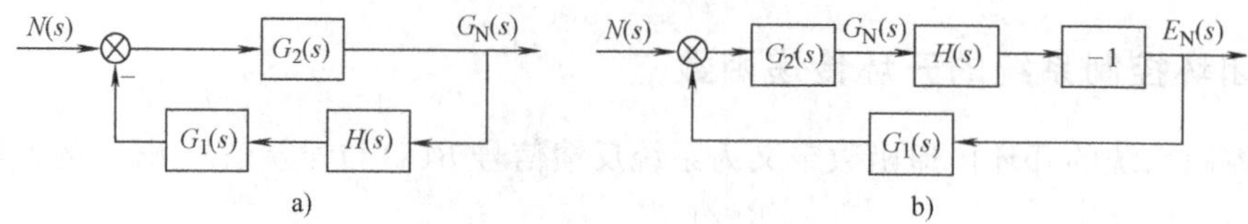

图 2.32　扰动信号单独作用下系统的动态结构图

系统相应的输出为

$$C_N(s)=\frac{G_2(s)}{1+G_1(s)G_2(s)H(s)}N(s) \tag{2.32}$$

根据图 2.31b 求得系统的误差传递函数为

$$\Phi_{EN}(s)=\frac{E_N(s)}{N(s)}=\frac{-G_2(s)H(s)}{1+G_1(s)G_2(s)H(s)} \tag{2.33}$$

系统相应的误差输出为

$$E_N(s)=\frac{-G_2(s)H(s)}{1+G_1(s)G_2(s)H(s)}N(s) \tag{2.34}$$

3. 系统的总输出和总误差

在参考输入信号和扰动信号的共同作用下，系统总输出和总误差是它们单独作用所产生结果之和。系统的总输出为

$$C(s)=C_R(s)+C_N(s)=\frac{G_1(s)G_2(s)}{1+G_1(s)G_2(s)H(s)}R(s)+\frac{G_2(s)}{1+G_1(s)G_2(s)H(s)}N(s) \tag{2.35}$$

系统的总误差为

$$E(s)=E_R(s)+E_N(s)=\frac{1}{1+G_1(s)G_2(s)H(s)}R(s)+\frac{-G_2(s)H(s)}{1+G_1(s)G_2(s)H(s)}N(s) \tag{2.36}$$

2.8　利用 MATLAB 建立控制系统模型

连续系统的传递函数有两种表示形式，即时间常数形式和零极点形式。

2.8.1　时间常数形式的传递函数模型表示

$$G(s)=\frac{b_0s^m+b_1s^{m-1}+\cdots+b_{m-1}s+b_m}{a_0s^n+a_1s^{n-1}+\cdots+a_{n-1}s+a_n}$$

式中，s 的系数均为常数，且 a_0 不等于零，这时系统在 MATLAB 中可以方便地由分子和分母系数构成的两个向量唯一地确定出来，这两个向量分别用 num 和 den 表示，当然也可以用其他变量表示，即

num = [b_0, b_1, b_2, …, b_{m-1}, b_m]

den = [a_0, a_1, a_2, …, a_{n-1}, a_n]

注意，它们都是按 s 的降幂进行排列的。

例 2.17 已知传递函数为 $G(s)=\dfrac{2s^2+s+1}{4s^3+2s^2+s+3}$，可输入为

```
>> num = [2 1 1];den = [4 2 1 3];       % 输入传递函数模型
>> tf(num,den)                          % tf( )函数可以构造出单个时间常数形式的
                                        % 传递函数的对象,用来检验输入是否正确
```

输出结果为

```
Transfer function:
            2 s^2 + s + 1
    -----------------------------
         4 s^3 + 2s^2 + s + 3
```

2.8.2 零极点形式的传递函数模型表示

已知传递函数为 $G(s)=K^*\dfrac{(s-z_1)(s-z_2)\cdots(s-z_m)}{(s-p_1)(s-p_2)\cdots(s-p_n)}$，可以采用下面的语句输入：

$z=[z_1,z_2,\cdots,z_m]$

$p=[p_1,p_2,\cdots,p_n]$

$k=[k_1]$

变量 z、p、k 分别是系统的零点、极点和增益向量。

例 2.18 设系统传递函数为 $G(s)=\dfrac{5(s+1)}{(s+2)(s+3)(s+4)}$，可输入

```
>> p = [ -2  -3  -4];k = 5;z = [ -1];      % 输入传递函数模型
>> zpk(z,p,k)                              % 用 zpk( )函数可构造出零极点形式传
                                             递函数
                                           % 用来检验输入是否正确
```

输出结果为

```
Zero/pole/gain:
                 5 (s + 1)
        ------------------------
        (s + 2)(s + 3)(s + 4)
```

2.8.3 模型的转换和连接

在一些场合下需要用到某种模型，而在另外一些场合下可能需要另外的模型，这就需要进行模型的转换。有理函数形式和零极点形式之间的传递函数模型转换函数为

[z,p,k] = tf2zp(num,den)：有理函数形式模型转换为零极点增益形式模型

[num,den] = zp2tf(z,p,k)：零极点增益形式模型转换为有理函数形式模型

例 2.19 将例 2.18 中零极点增益形式传递函数转换为时间常数形式传递函数。

```
>> p = [ -2  -3  -4];k = 5;z = [ -1];      % 输入极点、增益和零点
>> [num,den] = zp2tf(z,p,k)                % 转换为时间常数形式模型
```

输出结果为

```
num =
     0     0     5     5
```

den =

    1   9   26   24

这就是时间常数形式的传递函数模型中分子和分母的系数。

```
>> tf(num,den)                    % 构造出时间常数形式的传函对象
```

输出结果为

```
Transfer function:
          5s + 5
  -----------------------
   s^3 + 9s^2 + 26s + 24
```

模型的连接包括并联、串联和反馈几种形式，分别用以下函数实现：

串联连接两个状态空间系统

[num,den] = series(num1,den1,num2,den2)

[num,den] = feedback(num1,den1,num2,den2,sign)

可以得到类似的连接，只是子系统和闭环系统均以传递函数的形式表示。当 sign = 1 时采用正反馈；当 sign = -1 时采用负反馈；sign 缺省时，为负反馈。

[numc,denc] = cloop(num,den,sign)

表示由传递函数表示的开环系统构成闭环系统，sign 的含义与前述相同。

以上这些函数对离散控制系统也都适用。

2.9 案例分析与设计

例 2.20 试求图 2.33 所示各网络的传递函数，图中 $u_i(t)$是输入量，$u_o(t)$是输出量。

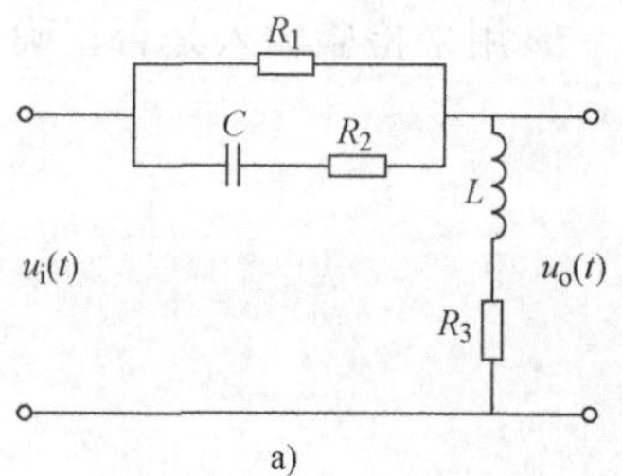

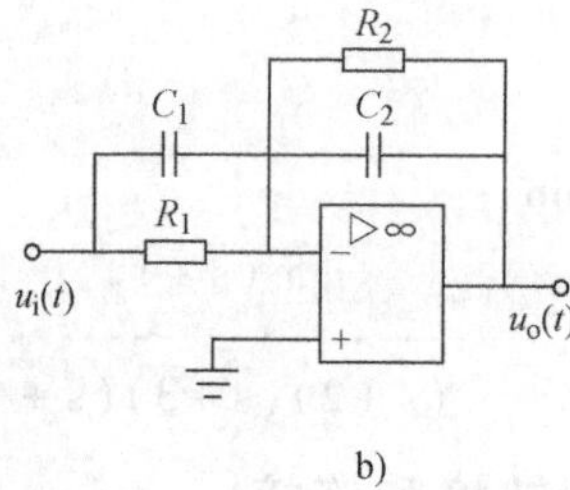

图 2.33 例 2.20 图

解：（1）对于图 2.33a 所示的无源网络，根据复阻抗的方法可得

$$\frac{U_o(s)}{U_i(s)}=\frac{R_3+Ls}{\dfrac{\left(R_2+\dfrac{1}{Cs}\right)R_1}{\left(R_2+\dfrac{1}{Cs}\right)+R_1}+R_3+Ls}=\frac{R_3+Ls}{\dfrac{R_1R_2Cs+R_1}{R_2Cs+1+R_1Cs}+R_3+Ls}$$

$$=\frac{LC(R_1+R_2)s^2+(R_1R_3C+R_2R_3C+L)s+R_3}{LC(R_1+R_2)s^2+(R_1R_3C+R_2R_3C+R_1R_2C+L)s+R_1+R_3}$$

（2）对于图 2.33b 所示的由运算放大器组成的有源网络，根据复阻抗法可得

$$\frac{U_o(s)}{U_i(s)}=-\frac{\dfrac{R_2\dfrac{1}{C_2s}}{R_2+\dfrac{1}{C_2s}}}{\dfrac{R_1\dfrac{1}{C_1s}}{R_1+\dfrac{1}{C_1s}}}=-\frac{\dfrac{R_2}{R_2C_2s+1}}{\dfrac{R_1}{R_1C_1s+1}}=-\frac{R_1R_2C_1s+R_2}{R_1R_2C_2s+R_1}$$

例 2.21 系统的动态结构图如图 2.34 所示，试用等效变换法求传递函数 $C(s)/R(s)$。

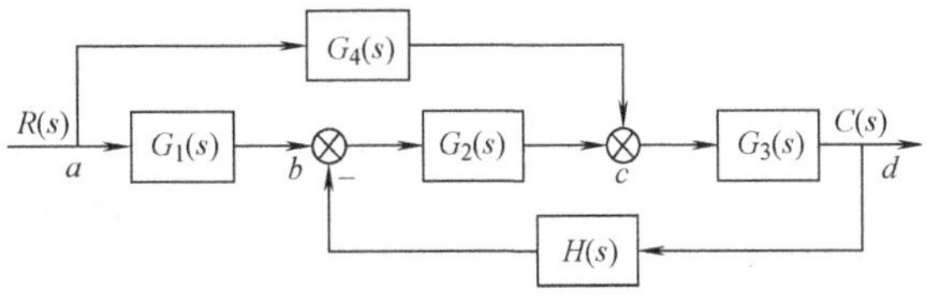

图 2.34 例 2.21 图

解：分析动态结构图可知，图中没有能直接进行合并的环节，因此需要适当地移动相加点或（和）分支点。图中，a、d 两点为分支点，b、c 两点为相加点。a 点后移或 b 点前移，一个是分支点，一个是相加点，不能任意交换位置；同理，c 点后移或 d 点前移也是不能任意交换位置；而 b 点和 c 点都为相加点，可以交换。步骤如下：

1）将 b 点后移，再与 c 点交换，如图 2.35a 所示。

2）G_1 与 G_2 串联后，与 G_4 并联；G_2 与 H 串联后，与 G_3 形成负反馈环节，如图 2.35b 所示。

3）最后剩两个环节串联，相乘后得到传递函数，如图 2.35c 所示。化简得系统的传递函数为

$$\frac{C(s)}{R(s)}=\frac{G_1(s)G_2(s)G_3(s)+G_3(s)G_4(s)}{1+G_2(s)G_3(s)H(s)}$$

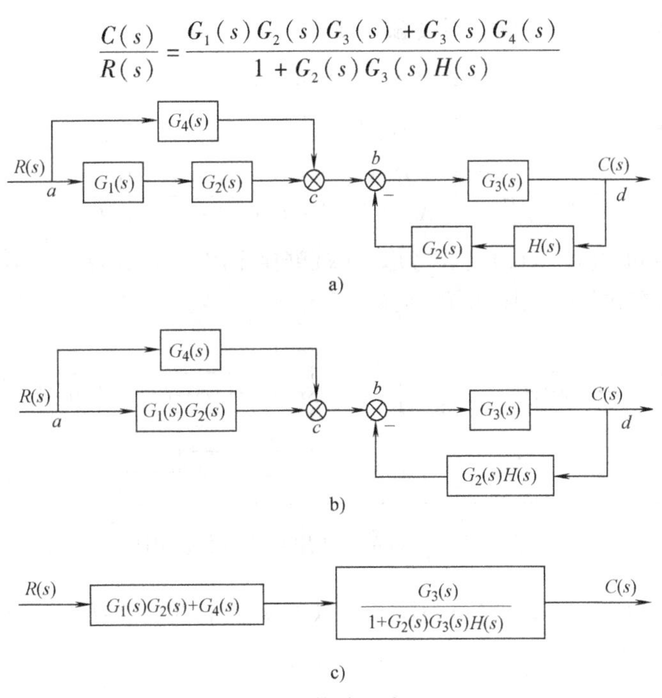

图 2.35 等效变换过程

例 2.22 系统的动态结构图如图 2.36 所示，试求传递函数 $C(s)/R(s)$、$E(s)/R(s)$、$C(s)/N(s)$、$E(s)/N(s)$。

解：本题用梅逊公式求解。求 $C(s)/R(s)$ 和 $E(s)/R(s)$ 时，考虑 $R(s)$ 单独作用，令 $N(s)=0$。

(1) 求 $C(s)/R(s)$ 时，以 $R(s)$ 为输入，以 $C(s)$ 为输出，系统有两条前向通路

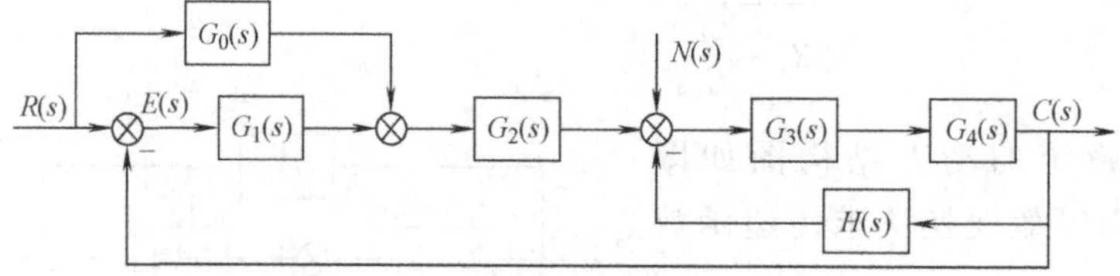

图 2.36 例 2.22 图

$$P_1 = G_1G_2G_3G_4,\ P_2 = G_0G_2G_3G_4$$

有两个回路

$$L_1 = -G_3G_4H,\ L_2 = -G_1G_2G_3G_4$$

回路之间、前向通路和回路之间均接触，则

$$\Delta = 1 + G_3G_4H + G_1G_2G_3G_4,\ \Delta_1 = \Delta_2 = 1$$

代入梅逊公式，得

$$\frac{C(s)}{R(s)} = \frac{P_1\Delta_1 + P_2\Delta_2}{\Delta} = \frac{G_1G_2G_3G_4 + G_0G_2G_3G_4}{1 + G_3G_4H + G_1G_2G_3G_4}$$

(2) 求 $E(s)/R(s)$ 时，以 $R(s)$ 为输入，以 $E(s)$ 为输出，系统有两条前向通路

$$P_1 = 1,\ P_2 = -G_0G_2G_3G_4$$

回路不变。前向通路 P_1 和回路 L_1 不接触，则

$$\Delta_1 = 1 + G_3G_4H,\ \Delta_2 = 1$$

代入梅逊公式，得

$$\frac{E(s)}{R(s)} = \frac{P_1\Delta_1 + P_2\Delta_2}{\Delta} = \frac{1 + G_3G_4H - G_0G_2G_3G_4}{1 + G_3G_4H + G_1G_2G_3G_4}$$

求 $C(s)/N(s)$ 和 $E(s)/R(s)$ 时，考虑 $N(s)$ 单独作用，令 $R(s)=0$，$G_0(s)$ 这条支路和最左边的相加点就不存在了，如图 2.37 所示。

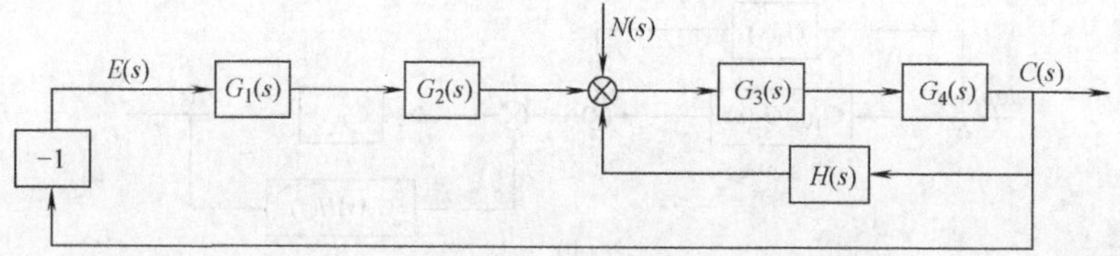

图 2.37 $N(s)$ 单独作用时的动态结构图

(3) 求 $C(s)/N(s)$ 时，以 $N(s)$ 为输入，以 $C(s)$ 为输出，系统有一条前向通路

$$P_1 = G_3G_4$$

回路不变。前向通路和回路之间均接触，则 $\Delta_1 = 1$。代入梅逊公式，得

$$\frac{C(s)}{N(s)}=\frac{P_1\Delta_1}{\Delta}=\frac{G_3G_4}{1+G_3G_4H+G_1G_2G_3G_4}$$

(4) 求 $E(s)/N(s)$ 时，以 $N(s)$ 为输入，以 $E(s)$ 为输出，系统有一条前向通路

$$P_1=-G_3G_4$$

回路不变。前向通路和回路之间均接触，则 $\Delta_1=1$。代入梅逊公式，得

$$\frac{E(s)}{N(s)}=\frac{P_1\Delta_1}{\Delta}=\frac{-G_3G_4}{1+G_3G_4H+G_1G_2G_3G_4}$$

本题也可以用动态结构图简化的方法求，还可以用其对应信号流图（见图 2.38）来求，读者可以尝试不同的方法来验证结果的正确性。

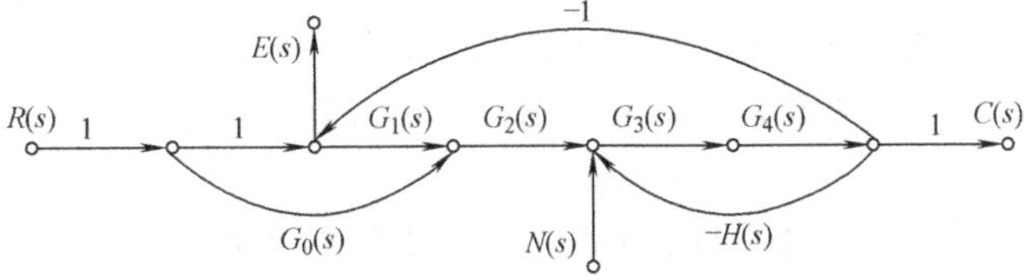

图 2.38　例 2.22 对应的信号流图

例 2.23　系统的信号流图如图 2.39 所示，试求其传递函数 $C(s)/R(s)$。

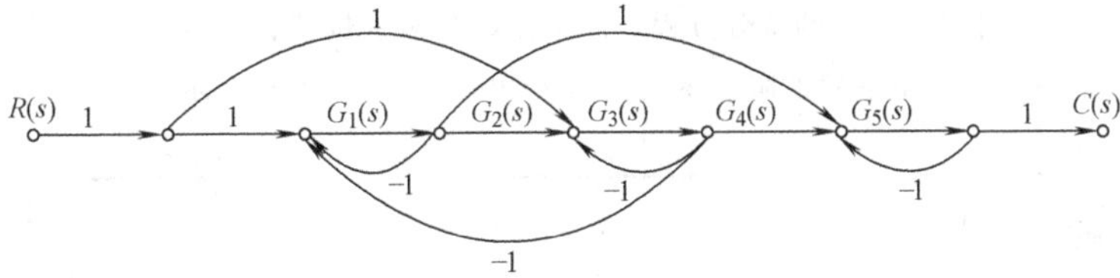

图 2.39　例 2.23 图

解：分析系统可知，有 4 条前向通路：

$$P_1=G_1G_2G_3G_4G_5,\ P_2=G_3G_4G_5,\ P_3=G_1G_5,\ P_4=-G_1G_3G_5$$

有 4 个回路

$$L_1=-G_1,\ L_2=-G_3,\ L_3=-G_5,\ L_4=-G_1G_2G_3$$

回路 L_1 与 L_2、L_2 与 L_3、L_1 与 L_3、L_4 与 L_3 两两互不接触，L_1 与 L_2 与 L_3 三个互不接触。前向通路与回路之间：P_2 与 L_1、P_3 与 L_2 两两互不接触。则

$$\begin{aligned}\Delta&=1-(L_1+L_2+L_3+L_4)+L_1L_2+L_2L_3+L_1L_3+L_3L_4-L_1L_2L_3\\&=1+G_1+G_3+G_5+G_1G_2G_3+G_1G_3+G_3G_5+G_1G_5+G_1G_2G_3G_5+G_1G_3G_5\end{aligned}$$

$$\Delta_1=\Delta_4=1,\Delta_2=1-L_1=1+G_1,\ \Delta_3=1-L_2=1+G_3$$

代入梅逊公式得

$$\begin{aligned}\frac{C(s)}{R(s)}&=\frac{P_1\Delta_1+P_2\Delta_2+P_3\Delta_3+P_4\Delta_4}{\Delta}\\&=\frac{G_1G_2G_3G_4G_5+G_3G_4G_5(1+G_1)+G_1G_5(1+G_3)-G_1G_3G_5}{1+G_1+G_3+G_5+G_1G_2G_3+G_1G_3+G_3G_5+G_1G_5+G_1G_2G_3G_5+G_1G_3G_5}\end{aligned}$$

2.10 本章小结

控制系统的数学模型是描述其元件及动静态特性的数学表达式或图形，是对系统进行分析研究的基本依据。用解析法建立系统的数学模型，一般是从列写微分方程入手。列写微分方程的关键是深入了解系统各元部件的工作原理，然后依据相应的物理、化学等定律，写出其微分方程。

传递函数是经典控制理论中最基本、最重要的概念。它是由微分方程在零初始条件下，经过拉氏变换得到的。传递函数只与系统的结构、参数有关，代表系统的固有属性。

动态结构图是数学模型的一种图形表达方式，它能形象直观地表示系统中信号的传递过程。根据动态结构图及其简化规则，可以求得系统的各种传递函数。信号流图是数学模型的另一种图形表达方式，它更为简洁。信号流图可以由微分方程组得到，也可以根据动态结构图得到。

利用梅逊公式求系统的传递函数，可以避免动态结构图或信号流图烦琐的化简过程。其关键是准确地分析系统输入和输出之间的前向通路和回路，以及它们之间的接触关系。

思考题与习题

2-1　试求图 2.40 中各机械系统的微分方程。图中，x_i 为输入位移，x_o 为输出位移，m 为质量块的质量，k 为弹簧的弹性模量，f 为阻尼器的阻尼系数，图 2.40a 中质量块的重力不计。

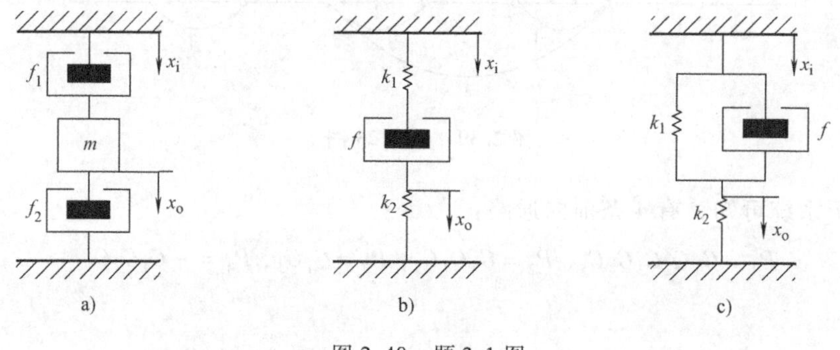

图 2.40　题 2-1 图

2-2　试求图 2.41 中各无源网络的传递函数，图中 $u_i(t)$ 是输入量，$u_o(t)$ 是输出量。

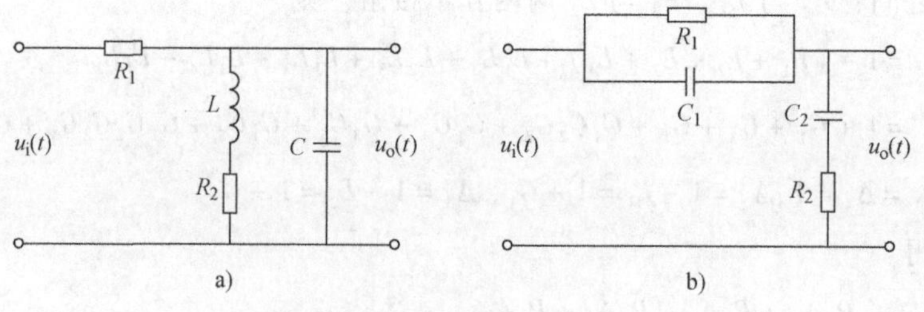

图 2.41　题 2-2 图

2-3　试求图 2.42 中各有源网络的传递函数，图中 $u_i(t)$ 是输入量，$u_o(t)$ 是输出量。

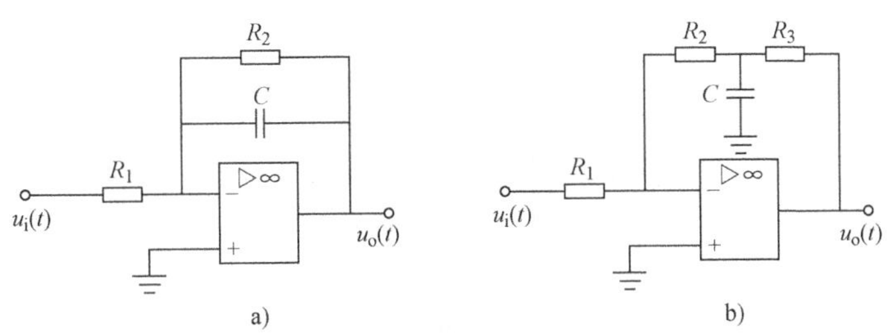

图 2.42　题 2-3 图

2-4　试求图 2.43 所示由运算放大器组成的各控制系统的传递函数 $U_o(s)/U_i(s)$。

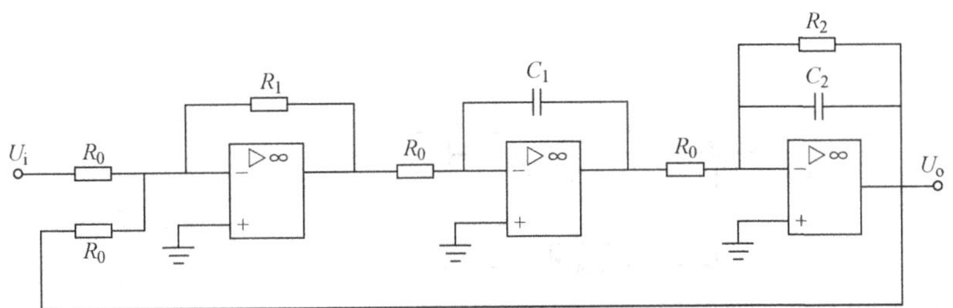

图 2.43　题 2-4 图

2-5　试绘制图 2.44 所示无源网络的动态结构图，并求传递函数 $U_o(s)/U_i(s)$。

2-6　系统的动态结构图如图 2.45 所示，试用等效变换法求传递函数 $C(s)/R(s)$。

2-7　系统的动态结构图如图 2.46 所示，试求传递函数 $C(s)/R(s)$ 和 $E(s)/R(s)$。

2-8　系统的动态结构图如图 2.47 所示，试写出系统在输入 $R(s)$ 和 $N(s)$ 共同作用下系统总输出 $C(s)$ 和总误差 $E(s)$ 的表达式。

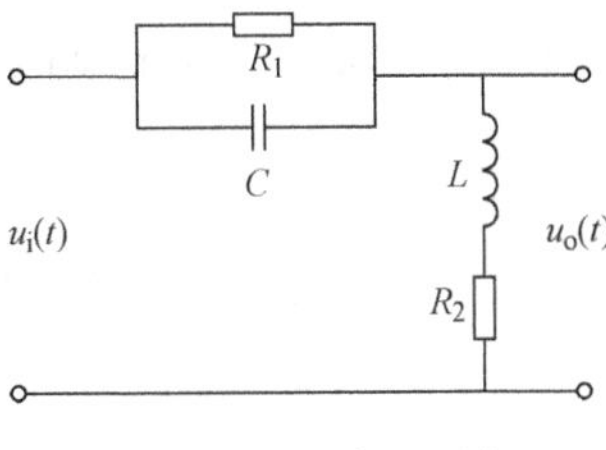

图 2.44　题 2-5 图

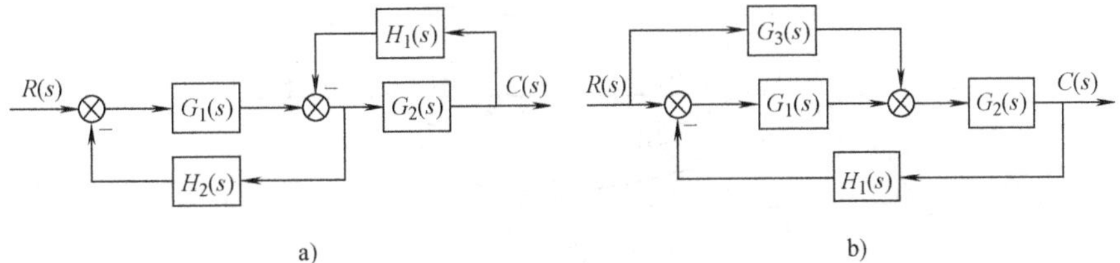

图 2.45　题 2-6 图

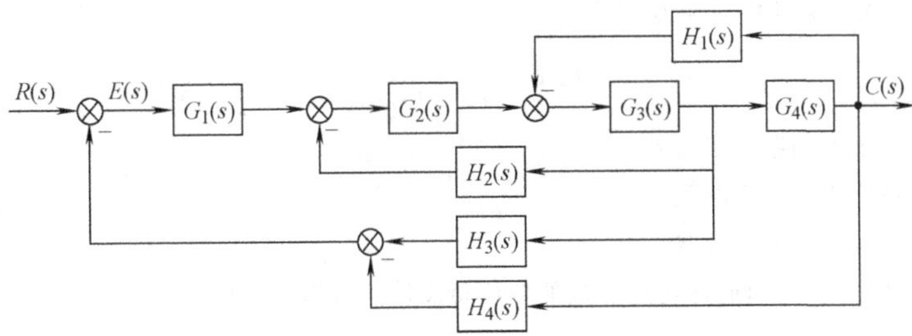

图 2.46　题 2-7 图

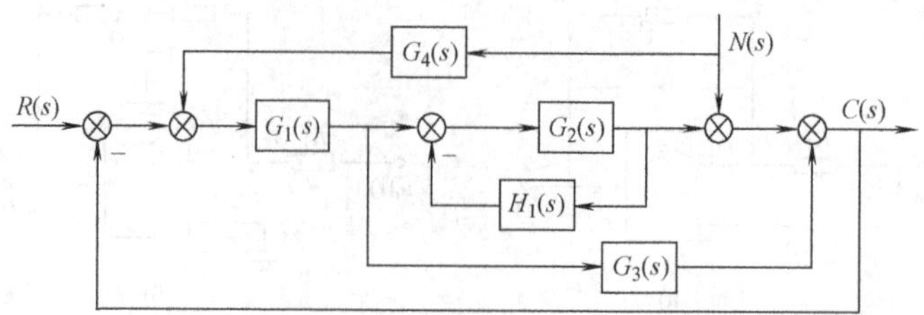

图 2.47　题 2-8 图

2-9　系统的动态结构图如图 2.48 所示，试画出其对应的信号流图，并求传递函数 $C(s)/R(s)$ 和 $E(s)/R(s)$。

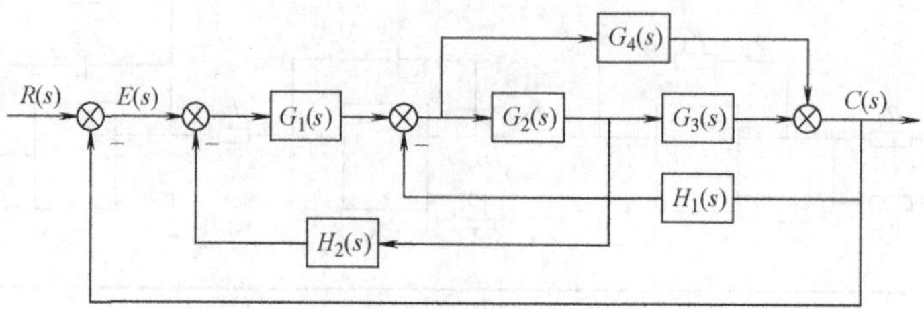

图 2.48　题 2-9 图

2-10　系统的信号流图如图 2.49 所示，试求其传递函数 $C(s)/R(s)$。

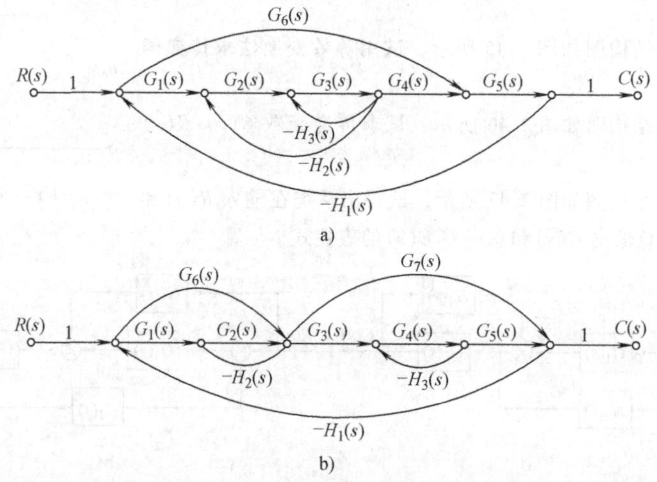

图 2.49　题 2-10 图

2-11　已知两系统传递函数分别为

（1）$G(s)=\dfrac{s^2+s+1}{s^3+4s^2+3s+3}$　　　（2）$G(s)=\dfrac{2(s+4)}{(s+1)(s+2)(s+3)}$

用 MATLAB 解决下列问题：

（1）建立各个系统传递函数模型。

（2）求两系统并联后新系统模型。

（3）求以系统（1）为前向通道传递函数的单位负反馈系统模型。

第 3 章　时域分析法

确定系统的数学模型是分析和设计系统的首要任务，在建立了合理的、便于分析的数学模型后，就可以运用适当的方法对控制系统的性能进行全面的分析和计算。如果性能不满足要求，还可找到改进系统性能的方法。

经典控制理论常用的分析控制系统性能的方法是时域分析法、根轨迹分析法或频率分析法。时域分析法是通过传递函数、拉氏变换及反变换求出系统在典型输入下的输出响应表达式，从而分析系统时间响应的全部信息。该方法具有直观和准确的优点，尤其适用于一、二阶系统性能的分析和计算。对二阶以上的高阶系统一般采用频率分析法和根轨迹分析法。

3.1　典型输入信号和时域性能指标

控制系统的性能指标分为动态性能指标和稳态性能指标。系统的输出响应不仅取决于系统本身的结构参数和初始状态，而且与输入信号的形式有关。但一般情况下，系统的外加输入信号具有随机性而无法预知，因此需要选择典型输入信号。系统的初始状态可以作统一规定，如规定为零初始状态。这样也便于对各种系统进行比较和研究。

3.1.1　典型输入信号

控制系统典型的输入信号有单位阶跃信号、单位斜坡信号、单位加速度信号、单位脉冲信号和正弦信号，如表 3.1 所示。

表 3.1　典型输入信号

名　称	时域表达式	拉氏变换	波形图
单位阶跃信号	$r(t)=1(t)\quad t\geqslant 0$	$\frac{1}{s}$	r(t), 1, O, t
单位斜坡信号	$r(t)=t\quad t\geqslant 0$	$\frac{1}{s^2}$	r(t), t, O, t
单位加速度信号	$r(t)=\frac{1}{2}t^2\quad t\geqslant 0$	$\frac{1}{s^3}$	r(t), $\frac{t^2}{2}$, O, t

（续）

名　称	时域表达式	拉氏变换	波形图
单位脉冲信号	$\begin{cases}\delta(t)=\begin{cases}\infty & t=0\\ 0 & t\neq 0\end{cases}\\ \int_{-\infty}^{\infty}\delta(t)\,\mathrm{d}t=1\end{cases}$	1	$r(t)$ $\delta(t)$ O t
正弦信号	$r(t)=A\sin\omega t$	$\dfrac{A\omega}{s^2+\omega^2}$	

单位阶跃信号相当于一个不变的信号突然加到系统上，如指令的突然转换、电源的突然接通、负荷的突变等，都可视为阶跃作用。

单位斜坡信号相当于随动系统中加入一个按恒速变化的位置信号。

单位加速度信号相当于系统中加入一个按加速度变化的位置信号。

单位脉冲信号在现实中是不存在的，它只有数学上的意义。在系统分析中，它是一个重要的数学工具。此外，在实际中有很多信号与脉冲信号相似，如脉冲电压信号、冲击力和阵风等。

用正弦信号作输入信号，可以求得系统在不同频率下正弦输入信号的稳态响应，由此可以间接判断系统的性能。

实际应用中具体采用哪种典型输入信号，取决于系统的常见工作状态。需要注意的是，在所有可能的输入信号中，往往选取最不利的信号作为系统的典型输入信号，这是系统分析的常见可行方法。

3.1.2 阶跃响应的动态性能指标

把初始状态为零的系统在典型输入信号作用下的输出响应，称为典型时间响应，如单位阶跃响应、单位斜坡响应和单位脉冲响应等。系统的时间响应，可划分为动态和稳态两个过程。时域中评价系统的动态性能，通常以系统对单位阶跃输入信号的动态响应为依据。这时系统的动态响应称为单位阶跃响应或单位过渡特性，典型的阶跃响应曲线如图 3.1 所示。为了评价系统的动态性能，规定如下指标：

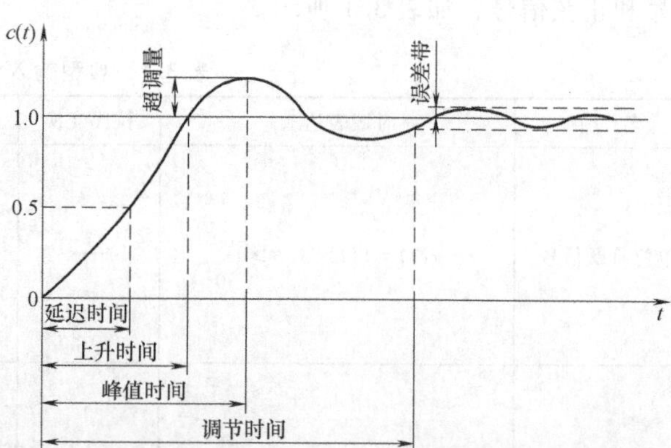

图 3.1　控制系统单位阶跃响应的性能指标

（1）延迟时间 t_{d}：指输出响应第一次达到稳态值的 50% 所需的时间。

（2）上升时间 t_{r}：指输出响应从稳态值的 10% 上升到 90% 所需的时间。对于有振荡的系统，则取响应从零到第一次达到稳态值所需的时间。

（3）峰值时间 t_{p}：指输出响应超过稳态值而达到第一个峰值所需的时间。

(4) 调节时间 t_s：指当输出量 $c(t)$ 和稳态值 $c(\infty)$ 之间的偏差达到允许范围（一般取 2% 或 5%）以后不再超过此值所需的最短时间。

(5) 最大超调量（或称超调量）M_p：指暂态过程中输出响应的最大值超过稳态值的百分数，即

$$M_p = \frac{[c(t_p) - c(\infty)]}{c(\infty)} \times 100\% \tag{3.1}$$

3.1.3 稳态性能指标

稳态误差是描述稳态性能指标的一种指标，是系统控制精度或抗干扰能力的一种度量。稳态误差 e_{ss} 是指稳态时系统输出实际值与希望值之差。

在上述几项指标中，峰值时间 t_p、上升时间 t_r 和延迟时间 t_d 均表征系统响应初始阶段的快慢；调节时间 t_s 表征系统过渡过程（暂态过程、动态过程）的持续时间，从总体上反映了系统的快速性；而超调量 M_p 反映动态过程的稳定性；稳态误差反映系统复现输入信号的最终精度。

3.2 一阶系统的时域分析

用一阶微分方程描述的系统称为一阶系统。一阶系统传递函数的标准形式为

$$G(s) = \frac{1}{Ts+1} \tag{3.2}$$

式中，T 称为时间常数，是表征系统惯性的一个重要参数。实际上一阶系统是一个非周期的惯性环节。图 3.2 为一阶系统的典型动态结构图。

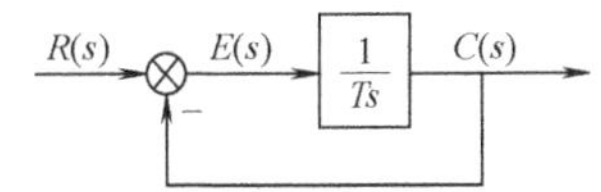

图 3.2 一阶系统的典型动态结构图

下面在不同的典型输入信号作用下分析一阶系统的时域响应。

3.2.1 单位阶跃响应

当输入信号 $r(t) = 1(t)$ 时，$R(s) = 1/s$，系统输出量的拉氏变换为

$$C(s) = \frac{1}{s(Ts+1)} = \frac{1}{s} - \frac{T}{Ts+1} \tag{3.3}$$

对式 (3.3) 取拉氏反变换，得单位阶跃响应为

$$c(t) = 1 - e^{-\frac{t}{T}} \quad (t \geqslant 0) \tag{3.4}$$

系统稳态值为 $c(\infty) = 1$。单位阶跃响应曲线如图 3.3 所示，这是一条单调上升的指数曲线。由系统的输出响应可得到如下的性能。

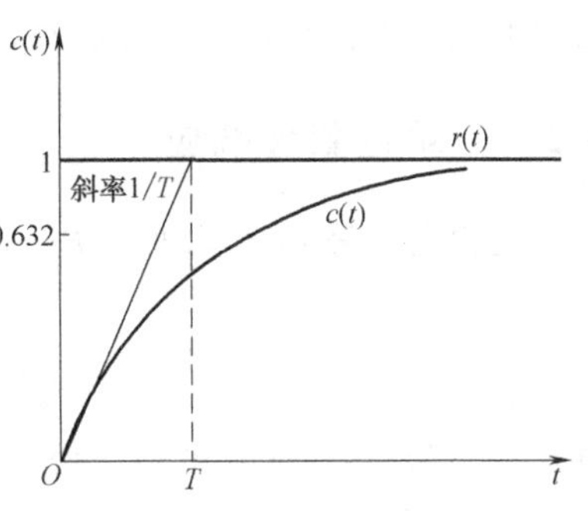

图 3.3 单位阶跃响应曲线

1) 由于 $c(t)$ 的终值为 1，因而系统的稳态误差为 0。

2）当 $t=T$ 时，$c(T)=0.632$。这表明当系统的单位阶跃响应达到稳态值的63.2%时的时间，就是该系统的时间常数 T。

3）单位阶跃响应曲线的初始斜率为$\frac{\mathrm{d}c(t)}{\mathrm{d}t}\Big|_{t=0}=\frac{1}{T}\mathrm{e}^{-\frac{t}{T}}\Big|_{t=0}=\frac{1}{T}$，表明一阶系统的单位阶跃响应如果以初始速度上升到稳态值1，所需的时间恰好等于 T。

4）根据动态性能指标的定义可以求得：

调节时间为　$t_s=3T$　（±5%的误差带）

$t_s=4T$　（±2%的误差带）

延迟时间为　$t_d=0.69T$

上升时间为　$t_r=2.20T$

可见，一阶系统的时间常数 T 越小，其响应过程越快；相反，时间常数越大，响应越慢。

3.2.2 单位脉冲响应

对于单位脉冲输入，$r(t)=\delta(t)$，$R(s)=1$，则

$$C(s)=\Phi(s)=\frac{1/T}{s+1/T} \tag{3.5}$$

对应的单位脉冲响应为

$$c(t)=\frac{1}{T}\mathrm{e}^{-\frac{t}{T}}\qquad(t\geqslant0) \tag{3.6}$$

单位脉冲响应曲线如图3.4所示。时间常数 T 越小，系统响应速度越快。

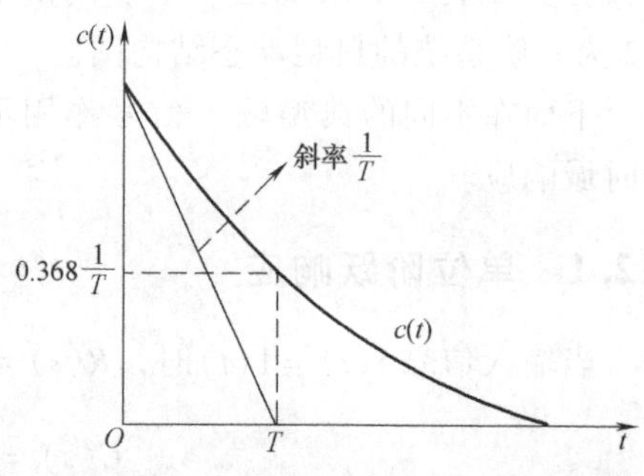

图3.4　单位脉冲响应曲线

在零初始条件下，一阶系统的闭环传递函数等于脉冲响应函数的拉氏变换，这一点适合其他各阶线性定常系统。为此，工程上常将单位脉冲输入信号作用在系统上，测出被测系统的单位脉冲响应，从而求出被测系统的闭环传递函数。但工程上无法得到理想脉冲输入，一般用一定脉宽 b 和有限幅度的矩形函数来代替，一般规定 $b<0.1T$。

3.2.3 单位斜坡响应

当输入信号 $r(t)=t$ 时，$R(s)=1/s^2$，系统输出量为

$$C(s)=\frac{1}{s^2(Ts+1)}=\frac{1}{s^2}-\frac{T}{s}+\frac{T^2}{Ts+1}\qquad(t\geqslant0) \tag{3.7}$$

对式（3.7）取拉氏反变换，得单位斜坡响应为

$$c(t)=(t-T)+T\mathrm{e}^{-\frac{t}{T}}\qquad(t\geqslant0) \tag{3.8}$$

其中第一项为稳态分量，第二项为暂态分量。单位斜坡响应曲线如图 3.5 所示。

由一阶系统的单位斜坡响应可分析出，系统存在稳态误差。因为 $r(t)=t$，输出稳态为 $t-T$，所以稳态误差为 $e_{ss}=t-(t-T)=T$。从提高斜坡响应的精度来看，要求一阶系统的时间常数 T 要小。

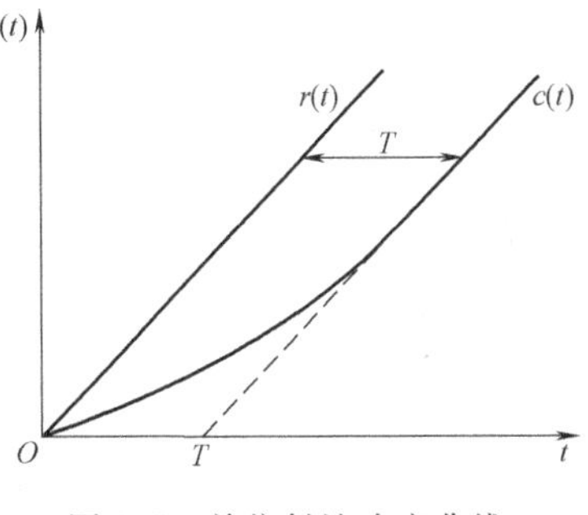

图 3.5　单位斜坡响应曲线

同样方法，也可以求出一阶系统的单位加速度响应，但可以发现一阶系统无法跟踪加速度输入函数。研究线性定常系统的时间响应，往往只需要对其中一种典型输入信号进行研究。

3.3　二阶系统的时域分析

凡是可用二阶微分方程描述的系统称为二阶系统。在工程实践中，二阶系统的应用极为普遍，特别是不少高阶系统在一定条件下可用二阶系统的特性来近似表征。因此，研究典型二阶系统的分析和计算方法，具有较大的实际意义。

3.3.1　典型的二阶系统

图 3.6 为典型的二阶系统动态结构图。系统的开环传递函数为

$$G(s)=\frac{\omega_n^2}{s(s+2\xi\omega_n)} \tag{3.9}$$

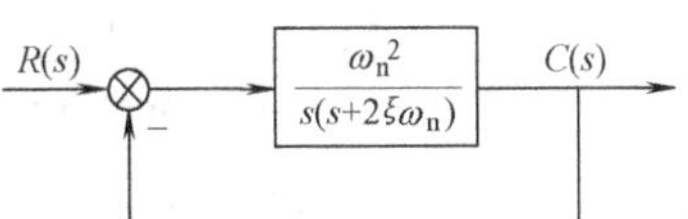

图 3.6　典型的二阶系统动态结构图

系统的闭环传递函数为

$$\Phi(s)=\frac{\omega_n^2}{s^2+2\xi\omega_n s+\omega_n^2} \tag{3.10}$$

式中，ξ 为典型二阶系统的阻尼比；ω_n 为无阻尼振荡频率。ξ 和 ω_n 是二阶系统的两个重要参数，系统响应特性完全由这两个参数来描述。典型二阶系统的特征方程式为

$$s^2+2\xi\omega_n s+\omega_n^2=0 \tag{3.11}$$

它的两个特征根是

$$s_{1,2}=-\xi\omega_n\pm\omega_n\sqrt{\xi^2-1} \tag{3.12}$$

当 $0<\xi<1$ 时，称为欠阻尼状态，特征根为一对实部为负的共轭复数根，即 $s_{1,2}=-\xi\omega_n\pm j\omega_n\sqrt{1-\xi^2}$。

当 $\xi=1$ 时，称为临界阻尼状态，特征根为两个相等的负实根，即 $s_{1,2}=-\omega_n$。

当 $\xi>1$ 时，称为过阻尼状态，特征根为两个不相等的负实根，即 $s_{1,2}=-\xi\omega_n\pm\omega_n\sqrt{\xi^2-1}$。

当 $\xi=0$ 时，称为无阻尼状态，特征根为一对纯虚根，即 $s_{1,2}=\pm j\omega_n$。

极点的分布与 ξ、ω_n 的关系如图 3.7 所示。当 $0<\xi<1$ 时，共轭复数极点 s_1、s_2 到原点的径向距离等于 ω_n。而 $s_{1,2}=-\sigma\pm j\omega_d$，其实部 $\sigma=\xi\omega_n$，称为衰减系数；虚部 $\omega_d=\omega_n$

$\sqrt{1-\xi^2}$，称为阻尼振荡频率。而阻尼比 ξ 决定了极点到原点的径向直线 OS_1 与负实轴夹角 β，即

$$\xi = \cos\beta \tag{3.13}$$

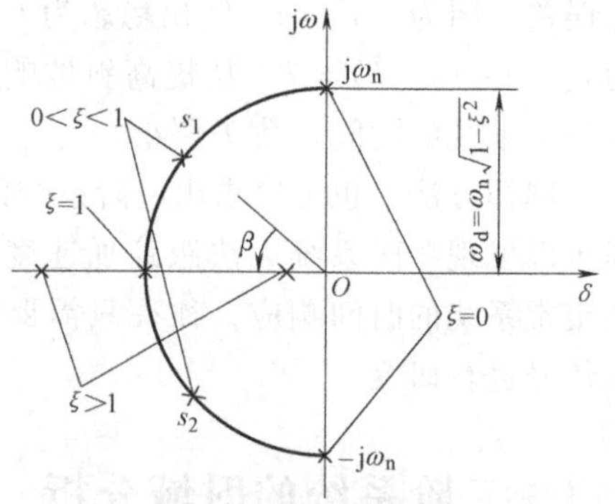

图 3.7　二阶系统根的分布图

3.3.2　二阶系统的单位阶跃响应

在单位阶跃函数作用下，二阶系统输出的拉氏变换为

$$C(s) = \Phi(s)R(s) = \frac{\omega_n^2}{s^2 + 2\xi\omega_n s + \omega_n^2}\frac{1}{s} \tag{3.14}$$

求 $C(s)$ 的拉氏反变换，可得典型二阶系统单位阶跃响应。由于阻尼比 ξ 为不同值时，特征根 $s_{1,2}$ 的形式不同，所以单位阶跃响应有不同的形式。下面分几种情况来分析二阶系统的暂态响应。

1. 欠阻尼情况（$0<\xi<1$）

系统输出量的拉氏变换为

$$C(s) = \frac{\omega_n^2}{s^2 + 2\xi\omega_n s + \omega_n^2}\frac{1}{s} = \frac{1}{s} - \frac{s+\xi\omega_n}{(s+\xi\omega_n)^2 + \omega_d^2} - \frac{\xi\omega_n}{(s+\xi\omega_n)^2 + \omega_d^2}$$

式中，$\omega_d = \omega_n\sqrt{1-\xi^2}$。对上式进行拉氏反变换，则欠阻尼二阶系统的单位阶跃响应为

$$c(t) = 1 - \frac{1}{\sqrt{1-\xi^2}}e^{-\xi\omega_n t}\sin(\omega_d t + \beta) \quad (t \geqslant 0) \tag{3.15}$$

式中

$$\sin\beta = \sqrt{1-\xi^2},\ \cos\beta = \xi \tag{3.16}$$

由式（3.15）知，欠阻尼二阶系统的单位阶跃响应由两部分组成，第一项为稳态分量，第二项为暂态分量。它是一个幅值按指数规律衰减的有阻尼的正弦振荡，振荡角频率为 ω_d。

2. 临界阻尼情况（$\xi=1$）

系统输出量的拉氏变换为

$$C(s) = \frac{\omega_n^2}{s(s^2 + 2\omega_n s + \omega_n^2)} = \frac{1}{s} - \frac{\omega_n}{(s+\omega_n)^2} - \frac{1}{s+\omega_n}$$

其拉氏反变换为

$$c(t) = 1 - e^{-\omega_n t}(1 + \omega_n t) \quad (t \geqslant 0) \tag{3.17}$$

式（3.17）表明，临界阻尼二阶系统的单位阶跃响应是稳态值为 1 的非周期上升过程，整个响应特性不产生振荡。

3. 过阻尼情况（$\xi>1$）

系统输出量的拉氏变换为

$$C(s) = \frac{\omega_n^2}{(s-s_1)(s-s_2)}\frac{1}{s}$$

其拉氏反变换为

$$c(t)=1-\frac{1}{2\sqrt{\xi^2-1}}\left[\frac{e^{-(\xi-\sqrt{\xi^2-1})\omega_n^2 t}}{\xi-\sqrt{\xi^2-1}}-\frac{e^{-(\xi+\sqrt{\xi^2-1})\omega_n^2 t}}{\xi+\sqrt{\xi^2-1}}\right] \quad (t\geqslant 0) \tag{3.18}$$

式（3.18）表明，系统响应含有两个单调衰减的指数项，它们的代数和绝不会超过稳态值1，因而过阻尼二阶系统的单位阶跃响应是非振荡的。

4. 无阻尼情况（$\xi=0$）

系统输出量的拉氏变换为

$$C(s)=\frac{\omega_n^2}{s(s^2+\omega_n^2)}$$

因此输出的阶跃响应为

$$c(t)=1-\cos\omega_n t \quad (t\geqslant 0) \tag{3.19}$$

式（3.19）表明，系统为不衰减的振荡，其振荡频率为 ω_n，系统属于不稳定系统。

典型二阶系统的单位阶跃响应曲线如图3.8所示。可以看出，在不同阻尼比 ξ 时，二阶系统的闭环极点和暂态响应有很大区别，阻尼比 ξ 为二阶系统的重要特征参量。当 $\xi=0$ 时，系统不能正常工作，而在 $\xi>1$ 时，系统暂态响应又进行得太慢，所以对二阶系统来说，欠阻尼情况是最有意义的。工程上一般取阻尼比在0.4～0.8之间，此时超调量适度，调节时间较短。下面讨论这种情况下的暂态特性指标。

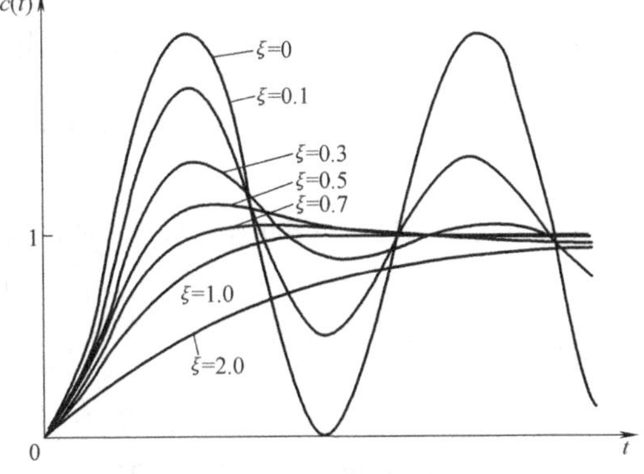

图3.8　典型二阶系统的单位阶跃响应

3.3.3　系统的暂态性能指标

1. 上升时间 t_r

根据定义，当 $t=t_r$ 时，$c(t_r)=1$。由式（3.15）得

$$\frac{1}{\sqrt{1-\xi^2}}e^{-\xi\omega_n t_r}\sin(\omega_d t_r+\beta)=0 \tag{3.20}$$

由于 $\frac{1}{\sqrt{1-\xi^2}}\neq 0$，$e^{-\xi\omega_n t_r}\neq 0$，所以有 $\omega_d t_r+\beta=\pi$。于是上升时间为

$$t_r=\frac{\pi-\beta}{\omega_d} \tag{3.21}$$

显然，增大 ω_n 或减小 ξ，均能减小 t_r，从而加快系统的初始响应速度。

2. 峰值时间 t_p

将式（3.15）对时间 t 求导，并令其为零，可求得

$$-\xi\omega_n e^{-\xi\omega_n t_p}\sin(\omega_d t_p+\beta)+\omega_d e^{-\xi\omega_n t_p}\cos(\omega_d t_p+\beta)=0$$

从而得

$$\tan(\omega_d t_p + \beta) = \frac{\sqrt{1-\xi^2}}{\xi}$$

因为 $\tan\beta = \frac{\sqrt{1-\xi^2}}{\xi}$，从而得 $\omega_d t_p = 0$，π，2π，…。

按峰值时间定义，它对应最大超调量，即 $c(t)$ 第一次出现峰值所对应的时间 t_p，所以应取

$$t_p = \frac{\pi}{\omega_d} = \frac{\pi}{\sqrt{1-\xi^2}\,\omega_n} \quad (t \geqslant 0) \tag{3.22}$$

式（3.22）说明，峰值时间恰好等于阻尼振荡周期的一半。当 ξ 一定时，极点距实轴越远，t_p 越小。

3. 超调量 M_P

当 $t = t_p$ 时，$c(t)$ 有最大值 $c(t)_{\max}$，即 $c(t)_{\max} = c(t_p)$。对于单位阶跃输入，系统的稳态值 $c(\infty) = 1$，将峰值时间表达式（3.22）代入式（3.15），得最大输出为

$$c(t)_{\max} = c(t_p) = 1 - \frac{e^{-\frac{\xi\pi}{\sqrt{1-\xi^2}}}}{\sqrt{1-\xi^2}}\sin(\pi + \beta)$$

因为 $\sin(\pi + \beta) = -\sin\beta = -\sqrt{1-\xi^2}$，所以

$$c(t_p) = 1 + e^{-\frac{\xi\pi}{\sqrt{1-\xi^2}}}$$

则超调量为

$$M_P = e^{-\frac{\xi\pi}{\sqrt{1-\xi^2}}} \times 100\% \tag{3.23}$$

可见，超调量仅由 ξ 决定，ξ 越大，M_p 越小。

4. 调节时间 t_s

根据调节时间的定义，t_s 应由下式求出

$$\Delta c = c(\infty) - c(t) = \left| \frac{e^{-\xi\omega_n t_s}}{\sqrt{1-\xi^2}}\sin(\omega_d t_s + \beta) \right| \leqslant \Delta$$

求解上式十分困难。由于正弦函数的存在，t_s 值与 ξ 间的函数关系是不连续的，为了简便起见，可采用近似的计算方法，忽略正弦函数的影响，认为指数函数衰减到 $\Delta = 0.05$ 或 $\Delta = 0.02$ 时，暂态过程即进行完毕，即

$$\Delta = \left| \frac{e^{-\xi\omega_n t_s}}{\sqrt{1-\xi^2}}\sin(\omega_d t_s + \beta) \right| \leqslant \frac{e^{-\xi\omega_n t_s}}{\sqrt{1-\xi^2}} \tag{3.24}$$

工程上，常近似取

$$t_s(5\%) \approx \frac{3.5}{\xi\omega_n} \quad 0 < \xi < 0.9 \tag{3.25}$$

$$t_s(2\%) \approx \frac{4.4}{\xi\omega_n} \quad 0 < \xi < 0.9 \tag{3.26}$$

通过以上分析可知，t_s 近似与 $\xi\omega_n$ 成反比。在设计系统时，ξ 通常由要求的最大超调量决定，所以调节时间 t_s 由无阻尼振荡频率 ω_n 所决定。也就是说，在不改变超调量的条件

下，通过改变 ω_n 值来改变调节时间 t_s。

由以上讨论可知，阻尼比 ξ 是二阶系统的重要参数，其重要性体现在以下几点：

1）ξ 值的大小决定了二阶系统的阻尼状态，也就是决定了二阶系统的暂态品质。

2）一般情况下，系统在欠阻尼情况下工作。因为当 $\xi\leqslant 0$ 时输出量作等幅振荡或发散振荡，系统不能稳定工作。在 $\xi\geqslant 1$ 情况下，系统又反应迟缓，调节时间较长。

3）ξ 不能过小，否则超调量大，振荡次数多，调节时间长，暂态特性品质差。由于超调量只和阻尼比有关，因此通常可以根据允许的超调量来选择阻尼比 ξ。工程上一般取阻尼比在 0.4 ~ 0.8 之间，这时阶跃响应的超调量将在 25% ~ 1.5% 之间。

4）调节时间与系统阻尼比 ξ 和 ω_n 这两个特征参数的乘积成反比。在阻尼比一定时，可通过改变 ω_n 来改变暂态响应的持续时间。ω_n 越大，系统的调节时间越短。

例 3.1 开环传递函数 $G(s)=\dfrac{K}{s(Ts+1)}$ 的单位反馈随动系统如图 3.9 所示。求系统的特征参数 ξ 和 ω_n，并分析 K 和 T 与性能指标的关系（假设 $0<\xi<1$）。

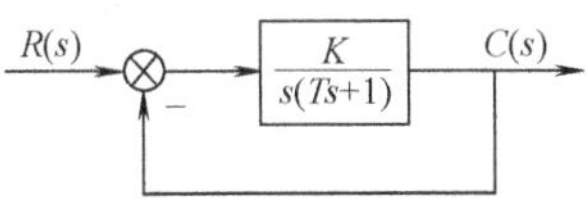

图 3.9 例 3.1 的结构图

解： 闭环系统的传递函数为

$$\Phi(s)=\frac{K}{Ts^2+s+K}=\frac{\frac{K}{T}}{s^2+\frac{1}{T}s+\frac{K}{T}}=\frac{\omega_n^2}{s^2+2\xi\omega_n s+\omega_n^2}$$

比较上式中对应参数得到

$$\omega_n^2=\frac{K}{T},\ 2\xi\omega_n=\frac{1}{T}$$

即

$$\omega_n=\sqrt{\frac{K}{T}},\ \xi=\frac{1}{2\sqrt{KT}}$$

当 $0<\xi<1$ 时，K 和 T 与特征参数 ξ 和 ω_n 以及性能指标的关系如下：

当 $K\uparrow\rightarrow\xi\downarrow\rightarrow M_p\uparrow$；当 $T\uparrow\rightarrow\xi\downarrow\rightarrow M_p\uparrow\rightarrow\omega_n\downarrow\rightarrow t_s\uparrow$。

例 3.2 系统的结构图和单位阶跃响应曲线如图 3.10 所示，试确定 K_1、K_2 和 a 的值。

解： 根据图 3.10a 中系统的结构图可求出闭环传递函数为

$$\frac{C(s)}{R(s)}=\frac{K_1K_2}{s^2+as+K_2}$$

当输入为单位阶跃信号，即 $R(s)=1/s$ 时，输出 $C(s)$ 为

$$C(s)=\frac{K_1K_2}{s(s^2+as+K_2)}$$

稳态输出为

$$C(\infty)=\lim_{s\to 0}s\frac{K_1K_2}{s(s^2+as+K_2)}=2$$

于是求得 $K_1=2$。

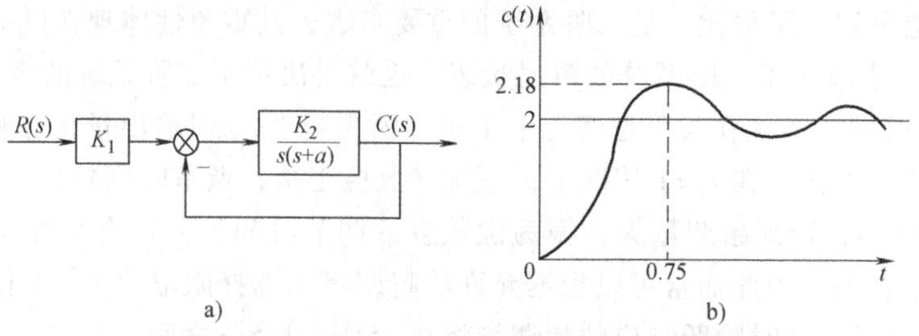

图 3.10　例 3.2 的系统结构图和单位阶跃响应曲线

由图 3.10b 中系统的单位阶跃响应曲线可知

$$M_p=\frac{2.18-2}{2}=0.09,\ t_p=0.75\text{s}$$

对应的计算公式为

$$M_p=\mathrm{e}^{-\frac{\xi\pi}{\sqrt{1-\xi^2}}}\qquad t_p=\frac{\pi}{\omega_n\sqrt{1-\xi^2}}$$

因此可解得 $\xi=0.6$，$\omega_n=5.6\text{rad/s}$。将结果代入二阶系统闭环传递函数标准表达式中，得

$$\frac{C(s)}{R(s)}=\frac{K_1K_2}{s^2+as+K_2}=\frac{K_1\omega_n^2}{s^2+2\xi\omega_n s+\omega_n^2}$$

于是可得

$$K_2=\omega_n^2=5.6^2=31.36,\ a=2\xi\omega_n=6.72$$

例 3.3　控制系统的结构图如图 3.11 所示。要求系统单位阶跃响应的超调量 $M_p=0.095$，且峰值时间 $t_p=0.5\text{s}$。试确定 K_1 与 τ 的值，并计算在此情况下系统的上升时间 t_r 和调节时间 t_s（2%）。

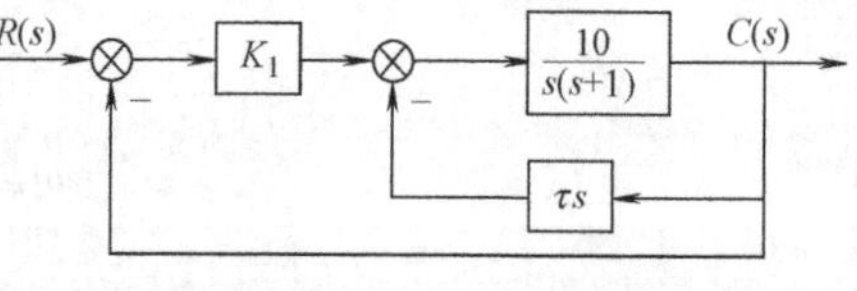

图 3.11　例 3.3 的结构图

解：由图可得控制系统的闭环传递函数为

$$\frac{C(s)}{R(s)}=\frac{10K_1}{s^2+(1+10\tau)s+10K_1}$$

系统的特征方程为 $s^2+(1+10\tau)s+10K_1=0$，所以

$$10K_1=\omega_n^2,\ 2\xi\omega_n=1+10\tau$$

由题设条件

$$M_p=\mathrm{e}^{-\xi\pi/\sqrt{1-\xi^2}}=0.095,\ t_p=\frac{\pi}{\omega_n\sqrt{1-\xi^2}}=0.5\text{s}$$

可解得 $\xi=0.6$，$\omega_n=7.845\text{rad/s}$，进而求得

$$K_1=\frac{\omega_n^2}{10}=6.15,\ \tau=\frac{2\xi\omega_n-1}{10}=0.84$$

在此情况下系统的上升时间为

$$t_r = \frac{\pi - \beta}{\omega_n \sqrt{1-\xi^2}} = 0.35\text{s} \quad \beta = \arccos\xi = 53.1° = 0.9273\text{rad}$$

调节时间为
$$t_s(2\%) \approx \frac{4.4}{\xi\omega_n} = 0.93\text{s}$$

3.4 高阶系统的时域分析

阶数超过二阶的系统常被称为高阶系统。高阶系统的传递函数可表示为

$$\Phi(s) = \frac{b_0 s^m + b_1 s^{m-1} + \cdots b_{m-1}s + b_m}{a_0 s^n + a_1 s^{n-1} + \cdots a_{n-1}s + a_n} \quad (n \geqslant m) \tag{3.27}$$

将式（3.27）转换成零、极点形式，则闭环传递函数可表示为

$$\Phi(s) = \frac{K\prod_{i=1}^{m}(s - z_i)}{\prod_{j=1}^{q}(s - p_j)\prod_{k=1}^{r}(s^2 + 2\xi_k\omega_{nk}s + \omega_{nk}^2)} \tag{3.28}$$

式中，q 为闭环实极点的个数；r 为闭环共轭复数极点的对数，即 $n = q + 2r$。

当输入信号为单位阶跃信号时，将输出信号用部分分式展开得

$$C(s) = \frac{A_0}{s} + \sum_{j=1}^{q}\frac{A_j}{s - p_j} + \sum_{k=1}^{r}\frac{B_K(s + \xi_k\omega_{nk}) + C_k\omega_{nk}\sqrt{1-\xi_k^2}}{s^2 + 2\xi_k\omega_{nk}s + \omega_{nk}^2} \tag{3.29}$$

对式（3.29）取反拉氏变换得

$$\begin{aligned} c(t) = A_0 + \sum_{j=1}^{q}A_j e^{p_j t} + \sum_{k=1}^{r}B_K e^{-\xi_k\omega_{nk}t}\cos\omega_{nk}\sqrt{1-\xi_k^2}t + \\ \sum_{k=1}^{r}C_K e^{-\xi_k\omega_{nk}t}\sin\omega_{nk}\sqrt{1-\xi_k^2}t \qquad (t \geqslant 0) \end{aligned} \tag{3.30}$$

分析式（3.30）可知，高阶系统的单位阶跃响应由三部分组成：稳态分量、实极点构成的衰减指数项分量和共轭复数极点形成的振荡分量。也可以将高阶系统的阶跃响应看作由简单函数项组成，即由一阶、二阶系统的响应组成。暂态响应不仅与闭环极点 p_j、$-\xi_k\omega_{nk}\pm j\omega_{nk}\sqrt{1-\xi_k^2}$有关，而且与系数 A_j、B_k、C_k 有关。所以，高阶系统的单位阶跃响应取决于闭环系统的零、极点分布。下面进一步说明。

1. 极点的影响

如果高阶系统的闭环极点为实数或共轭复数，且全部位于 s 左半平面，则分别对应时域表达式的指数衰减项或衰减正弦项。由式（3.30）可知，随着时间的推移，系统的暂态分量不断衰减，最后只剩下由极点所决定的稳态分量。此时的系统称为稳定系统。稳定性是系统正常工作的首要条件，3.5 节将详细探讨系统的稳定性。

衰减的快慢取决于极点离虚轴的距离：距虚轴近的极点对应的项衰减得慢；距虚轴远的极点对应的项衰减得快。同时，距虚轴近的极点对应的系数大，而距虚轴远的极点对应的系数小。所以，距虚轴近的极点对瞬态响应影响大。

2. 零点的影响

零点不影响响应的形式，零点只影响各项的系数。零点若靠近某个极点，则该极点对应项的系数就小。若有一对零、极点之间的距离是极点到虚轴距离的十分之一以上，这对零、极点称为偶极子。可以忽略偶极子对瞬态响应的影响。

3. 主导极点

闭环系统若存在离虚轴最近的一对共轭极点或一个实极点，极点附近无零点，其他极点距虚轴的距离是离虚轴最近的极点距虚轴距离的 5 倍以上，这样的极点称为主导极点。具有主导极点的高阶系统可近似为二阶或一阶系统。此时高阶系统的特性可用等效低阶系统的特性做近似的估计分析。

3.5 系统的稳定性分析

稳定性是一个线性系统正常工作的首要条件。在实际控制系统中，常常受到外部或内部因素的干扰，如环境变化、负载变化和元器件参数漂移等。所谓稳定性，是指系统受到扰动作用后偏离原来的平衡状态，在扰动作用消失后，经过一段过渡时间能否回复到原来的平衡状态或足够准确地回到原来的平衡状态的性能。若系统能回复到原来的平衡状态，则称系统是稳定的；若扰动消失后系统不能回复到原来的平衡状态，则称系统是不稳定的。

3.5.1 系统稳定性的充分必要条件

线性系统的稳定性取决于系统本身固有的特性，与外界条件无关。从前面暂态特性分析中可以看出，暂态分量的衰减与否，取决于系统闭环传递函数的极点（系统的特征根）在 s 平面的分布：如果所有极点都分布在 s 平面的左侧，系统的暂态分量将逐渐衰减为零，则系统是稳定的；如果有共轭极点分布在 s 平面的虚轴上，则系统的暂态分量做等幅振荡，系统处于临界稳定状态；如果有闭环极点分布在 s 平面的右侧，系统具有发散的暂态分量，则系统是不稳定的。所以，线性系统稳定的充分必要条件是：系统特征方程式所有的根（即闭环传递函数的极点）全部为负实数或为具有负实部的共轭复数，也就是所有的极点分布在 s 平面虚轴的左侧。

可通过直接求解特征方程式的根来判断系统的稳定性。例如，一阶系统的特征方程式为

$$a_0 s + a_1 = 0$$

特征方程根为

$$s = -\frac{a_1}{a_0}$$

显然特征方程式的根为负的充分必要条件是 a_0、a_1 均为正值，即

$$a_0 > 0, a_1 > 0 \tag{3.31}$$

再如，二阶系统的特征方程式为

$$a_0 s^2 + a_1 s + a_2 = 0$$

特征方程根为

$$s_{1,2} = -\frac{a_1}{2a_0} \pm \sqrt{\left(\frac{a_1}{2a_0}\right)^2 - \frac{a_2}{a_0}}$$

要使系统稳定，特征方程式的根必须有负实部。因此二阶系统稳定的充分必要条件是

$$a_0>0,a_1>0,a_2>0 \tag{3.32}$$

由于求解高阶系统特征方程式的根很麻烦，所以对高阶系统一般都采用间接方法来判断其稳定性。经常应用的间接方法是代数稳定判据（也称劳斯-赫尔维茨判据）、频率稳定判据（也称奈奎斯特判据）。本章只介绍代数判据，频率稳定判据将在第 5 章中介绍。

3.5.2 劳斯-赫尔维茨稳定判据

1877 年和 1895 年，劳斯和赫尔维茨分别独立提出了判断系统稳定性的代数判据，统称为劳斯-赫尔维茨稳定判据。

1. 劳斯稳定判据

首先列出系统特征方程式

$$D(s)=a_0s^n+a_1s^{n-1}+a_2s^{n-2}+\cdots+a_{n-1}s+a_n=0 \tag{3.33}$$

式中各个项系数均为实数，且使 $a_0>0$。

根据特征方程式列出劳斯表

$$\begin{array}{llllll}
s^n & a_0 & a_2 & a_4 & a_6 & \cdots \\
s^{n-1} & a_1 & a_3 & a_5 & a_7 & \cdots \\
s^{n-2} & b_1 & b_2 & b_3 & b_4 & \cdots \\
s^{n-3} & c_1 & c_2 & c_3 & c_4 & \cdots \\
\cdot & \cdot & \cdot & & & \\
\cdot & \cdot & \cdot & & & \\
\cdot & \cdot & \cdot & & & \\
s^2 & e_1 & e_2 & & & \\
s^1 & f_1 & & & & \\
s^0 & g_1 & & & &
\end{array}$$

表中各未知元素由计算得出，其中

$$b_1=\frac{a_1a_2-a_0a_3}{a_1},b_2=\frac{a_1a_4-a_0a_5}{a_1},b_3=\frac{a_1a_6-a_0a_7}{a_1},\cdots$$

$$c_1=\frac{b_1a_3-a_1b_2}{b_1},c_2=\frac{b_1a_5-a_1b_3}{b_1},c_3=\frac{b_1a_7-a_1b_4}{b_1},\cdots$$

用同样的方法求取表中其余行的系数，一直到第 $n+1$ 行排完为止。

根据劳斯表中第一列各元素的符号，用劳斯稳定判据来判断系统的稳定性。劳斯稳定判据的内容如下：

如果劳斯表中第一列的系数均为正值，则其特征方程式的根都在 s 的左半平面，相应的系统是稳定的。如果劳斯表中第一列系数的符号发生变化，则系统不稳定，且第一列元素正负号的改变次数等于特征方程式的根在 s 平面右半部分的个数。

例 3.4 三阶系统的特征方程式为 $D(s)=a_0s^3+a_1s^2+a_2s+a_3=0$，使用劳斯稳定判据求

使系统稳定的充要条件。

解：列出劳斯表为

s^3	a_0	a_2
s^2	a_1	a_3
s^1	$\dfrac{a_1a_2-a_0a_3}{a_1}$	
s^0	a_3	

系统稳定的充要条件是

$$a_0>0, a_1>0, a_2>0, a_3>0, a_1a_2-a_0a_3>0$$

例 3.5 设系统的特征方程式为

$$D(s)=s^4+2s^3+3s^2+4s+5=0$$

使用劳斯稳定判据判断系统的稳定性。

解：劳斯表如下：

s^4	1	3	5
s^3	2	4	
s^2	$(2\times3-1\times4)/2=1$	$(2\times5-1\times0)/2=5$	
s^1	$(1\times4-2\times5)=-6$		
s^0	$-(-6\times5)=5$		

劳斯表左端第一列中有负数，所以系统不稳定；又由于第一列数的符号改变两次，$1\to-6\to5$，所以系统有两个根在 s 平面的右半平面。

2. 劳斯稳定判据的两种特殊情况

在应用劳斯稳定判据判断系统稳定性时，可能会遇到以下两种特殊情况，使得数组表的计算无法继续进行，需要进行相应的数学处理。

(1) 劳斯表中某一行的第一列项为零，但其余各项不为零，或不全为零

此时，可以用一个很小的正数 ε 代替这个零元素，并据此计算出数组中其余各项。如果劳斯表第一列中 ε 上、下各项的符号相同，则说明系统存在一对虚根，系统处于临界稳定状态；如果 ε 上、下各项的符号不同，表明有符号变化，则系统不稳定。

例 3.6 系统的特征方程式为

$$D(s)=s^4+2s^3+s^2+2s+1=0$$

试用劳斯稳定判据判别系统的稳定性。

解：特征方程式各项系数均为正数，劳斯表如下：

s^4	1	1	1
s^3	2	2	
s^2	$0(\varepsilon)$	1	
s^1	$2-2/\varepsilon$		
s^0	1		

因为 ε 是很小的正数，s^1 行第一列元素就是一个绝对值很大的负数。整个劳斯表中第一列元素符号共改变两次，所以系统有两个位于右半 s 平面的根。

（2）劳斯表中出现全零行

这种情况表明系统存在一些绝对值相同，但符号相异的特征根。如存在两个大小相等符号相反的实根和（或）两个共轭虚根，或存在更多的这种大小相等，但在 s 平面上位置径向相反的根。

可用该全零行上面一行的系数构成一个辅助方程式 $A(s)=0$，将对辅助方程式求导后的系数用来取代该全零行的元素，便可以按劳斯稳定判据的要求继续计算其余各行。s 平面中这些大小相等、径向相反的根可以通过辅助方程式得到。

例 3.7 系统特征方程式为

$$s^5+s^4+3s^3+3s^2+2s+2=0$$

使用劳斯稳定判据判别系统的稳定性。

解：该系统劳斯表如下：

s^5	1	3	2
s^4	1	3	2
s^3	0	0	

由上表可以看出，s^3 行的各项全部为零。为了求出 s^3 各行的元素，将 s^4 行的各行组成辅助方程式为

$$A(s)=s^4+3s^2+2s^0=0$$

将辅助方程式 $A(s)$ 对 s 求导数得

$$\frac{\mathrm{d}A(s)}{\mathrm{d}s}=4s^3+6s=0$$

用上式中的各项系数作为 s^3 行的系数，并计算以下各行的系数，得劳斯表为

s^5	1	3	2
s^4	1	3	2
s^3	4	6	
s^2	3/2	2	
s^1	2/3		
s^0	2		

从上表的第一列可以看出，各行符号没有改变，说明系统没有特征根在 s 右半平面。由辅助方程式 $A(s)=0$，可解得系统有两对共轭虚根 $s_{1,2}=\pm\mathrm{j}$，$s_{3,4}=\pm\sqrt{2}\mathrm{j}$，因而系统处于临界稳定状态。

3. 赫尔维茨稳定判据

使用赫尔维茨稳定判据判定系统稳定的充分必要条件是：由系统特征方程式（3.33）所构成的主行列式 Δ_n 及其顺序主子式 $\Delta_i(i=1,2,\cdots,n-1)$ 全为正，即

$$\Delta_1 = a_1 > 0, \Delta_2 = \begin{vmatrix} a_1 & a_3 \\ a_0 & a_2 \end{vmatrix} > 0, \Delta_3 = \begin{vmatrix} a_1 & a_3 & a_5 \\ a_0 & a_2 & a_4 \\ 0 & a_1 & a_3 \end{vmatrix} > 0, \cdots$$

$$\Delta_n = \begin{vmatrix} a_1 & a_3 & a_5 & \cdots & 0 & 0 \\ a_0 & a_2 & a_4 & \cdots & 0 & 0 \\ 0 & a_1 & a_3 & \cdots & 0 & 0 \\ 0 & a_0 & a_2 & \cdots & 0 & 0 \\ 0 & 0 & a_1 & \cdots & 0 & 0 \\ 0 & 0 & a_0 & \cdots & 0 & 0 \\ \vdots & \vdots & \vdots & & \vdots & \vdots \\ 0 & 0 & 0 & \cdots & a_n & 0 \\ 0 & 0 & 0 & \cdots & a_{n-1} & 0 \\ 0 & 0 & 0 & \cdots & a_{n-2} & a_n \end{vmatrix} > 0$$

根据赫尔维茨稳定判据可得：

当 $n=2$ 时，系统稳定的充要条件为特征方程的各项系数均为正。

当 $n=3$ 时，系统稳定的充要条件为特征方程的各项系数均为正，且 $a_1a_2 - a_0a_3 > 0$。

当 $n=4$ 时，系统稳定的充要条件为特征方程的各项系数均为正，且 $a_1a_2 - a_0a_3 > 0$ 以及 $\Delta_2 > a_1^2a_4/a_3$。

赫尔维茨稳定判据一般应用于判断系统特征方程的次数较低的情况，当系统特征方程的次数较大时，判断的计算量会大大增加。

例 3.8 某单位负反馈系统的开环传递函数为

$$G(s) = \frac{K(s+1)}{s(3s+1)(2s+1)}$$

使用赫尔维茨稳定判据确定闭环系统稳定时，K 的取值范围。

解： 由题意可得，闭环系统的特征方程为

$$D(s) = 6s^3 + 5s^2 + (1+K)s + K = 0$$

根据赫尔维茨稳定判据，首先要求各项系数均为正，即 $K>0$，并且要求 $a_1a_2 - a_0a_3 > 0$，即 $K<5$。

因此得到闭环系统稳定时，K 值的取值范围是 $0<K<5$。

3.5.3 代数稳定判据的应用

代数稳定判据主要是用来判断系统的稳定性，同时也可以检验系统的稳定裕量、求解系统的临界参数、分析系统的结构参数对稳定性的影响、鉴别延迟系统的稳定性等，并从中可

以得到一些重要的结论。

1. 判断系统内部参数变化对稳定性的影响

若讨论的参数为开环放大系数，使系统稳定的开环放大系数的临界值称为临界放大系数，用 K_1 表示。

例 3.9 大型焊接机器人的焊接头要求能自动移动到不同的位置，这要求控制系统有快速准确的响应。焊接头位置控制系统的结构图如图 3.12 所示，试确定参数 K 和 a 的范围，以保证系统的稳定。

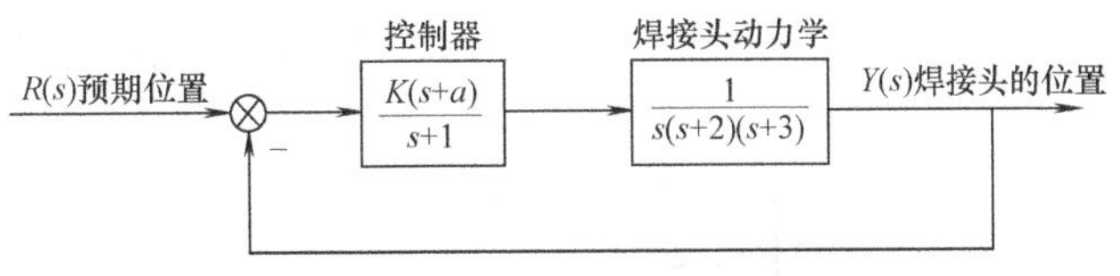

图 3.12 焊接头位置控制系统的结构图

解：由系统结构图可求得系统的特征方程为

$$1+G(s)=1+\frac{K(s+a)}{s(s+1)(s+2)(s+3)}=0$$

可等价为 $D(s)=s^4+6s^3+11s^2+(K+6)s+Ka=0$

建立劳斯表，有

s^4	1	11	Ka
s^3	6	$K+6$	
s^2	$\frac{60-K}{6}$	Ka	
s^1	$K+6-\frac{36Ka}{60-K}$	0	
s^0	Ka		

系统要稳定，要求

$$\frac{60-K}{6}>0,\ K+6-\frac{36Ka}{60-K}>0 \text{ 和 } Ka>0$$

于是，可以得到保持系统稳定时，K 和 a 应满足的关系为

$$0<a<\frac{(60-K)(K+6)}{36K}$$

如果令 $K=40$，这就要求 $a<0.639$。

2. 相对稳定性或稳定裕量

在线性控制系统中，代数稳定判据主要是判断系统是否稳定，即解决绝对稳定性的问题。然而对于实际的系统，如果一个负实部的特征根紧靠虚轴，尽管满足稳定条件，但其暂态过程具有过大的超调量和过于缓慢的响应，甚至由于系统内部参数的稍微变化，就使特征根转移到 s 右半平面，导致系统不稳定。考虑这些因素，往往希望系统的特征根与虚轴之间有一定的距离。这就是相对稳定性或稳定裕量的问题。

在 s 平面上，作一条 $s=-a$ 的垂线，其中 a 是系统的特征根位置与虚轴之间的距离，如图 3.13 所示。令 $s=z-a$（a 为正实数），当 $z=0$ 时，$s=-a$，将 $s=z-a$ 带入系统特征方程式，则得到 z 的多项式，利用代数稳定判据对新的特征多项式进行判别，即可检验系统的稳定裕量。因为新特征方程式的所有根如果均在新虚轴的左半平面，则说明系统至少具有稳定裕量 a。

例 3.10 设比例-积分控制系统如图 3.14 所示，K_1 为与积分器时间常数有关的待定参数。已知参数 $\xi=0.2$ 及 $\omega_n=86.6\text{rad/s}$，试用劳斯稳定判据确定使闭环系统稳定的 K_1 值范围。如果要求闭环系统的极点全部位于 $s=-1$ 垂线之左，则 K_1 值范围应取多大？

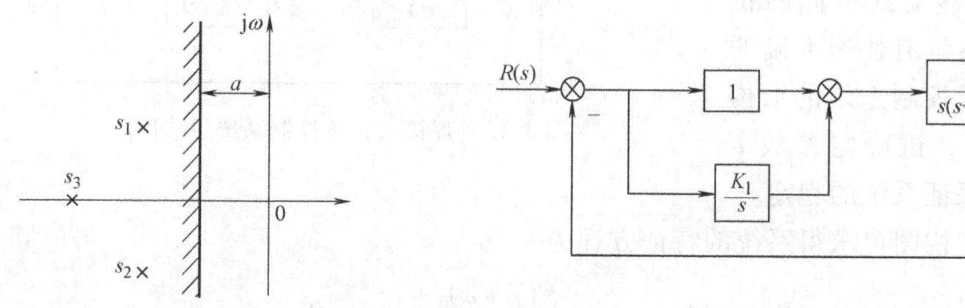

图 3.13 系统的稳定裕量

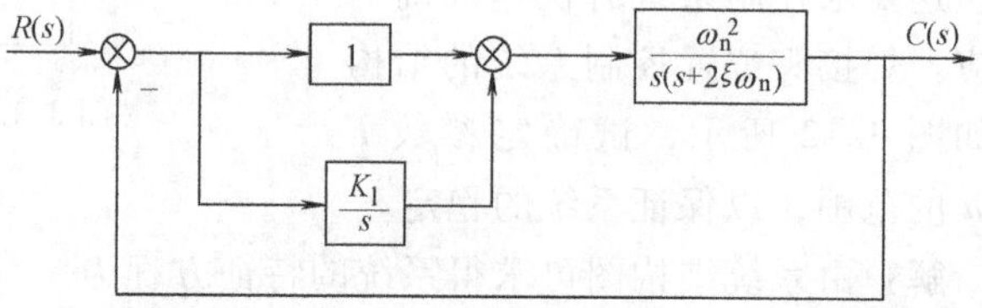

图 3.14 例 3.10 的系统结构图

解： 根据系统的结构图，可得其闭环传递函数为

$$\Phi(s)=\frac{\omega_n^2(s+K_1)}{s^3+2\xi\omega_n s^2+\omega_n^2 s+K_1\omega_n^2}$$

因而，闭环特征方程式为

$$D(s)=s^3+2\xi\omega_n s^2+\omega_n^2 s+K_1\omega_n^2=0$$

代入已知的 ξ 和 ω_n，得

$$D(s)=s^3+34.6s^2+7500s+7500K_1=0$$

列出相应的劳斯表

s^3	1	7500
s^2	34.6	$7500K_1$
s^1	$(34.6\times7500-7500K_1)/34.6$	
s^0	$7500K_1$	

为使系统稳定，必须使 $34.6\times7500-7500K_1>0$，$7500K_1>0$，即 $K_1<34.6$。因此，K_1 的取值范围为

$$0<K_1<34.6$$

当要求闭环极点全部位于 $s=-1$ 垂线之左时，可令 $s=z-1$ 代入原特征方程式，得到如下新特征方程式：

$$(z-1)^3+34.6(z-1)^2+7500(z-1)+7500K_1=0$$

整理得

$$z^3+31.6z^2+7433.8z+(7500K_1-7466.4)=0$$

相应的劳斯表为

z^3 1 7433.8

z^2 31.6 $7500K_1 - 7466.4$

z^1 $[31.6 \times 7433.8 - (7500K_1 - 7466.4)]/31.6$

z^0 $7500K_1 - 7466.4$

令劳斯表的第一列各元素为正，得到使全部闭环极点位于 $s=-1$ 垂线之左的 K_1 的取值范围

$$1 < K_1 < 32.3$$

3.6 稳态误差计算

控制系统中的稳态误差是描述系统控制精度的一种度量，是控制系统重要的时域指标之一。任何一个系统只有当其稳定的时候才存在稳态误差。对于一个实际的系统，导致系统产生稳态误差的因素很多，例如系统结构、输入信号的类型等。而且，控制系统中会不可避免地存在摩擦、间隙等非线性的影响因素，也会造成系统的稳态误差。一般来说在阶跃信号输入作用下，如果系统没有稳态误差，则称之为无差系统；而把存在稳态误差的系统，称为有差系统。

本节的研究对象是线性控制系统，因此满足线性系统的叠加性。为了便于分析，本节将系统的稳态误差分为两类：给定作用下的稳态误差和扰动作用下的稳态误差。针对这两类问题，分别研究系统结构、输入作用等影响下系统的稳态误差及其计算方法。

3.6.1 稳态误差的定义和计算

系统的希望值与实际值之差称为系统的误差信号，简称为误差（也可叫作偏差），一般采用 $e(t)$ 进行表示，即

$$e(t) = \text{希望值} - \text{实际值} \tag{3.34}$$

对于图 3.15 所示的控制系统典型结构图，其稳态误差的定义有两种：

(1) $$e(t) = r(t) - c(t) \tag{3.35}$$

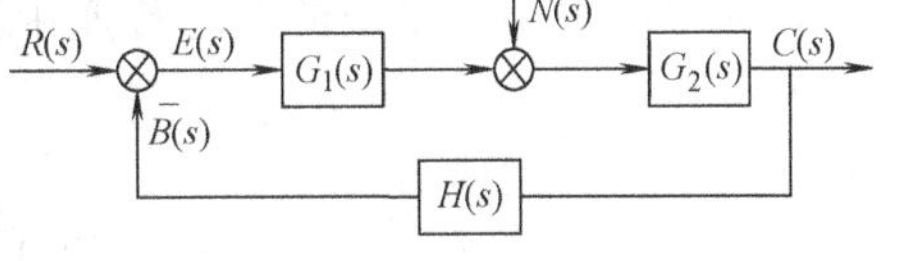

图 3.15 控制系统的典型结构图

式中，$r(t)$ 为希望的输入信号；$c(t)$ 为实际的输出信号。这种定义方式是从系统的输出端进行的定义。但在实际系统中，输入和输出信号往往具有不同的量纲，因此不能直接相减。例如某温度控制器，其输入信号 $r(t)$ 为电信号，输出量（即被控量）$c(t)$ 为温度信号，因此这两种信号不能直接相减。所以这种以输出端定义系统稳态误差的方式很多情况下只有数学上的意义，而没有实际的物理意义。

(2) $$e(t) = r(t) - b(t) \tag{3.36}$$

式中，$r(t)$ 为希望的输入信号；$b(t)$ 为实际的反馈信号。这种定义方式是从系统的输入端进行的定义。在实际系统中，输入信号和反馈信号一般都具有相同的量纲，因此这种定义具有一定的物理意义。同样是温度控制器的例子，其反馈元件为热传感器，它将输出

信号的温度信号 $c(t)$ 转化成了电信号 $b(t)$，因此和输入信号 $e(t)$ 具有了相同的量纲。因此在控制系统的研究中，一般都采用从输入端对系统稳态误差进行定义。对于稳态误差的定义还存在一种特殊情况，即 $H(s)=1$ 时的单位反馈系统。此时，这两种定义稳态误差的方式是相同的。

对于图 3.15 所示的系统，两种定义有如下的简单关系：

$$E'(s)=\frac{E(s)}{H(s)} \tag{3.37}$$

式中，$E(s)$ 为从系统输入端定义的稳态误差；$E'(s)$ 为从系统输出端定义的稳态误差。当时间 $t\to\infty$ 时，则为系统的稳态误差，即

$$e_{ss}=\lim_{t\to\infty}[r(t)-b(t)] \tag{3.38}$$

由图 3.15 可得系统的误差传递函数为

$$\Phi_{er}(s)=\frac{E(s)}{R(s)}=1-\frac{B(s)}{R(s)}=\frac{1}{1+G_1(s)G_2(s)H(s)}=\frac{1}{1+G(s)} \tag{3.39}$$

式中，$G(s)=G_1(s)G_2(s)H(s)$，为系统开环传递函数。

系统稳态误差的拉氏变换为

$$E(s)=\frac{R(s)}{1+G(s)} \tag{3.40}$$

给定信号下的系统稳态误差为

$$e_{ss}=\lim_{t\to\infty}e(t)=\lim_{s\to 0}sE(s)=\lim_{s\to 0}\frac{sR(s)}{1+G(s)} \tag{3.41}$$

由式（3.41）可见，系统的稳态误差不仅和系统的结构有关（即开环传递函数 $G(s)$），还和系统的输入信号 $R(s)$ 有关。

为了便于分析系统结构对稳态误差的影响，根据开环传递函数中串联的积分环节的个数分为几种不同类型。系统的开环传递函数的时间常数标准型见下式：

$$G(s)=\frac{K\prod_{i=1}^{m}(\tau_i s+1)}{s^v\prod_{j=1}^{n-v}(T_j s+1)} \tag{3.42}$$

式中，K 为系统的开环增益；v 为开环传递函数中积分环节的个数。当 $v=0$、1、2 时，系统分别称为 0 型、Ⅰ型和Ⅱ型系统。由于系统的型号越高，系统越难以稳定，因此除航天控制系统以外，Ⅲ型以及Ⅲ型以上的系统实际中很少采用。

3.6.2 给定输入下的稳态误差

针对线性定常系统，在研究给定输入下的稳态误差时，可忽略系统的扰动信号单独进行研究。下面分别研究在阶跃信号、斜坡信号和加速度信号作用时，系统上所产生的稳态误差。

1. 阶跃输入

当输入信号为阶跃输入 R_0 时，其拉氏变换为 $R(s)=R_0/s$，由式（3.39）得到稳态误差为

$$e_{ss}=\lim_{s\to 0}\frac{s\frac{R_0}{s}}{1+G(s)}=\frac{R_0}{1+\lim\limits_{s\to 0}G(s)}=\frac{R_0}{1+K_p} \tag{3.43}$$

定义 $K_p=\lim\limits_{s\to 0}G(s)$，为系统的静态位置误差系数。由 K_p 定义得

对于0型系统　$v=0$，$K_p=K$，$e_{ss}=R_0/(1+K_p)$

对于Ⅰ型系统及Ⅰ型以上的系统　$v=1，2，\cdots$，$K_p=\infty$，$e_{ss}=0$

因此对于阶跃输入，0型系统有大小与系统的开环增益 K 成反比的稳态误差；Ⅰ型和Ⅰ型以上的系统静态位置误差系数均为无穷大，其稳态误差均为零。

2. 斜坡输入

当输入信号为斜坡输入 V_0t，其拉氏变换为 $R(s)=V_0/s^2$ 时，系统的稳态误差为

$$e_{ss}=\lim_{s\to 0}\frac{s\frac{V_0}{s^2}}{1+G(s)}=\frac{V_0}{\lim\limits_{s\to 0}sG(s)}=\frac{V_0}{K_v} \tag{3.44}$$

定义 $K_v=\lim\limits_{s\to 0}sG(s)$，$K_v$ 为静态速度误差系数。由 K_v 定义得

对于0型系统　$v=0$，$K_v=0$，$e_{ss}=\infty$

对于Ⅰ型系统　$v=1$，$K_v=K$，$e_{ss}=V_0/K_v$

对于Ⅱ型或高于Ⅱ型系统　$v=2，3，\cdots$，$K_v=\infty$，$e_{ss}=0$

因此对于斜坡输入，0型系统的稳态误差为无穷大；Ⅰ型系统可以跟踪输入信号，但具有与系统的开环增益 K 成反比的稳态误差；Ⅱ型以及Ⅱ型以上的系统，稳态误差为零。

3. 加速度输入

当输入信号为加速度输入 $a_0t^2/2$ 时，其拉氏变换为 $R(s)=a_0/s^3$ 时，系统的稳态误差为

$$e_{ss}=\lim_{s\to 0}\frac{s\frac{a_0}{s^3}}{1+G(s)}=\frac{a_0}{\lim\limits_{s\to 0}s^2G(s)}=\frac{a_0}{K_a} \tag{3.45}$$

定义 $K_a=\lim\limits_{s\to 0}s^2G(s)$，$K_a$ 为静态加速度误差系数。由 K_a 定义得

对于0型系统　$v=0$，$K_a=0$，$e_{ss}=\infty$

对于Ⅰ型系统　$v=1$，$K_a=0$，$e_{ss}=\infty$

对于Ⅱ型系统　$v=2$，$K_a=K$，$e_{ss}=a_0/K$

对于Ⅲ型或高于Ⅲ型系统　$v=3，4，\cdots$，$K_a=\infty$，$e_{ss}=0$

因此0型及Ⅰ型系统都不能跟踪加速度输入；Ⅱ型系统可以跟踪加速度输入，但存在与系统的开环增益 K 成反比的稳态误差；而Ⅲ型以及Ⅲ型以上的系统，能够准确跟踪加速度输入信号。

表3.2列出了不同类型的系统在不同参考输入下的稳态误差。

表 3.2　误差系数和稳态误差

系统类型	静态误差系数			典型输入作用下的稳态误差		
	K_p	K_v	K_a	阶跃输入 $r(t)=R_0$	斜坡输入 $r(t)=v_0t$	加速度输入 $r(t)=a_0t^2/2$
0 型系统	K	0	0	$R_0/(1+K_p)$	∞	∞
Ⅰ型系统	∞	K	0	0	v_0/K_v	∞
Ⅱ型系统	∞	∞	K	0	0	a_0/K_a

例 3.11　设控制系统如图 3.16 所示，输入信号 $r(t)=1(t)$，试分别确定当 K 为 1 和 0.1 时，系统输出量的稳态误差 e_{ss}。

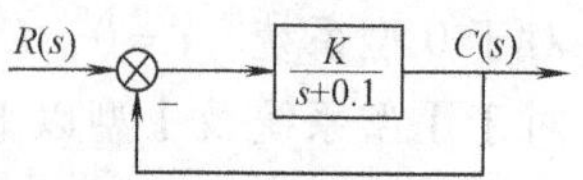

图 3.16　例 3.11 系统的结构图

解：系统的开环传递函数为

$$G(s)=\frac{K}{s+0.1}$$

由于是 0 型系统，所以静态位置误差系数为

$$K_p=\lim_{s\to 0}G(s)=10K$$

所以

$$e_{ss}=\frac{1}{1+K_p}=\frac{1}{1+10K}$$

当 $K=1$ 时

$$e_{ss}=\frac{1}{1+10K}=\frac{1}{11}$$

当 $K=0.1$ 时

$$e_{ss}=\frac{1}{2}=0.5$$

可以看出，随着 K 的增加，稳态误差 e_{ss} 下降。

例 3.12　已知单位负反馈系统的开环传递函数为

$$G(s)=\frac{5(s+1)(s+2)}{s^2(s+4)(s+3)}$$

当参考输入为 $r(t)=1+t+t^2$ 时，试求系统的稳态误差。

解：系统为Ⅱ型系统，因此在阶跃信号和斜坡信号的作用下，其稳态误差均为零，而在加速度信号的作用下

$$K_a=\lim_{s\to 0}s^2G(s)=\frac{5}{6}$$

所以稳态误差为

$$e_{ss}=\frac{2}{K_a}=\frac{12}{5}=2.4$$

例 3.13　某单位负反馈系统，要求：在单位阶跃信号作用下系统的稳态误差为 0.5；设

该系统为二阶，其中一对复数闭环极点为 $-1\pm j$。求满足上述要求的开环传递函数。

解：根据要求，由于在单位阶跃信号作用下系统的稳态误差为0.5，因此系统是一个零型系统；又由于系统是二阶系统，因此可设其开环传递函数为

$$G(s)=\frac{K}{s^2+bs+c}$$

因为

$$e_{ss}=\frac{1}{1+\lim\limits_{s\to 0}G(s)}=\frac{1}{1+K_p}=0.5$$

可求得

$$K_p=\frac{K}{c}=1$$

系统的闭环传递函数为

$$\Phi(s)=\frac{K}{s^2+bs+c+K}=\frac{K}{(s+1+j)(s+1-j)}=\frac{K}{s^2+2s+2}$$

由上式可得

$$b=2,\ c+K=2$$

解得 $c=1$，$K=1$，$b=2$

所以系统的开环传递函数为

$$G(s)=\frac{1}{s^2+2s+1}$$

3.6.3 扰动输入作用下的稳态误差

对于实际的控制系统而言，系统的输入除了给定输入信号外，还会受到来自外部扰动信号的作用。同理，对于线性定常系统，在研究扰动输入作用下的稳态性能时，可忽略给定输入对系统的影响，仅考虑扰动的影响。扰动输入下的稳态误差反映了控制系统的抗干扰能力。

计算系统在干扰作用下的稳态误差时，应注意以下两点：第一，由于给定输入与扰动输入作用于系统的不同位置，因此即使系统对某种形式的给定输入信号作用的稳态误差为零，对相同形式的扰动信号作用，其稳态误差未必为零；第二，扰动引起的全部输出都是误差。

现研究图3.15所示的控制系统在扰动作用下的稳态性能，此时给定输入 $r(t)=0$，扰动输入 $n(t)\neq 0$。扰动作用下的误差称为扰动误差，用 $e_n(t)$ 表示，其拉氏变换为

$$E_n(s)=-\frac{G_2(s)H(s)N(s)}{1+G(s)}=\Phi_{EN}(s)N(s) \tag{3.46}$$

式中，$G(s)$ 为系统的开环传递函数。

扰动作用下系统的误差传递函数为

$$\Phi_{EN}(s)=\frac{E_n(s)}{N(s)}=-\frac{G_2(s)H(s)}{1+G(s)} \tag{3.47}$$

根据拉氏变换终值定理，求得扰动作用下的稳态误差为

$$e_{\mathrm{ssn}}=\lim_{t\to\infty}e_{\mathrm{n}}(t)=\lim_{s\to0}sE_{\mathrm{n}}(s)=\lim_{s\to0}s\Phi_{\mathrm{EN}}(s)N(s)=\lim_{s\to0}\frac{-sG_2(s)H(s)N(s)}{1+G(s)}\tag{3.48}$$

因此，和给定输入下的稳态误差类似，系统的扰动稳态误差取决于系统的内部结构以及扰动量。

例 3.14 设系统结构图如图 3.17 所示，$r(t)=R_0\times1(t)$，$n(t)=n_0\times1(t)$，试求系统的稳态误差。

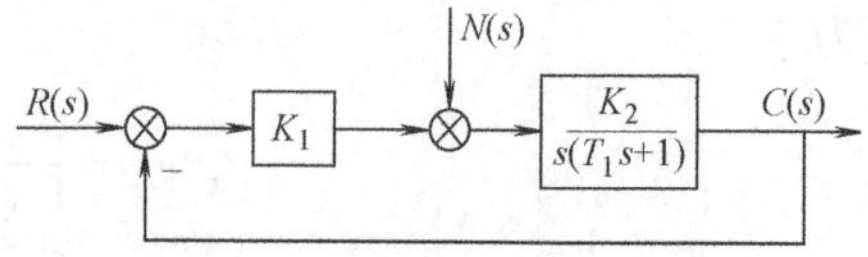

图 3.17 例 3.14 的系统结构图

解： 系统的开环传递函数为 $G(s)=\dfrac{K_1K_2}{s(T_1s+1)}$，可知系统为Ⅰ型系统。因此对于给定的阶跃信号输入 $r(t)=R_0\times1(t)$，其稳态误差 $e_{\mathrm{ssr}}(t)=0$。

对扰动的误差传递函数为

$$\Phi_{\mathrm{EN}}(s)=-\frac{K_2}{s(T_1s+1)+K_1K_2}$$

因而

$$E_{\mathrm{n}}(s)=\Phi_{\mathrm{EN}}(s)N(s)=-\frac{K_2}{s(T_1s+1)+K_1K_2}\frac{n_0}{s}$$

$$e_{\mathrm{ssn}}(t)=\lim_{s\to0}sE(s)=\lim_{s\to0}s\frac{-K_2}{s(T_1s+1)+K_1K_2}\frac{n_0}{s}=-\frac{n_0}{K_1}$$

因此得到系统总的稳态误差为 $e_{\mathrm{ss}}(t)=e_{\mathrm{ssr}}(t)+e_{\mathrm{ssn}}(t)=-\dfrac{n_0}{K_1}$

对于恒值系统，典型的扰动量为阶跃函数，即 $N(s)=n_0/s$，则扰动稳态误差为

$$e_{\mathrm{ssn}}=\lim_{t\to\infty}e_{\mathrm{n}}(t)=\lim_{s\to0}\frac{-G_2(s)H(s)}{1+G(s)}\tag{3.49}$$

下面举例说明。

例 3.15 图 3.18 是典型工业过程控制系统的动态结构图。设被控对象的传递函数为 $G_{\mathrm{p}}(s)=\dfrac{K_2}{s(T_2s+1)}$。求当采用比例调节器和比例积分调节器时，系统的稳态误差。

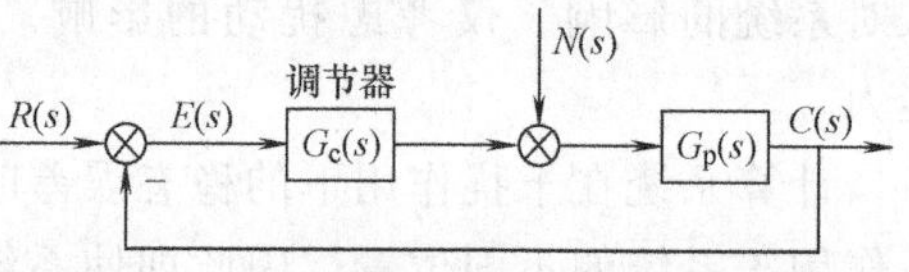

图 3.18 典型工业过程控制系统

解：（1）若采用比例调节器，即 $G_{\mathrm{c}}(s)=K_{\mathrm{p}}$。

由图 3.18 可以看出，系统对给定输入为Ⅰ型系统，令扰动 $N(s)=0$，给定输入 $R(s)=R/s$，则系统的稳定误差为零。

若令 $R(s)=0$，$N(s)=N/s$，则对阶跃扰动输入下，系统的稳态误差为

$$e_{\mathrm{ssn}}=\lim_{s\to0}\frac{-s\dfrac{K_2}{s(T_2s+1)}}{1+\dfrac{K_{\mathrm{p}}K_2}{s(T_2s+1)}}\frac{N}{s}=\lim_{s\to0}\frac{-K_2N}{s(T_2s+1)+K_{\mathrm{p}}K_2}=-\frac{N}{K_{\mathrm{p}}}$$

可见，对阶跃扰动输入下，系统的稳态误差为常值；它与阶跃信号的幅值成正比，与控制器比例系数 K_p 成反比。

（2）若采用比例积分调节器，即

$$G_c(s) = K_p\left(1 + \frac{1}{T_i s}\right)$$

式中，T_i 为积分时间常数。

这时控制系统对给定输入来说是Ⅱ型系统，因此给定输入为阶跃信号、斜坡信号时，系统的稳定误差为零。

设 $R(s)=0$，$N(s)=N/s$ 时

$$e_{ssn} = \lim_{s\to 0}\frac{-s\dfrac{K_2}{s(T_2 s+1)}}{1+\dfrac{K_p K_2(T_i s+1)}{T_i s^2(T_2 s+1)}}\frac{N}{s} = \lim_{s\to 0}\frac{-K_2 N T_i s}{T_i T_2 s^3 + T_i s^2 + K_p K_2 T_i s + K_p K_2} = 0$$

当 $R(s)=0$，$N(s)=N/s^2$ 时，有

$$e_{ssn} = \lim_{s\to 0}\frac{-N K_2 T_i}{T_i T_2 s^3 + T_i s^2 + K_p K_2 T_i s + K_p K_2} = -\frac{N T_i}{K_p}$$

可见，采用比例积分调节器后，能够消除阶跃扰动作用下的稳态误差。其物理意义在于：因为调节器中包含积分环节，只要稳态误差不为零，调节器的输出必然继续增加，并力图减小这个误差。只有当稳态误差为零时，才能使调节器的输出与扰动信号大小相等且方向相反。这时，系统才进入新的平衡状态。在斜坡扰动作用下，由于扰动为斜坡函数，因此调节器必须有一个反向斜坡输出与之平衡，这只有调节输入的误差信号为负常值才行。

3.6.4 减小稳态误差的方法

通过上面的分析，为了减小系统给定或扰动作用下的稳态误差，可以采取以下几种方法。

1）保证系统中的各环节，特别是反馈环节的参数具有较高精度和恒定性。

2）增加系统前向通道或反馈通道中积分环节的数目，使系统型号提高，可消除不同输入信号时的稳态误差。但积分环节数目的增加同样会降低系统的稳定性，因此在生产过程中常采用比例积分、比例积分微分等调节器代替纯积分环节，以达到较好的控制效果。

3）增大开环放大系数以提高系统对给定输入的跟踪能力，或是增大扰动作用点之前系统的前向通道增益以降低扰动稳态误差。增大系统开环增益可以有效降低系统的稳态误差，但增大开环增益的同时会使系统的稳定性降低，因此需要附加一定的校正装置，以确保系统的稳定性。

4）采用复合控制方法，即引入前馈控制。所谓前馈控制，即前馈补偿，是指作用于控制对象的控制信号中，除了偏差信号外，还引入与扰动或给定量有关的补偿信号，以提高系统的控制精度，减小误差。针对给定信号和扰动信号，前馈控制的补偿方法有如下两种。

① 对给定输入进行补偿。图 3.19 是对输入进行补偿的系统结构图。图中 $G_r(s)$ 为前馈装置的传递函数。由图可得误差 $E(s)$ 为

$$C(s)=\frac{[G_r(s)+1]G(s)}{1+G(s)}R(s)$$

$$E(s)=R(s)-C(s)=\frac{1-G_r(s)G(s)}{1+G(s)}R(s)$$

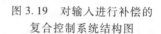

为了实现对误差全补偿，即使 $E(s)=0$，下式应成立：

$$G_r(s)=\frac{1}{G(s)} \tag{3.50}$$

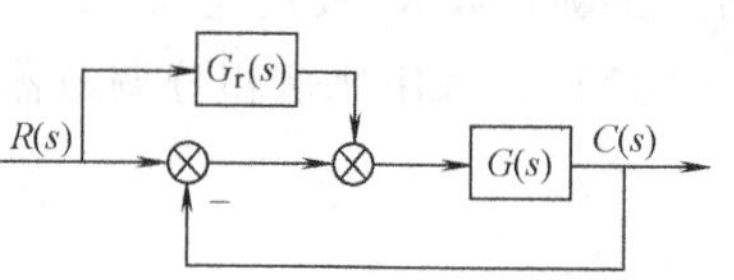

图 3.19　对输入进行补偿的复合控制系统结构图

由于从物理可实现性看，$G(s)$的分母阶次高于分子，因而 $G_r(s)$的分母阶次低于分子，物理实现很困难，式（3.50）的条件在工程上只有得到近似满足。

② 对干扰进行补偿。图 3.20 是按扰动进行补偿的系统结构图。图中 $N(s)$为扰动，由 $N(s)$到 $C(s)$是扰动作用通道。它表示扰动对输出的影响。通过 $G_n(s)$人为加上补偿通道，目的在于补偿扰动对系统产生的影响。$G_n(s)$为补偿装置的传递函数。为此，要求当令 $R(s)=0$ 时，求得扰动引起系统的输出为

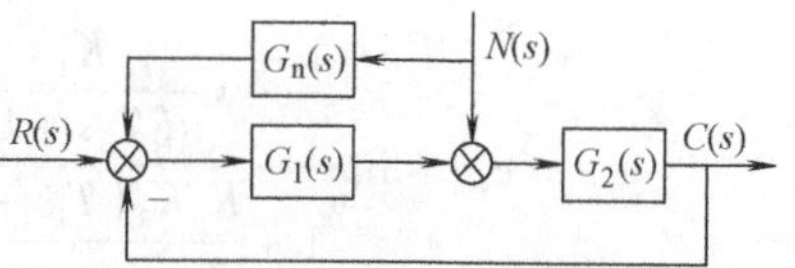

图 3.20　按扰动进行补偿的复合控制系统结构图

$$C_N(s)=\frac{G_2(s)[G_1(s)G_n(s)+1]}{1+G_1(s)G_2(s)}N(s)$$

为了补偿扰动对系统的影响，使 $C_N(s)=0$，令

$$G_2(s)[G_1(s)G_n(s)+1]=0$$

则

$$G_n(s)=-\frac{1}{G_1(s)} \tag{3.51}$$

从而实现了对干扰的全补偿。同样，这是一个理想的结果。式（3.51）在工程上只能给予近似的满足。

这种前馈补偿的设计，一般按稳定性和动态性能设计闭合回路，然后按稳态精度要求设计补偿器，从而很好地解决了稳态精度和稳定性、动态性能对系统不同要求的矛盾。在设计补偿器时，还需考虑到系统模型和参数的误差、周围环境和使用条件的变化，因而在前馈补偿器设计时要有一定的调节裕量，以便获得满意的补偿效果。

3.7　应用 MATLAB 求控制系统的时域响应

一个动态系统的性能常用典型输入作用下的响应来描述。求取典型输入作用下的响应常用以下几种函数。

求取系统单位阶跃响应：step( )

求取系统的冲激响应：impulse( )

求取系统的任意输入下响应：lsim( )

1. step（ ）函数的用法

(1) y = step(num,den,t)

其中，num 和 den 分别为系统传递函数描述中的分子和分母多项式系数，t 为选定的仿真时间向量，一般可以由语句 t = 0: step: end 等步长地产生出来。该函数返回值 y 为系统在仿真时刻各个输出所组成的矩阵。

(2) [y,x,t] = step(num,den)

此时，时间向量 t 由系统模型的特性自动生成，状态变量 x 返回为空矩阵。

如果对具体的响应值不感兴趣，而只想绘制系统的阶跃响应曲线，可调用以下的格式：step(num,den)；step(num,den,t)；step(A,B,C,D,iu,t)；step(A,B,C,D,iu)。

例 3.16 求下面 4 阶系统的单位阶跃响应。

$$G(s) = \frac{2s^2 + s + 1}{4s^3 + 2s^2 + s + 3}$$

```
>> num = [2 1 1]; den = [4 2 1 3];
>> step(num,den)
```

结果如图 3.21 所示。

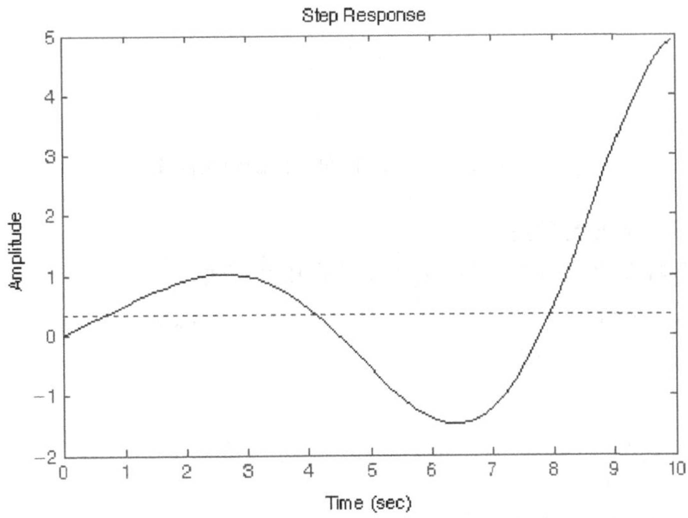

图 3.21 例 3.16 的单位阶跃响应曲线

例 3.17 已知典型二阶系统的传递函数为 $G(s) = \frac{\omega_n^2}{s^2 + 2\xi\omega_n s + \omega_n^2}$，其中 $\omega_n = 6$，绘制系统在 ξ 分别等于 0.1、0.3、0.5、0.7、0.9 以及 2.0 时的单位阶跃响应。

可执行程序如下：

```
wn = 6;
kosi = [0.1:0.2:0.9,2.0];          % 从 0.1 ~ 0.9 间隔 0.2 取点,以及取 2.0 的值
figure(1);hold on                   % 打开一个绘图窗口,并保持新绘出的曲线在同
                                    % 一窗口
for kos = kosi                      % 绘制在不同 ξ 下系统的阶跃曲线
    num = wn.^2;
    den = [1,2 * kos * wn,wn.^2];
```

```
    step(num,den)
end
```

结果如图 3.22 所示。

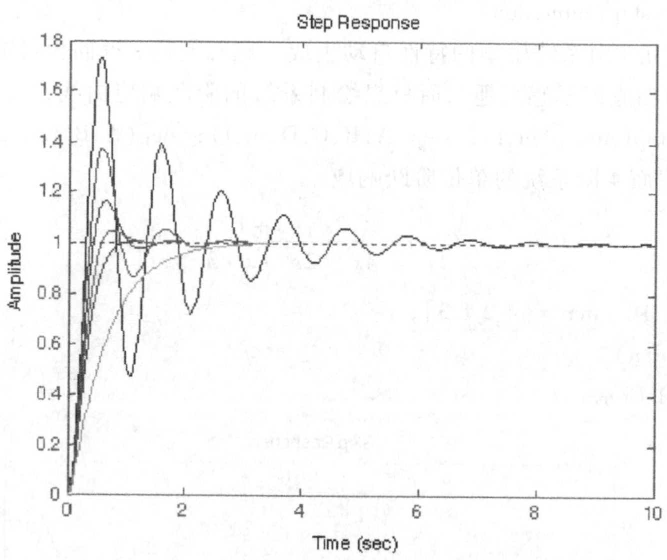

图 3.22 例 3.17 的单位阶跃响应曲线

2. impulse（ ）函数的用法

求取脉冲激励响应的调用方法与 step( )函数基本一致。

```
y = impulse(num,den,t);
[y, x, t] = impulse(num,den);
impulse(num,den);
impulse(num,den,t)
```

例 3.18 绘出例 3.16 中的系统的单位脉冲响应曲线。

```
≫num = [2 1 1];den = [4 2 1 3];
≫impulse(num,den)
```

结果如图 3.23 所示。

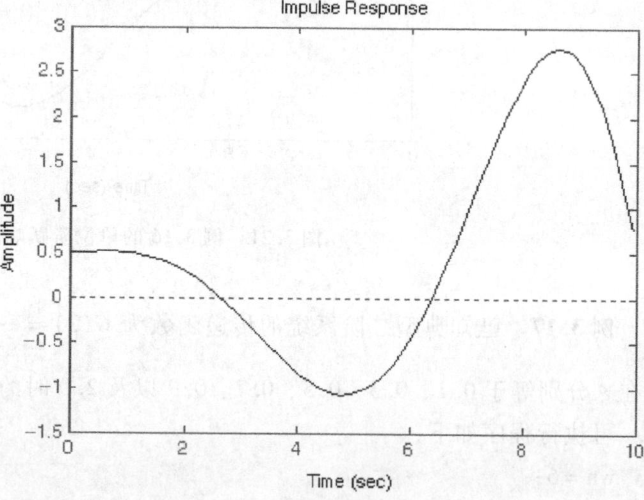

图 3.23 例 3.18 的单位脉冲响应曲线

3. 在任意输入下系统的时域分析函数

在控制系统工具箱中提供了 lsim( )函数来求任意输入信号激励下的时域响应，调用格式为 y = lsim(sys,u,t)。sys 表示系统的传递函数模型或状态空间模型参数。

这个函数的调用格式和 step( )函数的调用格式很接近，只是多了一个 u 向量，该向量表示系统输入信号在各个时刻的值。

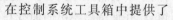

例 3.19 绘出例 3.16 中的系统在输入信号 $r(t)=1+2t+3t^2$ 作用下的响应曲线。

```
≫num=[211];den=[4213];
≫t=0:0.1:10;
≫u=1+2*t+3*t.^2;
≫lsim(num,den,u,t)
```

结果如图 3.24 所示。

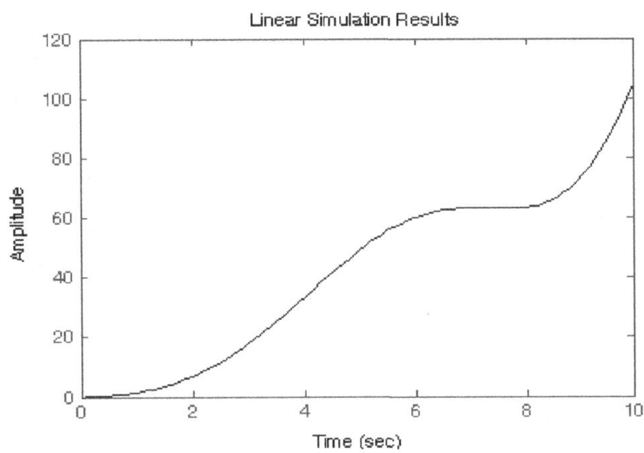

图 3.24 例 3.19 系统在输入 $r(t)=1+2t+3t^2$ 作用下的响应曲线

3.8 案例分析与设计

激光定位系统已被广泛地应用于军事、矿产、交通等国民生产的各种行业。例如跨越英吉利海峡的英法海底隧道，全长 50km。1987 年动工的时候，分别从英国和法国开始往中间挖掘，最终在 1990 年准确地对接了。如此精准的对接，完全是依仗了挖掘机的激光定位系统。

具有激光定位系统的挖掘机模型如图 3.25 所示。其中 $C(s)$ 为物体运动的实际方向，$R(s)$ 为希望的运动方向，$N(s)$ 则是干扰信号，例如挖掘机的负载等。

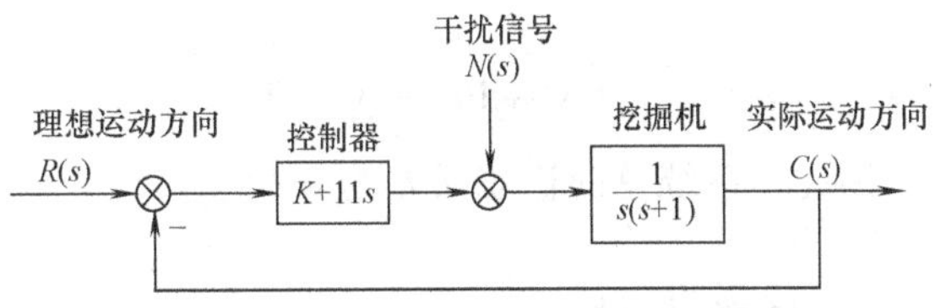

图 3.25 具有激光定位系统的挖掘机模型

为了设计出精度和动态性能都满足要求的系统，需要设计合理的增益 K。根据本章学习的线性系统的知识，挖掘机实际的运动方向由输入 $R(s)$ 和干扰 $N(s)$ 共同决定，可表示为

$$C(s)=\frac{K+11s}{s^2+12s+K}R(s)+\frac{1}{s^2+12s+K}N(s)$$

$$=\frac{\frac{11}{K}s+1}{\frac{1}{K}s^2+\frac{12}{K}s+1}R(s)+\frac{\frac{1}{K}}{\frac{1}{K}s^2+\frac{12}{K}s+1}N(s)$$

由上式可见，为了降低扰动 $N(s)$ 对系统准确性的影响，需要增大 K 的取值。因此当取 $K=100$，给定输入和扰动输入为单位阶跃信号时，将两种信号分别作用于系统时的输出曲线如图 3.26 所示。

由此可见，当 K 值很大的时候，扰动的作用非常小。如果将 K 值定为 20，输入和扰动共同作用下的曲线如图 3.27 所示。其超调量非常小，只有不到 4%，并且具有较快的调整时间（<2s）。

$$e_{ssr}=\lim_{s\to 0}s\frac{1}{1+\frac{11s+20}{s^2+s}}\frac{1}{s}=0$$

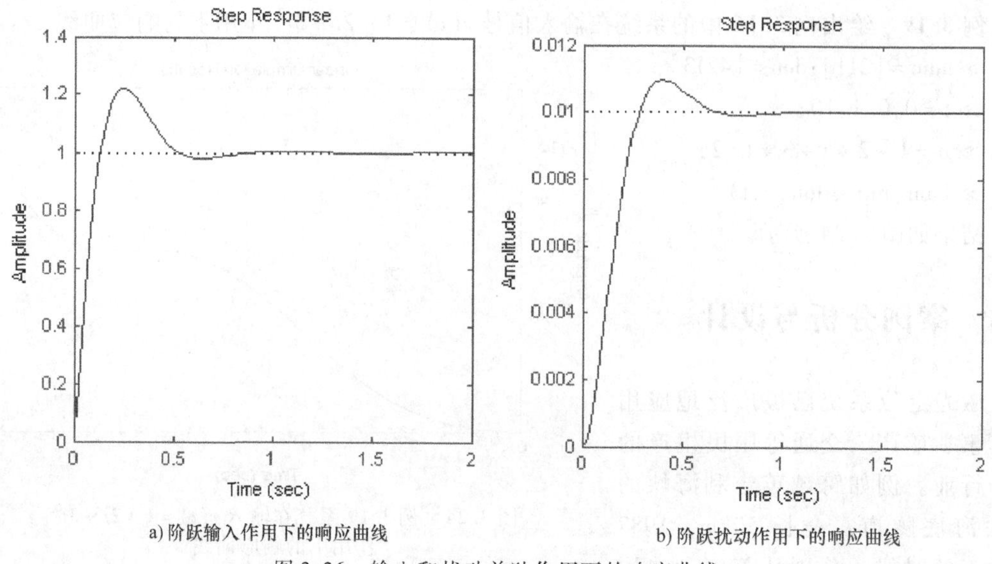

a) 阶跃输入作用下的响应曲线　　b) 阶跃扰动作用下的响应曲线

图 3.26　输入和扰动单独作用下的响应曲线

在单位阶跃扰动作用下的稳态误差为

$$e_{\text{ssn}} = \lim_{s \to 0} \frac{1}{s^2 + 12s + 20} = \frac{1}{20}$$

因此，系统总的稳态误差为 0.05。

3.9　本章小结

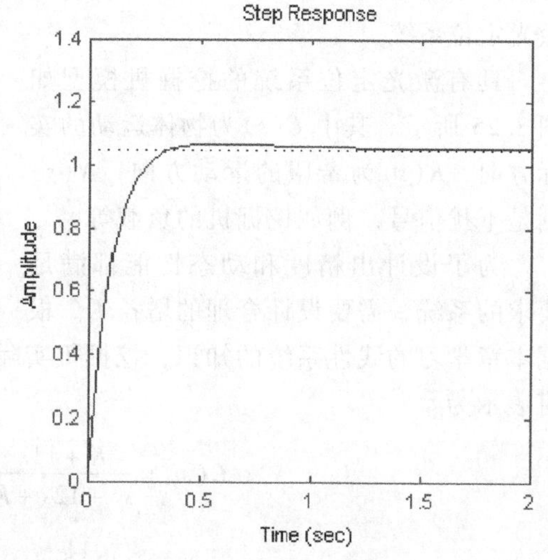

图 3.27　输入和扰动共同作用下的响应曲线

时域分析法是通过直接求解系统在典型输入信号作用下的时域响应，来分析控制系统的稳定性、暂态性能和稳态性能。对于稳定系统，在工程上常用单位阶跃响应的超调量、调节时间和稳态误差等性能指标来评价控制系统性能的优劣。

常用传递函数进行时域分析。例如由闭环传递函数的极点决定系统的稳定性；由阻尼比确定超调量以及由开环传递函数中积分环节的个数和放大系数确定稳态误差等。

对二阶系统的分析，在时域分析中占有重要位置。应牢牢掌握系统性能和系统特征参数间的关系。对一、二阶系统理论分析的结果，常常是分析高阶系统的基础。二阶系统在欠阻尼时的响应虽有振荡，但只要阻尼比 ξ 取值适当（如 $\xi = 0.707$ 左右），则系统既有响应的快速性，又有过渡过程的平稳性，因而在控制工程中常把二阶系统设计为阻尼 $\xi = 0.707$ 左右。

如果高阶系统中含有一对闭环主导极点，则该系统的瞬态响应就可以近似为这对主导极点所描述的二阶系统来表征。

稳定性是系统正常工作的首要条件。线性系统的稳定性是系统的一种固有特性，完全由系统的结构和参数所决定。判断稳定性的代数方法是劳斯-赫尔维茨稳定性判据。

稳态误差是系统很重要的性能指标，表示系统最终可能达到的精度。稳态误差既和系统的结构、参数有关，又和外作用的形式及大小有关。系统类型和误差系数既是衡量稳态误差的一种标志，同时也是计算稳态误差的简便方法。系统型号越高，误差系数越大，系统稳态误差越小。

稳态误差与动态性能在对系统的类型和开环增益的要求上往往是相矛盾的。解决这一矛盾的方法，除了在系统中设置校正装置外，还可用前馈补偿的方法来提高系统的稳态精度。

思考题与习题

3-1　设某单位反馈系统的开环传递函数为

$$G(s)=\frac{0.4s+1}{s(s+0.6)}$$

试求系统的阻尼比ξ、无阻尼自振频率ω_n、单位阶跃响应的超调量M_p和峰值时间t_p。

3-2　某控制系统的单位阶跃响应为

$$c(t)=1+0.2e^{-60t}-1.2e^{-10t}$$

(1) 求系统的闭环传递函数。

(2) 计算系统的阻尼比ξ和无阻尼自振频率ω_n。

3-3　一典型二阶系统的单位阶跃响应曲线如图3.28所示，试求其开环传递函数。

3-4　某飞机控制系统的结构图如图3.29所示，试选择参数K_1和K_2，使得控制系统的阻尼比$\xi=1$，无阻尼自振频率$\omega_n=6\text{rad/s}$。

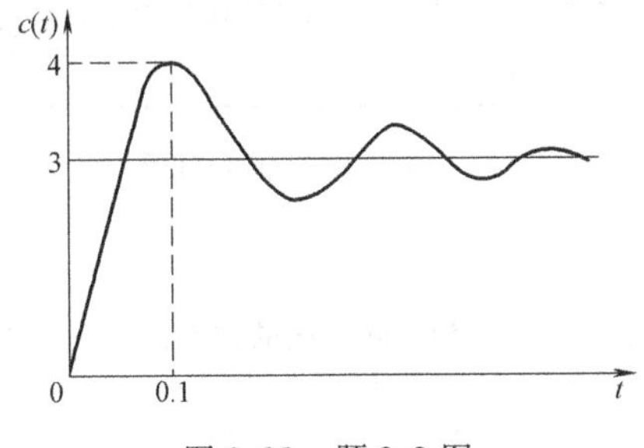

图3.28　题3-3图

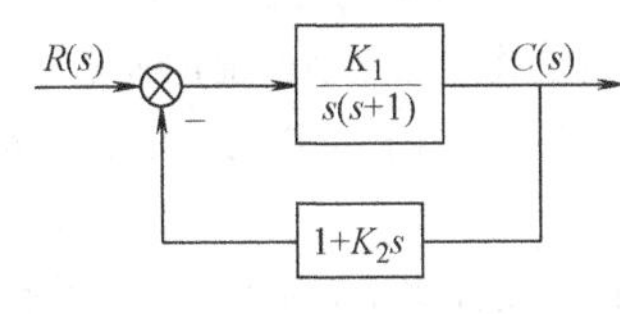

图3.29　题3-4图

3-5　试用劳斯稳定判据确定具有下列特征方程式的系统的稳定性。

(1) $s^5+s^4+2s^3+2s^2+4s+2=0$

(2) $s^5+3s^4+12s^3+20s^2+35s+25=0$

(3) $s^6+3s^5+5s^4+9s^3+8s^2+6s+4=0$

3-6　系统结构图如图3.30所示。试分析系统内部的参数变化对稳定性的影响；就$T_1=T_2=T_3$，$T_1=T_2=10T_3$，$T_1=10T_2=100T_3$三种情况，求使系统稳定的临界开环增益值。

3-7　用劳斯稳定判据分析图3.31所示的系统稳定性。

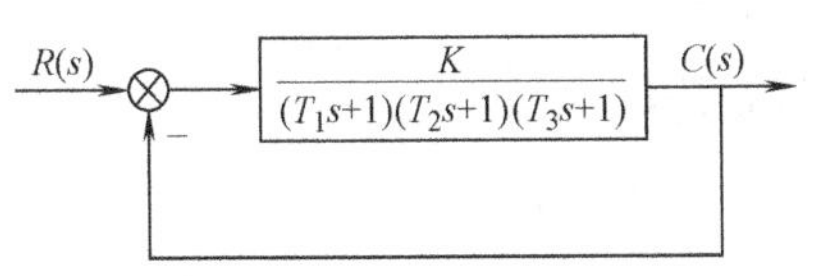

图3.30　题3-6图

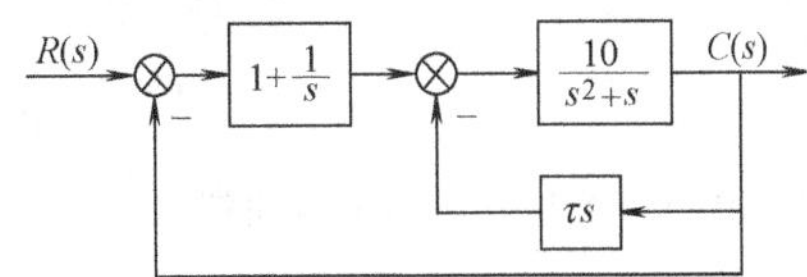

图3.31　题3-7图

3-8　已知单位反馈控制系统的开环传递函数为

(1) $G(s)=\dfrac{100}{(s+1)(s+2)}$

(2) $G(s)=\dfrac{100}{s(s+1)(s+2)}$

(3) $G(s)=\dfrac{100}{s^2(s+1)(s+2)}$

试求：输入分别为 $r(t)=1(t)$、$r(t)=1(t)+t$ 和 $r(t)=1(t)+t+t^2$ 时的稳态误差。

3-9　对于图 3.32 所示的系统。试求：

(1) 系统的型号。

(2) K_p、K_v 和 K_a。

(3) 当系统的输入分别为 50、$50t$ 和 $50t^2$ 时，系统的稳态误差。

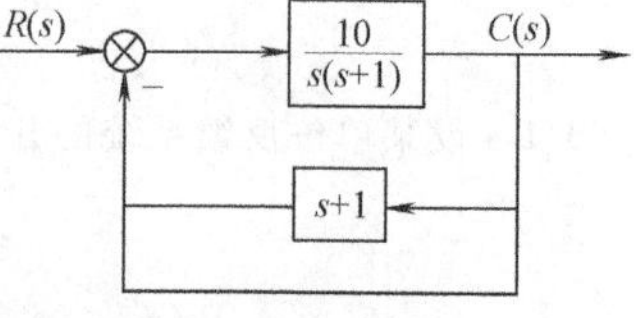

图 3.32　题 3-9 图

3-10　已知单位反馈系统的开环传递函数为

(1) $G(s)=\dfrac{10}{s(0.1s+1)(2s+5)}$

(2) $G(s)=\dfrac{K}{s(s^2+2s+2)}$

(3) $G(s)=\dfrac{(s+2)(3s+4)}{s^2(s^2+s+2)}$

试确定系统的静态位置误差系数 K_p、静态速度误差系数 K_v 和 静态加速度误差系数 K_a。

3-11　控制系统如图 3.33 所示，已知 $r(t)=n(t)=1(t)$，试求：

(1) 当 $K=40$ 时系统的稳态误差。

(2) 当 $K=20$ 时系统的稳态误差。

(3) 在扰动作用点之前的前向通道中引入积分环节 $1/s$，对结果有什么影响？在扰动作用点之后引入积分环节 $1/s$，结果如何？

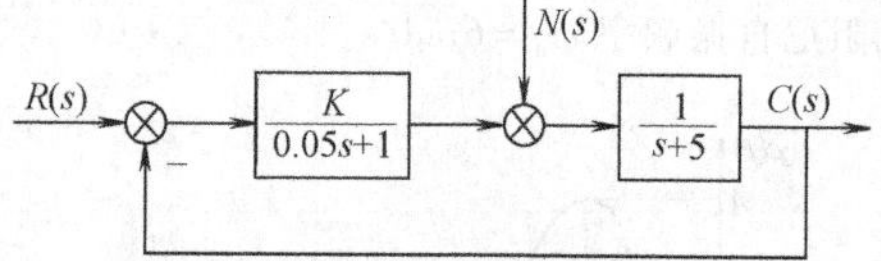

图 3.33　题 3-11 图

3-12　设速度控制系统如图 3.34 所示。输入和扰动都为单位斜坡，为消除系统的稳态误差，使单位斜坡输入通过比例—微分元件再进入系统。

(1) $K_d=0$ 时求系统的稳态误差。

(2) 当选择 K_d 使系统总的稳态误差为零 $(e=r-c)$。

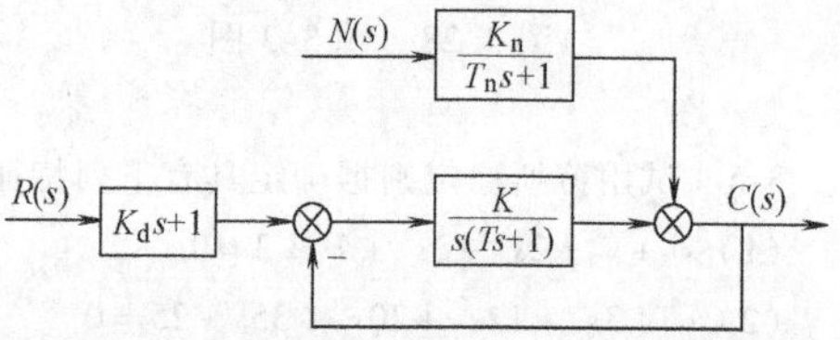

图 3.34　题 3-12 图

3-13　设单位反馈系统的开环传递函数为

$$G(s)=\frac{12.5}{s(0.2s+1)}$$

试求系统在 $e(0)=10$，$\dot{e}(0)=1$ 作用下的时间响应。

3-14　已知系统的开环传递函数为 $G_o(s)=\dfrac{20}{s^4+8s^3+36s^2+40s}$，用 MATLAB 语言绘出系统在单位负反馈下的脉冲激励响应曲线。

3-15　已知某闭环系统的传递函数为

$$G(s)=\frac{10s+25}{0.16s^3+1.96s^2+10s+25}$$

用 MATLAB 语言绘出其阶跃响应曲线。

第 4 章　根轨迹分析法

由第 3 章对控制系统时域分析法的讨论可知，系统的稳定性和动态性能与系统特征方程的根（即闭环极点）在 s 平面上的位置密切相关。另外，当系统中一个或几个参数在一定范围内变化时，闭环极点的位置也会发生变化，从而影响系统的性能。由于高阶系统特征方程的求解有较大的难度，并且当某个参数发生变化时，需要大量的、反复的计算，因此时域分析法的应用受到了很大的限制。

1948 年，伊文思（W. R. Evans）提出了一种非常实用的求取闭环特征方程根的图解方法，称为根轨迹法。根轨迹法是指在已知系统开环传递函数零、极点分布的基础上，研究系统闭环特征根在 s 平面上随某一参数变化时的运动轨迹。由于这种方法简单实用，因而它在控制工程中得到了广泛的应用，成为经典控制理论的基本分析方法之一。

4.1　根轨迹的基本概念

4.1.1　根轨迹的概念

所谓根轨迹，是指开环传递函数中某个参数由零变化到无穷大时，闭环特征根在 s 平面上运动的轨迹。下面结合具体的例子来说明根轨迹的概念。

例 4.1　控制系统的结构图如图 4.1 所示，设系统的开环传递函数为

$$G(s)=\frac{K^*}{s(s+2)}$$

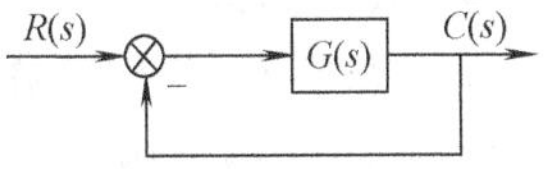

图 4.1　系统的结构图

试求参数 K^* 从零变化到无穷大时，闭环特征根的轨迹。

解：由开环传递函数可知，系统有两个开环极点：$p_1=0$，$p_2=-2$，没有开环零点。系统的闭环传递函数为

$$\Phi(s)=\frac{C(s)}{R(s)}=\frac{G(s)}{1+G(s)}=\frac{K^*}{s^2+2s+K^*}$$

系统的闭环特征方程式为

$$D(s)=s^2+2s+K^*=0$$

闭环特征根（闭环极点）为

$$s_1=-1+\sqrt{1-K^*},s_2=-1-\sqrt{1-K^*}$$

可见，系统的根随参数 K^* 的变化而变化。下面讨论 K^* 变化时，闭环特征根的变化情况：

当 $K^*=0$ 时，$s_1=0$，$s_2=-2$，闭环特征根就是开环极点。

当 $0<K^*<1$ 时，$s_{1,2}=-1\pm\sqrt{1-K^*}$，闭环特征根为两个不相等的负实数根。

当 $K^*=1$ 时，$s_1=s_2=-1$，闭环特征根重合。

当 $1<K^*<\infty$ 时，$s_{1,2}=-1\pm \mathrm{j}\sqrt{K^*-1}$，闭环特征根为一对实部为 -1 的共轭复数极点。

通过以上讨论，绘制出参数 K^* 从零变化到无穷大时，闭环特征根的轨迹如图 4.2 所示，图中粗实线即为系统的闭环特征根形成的轨迹，即根轨迹。根轨迹中箭头方向表示参数 K^* 从零变化到无穷大时，闭环极点变化的方向。

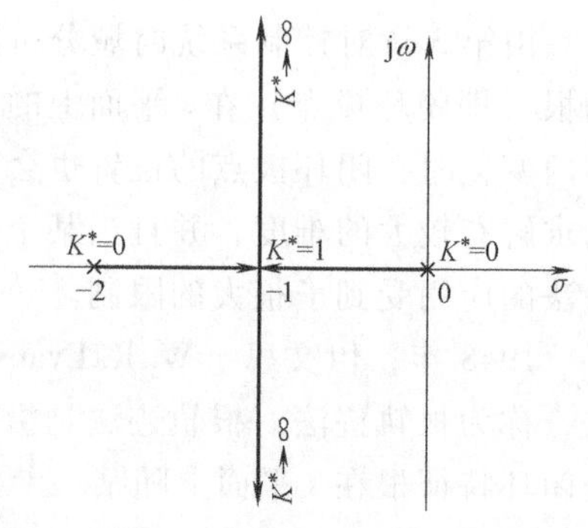

图 4.2　闭环特征根的轨迹

结合上例根轨迹图，对系统的性能进行分析：

1. 稳定性

不论 K^* 为何值，根轨迹均在 s 平面左半部分，即系统对任何 K^* 值都是稳定的。

2. 稳态性能

由图可知，开环传递函数有一个位于坐标原点的极点，因此属于Ⅰ型系统。可参照第 3 章中Ⅰ型系统稳态误差的计算方法。

3. 动态性能

当 $0<K^*<1$ 时，有两个不相等的负实根，系统处于过阻尼状态；当 $K^*=1$ 时，有两个相等的负实根，系统处于临界阻尼状态；当 $1<K^*<\infty$ 时，有一对共轭复数根，系统处于欠阻尼状态。

4. 其他的关系

1）当系统参数 K^* 确定后，在根轨迹图上便可找到与该 K^* 值对应的闭环极点的位置。同理，当闭环极点确定后，也可以得到与其对应的 K^* 值。

2）可以根据动态性能的要求，求期望的闭环极点和 K^* 值。例如要求系统在阶跃输入下的超调量为 $M_\mathrm{p}=4\%$。由第 3 章可得 $\xi=0.707$，则 $\beta=\arccos\xi=45°$。作一条与负实轴夹角为 45° 的直线，与根轨迹交于点 $-1\pm\mathrm{j}$，得到期望的闭环极点即为 $-1\pm\mathrm{j}$，对应的 $K^*=2$。

上述二阶系统的根轨迹是直接通过求解方程的根得到的，但是对于高阶系统直接求解将会非常困难。为此，伊文思（W. R. Evans）提出了绘制根轨迹的简便图解方法。

4.1.2　根轨迹方程及绘制条件

绘制根轨迹实质上还是寻求特征方程的根。设闭环系统的开环传递函数为 $G(s)$，则该系统的特征方程为

$$1+G(s)=0 \tag{4.1}$$

即

$$G(s)=-1 \tag{4.2}$$

式（4.2）称为系统的根轨迹方程。假设开环传递函数有 m 个零点、n 个极点，则 $G(s)$ 可写成零极点形式：

$$G(s)=\frac{K^*\prod_{i=1}^{m}(s-z_i)}{\prod_{j=1}^{n}(s-p_j)},\ n\geqslant m \tag{4.3}$$

式中，K^* 为根轨迹增益；z_i 为开环传递函数的零点；p_j 为开环传递函数的极点。

根轨迹方程可以写为

$$G(s)=\frac{K^*\prod_{i=1}^{m}(s-z_i)}{\prod_{j=1}^{n}(s-p_j)}=-1 \tag{4.4}$$

由于 s 是复数，根轨迹方程可以写成幅值方程和相角方程，即根轨迹应满足的两个条件。

1. 幅值条件

$$|G(s)|=\left|\frac{K^*\prod_{i=1}^{m}(s-z_i)}{\prod_{j=1}^{n}(s-p_j)}\right|=1 \tag{4.5}$$

2. 相角条件

$$\sum_{i=1}^{m}\angle(s-z_i)-\sum_{j=1}^{n}\angle(s-p_j)=\pm(2k+1)\pi,\ k=0,1,2,\cdots \tag{4.6}$$

在 s 平面上，只要能满足上述两个条件的点就是特征方程的根，必定在根轨迹上。这里需要注意的是：

1）相角条件与 K^* 无关，验证一个点或一条曲线是否在根轨迹上时用相角条件。相角条件是根轨迹满足的充分必要条件，即满足相角条件的点也同时满足幅值条件，根轨迹就是满足相角条件的点的集合，所以 4.2 节介绍的大部分根轨迹的规则由相角条件导出。

2）幅值条件与 K^* 有关，为根轨迹的必要条件，满足幅值条件的点不一定都在根轨迹上。求根轨迹上的点对应的 K^* 值时用幅值条件。

4.2 绘制根轨迹的基本规则

本节将讨论绘制常规根轨迹的基本规则。所谓常规根轨迹，是指变化的参数为根轨迹增益时的根轨迹，又因为其相角满足 $\pm(2k+1)\pi$ 的条件，又称为 180°根轨迹。根据这些基本规则，即可画出根轨迹的大致形状。

4.2.1 基本规则

规则一 根轨迹是连续的且关于实轴对称。

证明：由于闭环特征根是参数 K^* 的函数，K^* 是从零到无穷大连续变化的，因此特征根也是连续变化的，同样由特征根形成的根轨迹也是连续变化的。

由于特征方程的系数为实数，其特征根或为实数，或为共轭复数，或两者都有。若为实数，必位于实轴上；若为复数，一定是以共轭的形式成对出现。因此，所有的闭环特征根是对称于实轴的，那么其根轨迹也一定对称于实轴。

规则二 根轨迹的分支数等于开环传递函数的极点数。其起点在开环极点处，m 个终点在开环零点处，$n-m$ 个终点在无穷远处。

证明：由于根轨迹是闭环特征根运动时形成的轨迹，则有几个根就会形成几条轨迹。闭环传递函数的根的数目等于开环传递函数的极点数，因此，n 阶系统有 n 个特征根，就会出现 n 条根轨迹。

当 $K^*=0$ 时，对应根轨迹的起点。此时根轨迹方程式（4.4）可写为

$$\prod_{j=1}^{n}(s-p_j)+K^*\prod_{i=1}^{m}(s-z_i)=0 \tag{4.7}$$

要使式（4.7）成立，则需 $\prod\limits_{j=1}^{n}(s-p_j)=0$，即 $s=p_j$。因此，开环传递函数的极点就是根轨迹的起点。

当 $K^*=\infty$时，对应根轨迹的终点。此时根轨迹方程式（4.4）可写为

$$\frac{1}{K^*}\prod_{j=1}^{n}(s-p_j)+\prod_{i=1}^{m}(s-z_i)=0 \tag{4.8}$$

要使式（4.8）成立，则需 $\prod\limits_{i=1}^{m}(s-z_i)=0$，即 $s=z_i$。因此，开环传递函数的 m 个零点就是根轨迹的 m 个终点。由于 $n\geqslant m$，当 $n=m$ 时，起点和终点个数相等；当 $n>m$ 时，另外 $n-m$ 个终点需要考虑 s 平面的无穷远处，即 $s\to\infty$ 时，式（4.4）可写为

$$\frac{\prod\limits_{i=1}^{m}(s-z_i)}{\prod\limits_{j=1}^{n}(s-p_j)}\approx\frac{1}{s^{n-m}}=-\frac{1}{K^*}=0 \tag{4.9}$$

式（4.9）在 $s\to\infty$ 时成立，所以另外 $n-m$ 个终点在无穷远处。

规则三 实轴上根轨迹区间段的右侧，其开环零、极点个数之和为奇数。

证明：设某系统的开环零、极点分布如图4.3所示，在实轴上任取一点 s，用相角条件验证其是否是根轨迹上的点。首先来分析点 s 到各零、极点的相角：点 s 到其右侧零点或极点的相角为 180°，即 $\angle(s-p_3)=180°$，$\angle(s-z_3)=180°$；点 s 到其左侧零点或极点的相角为 0°，即 $\angle(s-p_4)=0°$；点 s 到共轭零点或共轭极点的相角和为 360°，即 $\angle(s-z_1)+\angle(s-z_2)=360°$，$\angle(s-p_1)+\angle(s-p_2)=360°$。由以上分析可知，点 s 左侧的零极点和共轭零极点对相角条件没有影响，相角条件只与其右侧的零极点个数之和有关。

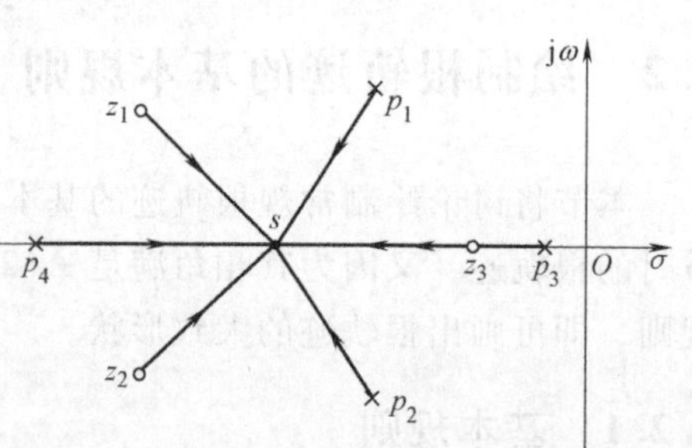

图 4.3 实轴上的根轨迹

代入相角条件得

$$\angle(s-z_1)+\angle(s-z_2)+\angle(s-z_3)-\angle(s-p_1)-\angle(s-p_2)-\angle(s-p_3)-\angle(s-p_4)=0°$$

不满足相角条件，所以 s 不是根轨迹上的点。若其右侧的零极点个数之和为奇数，则其就是根轨迹上的点。

例 4.2 已知某单位负反馈系统的开环传递函数为

$$G(s)=\frac{K^*}{s(s+1)(s+2)}$$

求其实轴上的根轨迹区间段。

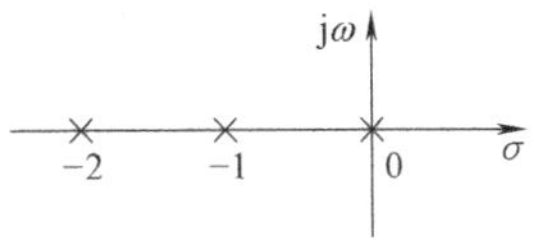

图 4.4 例 4.2 零极点图

解： 将系统的零、极点标注于图 4.4 中，系统有 3 个极点，没有零点。3 个极点将实轴分为 4 段，根据实轴上根轨迹的规则，区间 $(-\infty,\ -2]$、$[-1,\ 0]$ 是实轴上的根轨迹区间。

规则四 $n-m$ 条趋向于无穷远处的根轨迹，其渐近线与实轴正方向的夹角为

$$\theta=\frac{\pm(2k+1)\pi}{n-m},\ k=0,\ 1,\ 2,\ \cdots,\ n-m-1$$

渐近线与实轴的交点坐标为

$$\sigma_a=\frac{\sum_{j=1}^{n}p_j-\sum_{i=1}^{m}z_i}{n-m}$$

证明： 在无穷远处取一点 s，则它到所有开环零、极点的相角可视为是相等的，记为 θ。根据相角条件可得

$$\sum_{i=1}^{m}\angle(s-z_i)-\sum_{j=1}^{n}\angle(s-p_j)=m\theta-n\theta=\pm(2k+1)\pi \tag{4.10}$$

则

$$\theta=\frac{\pm(2k+1)\pi}{n-m},k=0,1,2,\cdots,n-m-1 \tag{4.11}$$

θ 即为渐近线与实轴正方向的夹角。

同样，无穷远处一点 s 到所有开环零、极点的矢量长度可视为是相等的，即对 s 而言，所有零、极点都汇集于实轴上的一点，记为 σ_a，可认为

$$s-z_1=s-z_2=\cdots=s-z_m=s-p_1=s-p_2=\cdots=s-p_n=s-\sigma_a \tag{4.12}$$

由根轨迹方程得

$$\frac{K^*(s-z_1)(s-z_2)\cdots(s-z_m)}{(s-p_1)(s-p_2)\cdots(s-p_n)}=-1 \tag{4.13}$$

将式（4.12）代入根轨迹方程得

$$\frac{K^*}{(s-\sigma_a)^{n-m}}=-1 \tag{4.14}$$

由式（4.13）和式（4.14）可得

$$(s-\sigma_a)^{n-m}=\frac{(s-p_1)(s-p_2)\cdots(s-p_n)}{(s-z_1)(s-z_2)\cdots(s-z_m)} \tag{4.15}$$

将式（4.15）右边展开可得

$$(s-\sigma_a)^{n-m}=\frac{s^n-\left(\sum_{j=1}^{n}p_j\right)s^{n-1}+\cdots}{s^m-\left(\sum_{i=1}^{m}z_i\right)s^{m-1}+\cdots}=s^{n-m}+\left(\sum_{i=1}^{m}z_i-\sum_{j=1}^{n}p_j\right)s^{n-m+1}+\cdots \tag{4.16}$$

利用二次定理将式（4.16）左边展开得

$$s^{n-m}-(n-m)\sigma_a s^{n-m+1}+\cdots=s^{n-m}+\left(\sum_{i=1}^{m}z_i-\sum_{j=1}^{n}p_j\right)s^{n-m+1}+\cdots \tag{4.17}$$

式（4.17）两边 s^{n-m+1} 项的系数应相等，则有

$$\sigma_a=\frac{\sum_{j=1}^{n}p_j-\sum_{i=1}^{m}z_i}{n-m} \tag{4.18}$$

若开环传递函数无零点，取 $\sum z_i=0$。

由上述分析可知，$n-m$ 条趋向于无穷远处的根轨迹，其方向可由渐近线确定。

例 4.3 求例 4.2 中根轨迹的渐近线。

解：开环传递函数有三个极点，即 $p_1=0$，$p_2=-1$，$p_3=-2$，没有开环零点。$n=3$，$m=0$，故有 3 条根轨迹均趋向于无穷远处。其渐近线与实轴正方向的夹角为

$$\theta=\frac{\pm(2k+1)\pi}{n-m}=\frac{\pm(2k+1)\pi}{3}=\pm60°,180°,k=0,1,2$$

渐近线与实轴交点的坐标为

$$\sigma_a=\frac{\sum_{j=1}^{n}p_j-\sum_{i=1}^{m}z_i}{n-m}=\frac{0-1-2}{3}=-1$$

规则五 根轨迹的分离点由方程 $A(s)B'(s)-A'(s)B(s)=0$ 求得，并需要判断解得的根是否是真正的分离点。

证明：两条或以上的根轨迹分支在 s 平面上相遇后又分开的点称为根轨迹的分离点。分离点实际上是特征方程的重根，因而可以用求解方程式重根的方法确定其在 s 平面上的位置。

设系统的开环传递函数为

$$G(s)H(s)=\frac{K^*B(s)}{A(s)} \tag{4.19}$$

则其闭环特征方程为

$$D(s)=A(s)+K^*B(s)=0 \tag{4.20}$$

对特征方程求一次导数得

$$D'(s)=A'(s)+K^*B'(s)=0 \tag{4.21}$$

由代数方程解的性质可知，特征方程出现重根的条件是 s 的取值必须同时满足式（4.20）和式（4.21）。将式（4.20）、式（4.21）联立，消去 K^*，可得

$$A(s)B'(s)-A'(s)B(s)=0 \tag{4.22}$$

式（4.22）即为确定分离点的方程。需要特别注意的是，按照该式求出的根并非都是分离点，只有位于根轨迹上的那些重根才是真正的分离点，因此需要判断求解出的根是否是根轨迹上的点。如果求解出的根是实数，可以直接利用实轴上的根轨迹区间段来进行取舍；如果求解出的根是复数，需要利用相角条件来判断是否是根轨迹上的点。

例 4.4 求例 4.2 中根轨迹的分离点。

解： 根据开环传递函数设 $A(s)=s(s+1)(s+2)=s^3+3s^2+2s$，$B(s)=1$，代入式（4.22)得

$$A(s)B'(s)-A'(s)B(s)=-(3s^2+6s+2)=0$$

解得 $s_1=-0.422$，$s_2=-1.578$。由例 4.2 可知，s_1 在实轴上的根轨迹区间段内，是根轨迹的分离点；s_2 不是根轨迹上的点，舍去。

规则六 根轨迹与虚轴的交点。若有交点，可以令闭环特征方程中的 $s=\mathrm{j}\omega$，然后分别令其实部和虚部等于零求得，也可以由劳斯稳定判据求得。

证明： 根轨迹若与虚轴相交，说明特征方程有纯虚根。令 $s=\mathrm{j}\omega$，将其代入特征方程可得

$$1+G(\mathrm{j}\omega)=0$$

或

$$\mathrm{Re}[1+G(\mathrm{j}\omega)]+\mathrm{jRe}[1+G(\mathrm{j}\omega)]=0 \tag{4.23}$$

将式（4.23）实部和虚部分别等于零，即可解得对应的 ω 及 K^* 值。

由于纯虚根的存在，系统处于临界稳定状态，对应的 K^* 为系统临界稳定的根轨迹增益。其劳斯表的第一列一定有零值元素存在，所以求与虚轴的交点也可以用劳斯稳定判据，解得对应的 K^* 及 ω 值。

例 4.5 求例 4.2 中根轨迹与虚轴的交点及使系统临界稳定的 K^* 值。

解： 系统的闭环特征方程为

$$s^3+3s^2+2s+K^*=0$$

方法一 令 $s=\mathrm{j}\omega$，代入特征方程 $K^*-3\omega^2+\mathrm{j}(2\omega-\omega^3)=0$，分别令实部和虚部为零，解得 $\omega=\pm\sqrt{2}$，$K^*=6$。即根轨迹与虚轴的交点为 $\pm\mathrm{j}\sqrt{2}$，临界稳定的 $K^*=6$。

方法二 列劳斯表：

$$\begin{array}{lcc}
s^3 & 1 & 2 \\
s^2 & 3 & K^* \\
s^1 & \dfrac{3\times 2-K^*}{3} & 0 \\
s^0 & K^* &
\end{array}$$

令 $\dfrac{6-K^*}{3}=0$，得 $K^*=6$。由于 s^1 行的所有元素均为零，按 s^2 行构造辅助方程为 $3s^2+K^*=0$。当 $K^*=6$ 时，解得 $s_{1,2}=\pm\mathrm{j}\sqrt{2}$。

规则七 根轨迹的出射角和入射角。

根轨迹的出射角与入射角指的是根轨迹离开开环复数极点（根轨迹的起点）或进入开环复数零点（根轨迹的终点）的角度。定义如下：

出射角是指根轨迹离开开环复数极点处的切线方向与实轴正方向的夹角。

入射角是指根轨迹进入开环复数零点处的切线方向与实轴正方向的夹角。

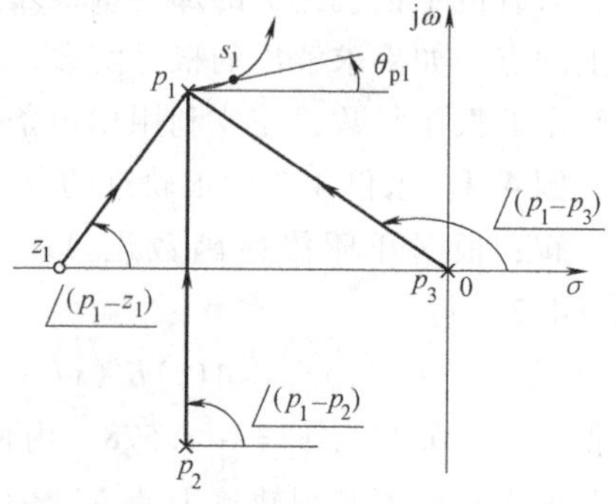

图 4.5　根轨迹的出射角

证明：设某一系统的开环零、极点分布如图 4.5 所示。

设开环复数极点 p_1 的出射角为 θ_{p_1}，在根轨迹上若任取一实验点 s_1，使 s_1 无限地靠近开环复数极点 p_1，即认为 $s_1=p_1$，则 $\angle(s_1-p_1)=\theta_{p_1}$，根据相角条件得

$$\angle(p_1-z_1)-\theta_{p_1}-\angle(p_1-p_2)-\angle(p_1-p_3)=\pm(2k+1)\pi \tag{4.24}$$

由式（4.24）求得出射角 θ_{p_1} 为

$$\theta_{p_1}=\pm(2k+1)\pi+\angle(p_1-z_1)-\angle(p_1-p_2)-\angle(p_1-p_3) \tag{4.25}$$

由于 p_2 与 p_1 为共轭开环极点，所以 $\theta_{p_2}=-\theta_{p_1}$。

由此可推出求根轨迹出射角的一般公式为

$$\theta_{p_l}=\pm(2k+1)\pi+\sum_{i=1}^{m}\angle(p_l-z_i)-\sum_{\substack{j=1\\ j\neq l}}^{n}\angle(p_l-p_j) \tag{4.26}$$

式中，θ_{p_l}为待求开环复数极点 p_l 的出射角；$\sum_{i=1}^{m}\angle(p_l-z_i)$ 为 p_l 到所有零点的相角之和；$\sum_{\substack{j=1\\ j\neq l}}^{n}\angle(p_l-p_j)$ 为 p_l 到所有其他极点的相角之和。一般情况下取 $k=0$ 计算。

同理，可得求根轨迹入射角的公式为

$$\theta_{z_l}=\pm(2k+1)\pi+\sum_{j=1}^{n}\angle(z_l-p_j)-\sum_{\substack{i=1\\ i\neq l}}^{m}\angle(z_l-z_i) \tag{4.27}$$

例 4.6　已知负反馈系统的开环传递函数为

$$G(s)H(s)=\frac{K^*}{s(s+4)(s^2+4s+20)}$$

试求根轨迹的出射角。

解：开环传递函数没有开环零点，有 4 个极点，即 $p_1=-2+4\mathrm{j}$，$p_2=-2-4\mathrm{j}$，$p_3=0$，$p_4=-4$。其中有两个开环复数极点，用式(4.26) 求其出射角。

$$\begin{aligned}\theta_{p_l}&=180^\circ-\angle(p_1-p_2)-\angle(p_1-p_3)-\angle(p_1-p_4)\\&=180^\circ-\angle(8\mathrm{j})-\angle(-2+4\mathrm{j})-\angle(2+4\mathrm{j})\\&=180^\circ-90^\circ-\arctan(-2)-\arctan2=180^\circ-90^\circ-180^\circ=-90^\circ\end{aligned}$$

$$\theta_{p_2} = -\theta_{p_1} = 90°$$

规则八 当根轨迹增益变化时，虽然每个闭环极点都会随之变化，但它们之和却恒等于开环极点之和。所以在平面上，如果一些闭环极点向左移动的话，则必有另外一些闭环极点向右移动，以保持其平衡性。

证明： 设系统的开环传递函数为

$$G(s)H(s) = \frac{K^* \prod_{i=1}^{m}(s - z_i)}{\prod_{j=1}^{n}(s - p_j)} = K^* \frac{s^m + b_1 s^{m-1} + \cdots + b_{m-1}s + b_m}{s^n + a_1 s^{n-1} + \cdots + a_{n-1}s + a_n} \tag{4.28}$$

式中，p_j 和 z_i 分别为开环极点与零点。由代数方程根和系数的关系可得开环极点之和为

$$\sum_{j=1}^{n} p_j = -a_1 \tag{4.29}$$

设系统的闭环特征方程为

$$\begin{aligned} D(s) &= s^n + a_1 s^{n-1} + \cdots + a_{n-1}s + a_n + K^*(s^m + b_1 s^{m-1} + \cdots + b_{m-1}s + b_m) \\ &= s^n + c_1 s^{n-1} + \cdots + c_{n-1}s + c_n = \prod_{j=1}^{n}(s - s_i) \end{aligned} \tag{4.30}$$

式中，s_i 为闭环特征根，即闭环极点。由代数方程根和系数的关系可得闭环极点之和为

$$\sum_{j=1}^{n} s_j = -c_1 \tag{4.31}$$

当 $n-m \geqslant 2$ 时，式（4.30）中的两个多项式合并后，不会影响第二项 s^{n-1} 的系数 a_1 的数值。因此，式（4.30）中的系数 $c_1 = a_1$，即

$$\sum_{j=1}^{n} s_j = \sum_{j=1}^{n} p_j = \text{常数} \tag{4.32}$$

由式（4.32）可知，若一些闭环特征根（极点）增大，另一些闭环特征根（极点）必定减小，以保持其代数和为常数。

4.2.2 绘制根轨迹举例

根轨迹的形状与开环零、极点的分布有关，绘制根轨迹时不必按顺序一一使用规则，可先用决定根轨迹大致形状的规则（如实轴上的根轨迹），再使用决定细节的规则（如分离点、出射角、入射角等）。

例 4.7 已知负反馈系统的开环传递函数为

$$G(s) = \frac{K^*(s+1)}{s^2 + 3s + 3.25}$$

试绘制系统的根轨迹图。

解：（1）系统有两个开环极点 $p_1 = -1.5 + \mathrm{j}$，$p_2 = -1.5 - \mathrm{j}$。有一个开环零点 $z_1 = -1$。所以系统有两条根轨迹分支，起始于开环极点，一条终止于开环零点，一条终止于无穷远处。由于根轨迹的对称性，终止于无穷远处的根轨迹分支的渐近线是负实轴。因此，不需要

求根轨迹的渐近线。

(2) 实轴上的根轨迹区间是 $(-\infty,\ -1]$。

(3) 求根轨迹的分离点。令 $A(s)=s^2+3s+3.25$，$B(s)=s+1$，代入式 (4.22) 得

$$A(s)B'(s)-A'(s)B(s)=s^2+3s+3.25-(2s+3)(s+1)=-s^2-2s+0.25=0$$

解得 $s_1=-2.12$，$s_2=0.12$。根据实轴上的根轨迹区间段可知，s_2 不是根轨迹上的点，舍去。所以 s_1 是分离点。

(4) 由于系统有两个开环复数极点，所以要求出射角。

$$\theta_{p_1}=180°+\angle(p_1-z_1)-\angle(p_1-p_2)=180°+\angle(-0.5+\mathrm{j})-\angle(2\mathrm{j})$$
$$=180°+arctan(-2)-90°=90°+116.6°=206.6°$$
$$\theta_{p_2}=-\theta_{p_1}=-206.6°$$

最后画出根轨迹如图 4.6 所示。

需要说明的是，本题根据前两条规则可大致看出根轨迹的形状，一条终止于负实轴的无穷远处，一条终止于开环零点 -1 处，与虚轴没有交点，因此无须使用规则六求其与虚轴的交点。

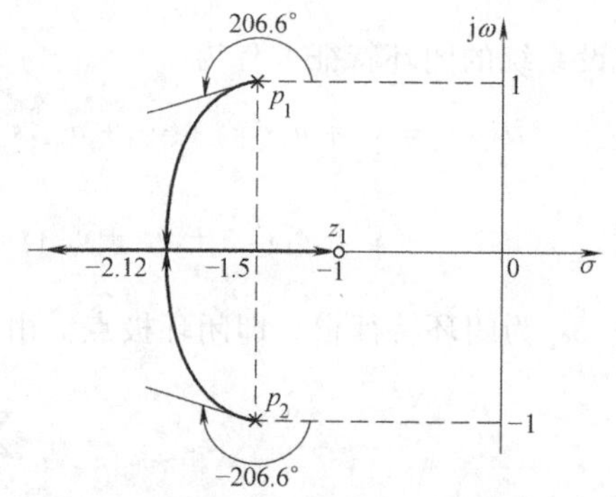

图 4.6 例 4.7 的根轨迹图

例 4.8 试绘制例 4.2 系统的根轨迹，求系统的临界根轨迹增益和临界开环增益，并根据根轨迹图求出使系统稳定的 K^* 的取值范围。

解： 由于前面几个例题对根轨迹的一些规则进行了详细的计算，这里不再重复计算过程。

(1) 系统有 3 个开环极点 $p_1=0$，$p_2=-1$，$p_3=-2$。没有开环零点。所以系统有 3 条根轨迹分支，起始于开环极点处，终止于无穷远处。

(2) 实轴上的根轨迹区间是 $(-\infty,\ -2]$、$[-1,\ 0]$。

(3) 三条渐近线与实轴正方向的夹角为 $\pm 60°$，$180°$；与实轴的交点坐标 $\sigma_a=-1$。

(4) 根轨迹的分离点 $s_1=-0.422$。

(5) 根轨迹与虚轴的交点坐标为 $s_{1,2}=\pm\mathrm{j}\sqrt{2}$，临界根轨迹增益 $K_c^*=6$。根据开环增益与根轨迹增益的关系，临界开环增益 $K_c=\dfrac{K_c^*}{2}=3$。

由于系统没有开环复数零、极点，因此不需要求出射角和入射角。最后画出根轨迹如图 4.7 所示。

通过根轨迹图，可以看出使系统稳定的 K^* 的取值范围为 $0<K^*<6$。

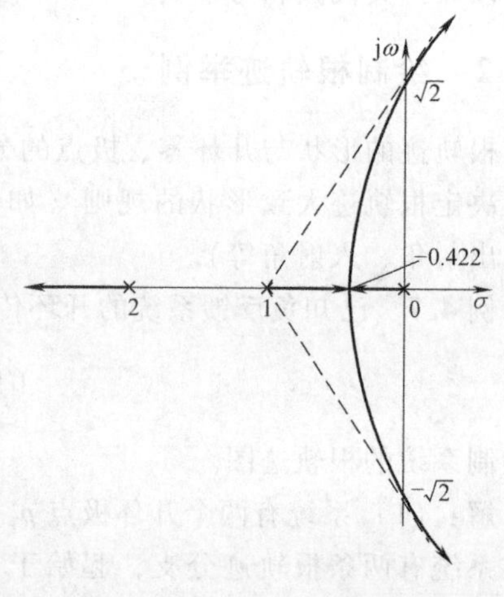

图 4.7 例 4.8 的根轨迹图

4.3 广义根轨迹

在实际控制系统中，除了以上介绍的最常见的以根轨迹增益为参变量的常规根轨迹外，有时还需要研究其他参数（如时间常数、反馈系数、开环零点、开环极点等）作为参变量对系统的影响，或含有正反馈、滞后环节等的系统的根轨迹。通常，称除常规根轨迹以外的其他形式的根轨迹为广义根轨迹。

本节主要简单介绍参数根轨迹和零度根轨迹。

4.3.1 参数根轨迹

参数根轨迹是指根轨迹增益一定，系统其他的参数作为变量时所形成的轨迹。

系统的闭环特征方程写成

$$1+\frac{K^{*}B(s)}{A(s)}=0 \tag{4.33}$$

如要绘制以 K' 为参变量的根轨迹时，可用方程（4.33）中不含 K' 的各项来除该方程，得到等效变换为

$$1+\frac{K'B^{*}(s)}{A^{*}(s)}=0 \tag{4.34}$$

这样变换后，参变量 K' 变换到了 K^{*} 的位置，得到系统的等效开环传递函数。前面介绍的绘制根轨迹的各项规则仍然适用。

例 4.9 已知负反馈系统的开环传递函数为

$$G(s)=\frac{4}{s(s+K')}$$

试绘制以 K' 为参变量的根轨迹。

解：系统的特征方程为

$$1+G(s)=1+\frac{4}{s(s+K')}=0$$

即 $s^2+K's+4=(s^2+4)+K's=0$，以不含 K' 的各项来除该方程，得

$$1+\frac{K's}{s^2+4}=0$$

系统的等效开环传递函数为

$$G^{*}(s)=\frac{K's}{s^2+4}=\frac{K's}{(s+\mathrm{j}2)(s-\mathrm{j}2)}$$

根据前面介绍的规则来绘制根轨迹。

1）系统有两个开环极点 $p_1=\mathrm{j}2$，$p_2=-\mathrm{j}2$。有一个开环零点 $z_1=0$。所以系统有两条根轨迹分支，起始于开环极点，一条终止于开环零点，一条终止于无穷远处。

2）实轴上的根轨迹区间是 $(-\infty,0]$。

3）求根轨迹的分离点。令 $A(s)=s^2+4$，$B(s)=s$，代入式（4.22）得 $A(s)B'(s)-A'$

$(s)B(s)=s^2+4-2s^2=-s^2+4=0$。

解得 $s_1=-2$，$s_2=2$。根据实轴上的根轨迹区间段可知，s_2 不是根轨迹上的点，舍去。所以 s_1 是分离点。

4）两个开环复数极点的出射角。

$$\theta_{p_1}=180°+\angle(p_1-z_1)-\angle(p_1-p_2)=180°+\angle(\mathrm{j}2)-\angle(\mathrm{j}4)=180°$$
$$\theta_{p_2}=-\theta_{p_1}=-180°=180°$$

最后画出根轨迹如图 4.8 所示。

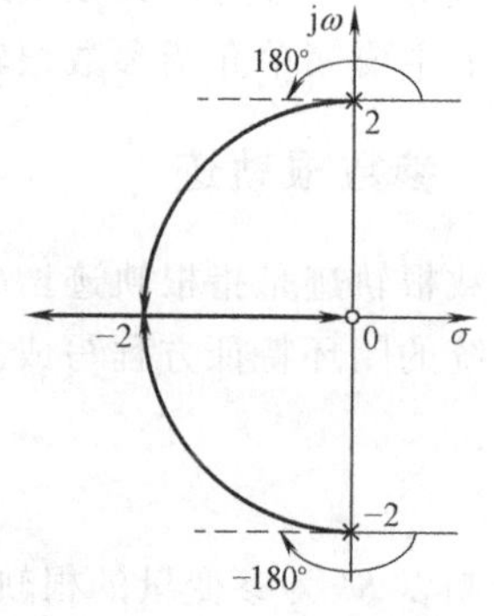

图 4.8　例 4.9 的参量根轨迹

总之，求参数根轨迹的关键是求出等效开环传递函数。以上介绍的是一个参数变化时的轨迹，在某些场合，可能需要研究几个变量同时变化时对系统性能的影响，需要绘制根轨迹簇，感兴趣的读者可以参考其他资料。

4.3.2　零度根轨迹

在某些控制系统中，由于对系统某种性能指标的要求，系统中可能存在正反馈的回路，如图 4.9 所示。

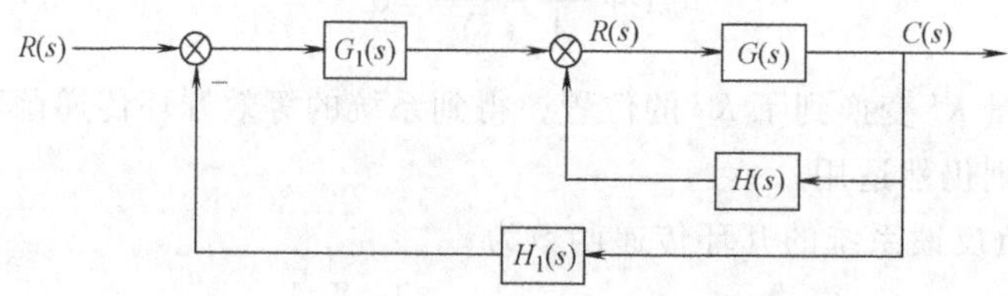

图 4.9　具有局部正反馈的系统

正反馈回路的闭环传递函数为

$$\frac{C(s)}{R(s)}=\frac{G(s)}{1-G(s)H(s)}$$

相应的特征方程为

$$1-G(s)H(s)=0$$

即

$$G(s)H(s)=1$$

与前面介绍的负反馈的根轨迹方程式（4.2）进行比较，可以看出，其幅值条件没有改变，但其相角条件变成

$$\sum_{i=1}^{m}\angle(s-z_i)-\sum_{j=1}^{n}\angle(s-p_j)=\pm 2k\pi,k=0,1,2,\cdots \tag{4.35}$$

由于其相角条件变为了 $\pm 2k\pi$，故正反馈系统的根轨迹又叫作零度根轨迹。

零度根轨迹与常规根轨迹的相角条件不同，因此在常规根轨迹的绘制规则中改变与相角条件相关的规则即可。这些需要改变的规则是：

规则三　实轴上根轨迹区间段的右侧，其开环零、极点个数之和为偶数。

规则四 根轨迹渐近线与实轴的夹角为

$$\theta=\frac{\pm 2k\pi}{n-m},k=0,1,2,\cdots,n-m-1 \tag{4.36}$$

规则七 根轨迹的出射角和入射角。

出射角为

$$\theta_{p_l}=\pm 2k\pi+\sum_{i=1}^{m}\angle(p_l-z_i)-\sum_{\substack{j=1\\j\neq l}}^{n}\angle(p_l-p_j) \tag{4.37}$$

入射角为

$$\theta_{z_l}=\pm 2k\pi+\sum_{j=1}^{n}\angle(z_l-p_j)-\sum_{\substack{i=1\\i\neq l}}^{m}\angle(z_l-z_i) \tag{4.38}$$

例 4.10 若将例 4.2 的负反馈系统变为正反馈系统，试绘制其根轨迹图。

解：根据正反馈系统需要改变的规则，重新计算如下：

（1）系统有 3 个开环极点 $p_1=0$，$p_2=-1$，$p_3=-2$。没有开环零点。所以系统有 3 条根轨迹分支，起始于开环极点处，终止于无穷远处。

（2）实轴上的根轨迹区间是［−2，−1］、［0，∞］。

（3）三条渐近线与实轴正方向的夹角为 0°，±120°；与实轴的交点坐标不变，即 $\sigma_a=-1$。

（4）根轨迹的分离点。同例 4.4，解得 $s_1=-0.422$，$s_2=-1.578$。由于 s_1 不在实轴上的根轨迹区间段内，舍去；s_2 在实轴上的根轨迹区间段内，是根轨迹的分离点。

（5）根轨迹与虚轴的交点。由于是正反馈系统，其闭环特征方程为

$$s^3+3s^2+2s-K^*=0$$

令 $s=\mathrm{j}\omega$，代入特征方程并化简得

$$-K^*-3\omega^2+\mathrm{j}(2\omega-\omega^3)=0$$

分别令实部和虚部为零，解得 $\omega=\pm\sqrt{2}$，$K^*=-6$（无意义）。即根轨迹与虚轴没有交点。

最后画出根轨迹如图 4.10 所示。

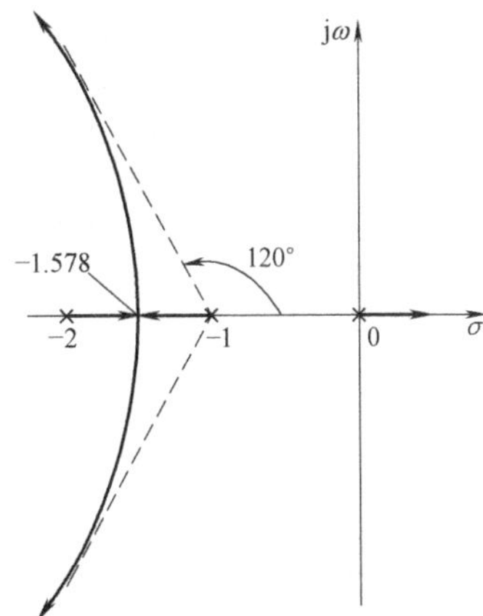

图 4.10 正反馈系统的根轨迹

4.4 应用 MATLAB 绘制控制系统的根轨迹

在 MATLAB 中，专门提供了绘制根轨迹的有关函数。

rlocus：求系统根轨迹。

rlocfind：计算给定一组根的根轨迹增益。

sgrid：在连续系统根轨迹图和零极点图中绘制出阻尼系数和自然频率栅格。

1. rlocus（）函数

MATLAB 提供了函数 rlocus（）来绘制系统的根轨迹图，其用法如下。

rlocus (sys)：根据开环系统的状态空间描述模型和传递函数模型，直接在屏幕上绘制出系统的根轨迹图。开环增益的值从零到无穷大变化。

rlocus (sys, k)：通过指定开环增益 k 的变化范围来绘制系统的根轨迹图。

若给出传递函数描述系统的分子项 num 为负，则利用 rlocus ( ) 函数绘制的是系统的零度根轨迹（正反馈系统或非最小相位系统）。

例 4.11 绘制系统

$$G(s)=\frac{K^*}{s(s+2)(s+3)}$$

的零、极点图和根轨迹图。

```
>> p=[0 -2 -3]; z=[ ]; k=1;          % 输入零、极点模型，注意没有零点时输入
                                      % 空阵
>> g=zpk(z,p,k);                      % 转换为传递函数对象
>> figure (1); rlocus (g)             % 打开一个窗口绘制根轨迹图
```

结果如图 4.11 所示。

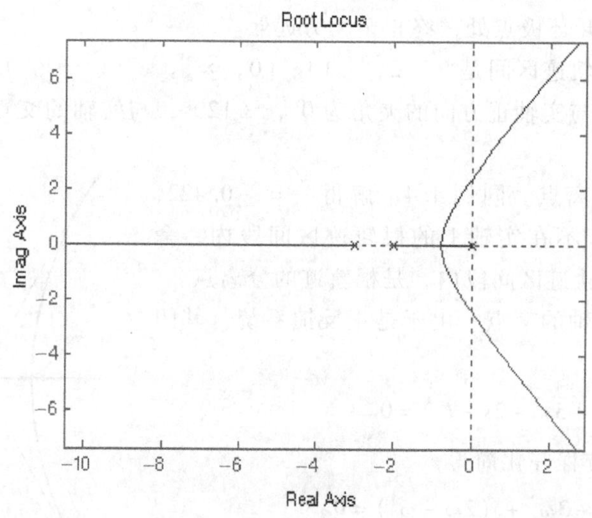

图 4.11 例 4.11 系统的根轨迹图

2. rlocfind ( ) 函数

函数 rlocfind ( ) 用来找出给定的一组根（闭环极点）对应的根轨迹增益。其用法如下：

[k,p] = rlocfind(sys)

它要求在屏幕上先绘制好有关的根轨迹图，然后，此命令将产生一个光标用来选择希望的闭环极点。命令执行结果：k 为对应选择点处根轨迹的开环增益；p 为此点处的系统闭环特征根。

3. sgrid ( ) 函数

sgrid：在现存的屏幕根轨迹或零、极点图上绘制出自然振荡频率 wn、阻尼比矢量 z 对应的格线。

sgrid（'new'）：先清屏，再画格线。

sgrid（z，wn）：绘制由用户指定的阻尼比矢量 z、自然振荡频率 wn 的格线。

例 4.12 找出例 4.11 中阻尼比为 0.3 时的开环根轨迹增益。

对于例 4.11 所示系统，在 MATLAB 命令窗口接着输入

```
>> sgrid          % 打开阻尼比对应的格线
```

这时刚才绘出的根轨迹图上增加了网格线，变为图 4.12。再在 MATLAB 命令窗口输入

```
>> rlocfind（g)
```

移动鼠标选择根轨迹和阻尼比为 0.3 的格线的交点处单击一次，输出结果为

```
Select a point in the graphics window
selected_point =
  -0.4532 + 1.4435i
ans =
      9.3227
```

即执行 rlocfind（）函数后利用鼠标定位的点（以 + 表示）为 -0.4532 + 1.4435i，对应的阻尼比为 0.3 时的开环根轨迹增益值为 9.3227。

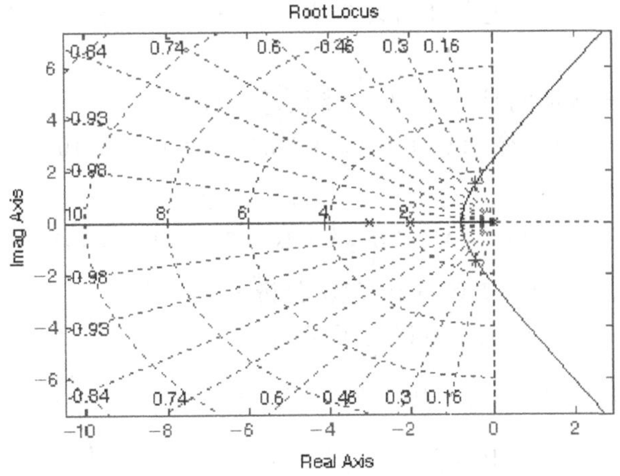

图 4.12 执行 sgrid 和 rlocfind 后的根轨迹图

4.5 案例分析与设计

例 4.13 某负反馈系统的开环传递函数为

$$G(s)H(s)=\frac{K^*}{(s+1)(s+2)(s+4)}$$

试证明点 $s_1=-1+\mathrm{j}\sqrt{3}$ 是根轨迹上的点，并求出相应的 K^* 和系统的开环增益 K。

证明： 根据根轨迹的基本条件，验证一个点是否是根轨迹上的点用相角条件，而求根轨迹上的点对应的 K^* 值用幅值条件。

系统有三个开环极点 $p_1=-1$，$p_2=-2$，$p_3=-4$。由相角条件可得

$$\begin{aligned}\theta &= -\angle(s_1-p_1)-\angle(s_1-p_2)-\angle(s_1-p_3)\\ &= -\angle(\mathrm{j}\sqrt{3})-\angle(1+\mathrm{j}\sqrt{3})-\angle(3+\mathrm{j}\sqrt{3})\\ &= -90°-\arctan(\sqrt{3})-\arctan(\sqrt{3}/3)=-90°-60°-30°=-180°\end{aligned}$$

满足相角条件，所以 s_1 是根轨迹上的点。由幅值条件可得

$$\begin{aligned}K^* &= |s_1-p_1||s_1-p_2||s_1-p_3| = |\mathrm{j}\sqrt{3}|\times|1+\mathrm{j}\sqrt{3}|\times|3+\mathrm{j}\sqrt{3}|\\ &=\sqrt{3}\times 2\times 2\sqrt{3}=12\end{aligned}$$

系统的开环增益 $K=\dfrac{K^*}{8}=\dfrac{12}{8}=1.5$。

例 4.14 设单位控制系统的开环传递函数为

$$G(s)H(s)=\frac{K^*(s+3)}{(s+1)(s+5)(s+10)}$$

试绘制系统的闭环根轨迹图。

解：（1）系统有 3 个开环极点 $p_1=-1$，$p_2=-5$，$p_3=-10$。有 1 个开环零点 $z_1=-3$。所以系统有 3 条根轨迹分支，起始于开环极点，一条终止于开环零点，另两条终止于无穷远处。

（2）实轴上的根轨迹区间是 $[-10,\ -5]$、$[-3,\ -1]$。

（3）根轨迹的分离点。令 $A(s)=(s+1)(s+5)(s+10)$，$B(s)=s+3$，代入式（4.22）得

$$A(s)B'(s)-A'(s)B(s)=2s^3+25s^2+96s+145=0$$

解得 $s_1=-7.27$，$s_{2,3}=-2.62\pm \mathrm{j}1.77$。分析可知，$s_{2,3}$ 不是根轨迹上的点，舍去。所以 s_1 是分离点。

（4）根轨迹的渐进线 $\theta=\pm\dfrac{\pi}{2}$，则

$$\begin{aligned}\sigma_a &= \frac{-1-5-10+3}{2}\\ &=-6.5\end{aligned}$$

最后画出根轨迹，如图 4.13 所示。

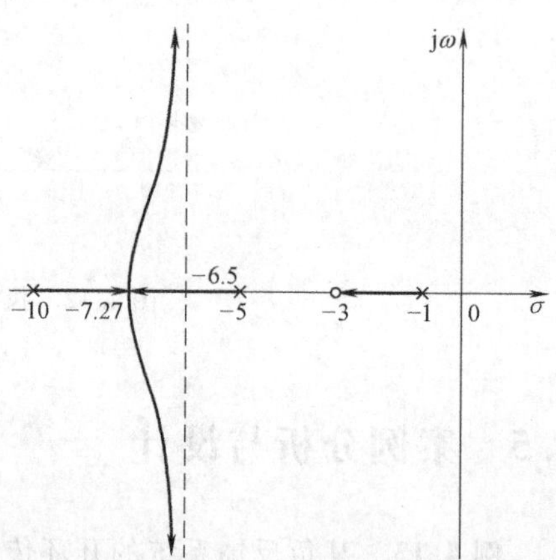

图 4.13　例 4.14 的根轨迹图

例 4.15 已知某系统的闭环根轨迹图如图 4.14 所示，试确定下述情况下根轨迹增益 K^* 的取值范围：

（1）闭环系统有复数极点。

（2）闭环系统不稳定。

（3）只有一个闭环实数极点。

解：（1）不论根轨迹增益 K^* 取何值，闭环系统都有复数极点。

（2）闭环系统不稳定的 K^* 的取值范围为 $0<K^*<K_1$，$K_2<K^*<K_3$，$K^*>K_4$。

（3）系统只有一个闭环实数极点的 K^* 的取值范围为 $K^*>K_5$。

例 4.16 根据例 4.8 绘制出的根轨迹图，求当阻尼比 $\xi=0.5$ 时系统的闭环主导极点和其他的闭环极点，并估算此时系统的动态性能指标。

解：在图4.7上作$\xi=0.5$的等阻尼线，与负实轴的夹角$\beta=\arccos\xi=\arccos0.5=60°$，如图4.15所示。等阻尼线与根轨迹的交点坐标从图中可直接求得，即$s_1=-0.33+j0.58$，另一共轭复数极点的坐标为$s_2=-0.33-j0.58$。

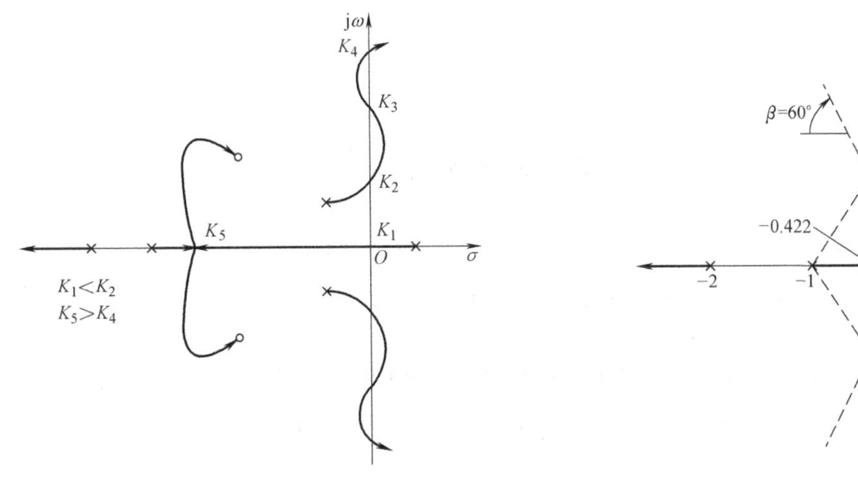

图4.14　例4.15图

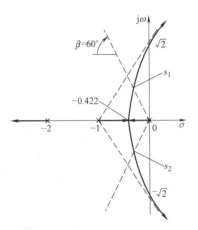

图4.15　作等阻尼线的根轨迹图

根据根之和法则，即闭环极点之和等于开环极点之和：

$$s_1+s_2+s_3=p_1+p_2+p_3$$

得另外的极点为

$$s_3=0-1-2+0.33-j0.58+0.33+j0.58=-2.34$$

根据幅值条件，求得$K^*=0.16$。因此系统的闭环传递函数为

$$\frac{C(s)}{R(s)}=\frac{1.06}{(s+2.34)(s+0.33-j0.58)(s+0.33+j0.58)}$$

由于极点s_3到虚轴的距离是极点s_1、s_2到虚轴距离的7倍多，因此s_1、s_2是系统的闭环主导极点，可以根据s_1、s_2所构成的二阶系统来估算本例对应的三阶系统的性能指标。

该二阶系统的阻尼比$\xi=0.5$，自然振荡角频率$\omega_n=0.66\text{rad/s}$。在单位阶跃函数作用下，系统的动态性能指标为

$$M_p=e^{-\frac{\xi\pi}{\sqrt{1-\xi^2}}}\times100\%=16.3\% \qquad t_s=\frac{3}{\xi\omega_n}=9.1\text{s}$$

4.6　本章小结

根轨迹分析法的基本思路是以开环传递函数中的某个参数（一般是根轨迹增益）作为参变量，画出闭环特征根运动所形成的轨迹，并根据根轨迹图可以直观地看到参数变化对系统性能的影响。

根轨迹的基本概念，即：开环传递函数中某个参数由零变化到无穷大时，闭环特征根在

s 平面上运动的轨迹，称为根轨迹。

由根轨迹方程推导出根轨迹的幅值条件和相角条件，以及绘制根轨迹的基本规则。根据绘制根轨迹的基本规则，可以画出以开环传递函数中的根轨迹增益为参变量的常规根轨迹图。当然这些规则不必一一使用，可以先确定根轨迹的大致形状，再根据需要使用决定根轨迹细节的规则。

除常规根轨迹外，其他形式的根轨迹称为广义根轨迹。本章简单介绍了参数根轨迹和零度根轨迹。

思考题与习题

4-1 设单位负反馈控制系统的开环传递函数为 $G(s)=\dfrac{K^*}{s+2}$，试用解析法绘出 K^* 从零变化到无穷大时的闭环根轨迹图，并判断下列点是否在根轨迹上：$(-1,0)$，$(-3,0)$，$(0,1)$，$(3,2)$。若在，对应的 K^* 为何值。

4-2 已知开环零、极点分布如图 4.16 所示，试概略绘出相应的闭环根轨迹图。

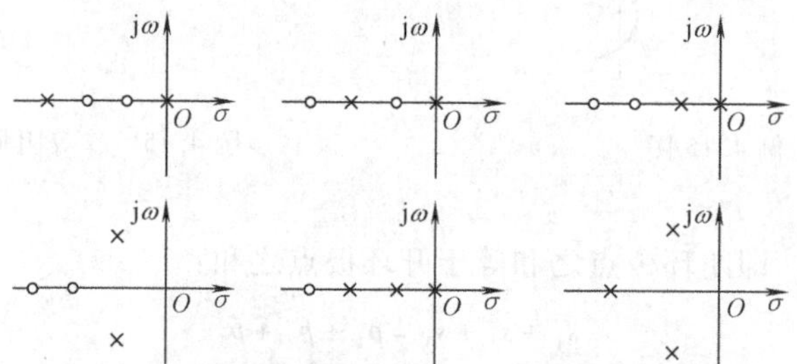

图 4.16 开环零、极点分布

4-3 已知负反馈控制系统的开环传递函数为

(1) $G(s)=\dfrac{K^*}{s(s+2)}$

(2) $G(s)=\dfrac{K^*}{s(s+2)(s+4)}$

(3) $G(s)=\dfrac{K^*(s+3)}{s(s+2)}$

试绘制各系统的根轨迹图，并讨论增加开环零极点对系统性能的影响。

4-4 已知负反馈控制系统的开环传递函数为 $G(s)=\dfrac{K^*(s+1)}{s(s+2)}$，试用相角条件证明 $s_1=-1+\mathrm{j}\sqrt{3}$，$s_2=-0.5+\mathrm{j}0$ 是否是根轨迹上的点。若是，用幅值条件求出其对应的 K^* 值。

4-5 已知负反馈系统的开环传递函数为 $G(s)=\dfrac{K^*(s+1)}{s^2(0.5s+1)}$，试绘制系统的根轨迹图。

4-6 已知负反馈系统的开环传递函数为

$$G(s)=\frac{K^*(s+2)}{s(s+1+\mathrm{j})(s+1-\mathrm{j})}$$

试绘制系统的根轨迹图，并求使系统稳定的 K^* 的取值范围。

4-7 已知负反馈控制系统的开环传递函数为 $G(s)=\dfrac{K^*}{s(s+2)(s+5)}$，试绘制其根轨迹图，并求当 $\xi=0.5$ 时的一对闭环主导极点及其对应的 K^* 值。

4-8　已知负反馈系统的开环传递函数为 $G(s)=\dfrac{20}{(s+4)(s+a)}$，试绘制 a 从零变化到无穷时系统的根轨迹图。

4-9　已知某系统的系统结构图如图 4.17 所示，试绘制以 τ 为参变量的根轨迹图。

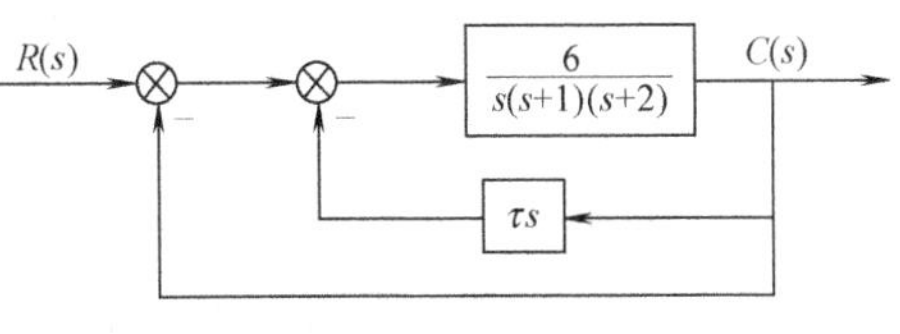

图 4.17　题 4-9 图

4-10　已知正反馈系统的开环传递函数为 $G(s)=\dfrac{K^*(s+2)}{s(s+1)(s+3)}$，试绘制系统的根轨迹图。

4-11　已知系统的开环传递函数为 $G(s)=\dfrac{K^*(s+2)}{(s+3)(s^2+2s+2)}$，试用 MATLAB 编程，分别画出正、负反馈时系统的根轨迹图，并比较它们有什么不同，可得出什么结论。

4-12　已知某单位反馈系统的开环传递函数为

$$G(s)=\frac{K}{s(0.01s+1)(0.02s+1)}$$

要求用 MATLAB 语言绘制系统的闭环根轨迹，并确定使系统产生重实根和纯虚根的开环增益 K。

第 5 章　频率分析法

频率分析法是经典控制理论中研究与分析系统特性的主要方法之一，尤其是对于高阶系统的分析。采用频率分析法，不必求解系统的微分方程，利用系统的开环频率特性采用图形方法分析系统的闭环响应，从而分析系统的性能，并为系统设计、校正指明方向。

本章主要阐述频率特性的基本概念、典型环节及系统频率特性的求取、频域稳定性判据以及闭环频率特性。其中，频率特性的图形表示——奈奎斯特（Nyquist）图、对数频率特性曲线（伯德图）是本章的重点。

5.1　频率特性的基本概念

5.1.1　频率响应

一般来说，稳定的线性定常系统对正弦输入的稳态响应称为频率响应，而系统的频率响应与正弦输入信号之间的关系称为频率特性。

对于线性定常系统，假定系统是稳定的，若对其输入一正弦信号

$$r(t)=U\sin\omega t$$

系统的稳态输出响应也应为同一频率的正弦信号，但幅值和相位发生了变化，如图 5.1 所示。

$$c(t)=Y\sin(\omega t+\varphi)$$

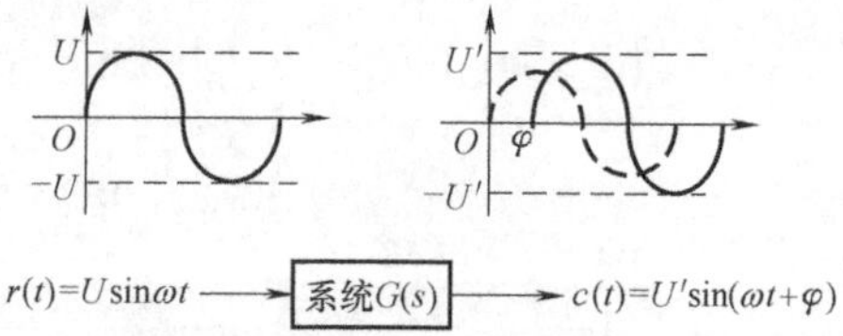

图 5.1　系统频率响应示意图

为不失一般性，线性定常系统的传递函数 $G(s)$ 可以写成如下形式：

$$G(s)=\frac{C(s)}{R(s)}=\frac{B(s)}{(s-p_1)(s-p_2)\cdots(s-p_n)}=\frac{B(s)}{\prod_{j=1}^{n}(s-p_j)} \tag{5.1}$$

正弦输入信号 $r(t)$ 的拉氏变换为

$$R(s)=\frac{U\omega}{s^2+\omega^2}=\frac{U\omega}{(s+\mathrm{j}\omega)(s-\mathrm{j}\omega)} \tag{5.2}$$

输出信号 $c(t)$ 的拉氏变换为

$$C(s)=R(s)G(s) \tag{5.3}$$

将式（5.1）、式（5.2）代入式（5.3）得

$$C(s)=\frac{U\omega}{(s+\mathrm{j}\omega)(s-\mathrm{j}\omega)}\frac{B(s)}{\prod_{j=1}^{n}(s-p_j)}$$

上式可改写成

$$C(s)=\frac{a_1}{s+\mathrm{j}\omega}+\frac{a_2}{s-\mathrm{j}\omega}+\frac{b_1}{s-p_1}+\frac{b_2}{s-p_2}+\cdots+\frac{b_n}{s-p_n} \tag{5.4}$$

式中，a_1，a_2，b_1，b_2，…，b_n 为待定系数，均可用留数定理求出，其中 a_1 和 a_2 是共轭复数。将式（5.4）两边取反拉氏变换，可得

$$c(t)=a_1\mathrm{e}^{-\mathrm{j}\omega t}+a_2\mathrm{e}^{\mathrm{j}\omega t}+b_1\mathrm{e}^{p_1 t}+b_2\mathrm{e}^{p_2 t}+\cdots+b_n\mathrm{e}^{p_n t}\quad(t\geqslant 0) \tag{5.5}$$

对于稳定的系统，由于系统所有极点都具有负实部，所以当 $t\to\infty$时，$\mathrm{e}^{p_1 t}$，$\mathrm{e}^{p_2 t}$，…，$\mathrm{e}^{p_n t}$都将衰减到零。稳态输出信号 $c(\infty)$仅由式（5.5）中的第一项和第二项决定，即

$$c(\infty)=a_1\mathrm{e}^{-\mathrm{j}\omega t}+a_2\mathrm{e}^{\mathrm{j}\omega t} \tag{5.6}$$

式（5.6）中的待定系数 a_1 和 a_2 可分别由留数定理求得，即

$$a_1=G(s)\frac{U\omega}{(s+\mathrm{j}\omega)(s-\mathrm{j}\omega)}(s+\mathrm{j}\omega)\Big|_{s=-\mathrm{j}\omega}=-\frac{U}{\mathrm{j}2}G(-\mathrm{j}\omega) \tag{5.7}$$

$$a_2=G(s)\frac{U\omega}{(s+\mathrm{j}\omega)(s-\mathrm{j}\omega)}(s-\mathrm{j}\omega)\Big|_{s=\mathrm{j}\omega}=\frac{U}{\mathrm{j}2}G(\mathrm{j}\omega) \tag{5.8}$$

式（5.7）和式（5.8）中 $G(\mathrm{j}\omega)$ 和 $G(-\mathrm{j}\omega)$ 都是复数，可以用极坐标形式表示为

$$G(\mathrm{j}\omega)=|G(\mathrm{j}\omega)|\mathrm{e}^{\mathrm{j}\angle G(\mathrm{j}\omega)} \tag{5.9}$$

$$G(-\mathrm{j}\omega)=|G(-\mathrm{j}\omega)|\mathrm{e}^{\mathrm{j}\angle G(-\mathrm{j}\omega)}=|G(\mathrm{j}\omega)|\mathrm{e}^{-\mathrm{j}\angle G(\mathrm{j}\omega)} \tag{5.10}$$

将式（5.7）、式（5.8）、式（5.9）、式（5.10）代入式（5.6）得

$$\begin{aligned}c(\infty)&=-\frac{U}{\mathrm{j}2}|G(\mathrm{j}\omega)|\mathrm{e}^{-\mathrm{j}\angle G(-\mathrm{j}\omega)}\mathrm{e}^{-\mathrm{j}\omega t}+\frac{U}{\mathrm{j}2}|G(\mathrm{j}\omega)|\mathrm{e}^{\mathrm{j}\angle G(\mathrm{j}\omega)}\mathrm{e}^{\mathrm{j}\omega t}\\&=Y\sin(\omega t+\varphi)\end{aligned} \tag{5.11}$$

式中，$Y=U|G(\mathrm{j}\omega)|$；$\varphi=\angle G(\mathrm{j}\omega)$。

式（5.11）表明，线性定常系统在正弦输入信号 $r(t)=U\sin(\omega t)$ 的作用下，稳态输出信号 $c(\infty)$是与输入信号相同频率的正弦信号，输出信号 $c(\infty)$的幅值 Y 是输入信号幅值 U 的 $|G(\mathrm{j}\omega)|$ 倍，相位移为 $\varphi=\angle G(\mathrm{j}\omega)$，且都是频率 ω 的函数。

5.1.2 频率特性

线性定常系统在正弦输入时，稳态输出与输入的幅值之比是输入信号频率 ω 的函数，称为系统的幅频特性，记为 $A(\omega)$。它描述了当系统输入不同频率的正弦信号时，在稳态情况下，其幅值的衰减或增大的特性，即 $A(\omega)=\dfrac{Y}{U}=|G(\mathrm{j}\omega)|$。

稳态输出信号与输入信号的相位差（或称为相移）也是 ω 的函数，称为系统的相频特性，记为 $\varphi(\omega)=\angle G(\mathrm{j}\omega)$。它描述了当系统输入不同频率的正弦信号时，在稳态情况下，其相位产生超前或滞后的特性。

幅频特性和相频特性一起称为系统的频率特性，即

$$G(\mathrm{j}\omega)=|G(\mathrm{j}\omega)|\mathrm{e}^{\mathrm{j}\angle G(\mathrm{j}\omega)}=A(\omega)\mathrm{e}^{\mathrm{j}\varphi(\omega)} \tag{5.12}$$

5.1.3 频率特性与传递函数的关系

由以上分析可知，系统的频率特性可通过将传递函数中的 s 以 $\mathrm{j}\omega$ 代替得到，即 $G(\mathrm{j}\omega)=G(s)|_{s=\mathrm{j}\omega}$。由第 2 章内容可知，传递函数仅取决于系统的结构和元件参数，与系统的外部输入信号无关，是系统的数学模型描述。同理，频率特性是频率的函数，随输入频率的变化而变化，与输入幅值无关，因此频率特性也是系统数学模型的一种描述。至此已经学过的 3 种系统数学模型描述之间的关系如图 5.2 所示。

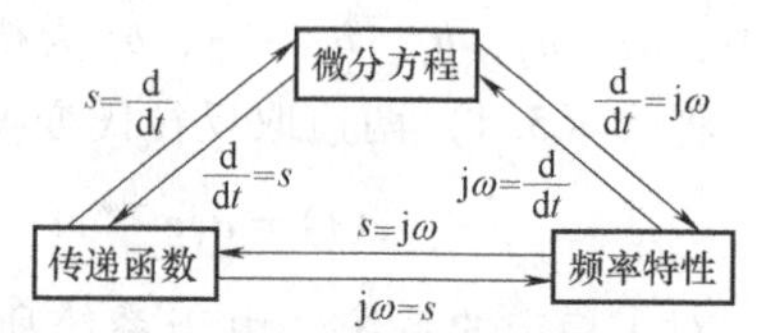

图 5.2　3 种系统数学模型描述之间的关系

5.1.4 频率特性的表示方法

如前所述，频率特性 $G(\mathrm{j}\omega)$ 的幅频特性和相频特性都是频率 ω 的函数，因而可以用曲线表示它们与频率之间的变化关系。根据坐标系的不同可以分为 3 种曲线，即幅相频率特性曲线、对数频率特性曲线和对数幅相频率特性曲线。

1. 幅相频率特性曲线（奈奎斯特图）

以系统的开环频率特性的实部为横坐标，以其虚部为纵坐标，以频率 ω 为参变量的幅值与相位的图解表示方法称为系统的幅相频率特性曲线，或称为奈奎斯特（Nyquist）图。

2. 对数频率特性曲线（伯德图）

将幅频关系和相频关系以对数形式表示在两个图上，描述对数幅值与频率变化之间关系的图称为对数幅频特性曲线；描述相位与频率变化之间关系的图称为对数相频特性曲线，二者统称为对数频率特性曲线或伯德（Bode）图。

3. 对数幅相频率特性曲线（尼柯尔斯图）

将对数幅频特性和相频特性画在一个图上，即以 $\varphi(\omega)$ 为线性分度的横轴，以 $L(\omega)=20\lg|G(\mathrm{j}\omega)|$ 为线性分度的纵轴，以 ω 为参变量绘制的 $G(\mathrm{j}\omega)$ 曲线，称为对数幅相频率特性曲线，或称为尼柯尔斯图（Nichols）。

本章将重点对对数频率特性曲线和幅相频率特性曲线进行系统分析。

5.2 对数频率特性曲线

5.2.1 对数频率特性曲线的特点

频率特性的对数频率特性曲线又称为伯德图。对数频率特性曲线由对数幅频特性曲线和对数相频特性曲线两部分组成，分别表示为对数幅频特性和对数相频特性。用对数频率特性曲线不但计算简单，绘图容易，而且能直观地表现时间常数等参数变化对系统性能的影响。

频率特性对数坐标图是将开环幅相频率特性 $G(\mathrm{j}\omega)$ 写成

$$G(\mathrm{j}\omega)=A(\omega)\mathrm{e}^{\mathrm{j}\varphi(\omega)} \tag{5.13}$$

式中，$A(\omega)$ 称为幅频特性；$\varphi(\omega)$ 称为相频特性。

1. 对数幅频特性曲线

将幅频特性 $A(\omega)$ 用增益 $L(\omega)$ 来表示，单位为 dB（分贝），即

$$L(\omega)=20\lg A(\omega) \tag{5.14}$$

$L(\omega)$ 与 ω 的函数关系称为对数幅频特性，其曲线图如图 5.3a 所示。在对数幅频特性曲线中，$L(\omega)$ 为纵坐标，频率 ω 为横坐标，需要注意的是，横坐标用对数坐标分度，ω 每变化 10 倍，横坐标就增加 1 个单位长度。这个单位长度代表 10 倍频距离，因此称为“十倍频程”或“十倍频”，记为“decade”或简记为“dec”。

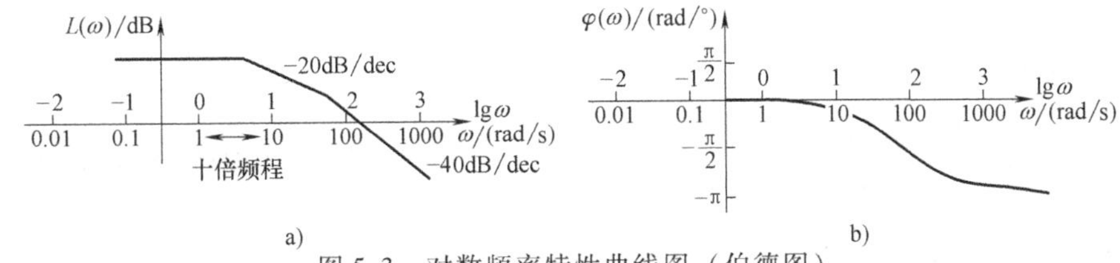

图 5.3　对数频率特性曲线图（伯德图）

对数幅频特性的“斜率”是指频率 ω 改变倍频或十倍频时 $L(\omega)$ 分贝数的改变量，单位是 dB/dec（分贝/十倍频）。

采用对数频率特性有很多优点：

（1）低频段频率特性的形状对于控制系统性能的研究具有重要意义

由于横坐标采用对数分度方法，低频段相对展宽，而高频段相对压缩，因而在一张图上，既方便研究中、高频段特性，又便于研究低频段特性。

（2）可以大大简化绘制系统频率特性的工作

由于系统往往是由许多环节串联构成的，设各个环节的频率特性为

$$G_1(\mathrm{j}\omega)=A_1(\omega)\mathrm{e}^{\mathrm{j}\varphi_1(\omega)}$$

$$G_2(\mathrm{j}\omega)=A_2(\omega)\mathrm{e}^{\mathrm{j}\varphi_2(\omega)}$$

$$\cdots$$

$$G_n(\mathrm{j}\omega)=A_n(\omega)\mathrm{e}^{\mathrm{j}\varphi_n(\omega)}$$

则串联后的开环系统频率特性为

$$G(\mathrm{j}\omega)=A_1(\omega)\mathrm{e}^{\mathrm{j}\varphi_1(\omega)}A_2(\omega)\mathrm{e}^{\mathrm{j}\varphi_2(\omega)}\cdots A_n(\omega)\mathrm{e}^{\mathrm{j}\varphi_n(\omega)}=A(\omega)\mathrm{e}^{\mathrm{j}\varphi(\omega)}$$

式中

$$A(\omega)=A_1(\omega)A_2(\omega)\cdots A_n(\omega)$$

$$\varphi(\omega)=\varphi_1(\omega)+\varphi_2(\omega)+\cdots+\varphi_n(\omega)$$

由对数幅频的定义，对 $A(\omega)$ 取对数

$$L(\omega)=20\lg A(\omega)=20\lg A_1(\omega)+20\lg A_2(\omega)+\cdots+20\lg A_n(\omega)$$

可见，乘积运算变成了求和运算，利用对数坐标图绘制幅相频率特性十分方便，只要绘制出各个环节的对数幅频特性，然后进行叠加，就能得到串联各环节所组成系统的对数频率特性，从图中可直观地看出各环节对系统总特性的影响。

（3）可用渐近线方法作图

先分段用直线作出对数幅频特性的渐近线，再用修正曲线对渐近线进行修正，就可得到较准确的对数幅频特性曲线。这给作图带来了很大方便。

2. 对数相频特性曲线

对数相频特性曲线纵坐标按角度/弧度均匀刻度，标以 $\varphi(\omega)$ 值，单位为弧度（rad）；横坐标刻度与对数幅频特性相同，按对数刻度，标以 ω 值。

5.2.2 典型环节的对数频率特性曲线

一个复杂的控制系统可以看成由若干典型环节构成，要用频率分析法分析复杂系统的性能需要先掌握典型环节的频率特性。

下面分别介绍各典型环节的对数频率特性曲线。

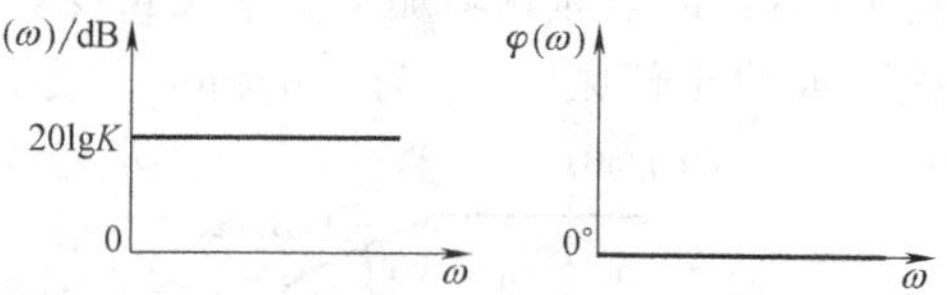

图 5.4　比例环节的对数频率特性曲线

1. 比例环节

比例环节的传递函数为

$$G(s)=K$$

其对应的频率特性为

$$G(\mathrm{j}\omega)=K$$

对数幅频特性和对数相频特性分别为

$$L(\omega)=20\lg K \quad \varphi(\omega)=0^\circ$$

比例环节的对数幅频特性曲线是一条平行于 ω 轴、高度为 $20\lg K$ 的直线，如图 5.4 所示；其对数相频特性曲线是与0°重合的一条直线。可见，改变 K 值只能影响 $L(\omega)$ 的幅值高低，对对数相频特性没有影响。

2. 积分环节

积分环节的传递函数为

$$G(s)=\frac{1}{s}$$

其对应的频率特性为

$$G(\mathrm{j}\omega)=\frac{1}{\mathrm{j}\omega}$$

对数幅频特性和对数相频特性分别为

$$L(\omega)=-20\lg\omega \qquad \varphi(\omega)=-90^\circ$$

积分环节的对数幅频特性曲线是斜率为 -20dB/dec 的直线，在 $\omega=1\text{rad/s}$ 处对数幅值为 0dB。对数相频特性与 ω 无关，始终为 -90°，如图 5.5 所示。

3. 纯微分环节

微分环节的传递函数为

$$G(s)=s$$

其对应的频率特性为

$$G(\mathrm{j}\omega)=\mathrm{j}\omega$$

对数幅频特性和对数相频特性分别为

$$L(\omega)=20\lg\omega \qquad \varphi(\omega)=90^\circ$$

纯微分环节的对数幅频特性曲线是斜率为 20dB/dec 的直线，在 $\omega=1\text{rad/s}$ 处对数幅值为 0dB；对数相频特性与 ω 无关，始终为 90°，如图 5.6 所示。

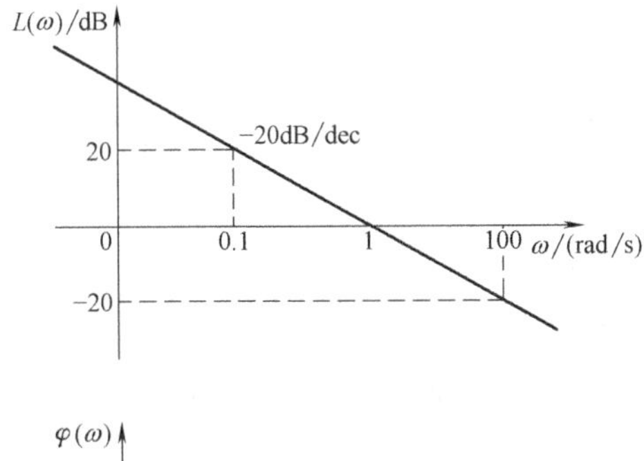

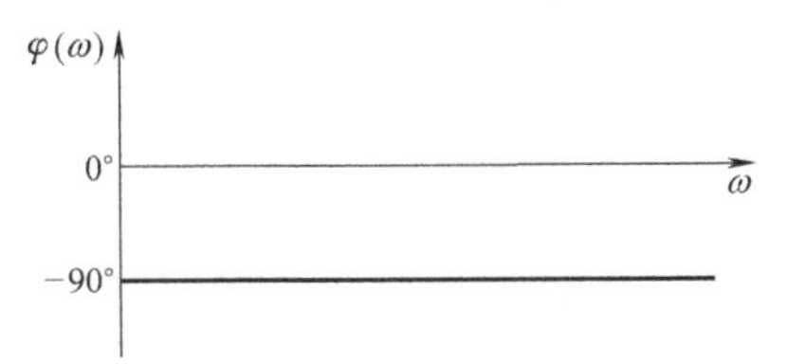

图 5.5　积分环节的对数频率特性曲线

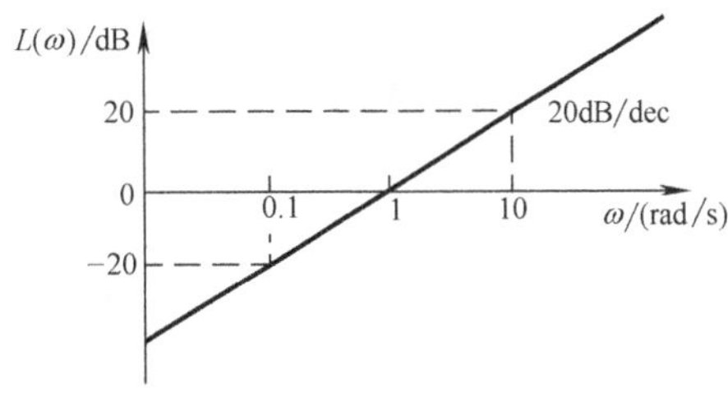

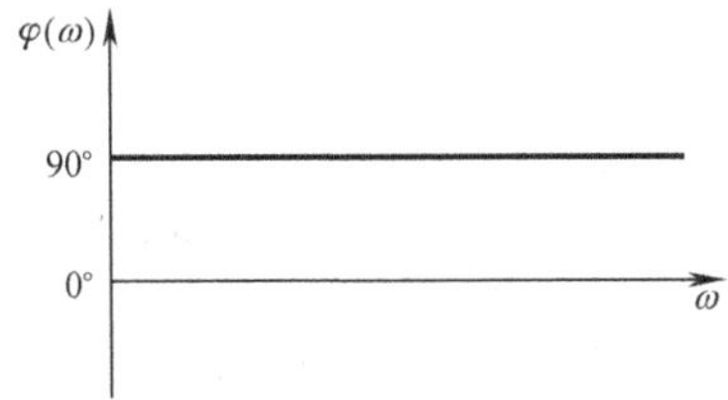

图 5.6　纯微分环节的对数频率特性曲线

4. 惯性环节

惯性环节的传递函数为

$$G(s)=\frac{1}{1+Ts}$$

其对应的频率特性为

$$G(\mathrm{j}\omega)=\frac{1}{1+\mathrm{j}T\omega}$$

对数幅频特性为

$$L(\omega)=-20\lg\sqrt{1+\left(\frac{\omega}{\omega_1}\right)^2} \tag{5.15}$$

对数相频特性为

$$\varphi(\omega)=-\arctan\frac{\omega}{\omega_1} \tag{5.16}$$

式中，$\omega_1=\frac{1}{T}$。

为了便于绘制对数频率曲线图，采用渐近线法绘制。

1）当 $\omega\ll\omega_1$ 时（低频部分），式（5.15）中$\frac{\omega}{\omega_1}\ll 1$，$L(\omega)\approx 0$。

2）当 $\omega\gg\omega_1$ 时（高频部分），式（5.15）中$\frac{\omega}{\omega_1}\gg 1$，$L(\omega)\approx -20\lg\frac{\omega}{\omega_1}$。

低频渐近线和高频渐近线相交于 $\omega_1=\frac{1}{T}$ 处，在 $\frac{1}{T}$ 处对数幅频特性曲线发生斜率的转折，该频率被称为转折频率，如图 5.7 所示。渐近线法绘制的对数幅频特性和精确曲线之间存在着误差，计算该误差 $\Delta(\omega)$：

$$\Delta(\omega)=\begin{cases}-20\lg\sqrt{1+(T\omega)^2} & (\omega\leqslant\omega_1)\\ -20\lg\sqrt{1+(T\omega)^2}+20\lg T\omega & (\omega\geqslant\omega_1)\end{cases} \tag{5.17}$$

误差的最大值发生在转折频率 $\omega_1=\dfrac{1}{T}$处，其值为

$$\Delta(\omega_1)=-20\lg\sqrt{1+(T\omega_1)^2}=-10\lg2\approx-3\text{dB}$$

渐近线法绘制的对数幅频曲线和精确对数幅频曲线的误差曲线如图 5.8 所示。

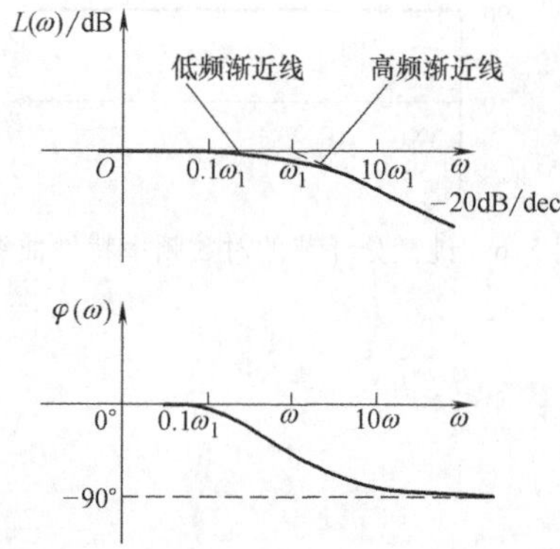

图 5.7　惯性环节的对数频率特性曲线

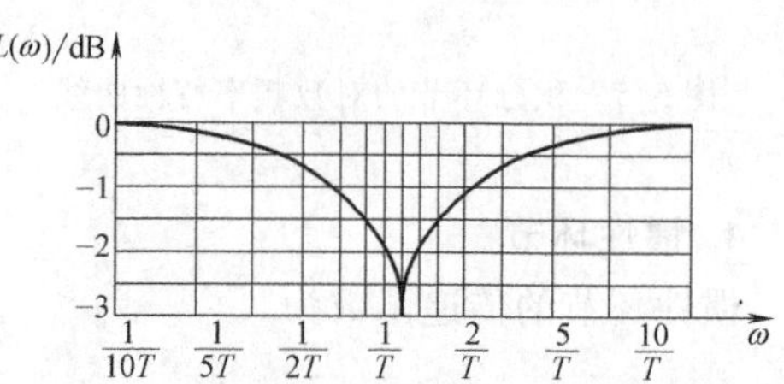

图 5.8　渐近线法幅频特性曲线和精确曲线之间的误差曲线

从误差曲线中可以看出，误差较大处发生在转折频率左右十倍频程范围之内，当需要概略计算时可以采用渐近线法快速绘制幅频特性曲线，如果需要精确绘制对数幅频特性曲线，可利用误差曲线进行修正。

5. 一阶微分环节

一阶微分环节的传递函数为

$$G(s)=1+Ts$$

其对应的频率特性为

$$G(\mathrm{j}\omega)=1+\mathrm{j}T\omega$$

对数幅频特性为

$$L(\omega)=20\lg\sqrt{1+\left(\frac{\omega}{\omega_1}\right)^2} \tag{5.18}$$

对数相频特性为

$$\varphi(\omega)=\arctan\frac{\omega}{\omega_1} \tag{5.19}$$

式中，$\omega_1=\dfrac{1}{T}$。

为了便于绘制对数频率曲线图，同样采用渐近线法绘制。

1）当 $\omega \ll \omega_1$ 时（低频部分），式（5.18）中 $\frac{\omega}{\omega_1} \ll 1$，$L(\omega) \approx 0$。

2）当 $\omega \gg \omega_1$ 时（高频部分），式（5.18）中 $\frac{\omega}{\omega_1} \gg 1$，$L(\omega) \approx 20\lg \frac{\omega}{\omega_1}$。

一阶微分环节的对数频率特性曲线如图 5.9 所示。可见，一阶微分环节的对数幅频、相频特性曲线与惯性环节的对数幅频、相频特性分别关于 0dB 和 0°对称。

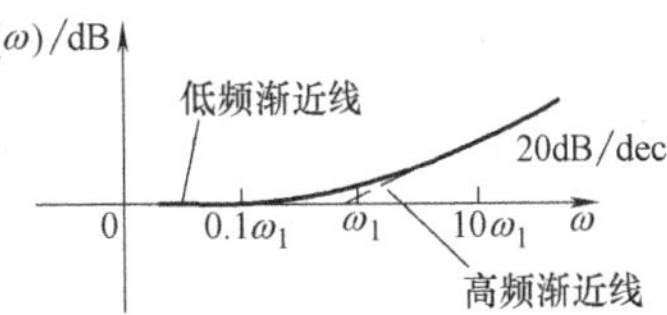

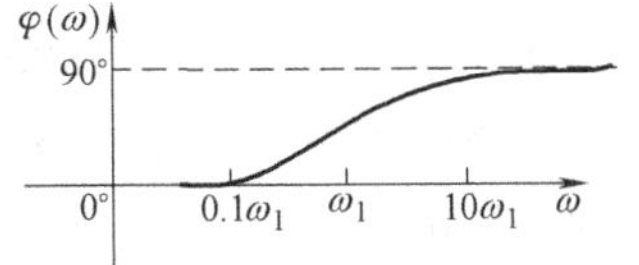

图 5.9　一阶微分环节的对数频率特性曲线

6. 振荡环节

振荡环节的传递函数为

$$G(s) = \frac{1}{T^2 s^2 + 2\xi Ts + 1} \quad (0 < \xi < 1)$$

其对应的频率特性为

$$G(j\omega) = \frac{1}{1 - (T\omega)^2 + j2\xi T\omega}$$

对数幅频特性为

$$L(\omega) = -20\lg \sqrt{\left(1 - \left(\frac{\omega}{\omega_1}\right)^2\right)^2 + \left(2\xi \frac{\omega}{\omega_1}\right)^2} \tag{5.20}$$

对数相频特性为

$$\varphi(\omega) = -\arctan \frac{2\xi \frac{\omega}{\omega_1}}{1 - \left(\frac{\omega}{\omega_1}\right)^2} \tag{5.21}$$

式中，$\omega_1 = \frac{1}{T}$。

二阶振荡环节的对数相频特性中，当 $\frac{\omega}{\omega_1} \to 0$ 时，$\varphi(\omega) \to 0°$；当 $\frac{\omega}{\omega_1} = 1$ 时，$\varphi(\omega) = -90°$；当 $\frac{\omega}{\omega_1} \to \infty$ 时，$\varphi(\omega) \to -180°$。

依照一阶惯性环节的处理方法，采用渐近线法求取二阶振荡环节的对数幅频特性。

1）当 $\omega \ll \omega_1$（低频段）时，忽略式（5.21）中 $\frac{\omega}{\omega_1}$ 和 $2\xi \frac{\omega}{\omega_1}$ 项，由对数幅频特性可得

$$L(\omega) \approx -20\lg 1 = 0\text{dB} \tag{5.22}$$

式（5.22）表明，低频段的渐近线是 0dB 水平线。

2）当 $\omega \gg \omega_1$（高频段）时，忽略式（5.20）中 1 和 $2\xi \frac{\omega}{\omega_1}$ 项，由对数幅频特性可得

$$L(\omega) \approx -20\lg\left(\frac{\omega}{\omega_1}\right)^2 = -40\lg\left(\frac{\omega}{\omega_1}\right) \tag{5.23}$$

式（5.23）表明，高频段的渐近线为一条斜率为 -40dB/dec 的直线，它与 ω 轴交于 $\omega=\omega_1$ 处。

由上可知，二阶振荡环节的渐近线由一段 0dB 线和一条斜率为 -40dB/dec 的直线组成，并且与 ω 轴交于 $\omega=\omega_1$ 处。低频段和高频段的渐近线相交处频率 $\omega=\omega_1=\dfrac{1}{T}$，称为二阶振荡环节的转折频率。由于二阶振荡环节有两个重要参数 ξ 和 T，因此渐进线法绘制的二阶振荡环节有较大误差，真实的振荡环节的对数幅频特性曲线与 ξ 相关，不同 ξ 值时的对数频率特性曲线如图 5.10 所示。从图中可以看出，当 ξ 值在一定范围内时，其相应的精确曲线都有峰值，该峰值称为谐振峰值 M_r。这个谐振峰值 M_r 及其对应的谐振频率 ω_r 可以按求函数极值的方法由式（5.21）求得。

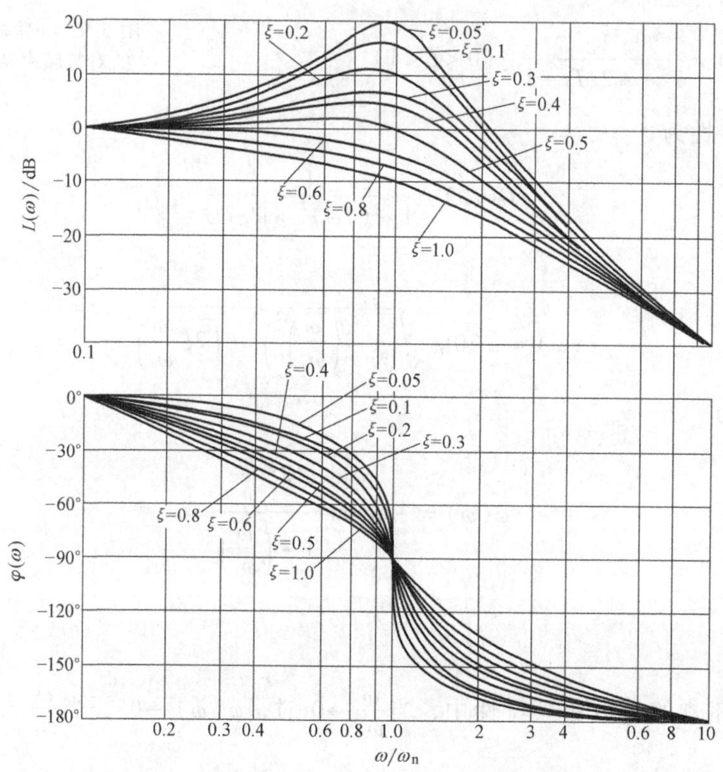

图 5.10　二阶振荡环节$\dfrac{1}{T^2s^2+2\xi Ts+1}$的对数频率特性曲线

由于幅频特性

$$|G(\mathrm{j}\omega)|=\frac{1}{\sqrt{\left(1-\left(\dfrac{\omega}{\omega_1}\right)^2\right)^2+\left(2\xi\dfrac{\omega}{\omega_1}\right)^2}} \tag{5.24}$$

幅值极大值发生在分母最小值处，令 $v=\dfrac{\omega}{\omega_1}$，则分母可表示为

$$f(v)=(1-v^2)^2+(2\xi v)^2 \tag{5.25}$$

对式（5.25）求导，令 $\frac{\mathrm{d}f(v)}{\mathrm{d}v}=0$，得到 $f(v)$ 取极小值时 $v=\sqrt{1-2\xi^2}$，即 $\frac{\omega}{\omega_1}=\sqrt{1-2\xi^2}$，谐振频率 $\omega_r=\omega=\omega_1\sqrt{1-2\xi^2}$，谐振峰值 $M_r=\frac{1}{2\xi\sqrt{1-\xi^2}}$。

渐近线误差随 ξ 不同而不同的误差曲线如图 5.11 所示。从图 5.11 可以看出，渐近线的误差在 $\omega=\omega_1$ 附近为最大，并且 ξ 值越小，误差越大。当 $\xi\to 0$ 时，误差将趋近于无穷大，但在转折频率的左右十倍频程之外渐近线和真实的对数幅频特性曲线之间的误差近乎为 0。

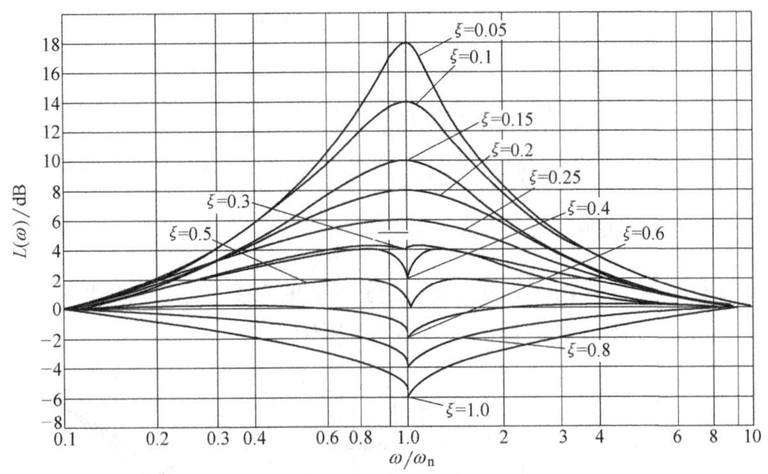

图 5.11 二阶振荡环节幅频特性的误差曲线

7. 二阶微分环节

二阶微分环节的传递函数为

$$G(s)=T^2s^2+2\xi Ts+1 \quad (0<\xi<1)$$

其对应的频率特性为

$$G(\mathrm{j}\omega)=1-(T\omega)^2+\mathrm{j}2\xi T\omega$$

对数幅频特性为

$$L(\omega)=20\lg\sqrt{\left(1-\left(\frac{\omega}{\omega_1}\right)^2\right)^2+\left(2\xi\frac{\omega}{\omega_1}\right)^2} \tag{5.26}$$

对数相频特性为

$$\varphi(\omega)=\arctan\frac{2\xi\frac{\omega}{\omega_1}}{1-\left(\frac{\omega}{\omega_1}\right)^2} \tag{5.27}$$

式中，$\omega_1=\frac{1}{T}$。

二阶微分环节的对数相频特性中，当 $\frac{\omega}{\omega_1}\to 0$ 时，$\varphi(\omega)\to 0°$；当 $\frac{\omega}{\omega_1}=1$ 时，$\varphi(\omega)=90°$；

当$\frac{\omega}{\omega_1}\to\infty$时，$\varphi(\omega)\to 180°$。

采用渐近线法求取二阶微分环节的对数幅频特性。

1）当$\omega \ll \omega_1$（低频段）时，忽略式（5.26）中$\frac{\omega}{\omega_1}$和$2\xi\frac{\omega}{\omega_1}$项，由对数幅频特性可得

$$L(\omega)\approx 20\lg 1 = 0\text{dB} \tag{5.28}$$

式（5.28）表明，低频段的渐近线是0dB水平线。

2）当$\omega \gg \omega_1$（高频段）时，忽略式（5.26）中1和$2\xi\frac{\omega}{\omega_1}$项，由对数幅频特性可得

$$L(\omega)\approx 20\lg\left(\frac{\omega}{\omega_1}\right)^2 = 40\lg\left(\frac{\omega}{\omega_1}\right) \tag{5.29}$$

式（5.29）表明，高频段的渐近线为一条斜率为40dB/dec的直线，它与ω轴交于$\omega=\omega_1$处，同样$\omega_1=\frac{1}{T}$被称为转折频率。

与振荡环节一样，渐近线法绘制的二阶微分环节的对数幅频特性曲线在转折频率ω_1附近有较大误差。二阶微分环节的伯德图如图5.12所示。

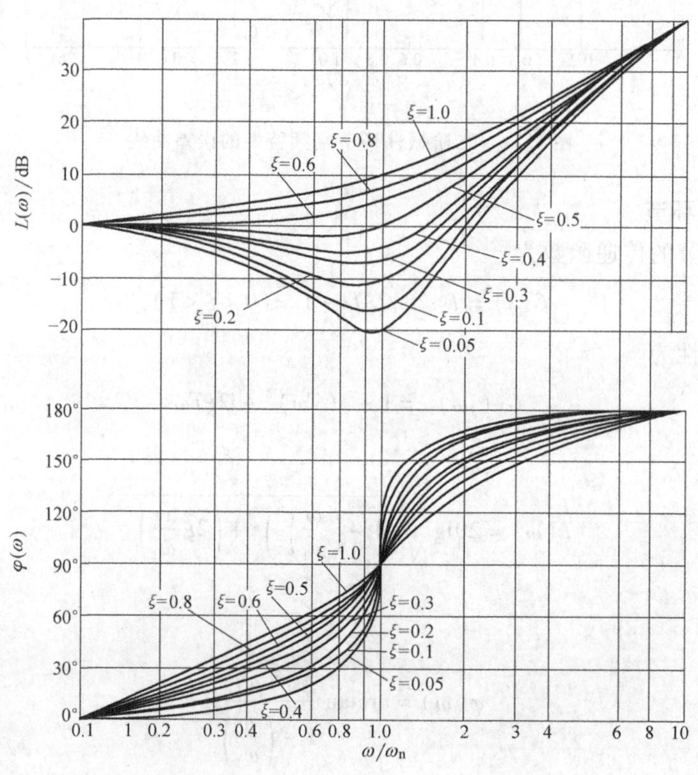

图5.12　二阶微分环节$T^2s^2+2\xi Ts+1$的对数频率特性曲线

8. 纯滞后环节

纯滞后环节的传递函数为

$$G(s) = e^{-\tau s}$$

其对应的频率特性为

$$G(j\omega) = e^{-j\tau\omega}$$

对数幅频特性为

$$L(\omega) = 20\lg 1 = 0\text{dB}$$

对数相频特性为

$$\varphi(\omega) = -\tau s$$

其对数幅频特性为 0dB 线，对数相频特性随着 ω 的增加而线性增加，在对数坐标中，对数相频特性是一曲线，如图 5.13 所示。

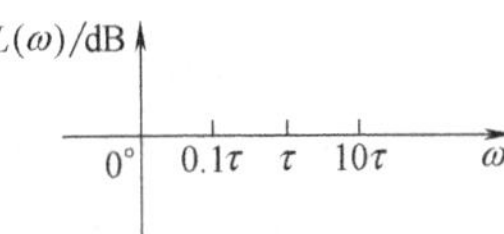

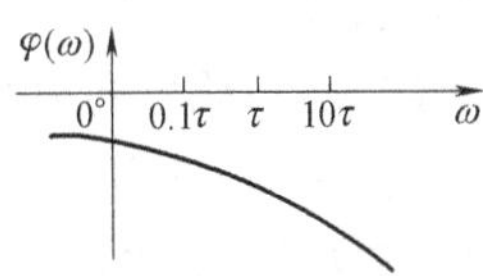

图 5.13　纯滞后环节的对数频率特性曲线

5.2.3　开环传递函数的对数频率特性曲线

在掌握了典型环节的对数频率特性曲线之后，即可按照典型环节叠加的方式绘制系统的对数频率特性曲线，特别是用渐近线法绘制对数频率特性曲线。

先介绍绘制对数频率特性曲线的最基本方法，即按照组成系统的各典型环节分别绘制对数频率特性曲线然后进行叠加得到系统的对数频率特性曲线。

例 5.1　设一单位反馈系统，其开环传递函数为

$$G(s) = \frac{K}{(T_1 s + 1)(T_2 s + 1)} \quad (T_1 > T_2)$$

试绘制该 0 型系统的对数频率特性曲线。

解：（1）对数幅频特性曲线的绘制

1）将传递函数分解为典型环节相乘形式：

$$G(s) = K\frac{1}{T_1 s + 1}\frac{1}{T_2 s + 1}$$

可见系统由比例环节和两个惯性环节组成。

2）在 ω 轴上依次标注转折频率 $\omega_1 = \frac{1}{T_1}$，$\omega_2 = \frac{1}{T_2}$。

3）分别绘制典型环节对数幅频曲线，比例环节如图 5.14 中虚线部分所示；转折频率为 $\frac{1}{T_1}$ 的惯性环节如图 5.14 中点画线部分所示；转折频率为 $\frac{1}{T_2}$ 的惯性环节如图 5.14 中双点画线部分所示。

4）叠加典型环节对数幅频特性曲线，得到 $G(s)$ 对数幅频特性曲线如图 5.14 中实线部分所示。

（2）对数相频曲线的绘制

1）分别绘制典型环节对数相频曲线，比例环节如图 5.15 中虚线部分所示；转折频率为 $\frac{1}{T_1}$ 的惯性环节如图 5.15 中点画线部分所示；转折频率为 $\frac{1}{T_2}$ 的惯性环节如图 5.15 中双点画线部分所示。

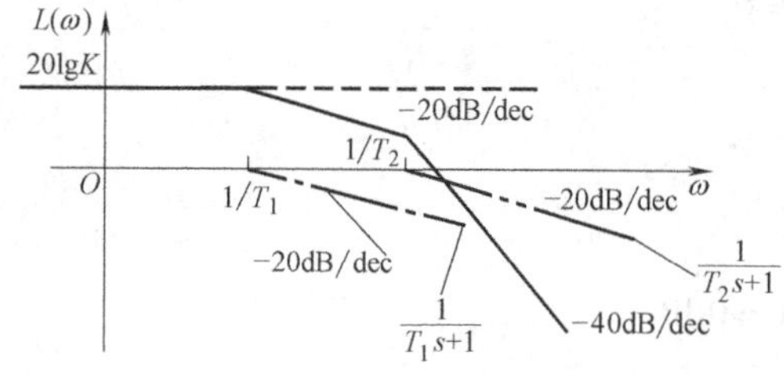

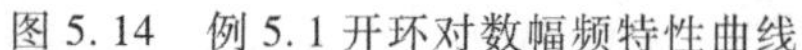
图 5.14　例 5.1 开环对数幅频特性曲线

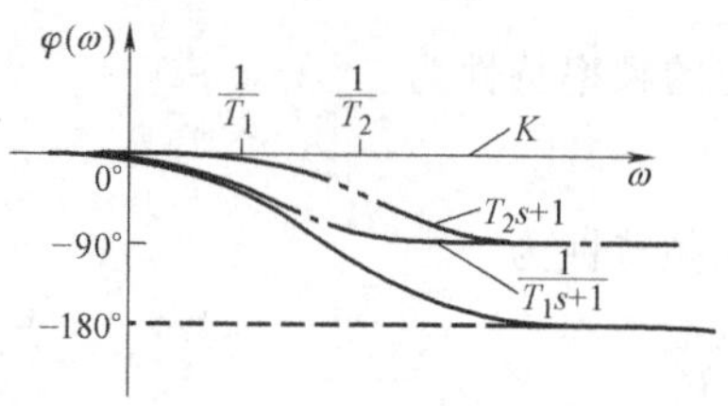

图 5.15　例 5.1 开环对数相频特性曲线

2）叠加各典型环节的相频特性，得到系统的相频特性，如图 5.15 中实线部分所示。

当基本绘制方法掌握熟练后，就可以采用以下步骤进行绘制。

1）首先分析系统是由哪些典型环节串联组成的，将这些典型环节的传递函数都化成标准形式，即各典型环节传递函数的常数项为 1，系统的开环增益为 K。

2）然后确定各典型环节的转折频率，并由小到大将其顺序标在横坐标轴上。

3）在 $\omega=1$ 处，标出幅值为 $20\lg K$ 的点，过该点作斜率为 $-20v$dB/dec 的斜线，v 为积分环节数目。若系统的第一个转折频率大于等于 1，则 $\omega=1$ 在低频段上；若系统的第一个转折频率 $\omega<1$，则 $\omega=1$ 在低频段延长线上。

4）此后，每遇到一个转折频率便改变一次渐近线斜率。其原则是：如遇一阶惯性环节的转折频率，斜率减少 20dB/dec；如遇一阶微分环节的转折频率，斜率增加 20dB/dec；如遇二阶振荡环节的转折频率，斜率减少 40dB/dec；如遇二阶微分环节的转折频率，斜率增加 40dB/dec；系统最后一个转折频率后的一段为系统的高频渐近线，其斜率为 $-20(n-m)$ dB/dec，n 为系统的分母最高阶次，m 为系统分子的最高阶次。

5）如果需要，可根据误差修正曲线对渐近线进行修正，其办法是在同一频率处将各环节的误差值叠加，以获得较精确的对数幅频特性曲线。

6）绘制对数相频特性曲线，相位角的起始角为 $-90°v$，相位角的终止角为 $-90°(n-m)$，n 为系统的分母最高阶次，m 为系统分子的最高阶次。若系统没有开环零点，相频特性将随 ω 增加单调下降；若系统存在开环零点，相频特性将因为开环零点环节提供的相位超前角而出现相位反复。

例 5.2　绘出开环传递函数

$$G(s)=\frac{5(s+2)}{s(s+1)(0.05s+1)}$$

的系统开环对数频率特性曲线。

解：（1）将 $G(s)$ 中的环节转换成典型环节的标准形式，即

$$G(s)=\frac{10(0.5s+1)}{s(s+1)(0.05s+1)}$$

可知系统由比例环节、一阶微分环节、积分环节和两个惯性环节组成。

（2）计算各典型环节转折频率，得 $\omega_1=1$，$\omega_2=2$，$\omega_3=20$。

（3）由于系统有一个积分环节，系统的低频段斜率为 -20dB/dec。

（4）计算第一个转折频率处的对数幅值，在 $\omega_1=1$ 处有

$$L(\omega_1)\big|_{\omega_1=1} = 20\lg K = 20\lg 10 = 20\text{dB}$$

（5）$\omega_1=1$ 点对应为惯性环节的转折频率，在该点系统开环频率特性曲线斜率由低频段 -20dB/dec 转换为 -40dB/dec。

（6）在第二个转折频率 $\omega_2=2$ 时，该点对应于一阶微分环节的转折频率，在该点处系统开环频率特性曲线斜率由 -40dB/dec 转换为 -20dB/dec。

（7）在 $\omega_3=20$ 时，由于此点为惯性环节的转折频率，在该点处系统开环频率特性曲线斜率由 -20dB/dec 转换为 -40dB/dec，并作为系统高频段斜率结束。

（8）整个系统开环对数幅频特性曲线如图 5.16 所示。

（9）系统开环对数相频特性由下式决定：

$$\varphi(\omega) = -90° - \arctan\omega + \arctan 0.5\omega - \arctan 0.05\omega$$

在低频段，$\varphi(0)\to -90°$；在高频段，$\varphi(\infty)\to -180°$。

（10）在 $0<\omega<\infty$ 之间，$\omega<2$ 时，系统相频特性一直递减；在 $2<\omega<20$ 之间，由于叠加了一阶微分环节，提供超前相位，系统的相位出现增加现象；在 $20<\omega$ 以后，由于叠加了惯性环节，系统相位继续滞后，最终趋于 -180°。

（11）整个系统开环对数特性曲线如图 5.16 所示。

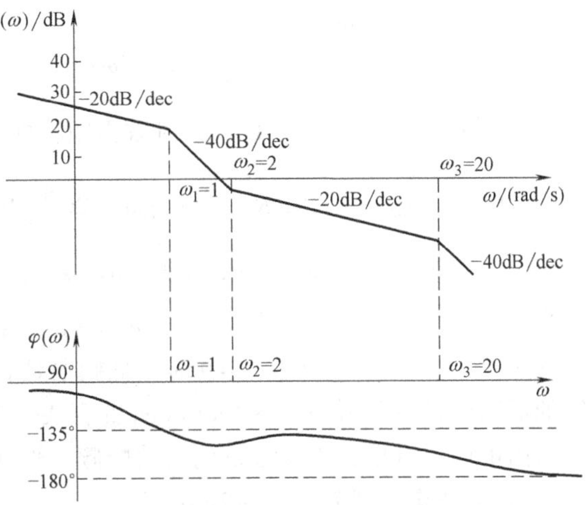

图 5.16　例 5.2 系统开环对数频率特性曲线

5.2.4　系统类型与对数幅频特性曲线之间的关系

1. 系统类型与对数幅频特性曲线低频段之间的关系

系统类型与系统的对数幅频特性曲线的形状相关，尤其与对数幅频特性低频段形状密切相关。下面分析系统类型与对数幅频特性曲线低频段之间的关系。

（1）0 型系统

设 0 型系统的开环频率特性为

$$G(j\omega) = \frac{K_p\prod_{i=1}^{m}(j\omega\tau_i+1)}{\prod_{j=1}^{n}(j\omega T_j+1)}$$

K_p 为静态位置误差系数，其对数幅频特性对数幅值计算公式为

$$\begin{aligned} L(\omega) &= 20\lg|G(j\omega)| \\ &= 20\lg K_p + 20\sum_{i=1}^{m}\lg\sqrt{1+(\omega\tau_i)^2} - 20\sum_{j=1}^{n}\lg\sqrt{1+(\omega T_j)^2} \end{aligned}$$

在低频段，因为 $\omega\to 0$，所以 $\omega\tau_i\ll 1$，$\omega T_j\ll 1$，$L(\omega)\approx 20\lg K_p$，是一条高度为 $20\lg K_p$ 平行

于 ω 轴的直线。对数幅频特性曲线如图 5.17 所示。从图中可以看出，0 型系统的对数幅频特性在低频段有如下特征：

1）低频段渐近线为一水平线，高度为 $20\lg K_p$。

2）如果已知幅频特性曲线低频段的高度，计算出系统位置误差系数 K_p，可求出系统的稳态误差 e_{ss}。

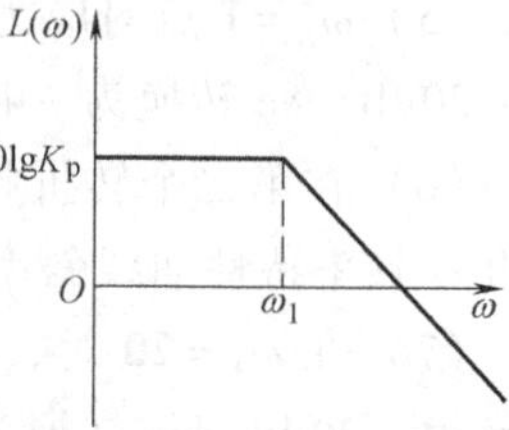

图 5.17　0 型系统开环对数幅频特性曲线低频段

（2）Ⅰ型系统

设Ⅰ型系统的开环频率特性为

$$G(j\omega) = \frac{K_v \prod_{i=1}^{m} (j\omega\tau_i + 1)}{j\omega \prod_{j=1}^{n-1} (1 + j\omega T_j)}$$

K_v 为系统的静态速度误差系数，其对数幅频特性为

$$L(\omega) = 20\lg|G(j\omega)| = 20\lg K_v - 20\log\omega + 20\sum_{i=1}^{m} \lg\sqrt{1+(\omega\tau_i)^2} - 20\sum_{j=1}^{n-1} \lg\sqrt{1+(\omega T_j)^2}$$

在低频段，因为 $\omega \to 0$，所以 $\omega\tau_i \ll 1$，$\omega T_j \ll 1$，有 $L(\omega) \approx 20\lg K_v - 20\lg\omega$。

当 $\omega = 1$ 时，$L(\omega) \approx 20\lg K_v$；若 $\omega_1 > K_v$，当 $L(\omega) = 0$ 时，低频段与 ω 轴相交，交点 $\omega_{c0} = K_v$；若 $\omega_1 < K_v$，当 $L(\omega) = 0$ 时，低频段延长线与 ω 轴的交点 $\omega_{c0} = K_v$。由此可知Ⅰ型系统的低频段是一条斜率为 -20dB/dec 的直线。对数幅频特性曲线如图 5.18 所示。

从图中可以看出，Ⅰ型系统的对数幅频特性在低频段有如下特征：

1）低频段渐近线斜率为 -20dB/dec。

2）低频渐近线（或其延长线）在 $\omega = 1$ 时，高度为 $20\lg K_v$；低频渐近线（或其延长线）与 0dB 的交点 $\omega_{c0} = K_v$，可由此计算出系统的稳态误差 e_{ss}。

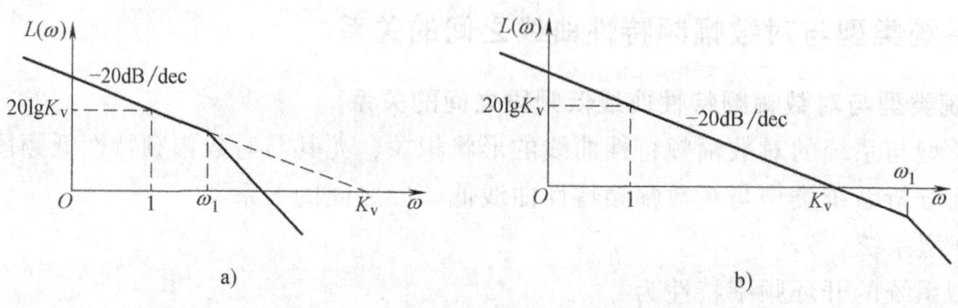

图 5.18　Ⅰ型系统的对数幅频特性曲线低频段

（3）Ⅱ型系统

设Ⅱ型系统的开环频率特性为

$$G(j\omega) = \frac{K_a \prod_{i=1}^{m} (j\omega\tau_i + 1)}{(j\omega)^2 \prod_{j=1}^{n-2} (1 + j\omega T_j)}$$

其对数幅频特性为

$$L(\omega)=20\lg|G(\mathrm{j}\omega)|=20\lg K_a-40\log\omega+20\sum_{i=1}^{m}\lg\sqrt{1+(\omega T_i)^2}-20\sum_{j=1}^{n-2}\lg\sqrt{1+(\omega T_j)^2}$$

在低频段，因为 $\omega\to0$，所以 $\omega T_i\ll1$，$\omega T_j\ll1$，$L(\omega)=20\lg K_a-40\lg\omega$ 。

当 $\omega=1$ 时，$L(\omega)=20\lg K_a$；若 $\omega_1>K_a$，当 $L(\omega)=0$ 时，低频段与 ω 轴相交，当 $L(\omega)=0$ 时，与 ω 轴的交点 $\omega_{c0}=\sqrt{K_a}$；若 $\omega_1<K_a$，当 $L(\omega)=0$ 时，低频段延长线与 ω 轴的交点 $\omega_{c0}=\sqrt{K_a}$。由此可知Ⅱ型系统的低频段是一条斜率为 -40dB/dec 的直线，对数幅频特性曲线如图 5.19 所示。

从图中可以看出，Ⅱ型系统的对数幅频特性在低频段有如下特征：

1）低频段渐近线的斜率为 -40dB/dec。

2）低频段渐近线（或其延长线）在 $\omega=1$ 时，高度为 $20\lg K_a$；低频渐近线（或其延长线）与 0dB 的交点 $\omega_{c0}=\sqrt{K_a}$，可由此计算出系统的稳态误差 e_{ss}。

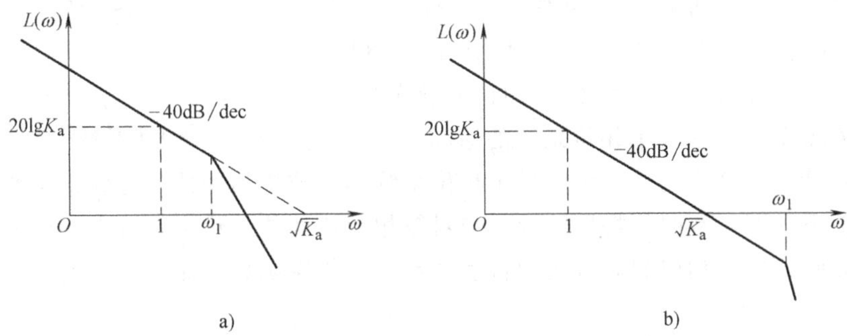

图 5.19　Ⅱ型系统的对数幅频特性曲线低频段

2. 最小相位系统与非最小相位系统的对数频率特性曲线

在 s 右半平面既没有零点又没有极点的系统称为最小相位系统。反之，在 s 右半平面存在零点或极点的系统称为非最小相位系统。

设有两个系统，其传递函数分别为

$$G_1(s)=\frac{Ts+1}{10Ts+1}\qquad G_2(s)=\frac{Ts-1}{10Ts+1}\qquad (T>0)$$

式中，$G_1(s)$ 为最小相位系统；$G_2(s)$ 为非最小相位系统。

$G_1(s)$ 的幅频特性为

$$A_1(\omega)=\frac{\sqrt{1+\omega^2}}{\sqrt{1+(10\omega)^2}}\tag{5.30}$$

$G_2(s)$ 的幅频特性为

$$A_2(\omega)=\frac{\sqrt{1+\omega^2}}{\sqrt{1+(10\omega)^2}}\tag{5.31}$$

由式（5.30）和式（5.31）可知，最小相位系统和非最小相位系统的幅频特性完全相同。

$G_1(s)$ 的相频特性为

$$\varphi_1(\omega) = \arctan T\omega - \arctan 10T\omega \tag{5.32}$$

$G_2(s)$ 的相频特性为

$$\varphi_2(\omega) = -\arctan T\omega - \arctan 10T\omega \tag{5.33}$$

由式（5.32）和式（5.33）可知，最小相位系统和非最小相位系统的相频特性却大不相同。

图 5.20 给出了当 $T=1$ 时 $G_1(s)$ 和 $G_2(s)$ 的对数频率特性。图中，实线部分表示最小相位系统 $G_1(s)$ 的对数频率特性曲线；虚线部分表示非最小相位系统 $G_2(s)$ 的对数频率特性曲线。从图 5.20 中可直观看到，$G_1(s)$ 和 $G_2(s)$ 的对数幅频特性曲线完全相同，而相频特性曲线完全不同。最小相位系统 $G_1(s)$ 的相位 $\varphi_1(\omega)$ 变化范围很小，非最小相位系统 $G_2(s)$ 的相位 $\varphi_2(\omega)$ 随着角频率 ω 的增加从 0° 变化到了 −180°。$G_1(s)$ 和 $G_2(s)$ 两个系统中，$G_1(s)$ 相位变化范围最小，这也是 $G_1(s)$ 被称为最小相位系统的原因。

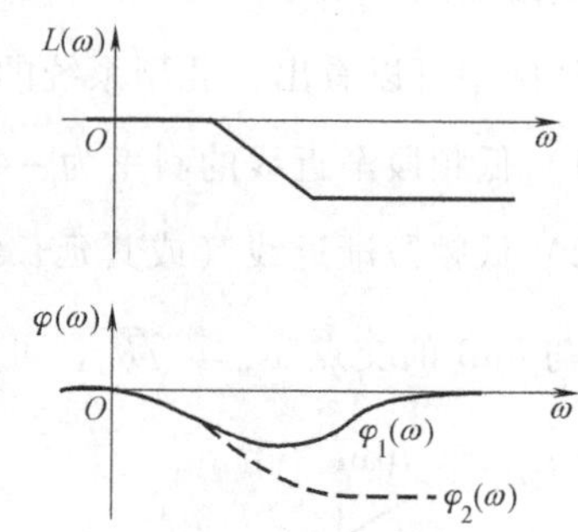

图 5.20　最小相位系统和非最小相位系统的对数频率特性曲线

对于幅频特性完全相同的系统，最小相位系统的对数幅频特性与对数相频特性之间存在唯一的对应关系，即对数幅频特性的变化与对数相频特性的变化一一对应，根据系统的对数幅频特性可以唯一确定相应的对数相频特性和系统的传递函数；而对于非最小相位系统，则不存在上述关系。

例 5.3　已知最小相位系统的开环对数幅频特性曲线如图 5.21 所示，试求出该系统的开环传递函数。

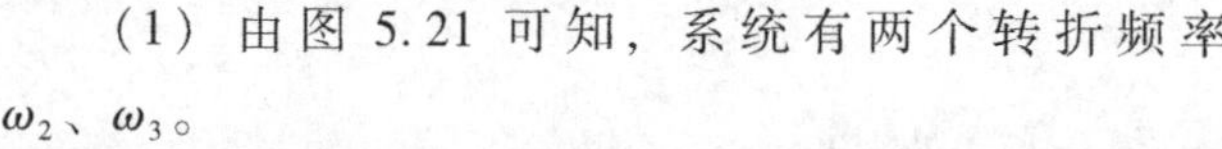

解： 最小相位系统的传递函数可以由对数幅频特性曲线唯一确定。

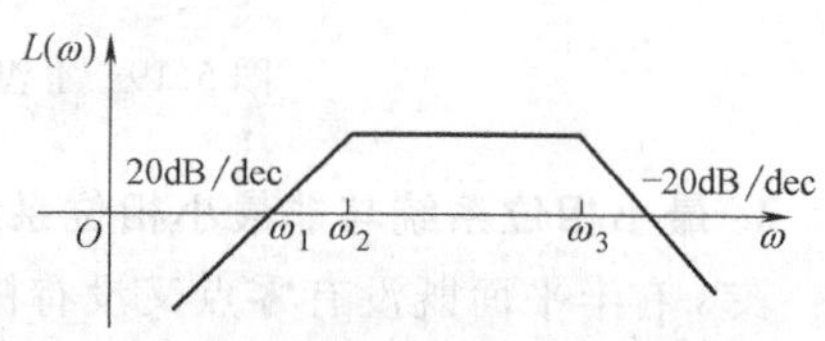

图 5.21　例 5.3 系统的开环对数幅频特性曲线

（1）由图 5.21 可知，系统有两个转折频率 ω_2、ω_3。

（2）观察图中低频段，其斜率为 20dB/dec，可知系统型号 $v=-1$，即包含纯微分环节；且低频段与横坐标的交点小于第一转折频率，可得开环增益 $K=\dfrac{1}{\omega_1}$。

（3）在转折频率 ω_2 处，对数幅频特性曲线斜率由 20dB/dec 变为 0dB/dec，可知 ω_2 为一惯性环节的转折频率，该惯性环节传递函数为$\dfrac{1}{\dfrac{1}{\omega_2}s+1}$。

（4）在转折频率 ω_3 处，对数幅频特性曲线斜率由 0dB/dec 变为 −20dB/dec，可知 ω_3 仍为一惯性环节的转折频率，该惯性环节传递函数为$\dfrac{1}{\dfrac{1}{\omega_3}s+1}$。

（5）因此，该系统传递函数由比例环节、纯微分环节、两个惯性环节串联而成，开环传递函数为

$$G(s)=\frac{\frac{1}{\omega_1}s}{\left(\frac{1}{\omega_2}s+1\right)\left(\frac{1}{\omega_3}s+1\right)}$$

5.3 幅相频率特性图

频率特性的幅相频率特性图又称为奈奎斯特图。$G(j\omega)$ 是以输入频率 ω 为自变量的一个复变函数，该复变函数可在极坐标上用一个矢量来表示，矢量的模等于幅频特性 $|G(j\omega)|$，其相位角为相频特性 $\varphi(j\omega)$，如图 5.22a 所示；同样，$G(j\omega)$ 也可以表示成直角坐标系下实部和虚部的形式，如图 5.22b 所示。随着 ω 的变化，当 ω 从 $-\infty\to+\infty$ 变化时，$G(j\omega)$ 的矢量终端将会绘制出一条曲线，即系统（环节）的幅相频率特性或奈奎斯特图。

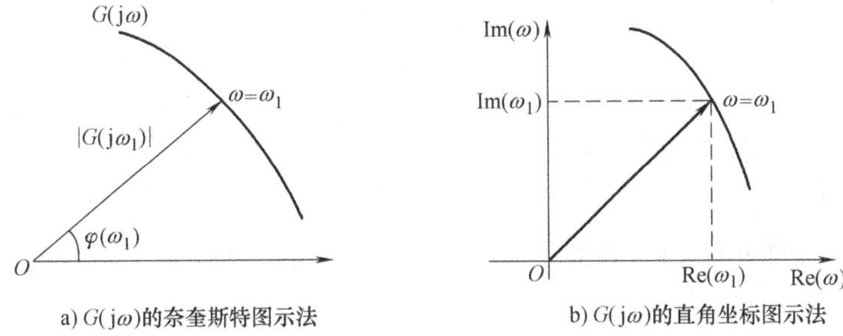

a) $G(j\omega)$的奈奎斯特图示法　　b) $G(j\omega)$的直角坐标图示法

图 5.22　频率特性 $G(j\omega)$ 的图示法

若将频率特性用直角坐标系下实部与虚部进行表示：

$$G(j\omega)=\mathrm{Re}[G(j\omega)]+j\mathrm{Im}[G(j\omega)] \tag{5.34}$$

可以证明实部函数 $\mathrm{Re}[G(j\omega)]$ 是 ω 的偶函数，即

$$\mathrm{Re}[G(j\omega)]=\mathrm{Re}[G(-j\omega)] \tag{5.35}$$

虚部函数 $\mathrm{Im}[G(j\omega)]$ 为 ω 的奇函数，即

$$\mathrm{Im}[G(j\omega)]=-\mathrm{Im}[G(-j\omega)] \tag{5.36}$$

因此 ω 从 $-\infty\to0$ 和 ω 从 $0\to\infty$ 变化的幅相频率特性曲线关于实轴对称，通常只绘制 ω 从 $0\to\infty$ 变化的幅相频率特性曲线即可。

5.3.1 典型环节的奈奎斯特图

以下介绍的典型环节的奈奎斯特图均为 ω 从 $0\to\infty$ 的变化曲线。

1. 比例环节

比例环节的传递函数为　　$G(s)=K$

其对应的频率特性为　　$G(j\omega)=K$

幅频特性为　　$|G(j\omega)|=K$

相频特性为 $$\varphi(\omega)=0°$$

可见，比例环节的奈奎斯特图是实轴上的一个点，其坐标为（K, j0），如图 5.23 所示。

2. 积分环节

积分环节的传递函数为 $$G(s)=\frac{1}{s}$$

其对应的频率特性为

$$G(\mathrm{j}\omega)=\frac{1}{\omega}\mathrm{e}^{-90°}$$

幅频特性为 $$|G(\mathrm{j}\omega)|=\frac{1}{\omega}$$

相频特性为 $$\varphi(\omega)=-90°$$

当 $\omega\to0$ 时，$|G(\mathrm{j}\omega)|\to\infty$；当 $\omega\to\infty$时，$|G(\mathrm{j}\omega)|\to0$；相频始终为 $-90°$。积分环节的奈奎斯特图如图 5.24 所示。

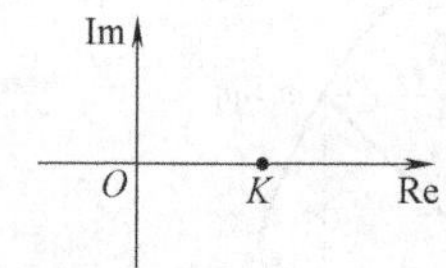

图 5.23　比例环节的奈奎斯特图

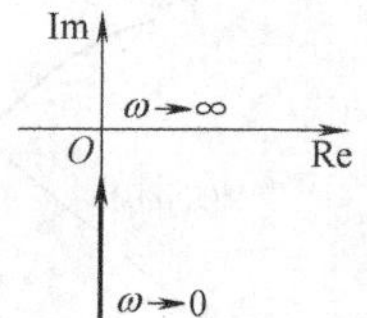

图 5.24　积分环节的奈奎斯特图

3. 纯微分环节

纯微分环节的传递函数为 $$G(s)=s$$

其对应的频率特性为 $$G(\mathrm{j}\omega)=\mathrm{j}\omega$$

幅频特性为 $$|G(\mathrm{j}\omega)|=\omega$$

相频特性为 $$\varphi(\omega)=90°$$

当 $\omega=0$ 时，$|G(\mathrm{j}\omega)|=0$；当 $\omega\to\infty$时，$|G(\mathrm{j}\omega)|\to\infty$；相频始终为 90°。纯微分环节的奈奎斯特图如图 5.25 所示。

4. 惯性环节

惯性环节的传递函数为 $$G(s)=\frac{1}{1+Ts}$$

其对应的频率特性为

$$G(\mathrm{j}\omega)=\frac{1}{1+\mathrm{j}T\omega}$$

幅频特性为 $$|G(\mathrm{j}\omega)|=\frac{1}{\sqrt{1+(T\omega)^2}}$$

相频特性为 $$\varphi(\omega)=-\arctan T\omega$$

当 $\omega=0$ 时，$|G(\mathrm{j}\omega)|=1$，$\varphi(\omega)=0°$；当 $\omega\to\infty$时，$|G(\mathrm{j}\omega)|\to0$，$\varphi(\omega)\to-90°$。

惯性环节的奈奎斯特图如图 5.26 所示。从图中可以看出，惯性环节的幅频特性曲线起点为（1，j0），终点为（0，j0）。

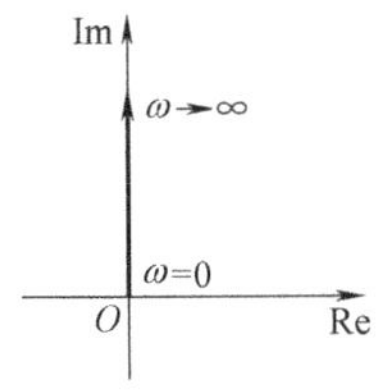

图 5.25　纯微分环节的奈奎斯特图

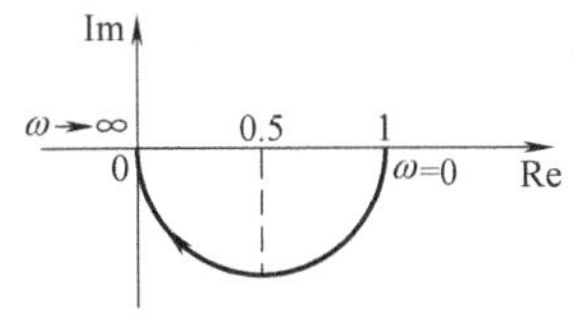

图 5.26　惯性环节的奈奎斯特图

下面证明惯性环节的幅相频率特性曲线实际上是个圆，其圆心为（0.5，j0），半径为0.5。

证明： 因为 $G(\mathrm{j}\omega)=\dfrac{1}{1+\mathrm{j}T\omega}$，令 $G(\mathrm{j}\omega)=u+\mathrm{j}v$，则

$$u=\frac{1}{1+T^2\omega^2} \tag{5.37}$$

$$v=-\frac{T\omega}{1+T^2\omega^2} \tag{5.38}$$

式（5.38）除以式（5.37），得

$$T\omega=-\frac{v}{u} \tag{5.39}$$

将式（5.39）代入式（5.37），有

$$u=\frac{1}{1+\dfrac{v^2}{u^2}} \tag{5.40}$$

可得

$$(u-0.5)^2+v^2=(0.5)^2 \tag{5.41}$$

由式（5.41）可知，惯性环节的幅相频率特性曲线为一个圆，其圆心为（0.5，j0），半径为0.5。

5. 一阶微分环节

一阶微分环节的传递函数为

$$G(s)=1+Ts$$

其对应的频率特性为

$$G(\mathrm{j}\omega)=1+\mathrm{j}T\omega$$

幅频特性为

$$|G(\mathrm{j}\omega)|=\sqrt{1+(T\omega)^2}$$

相频特性为

$$\varphi(\omega)=\arctan T\omega$$

当 $\omega=0$ 时，$|G(\mathrm{j}\omega)|=1$，$\varphi(\omega)=0°$；当 $\omega\to\infty$时，$|G(\mathrm{j}\omega)|\to\infty$，$\varphi(\omega)\to 90°$；$\omega$ 从 $0\to\infty$ 变化的过程中，实部始终为1。一阶微分环节的奈奎斯特图是起始于点（1，j0）且平行于虚

轴的直线，如图 5.27 所示。

6. 振荡环节

振荡环节的传递函数为

$$G(s) = \frac{1}{T^2 s^2 + 2\xi T s + 1} = \frac{\omega_n^2}{s^2 + 2\xi\omega_n s + \omega_n^2} \qquad (0 < \xi < 1) \tag{5.42}$$

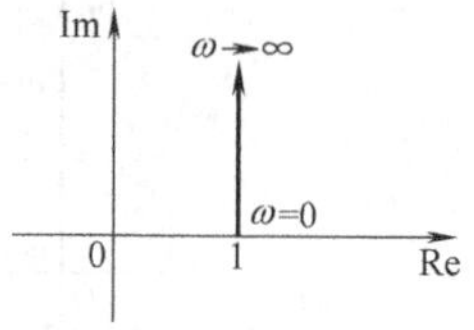

图 5.27　一阶微分环节的奈奎斯特图

其对应的频率特性为

$$G(j\omega) = \frac{1}{1 - (T\omega)^2 + j2\xi T\omega} \tag{5.43}$$

幅频特性为

$$|G(j\omega)| = \frac{1}{\sqrt{(1 - (T\omega)^2)^2 + (2\xi T\omega)^2}} \tag{5.44}$$

相频特性为

$$\varphi(\omega) = -\arctan\frac{2\xi T\omega}{1 - T^2\omega^2} \tag{5.45}$$

当 $\omega = 0$ 时，$|G(j\omega)| = 1$，$\varphi(\omega) = 0°$；当 $\omega = \frac{1}{T}$时，$|G(j\omega)| = \frac{1}{2\xi}$，$\varphi(\omega) = -90°$；当 $\omega \to \infty$时，$|G(j\omega)| \to 0$，$\varphi(\omega) \to -180°$。

图 5.28 给出了不同阻尼比 ξ 振荡环节的奈奎斯特图曲线簇，从图中可以看出，振荡环节的频率特性起点为（1，j0），终止于（0，j0），曲线和负实轴的交点为$\left(0,\ -j\frac{1}{2\xi}\right)$，该处频率为无阻尼自然振荡频率 ω_n。

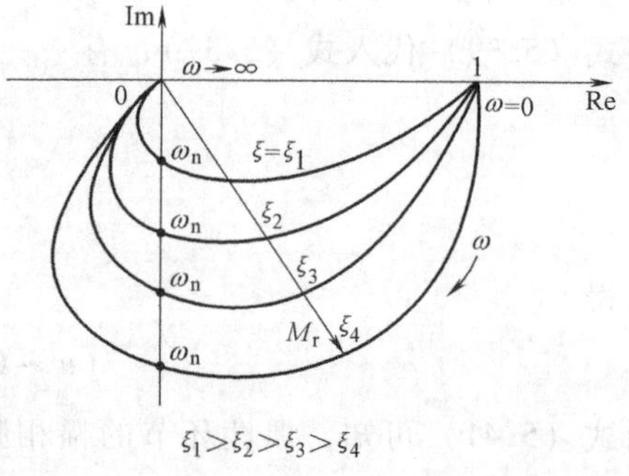

图 5.28　振荡环节的奈奎斯特图曲线簇

从图 5.28 中还可以看出，振荡环节的奈奎斯特图并非完全相同，其奈奎斯特图形状与阻尼比 ξ 密切相关。在阻尼比 $0 < \xi < 0.707$ 时会出现谐振峰值，振荡环节幅值随 ω 增大会出现幅值增大然后递减现象，即谐振现象；当 $\xi > 0.707$ 时，振荡环节无谐振现象，幅值随 ω 增大递减变化。

7. 二阶微分环节

二阶环节的传递函数为

$$G(s) = T^2 s^2 + 2\xi T s + 1 \qquad (0 < \xi < 1) \tag{5.46}$$

其对应的频率特性为

$$G(j\omega) = 1 - (T\omega)^2 + j2\xi T\omega \tag{5.47}$$

幅频特性为

$$|G(j\omega)| = \sqrt{(1 - (T\omega)^2)^2 + (2\xi T\omega)^2} \tag{5.48}$$

相频特性为

$$\varphi(\omega) = \arctan\frac{2\xi T\omega}{1 - T^2\omega^2} \tag{5.49}$$

当 $\omega=0$ 时，$|G(\mathrm{j}\omega)|=1$，$\varphi(\omega)=0°$；当 $\omega=\frac{1}{T}$时，$|G(\mathrm{j}\omega)|=2\xi$，$\varphi(\omega)=90°$；当 $\omega\to\infty$时，$|G(\mathrm{j}\omega)|\to\infty$，$\varphi(\omega)\to180°$；$\omega$ 从 $0\to\infty$变化的过程中，虚部始终为正。

二阶微分环节的奈奎斯特图如图 5.29 所示，从图中可以看出，二阶微分环节的幅频特性曲线起点为（1，j0），终点为（$-\infty$，j∞），与虚轴的交点为$\left(\frac{1}{2\xi}，\mathrm{j}90°\right)$。

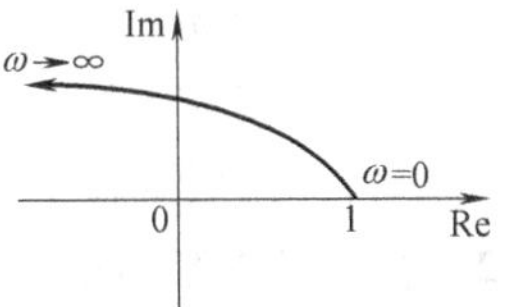

图 5.29 二阶微分环节的奈奎斯特图

8. 纯滞后环节

纯滞后环节的传递函数为

$$G(s) = \mathrm{e}^{-\tau s}$$

其对应的频率特性为

$$G(\mathrm{j}\omega) = \mathrm{e}^{-\mathrm{j}\tau\omega}$$

幅频特性为

$$|G(\mathrm{j}\omega)| = 1$$

相频特性为

$$\varphi(\omega) = -\tau\omega$$

当 $\omega=0$ 时，$|G(\mathrm{j}\omega)|\to1$，$\varphi(\omega)\to0°$；当 $\omega\to\infty$时，$|G(\mathrm{j}\omega)|\to\infty$，$\varphi(\omega)\to-\tau\omega$；$\omega$ 从 $0\to\infty$ 变化的过程中，其幅值始终为 1。

纯滞后环节的奈奎斯特图如图 5.30 所示，从图中可以看出纯滞后环节的幅频特性曲线起点为（1，j0），幅频特性曲线为单位圆的圆周。

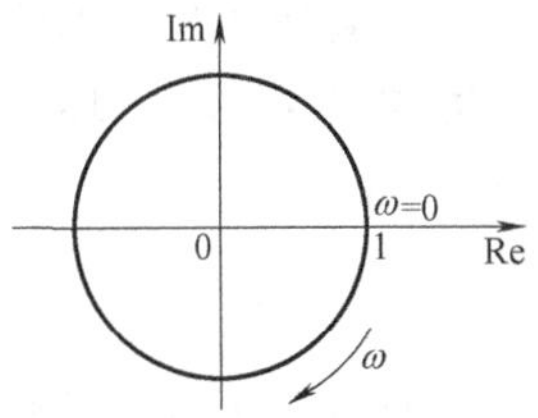

图 5.30 纯滞后环节的奈奎斯特图

5.3.2 开环传递函数概略奈奎斯特图的绘制

系统开环传递函数概略奈奎斯特图的绘制常用两种方法：一种为概略奈奎斯特图绘制法，另一种为逐点绘制法，相对比较麻烦。下面介绍概略奈奎斯特图绘制方法。

设开环系统频率特性的一般形式为

$$G(\mathrm{j}\omega)H(\mathrm{j}\omega) = \frac{K\prod_{i=1}^{m}(\mathrm{j}\omega T_i + 1)}{(\mathrm{j}\omega)^v\prod_{j=1}^{n-v}(\mathrm{j}\omega T_j + 1)} \tag{5.50}$$

式中，K 为开环增益；v 为系统中积分环节的个数。

下面介绍开环概略奈奎斯特图绘制的几个关键步骤。

1. 奈奎斯特图的起始段（低频段）

由式（5.50）可知，当 $\omega\to0$ 时，有

$$G(\mathrm{j}0)H(\mathrm{j}0) = \lim_{\omega\to0}\frac{K}{(\mathrm{j}\omega)^v} = \lim_{\omega\to0}\frac{K}{\omega^v}\arg(-90°v)$$

可见，奈奎斯特图的起始段与系统的类型有关。对于0型系统，起点为坐标轴上的一个点（K，j0）；对于Ⅰ型系统，当$\omega\to 0$时，起始段相位角为$-90°$，是一条趋于负虚轴的渐近线，其模为∞；对于Ⅱ型系统，当$\omega\to 0$时，起始段相位角为$-180°$，是一条趋于负实轴的渐近线，其模为∞；对于Ⅲ型系统，当$\omega\to 0$时，起始段相位角为$-270°$，是一条趋于正实轴的渐近线，其模为∞。各型系统奈奎斯特图的起始段如图5.31所示。

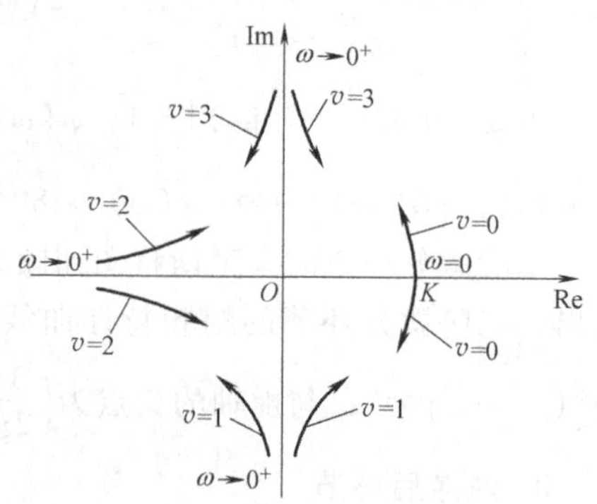

图5.31　奈奎斯特图的起始段与系统类型之间的关系

2. 奈奎斯特图的终止段（高频段）

对于一般系统有$n>m$，当$\omega\to\infty$时，由式（5.50）可知

$$G(\mathrm{j}\infty)H(\mathrm{j}\infty)=\lim_{\omega\to\infty}\frac{K}{(\mathrm{j}\omega)^{v}}=\lim_{\omega\to\infty}0\arg-90°(n-m)$$

系统的奈奎斯特图将以$-90°(n-m)$终止于坐标原点。奈奎斯特图的终止段如图5.32所示。

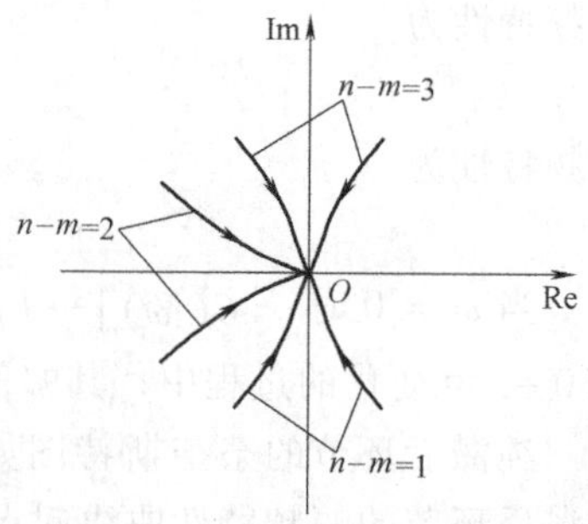

图5.32　奈奎斯特图的终止段与系统类型之间的关系

3. 奈奎斯特图与实轴的交点

方法一：令开环系统频率特性的虚部等于0，即

$$I_m[G(\mathrm{j}\omega)H(\mathrm{j}\omega)]=0$$

将得到的ω代入幅频特性计算$G(\mathrm{j}\omega)H(\mathrm{j}\omega)$的实部，即为奈奎斯特图与实轴的交点。

方法二：令开环系统相频特性相位角为0°或$-180°$，即

$$\varphi(\mathrm{j}\omega)=0°\quad 或\quad \varphi(\mathrm{j}\omega)=-180°$$

将得到的ω代入幅频特性计算$|G(\mathrm{j}\omega)H(\mathrm{j}\omega)|$，即为奈奎斯特图与实轴的交点。

4. 奈奎斯特图与虚轴的交点

方法一：令开环系统频率特性的实部等于0，即

$$R_e[G(\mathrm{j}\omega)H(\mathrm{j}\omega)]=0$$

将得到的ω代入幅频特性计算$G(\mathrm{j}\omega)H(\mathrm{j}\omega)$的虚部，即为奈奎斯特图与虚轴的交点。

方法二：令开环系统相频特性相位角为$-90°$或$-270°$，即

$$\varphi(\mathrm{j}\omega)=-90°\quad 或\quad \varphi(\mathrm{j}\omega)=-270°$$

将得到的ω代入幅频特性计算$|G(\mathrm{j}\omega)H(\mathrm{j}\omega)|$，即为奈奎斯特图与实轴的交点。

5. 奈奎斯特图的拐点

如果开环传递函数没有开环零点，则ω从$0\to\infty$变化过程中，系统的相位将一直滞后；如果开环传递函数存在开环零点，则ω从$0\to\infty$变化过程中，系统的相位将出现反复，特性曲线会出现凸凹。图5.33为奈奎斯特图常见拐点示意图。图5.33a为开环传递函数无零点情况，相位单调递减；图5.33b、c为开环传递函数有开环零点情况，相位有超前变化，

曲线出现凸凹。

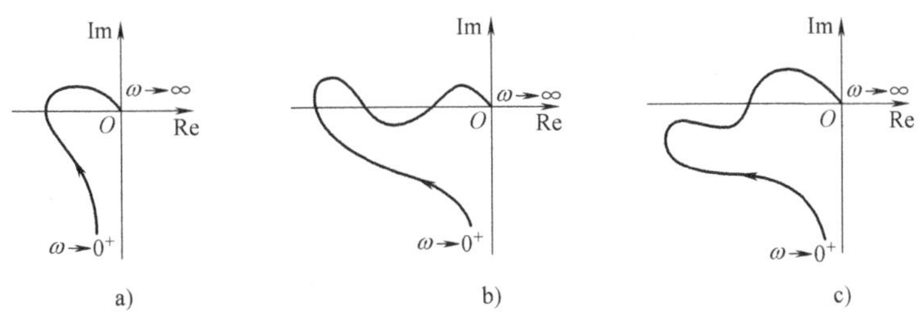

图 5.33　奈奎斯特图常见拐点示意图

6. 奈奎斯特图的渐近线

Ⅰ型系统的奈奎斯特图的起始段渐近线是平行于虚轴且与实轴相交于（x，j0）的直线，如图 5.34所示。交点横坐标为

$$x = R_e(0) = \lim_{\omega\to 0} R_e[G(\mathrm{j}\omega)]$$

绘制奈奎斯特图的概略图形的一般步骤如下：

1）将开环传递函数 $G(s)$ 中的 s 由 $\mathrm{j}\omega$ 代替，求得开环频率特性 $G(\mathrm{j}\omega)$，由 $G(\mathrm{j}\omega)$ 求出其实部、虚部表达式或幅频特性、相频特性的表达式。

2）求出若干关键部分，如起始段、终止段、与实轴的交点、与虚轴的交点、起始渐近线等，并标注在奈奎斯特图上。

3）根据 $|G(\mathrm{j}\omega)|$ 和 $\varphi(\omega)$ 随 ω 的变化趋势作出奈奎斯特图的大致图形。

下面举例说明绘制概略奈奎斯特图的一般方法。

例 5.4　设系统开环传递函数为 $G(s)=\dfrac{2(10s+1)}{6s^2+5s+1}$，试绘制系统的奈奎斯特图。

解：（1）写出系统的频率特性为

$$G(\mathrm{j}\omega) = \frac{2(\mathrm{j}10\omega+1)}{1-6\omega^2+\mathrm{j}5\omega} = \frac{2}{\sqrt{(1-6\omega^2)^2+(5\omega)^2}} + \mathrm{j}\frac{20\omega}{\sqrt{(1-6\omega^2)^2+(5\omega)^2}}$$

（2）计算奈奎斯特图的起始段：

$\omega\to 0$，$G(\mathrm{j}0)=2\mathrm{e}^{\mathrm{j}0^\circ}$，起始段为点（2，j0）。

（3）计算奈奎斯特图的终止段：

$\omega\to\infty$，$G(\mathrm{j}\infty)=0\mathrm{e}^{-\mathrm{j}90^\circ}$，以 -90°方向终止于原点。

（4）计算奈奎斯特图与实轴的交点：

由 $I_m(\omega)=-\dfrac{20\omega}{\sqrt{(1-6\omega^2)^2+(5\omega)^2}}=0$，得 $\omega=0.09$，与实轴的交点 $R_e(0.292)=2.89$。

（5）系统开环传递函数有开环零点，系统的奈奎斯特图有凸凹，由相频特性得

$$\varphi(\omega) = \arctan 10\omega - \arctan\frac{5\omega}{1-6\omega^2}$$

当 $\omega<0.289$ 时，$\varphi(\omega)>0^\circ$，曲线位于第一象限；当 $\omega>0.289$ 时，$-90^\circ<\varphi(\omega)<0^\circ$，曲线穿越横轴进入第四象限。

（6）绘制系统开环奈奎斯特图，如图 5.35 所示。

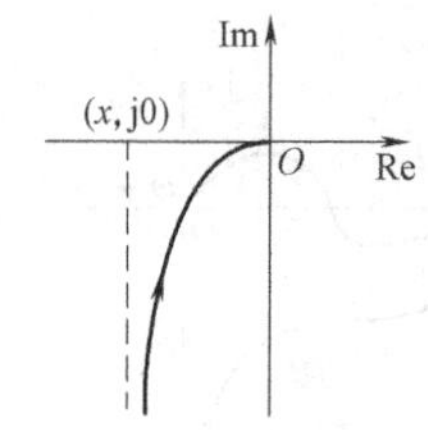

图 5.34 Ⅰ型系统奈奎斯特图的起始段渐近线

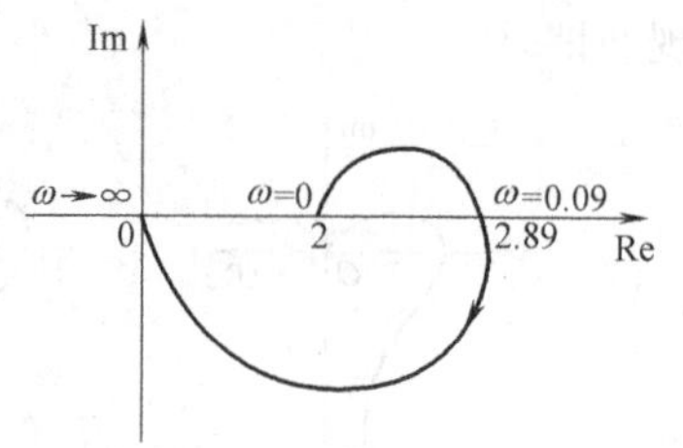

图 5.35 例 5.4 系统开环奈奎斯特图

5.4 奈奎斯特稳定性判据

第 3 章中已经介绍了判断系统稳定性的一种方法——劳斯稳定性判据，本节将介绍另一种新的稳定性判据——奈奎斯特稳定性判据。这种判据根据系统的开环频率特性来判断系统的闭环稳定性。除此之外，该判据还能指出系统的稳定程度，并能指出提高系统稳定性的途径。

5.4.1 辐角原理

设复变函数为

$$F(s)=\frac{K(s+z_1)(s+z_2)\cdots(s+z_m)}{(s+p_1)(s+p_2)\cdots(s+p_n)} \tag{5.51}$$

式中，$s=\sigma+\mathrm{j}\omega$。复变函数 $F(s)$ 以复平面上的 $F(s)=u+\mathrm{j}v$ 表示。

设 $F(s)$ 在 s 平面上（除有限个极点外）为单值的连续正则函数，对于 s 平面上的每一点 s 在 $F(s)$ 平面上都有唯一的映射点与之对应。若在 s 平面上存在任意一封闭曲线 L_s，只要此曲线不经过 $F(s)$ 的极点或零点，则在 $F(s)$ 平面上必有一顺时针或逆时针方向封闭的映射曲线 L_F 与之对应，如图 5.36 所示。

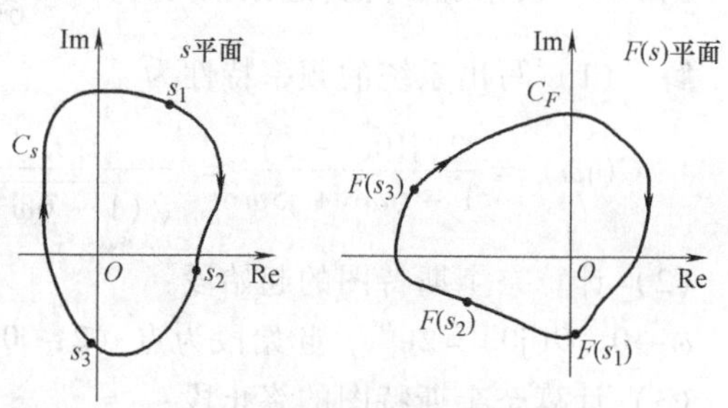

图 5.36 平面封闭曲线与 $F(s)$ 平面封闭曲线的映射关系

复变函数 $F(s)$ 的相角计算公式为

$$\arg F(s)=\sum_{i=1}^{m}\arg(s+z_i)-\sum_{j=1}^{n}\arg(s+p_j) \tag{5.52}$$

假设 s 平面上某一点为 $F(s)$ 的一个零点 $-z_1$，存在一封闭曲线 C_s 顺时针方向包围 z_1，其余的零点和极点均在 C_s 之外。当 s 沿着闭合曲线 C_s 走了一周，对于 $-z_1$ 与 C_s 形成的相位角变化为 -2π，C_s 之外的 $F(s)$ 其余零、极点与之形成的相位角变化为 0。由式（5.52）可知，在 $F(s)$ 平面上映射出的封闭曲线顺时针围绕 $F(s)$ 平面坐标原点一周。图 5.37 给出的 $F(s)$ 有 3 个极点，2 个零点，s 平面顺时针封闭曲线 C_s 包围 $-z_1$ 点一周，在 $F(s)$ 平面上映射绕坐标原点一周的封闭曲线 C_F 的情况。

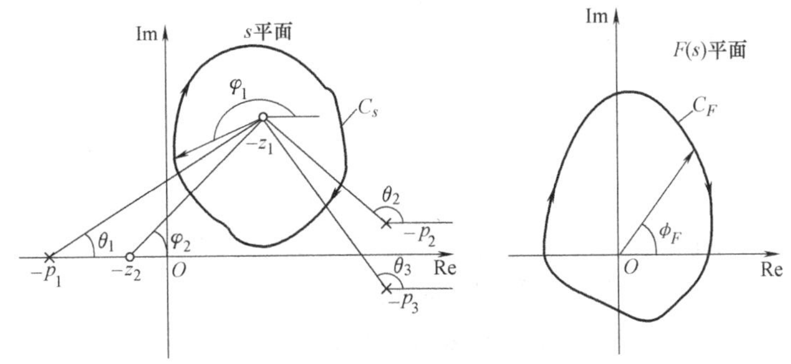

图 5.37　包围 $F(s)$ 一个零点的封闭曲线在 $F(s)$ 平面上的映射

同理，若 C_s 顺时针只包围 $F(s)$ 的一个极点，则由式（5.52）可得在 $F(s)$ 平面上映射出的封闭曲线逆时针围绕 $F(s)$ 平面坐标原点一周。

扩展开来，当 C_s 顺时针包围 $F(s)$ 的 Z 个零点、P 个极点时，在 $F(s)$ 平面上映射出的封闭曲线将顺时针绕坐标原点 N 周，这里

$$N = Z - P \tag{5.53}$$

式（5.53）即为奈奎斯特稳定性判据的基础。

5.4.2　开环传递函数虚轴上无极点时的奈奎斯特稳定性判据

这里讨论系统的开环传递函数 $G(s)H(s)$ 在 s 平面的原点及虚轴上没有极点时的奈奎斯特稳定性判据。

1. 无纯滞后环节

设反馈系统的框图如图 5.38 所示，其开环传递函数为

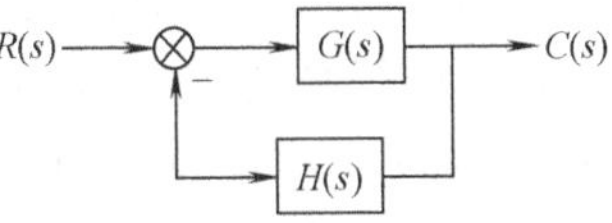

图 5.38　反馈系统的框图

$$G(s) = \frac{K\prod_{i=1}^{m}(s - z_i)}{\prod_{j=1}^{n}(s - p_j)} \quad (n \geqslant m) \tag{5.54}$$

系统的闭环传递函数为

$$\Phi(s) = \frac{G(s)}{1 + G(s)H(s)} = \frac{G(s)}{1 + G_k(s)} \tag{5.55}$$

特征方程为

$$1 + G_k(s) = 0 \tag{5.56}$$

令

$$F(s) = 1 + G_k(s) \tag{5.57}$$

则有

$$F(s) = \frac{(s - p_1)(s - p_2)\cdots(s - p_n) + K(s - z_1)(s - z_2)\cdots(s - z_m)}{(s - p_1)(s - p_2)\cdots(s - p_n)}$$

$$=\frac{\prod_{i=1}^{n'}(s-z_i')}{\prod_{j=1}^{n}(s-p_j)}(n\geqslant n') \tag{5.58}$$

在系统的稳定性判定中，系统特征方程的根，即闭环传递函数分母为0的解在 s 平面的分布决定了系统稳定与否。观察 $F(s)$ 可知，$F(s)$ 的零点 z_1'，z_2'，z_3'，…为系统闭环特征方程的根，$F(s)$ 的极点 p_1，p_2，p_3，…即为开环传递函数 $G_k(s)$ 的极点。

为了使 $F(s)$ 在 s 平面的零、极点分布及在 $F(s)$ 平面上的映射情况与控制系统稳定性分析联系起来，必须适当选择 s 平面上的封闭曲线 C_s。选择封闭曲线如图5.39所示，该曲线包围整个右半 s 平面，为由虚轴和 s 右平面上半径为∞大的半圆构成的顺时针封闭曲线，称为奈奎斯特路径。

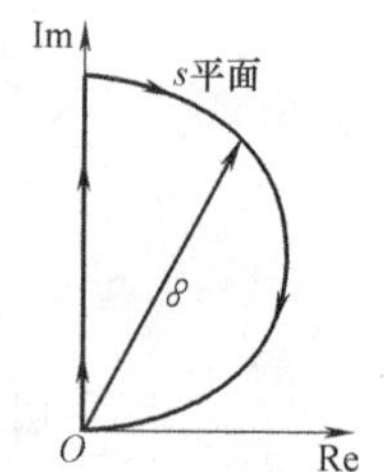

图5.39　奈奎斯特路径

这时，式（5.53）中的 P 即为 $F(s)$ 在 s 右半平面开环极点个数，Z 即为闭环系统在 s 右半平面闭环极点个数。显然，对于一个稳定的系统，Z 总是为0。

由于 $G_k(j\omega)=[1+G_k(j\omega)]-1$，所以研究 C_s 在 $F(s)$ 平面的映射 C_F 对坐标原点的包围可以改为研究开环频率特性 $G_k(j\omega)$ 对（-1，j0）点的包围，$F(s)$ 平面和 $G_k(s)$（或 $G(s)H(s)$）平面的映射关系如图5.40所示。

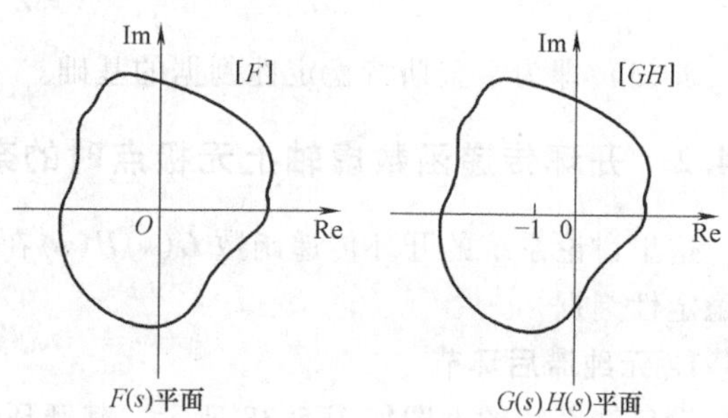

图5.40　$F(s)$ 平面和 $G(s)H(s)$ 平面的映射关系

因此，由系统稳定的充分必要条件可知，若系统开环传递函数中无积分环节和位于虚轴的开环零点，闭环系统要稳定，分为下列两种情况：

1）如果开环系统稳定，即 $P=0$，则当 $-\infty<\omega<\infty$ 时，系统开环幅频特性不包围（-1，j0）点。

2）如果开环系统不稳定，即 $P\neq0$，则当 $-\infty<\omega<\infty$ 时，系统开环幅频特性逆时针包围（-1，j0）点 P 周。

这就是奈奎斯特稳定性判据。

另外，若闭环系统不稳定，系统位于 s 右半平面的闭环极点个数 Z 可由下式确定：

$$Z=N+P \tag{5.59}$$

式中，P 表示开环系统在 s 右半平面系统开环极点个数；N 表示当 $-\infty<\omega<\infty$ 时，开环奈奎斯特图顺时针包围（-1，j0）点的周数；Z 表示闭环系统位于 s 右半平面闭环极点个数。

另外，如果开环奈奎斯特图经过（-1，j0）点，则闭环系统临界稳定。

例5.5　系统开环传递函数为

$$G(s)=\frac{5}{(s+0.5)(s+1)(s+2)}$$

试用奈奎斯特稳定性判据判别闭环系统的稳定性。

解：（1）由开环传递函数知 $P=0$。

（2）绘制 ω 从 $0\to\infty$ 变化的开环奈奎斯特图如图 5.41 所示，虚线部分为按照实轴对称的 ω 从 $-\infty\to 0$ 变化的奈奎斯特图部分。

（3）由图 5.41 可以看出，当 ω 从 $-\infty\to 0\to\infty$ 变化时，$G(j\omega)H(j\omega)$ 曲线不包围（-1，j0）点，即 $N=0$。由奈奎斯特稳定性判据知，该闭环系统是稳定的。

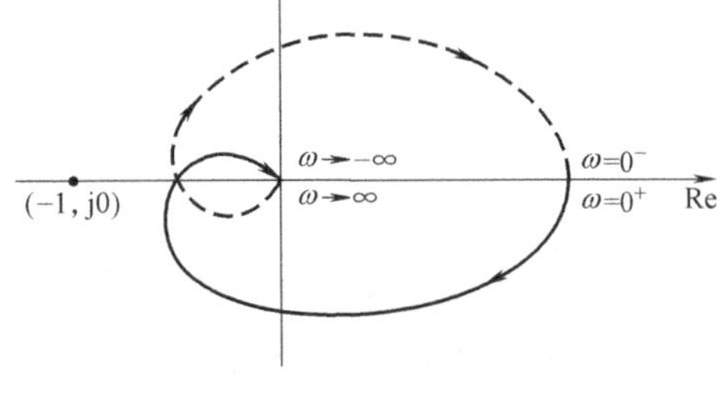

图 5.41　例 5.5 的奈奎斯特图

例 5.6　设控制系统的开环传递函数为

$$G(s)=\frac{K(T_2s+1)}{s^2(T_1s+1)}\qquad (T_1\neq T_2)$$

试分析 T_1 和 T_2 对系统稳定性的影响。

解：（1）由开环传递函数知 $P=0$。

（2）开环相频特性为 $\varphi(\omega)=-\pi+\arctan T_2\omega-\arctan T_1\omega$。

1）若 $T_1>T_2$，$\varphi(\omega)<-180°$，ω 从 $0\to\infty$ 变化的奈奎斯特图如图 5.42a 所示，虚线部分为按照实轴对称的 ω 从 $-\infty\to 0$ 变化的奈奎斯特图部分。

2）若 $T_1<T_2$，$\varphi(\omega)>-180°$，ω 从 $0\to\infty$ 变化的奈奎斯特图如图 5.42b 所示，虚线部分为按照实轴对称的 ω 从 $-\infty\to 0$ 变化的奈奎斯特图部分。

3）对 $T_1>T_2$ 情况，可见奈奎斯特图顺时针包围（-1，j0）点两次，即 $N=2$，系统不稳定，闭环系统有位于 s 右半平面的根的个数为 $Z=0+2=2$。

对 $T_1<T_2$ 的情况，可见奈奎斯特图对（-1，j0）点无包围，系统稳定。

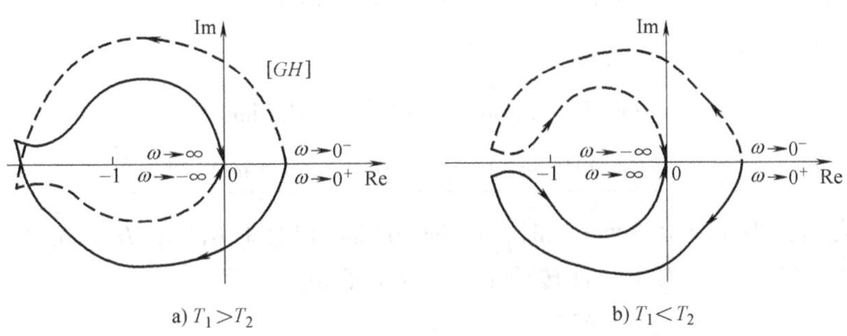

图 5.42　例 5.6 的奈奎斯特图

例 5.7　设控制系统的开环传递函数为

$$G(s)H(s)=\frac{100(s+5)^2}{(s+1)(s^2-s+9)}$$

试用奈奎斯特稳定性判据判别闭环系统的稳定性。

解：（1）由开环传递函数知 $P=2$。

（2）绘制 ω 从 $0\to\infty$ 变化的开环系统奈奎斯特图，虚线部分为按照实轴对称的 ω 从 $-\infty\to 0$ 变化的奈奎斯特图部分，如图 5.43 所示。

（3）由图 5.43 可以看出，当 ω 从 $-\infty \to 0 \to \infty$ 变化时，$G(j\omega)H(j\omega)$ 曲线逆时针方向包围（-1，j0）点两次，即 $N=-2$，由奈奎斯特稳定性判据 $Z=P+N=0$，可知闭环系统是稳定的。

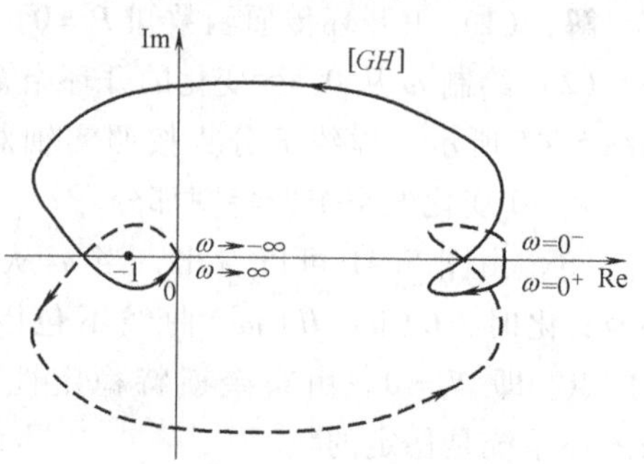

图 5.43　例 5.7 的奈奎斯特图

2. 具有纯滞后环节

对于具有纯滞后环节的控制系统，其开环传递函数包含有纯滞后环节的传递函数 $e^{-\tau s}$，因此开环传递函数一般由下式描述：

$$G(s)H(s)=\frac{K\prod_{i=1}^{m}(T_is+1)}{s^v\prod_{j=1}^{n-v}(T_js+1)}e^{-\tau s} \qquad (5.60)$$

将式（5.60）改写成

$$G(s)H(s)=G_1(s)H_1(s)e^{-\tau s} \qquad (5.61)$$

式中

$$G_1(s)H_1(s)=\frac{K\prod_{i=1}^{m}(T_is+1)}{s^v\prod_{j=1}^{n-v}(T_js+1)} \qquad (5.62)$$

式（5.62）为不含纯滞后环节的传递函数。

系统的开环频率特性可表示为

$$G(j\omega)H(j\omega)=G_1(j\omega)H_1(j\omega)e^{-\tau j\omega} \qquad (5.63)$$

$G(j\omega)H(j\omega)$ 的幅值和相角分别为

$$|G(j\omega)H(j\omega)|=|G_1(j\omega)H_1(j\omega)|$$

$$\angle[G(j\omega)H(j\omega)]=\angle[G_1(j\omega)H_1(j\omega)-\tau\omega] \qquad (5.64)$$

式（5.64）表明，当 ω 从 $0\to\infty$ 变化时，$G(j\omega)H(j\omega)$ 相对于 $G_1(j\omega)H_1(j\omega)$ 而言，幅值没有变化，而相角在每个 ω 上都顺时针转动了一个 $\tau\omega$ 的角度。

当 $\omega\to\infty$ 时，因为通常式（5.62）中 $m<n$，所以 $G_1(j\omega)H_1(j\omega)$ 的幅值一般都是趋近于零的，因而 $G(j\omega)H(j\omega)$ 曲线（即奈奎斯特曲线）将随着 ω 从 $0\to\infty$ 而以螺旋状趋于原点，并且与［GH］平面的负实轴有无限个交点，如图 5.44 所示。这时，若要闭环系统稳定，奈奎斯特曲线与负实轴的交点都必须位于（-1，0）点的右侧。

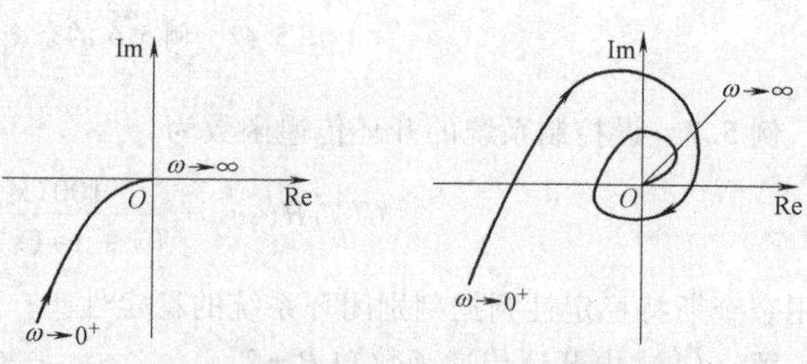

a) $G_1(j\omega)H_1(j\omega)$的奈奎斯特曲线　　b) $G(j\omega)H(j\omega)$的奈奎斯特曲线

图 5.44　具有纯滞后环节的奈奎斯特图

例 5.8 设控制系统的开环传递函数为 $G(s)H(s)=\dfrac{1}{s(s+1)(s+2)}e^{-\tau s}$，$\tau=0,2,4$。试绘出各自的奈奎斯特曲线，并分析闭环系统的稳定性。

解： 当$\tau=0$，2，4 时，控制系统的奈奎斯特曲线 $G(j\omega)H(j\omega)$ 如图 5.45 所示。

(1) $\tau=0$ 时，即相当于系统无纯滞后环节，$G(j\omega)H(j\omega)$ 不包围（-1，j0）点，所以闭环系统是稳定的。

(2) $\tau=2$ 时，$G(j\omega)H(j\omega)$ 曲线刚好通过（-1，j0）点，所以闭环系统处于稳定边界（又称临界稳定，一般也认为是不稳定的）。

(3) $\tau=4$ 时，$G(j\omega)H(j\omega)$ 曲线包围（-1，j0）点，所以闭环系统是不稳定的。

从本例可以看出，滞后环节的存在将不利于系统的稳定。纯滞后时间τ越大，越易使系统不稳定。

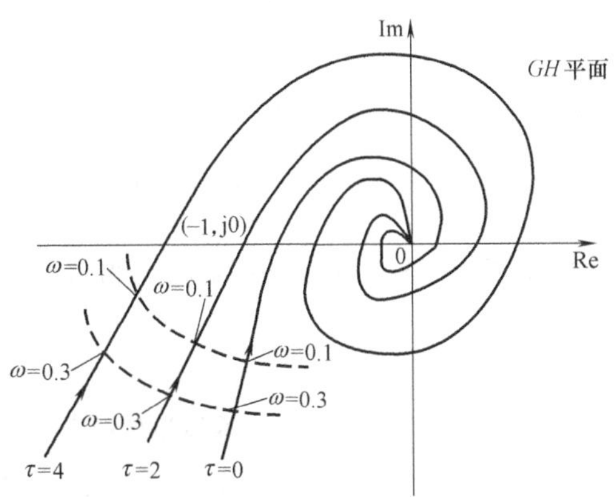

图 5.45 例 5.8 不同纯滞后时间τ的奈奎斯特曲线

5.4.3 开环传递函数虚轴上存在极点时的奈奎斯特稳定性判据

前面已经对开环传递函数在虚轴上不存在极点时的奈奎斯特稳定性判据进行了讨论，下面研究系统开环传递函数在虚轴上有开环极点时的奈奎斯特稳定性判据。根据开环极点在虚轴上的分布特征，该情形可以分成两种情况：①开环极点位于 s 平面的坐标原点；②开环极点位于虚轴非原点处。下面分别进行讨论。

(1) 开环极点位于 s 平面的坐标原点

即系统存在积分环节，例如Ⅰ型系统、Ⅱ型系统…，系统的开环传递函数可表述为如下形式：

$$G(s)H(s)=\frac{K\prod_{i=1}^{m}(T_is+1)}{s^v\prod_{j=1}^{n-v}(T_js+1)} \tag{5.65}$$

式中，v 为开环传递函数中位于原点的极点的个数。

按照辐角原理，s 平面上的封闭曲线 C_s 不能通过 $F(s)$的奇异点，即 C_s 不能通过 $F(s)$的零、极点，而 $F(s)$的零点是闭环系统的极点，$F(s)$的极点是开环系统的极点，所以，当存在系统的开环极点位于虚轴上时，封闭曲线 C_s 必须避开这些开环极点，但又仍然能够包围整个右半平面。为此，以原点为圆心，作一半径为无限小ρ的右半圆，使奈奎斯特路径沿着这个无限小的半圆绕过原点，如图 5.46 所示，

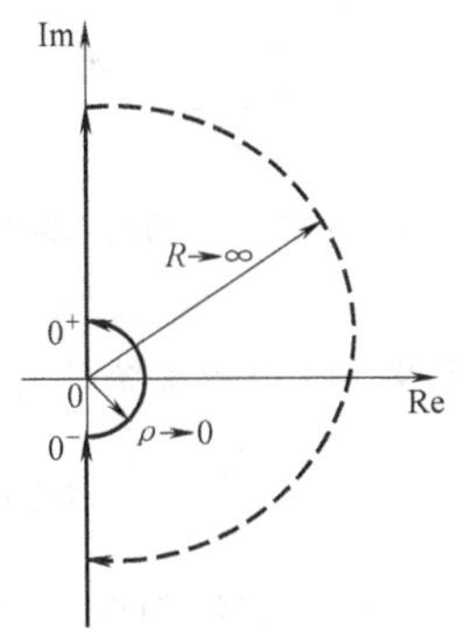

图 5.46 系统开环传递函数包含积分环节时的奈奎斯特路径

由图可以看出，修改后的奈奎斯特路径由四段组成：正虚轴 $s=j\omega$，频率 $\omega=0^+\to\infty$；半径为无穷大的

右半圆 $s=Re^{j\varphi}$，其中 $R\to\infty$，$\varphi=\frac{\pi}{2}\to-\frac{\pi}{2}$；负虚轴 $s=j\omega$，频率 $\omega=-\infty\to0^-$；半径为无穷小的右半圆 $s=\rho e^{j\theta}$，其中 $\rho\to0$，$\theta=-\frac{\pi}{2}\to\frac{\pi}{2}$。

当 $s=j\omega(\omega=0^+\to\infty)$ 时，代入式（5.65），映射曲线 C_{GH} 正好是系统开环幅相曲线 $G(j\omega)H(j\omega)(\omega=0^+\to\infty)$。

当 $s=Re^{j\omega}$ 且 $\varphi=\frac{\pi}{2}\to0$ 时，其映射曲线 C_{GH} 正好是 GH 平面的原点。

当 s 沿半径为无穷小的右半圆弧逆时针变化时，即 $s=\rho e^{j\theta}$ 且 $\theta=0\to\frac{\pi}{2}$，代入式（5.65）有

$$G(s)H(s)\big|_{s=\rho e^{j\theta}}=\lim_{\rho\to0}\frac{K}{\rho^v e^{j\theta v}}=\infty\ e^{-j\theta v}$$

可知，当 s 沿 1/4 的半径为无穷小的右半圆弧逆时针变化，即 $\omega=0\to0^+$，$\theta=0\to\frac{\pi}{2}$ 时，映射曲线 C_{GH} 将沿半径无穷大的圆弧顺时针转过 $v90°$。

综上所述，当系统的开环传递函数包含积分环节时，奈奎斯特曲线的绘制方法为：绘制出 $\omega=0^+\to\infty$ 的奈奎斯特曲线；从 $G(j0^+)H(j0^+)$ 开始，用虚线顺时针补画半径无穷大的 $v90°$ 的圆弧，此段圆弧对应 $\omega=0\to0^+$ 的奈奎斯特曲线；将上述奈奎斯特曲线作关于实轴的镜像曲线即可得到 $\omega=-\infty\to0$ 的奈奎斯特曲线。图 5.47 和图 5.48 分别给出了Ⅰ型系统和Ⅱ型系统的奈奎斯特曲线低频段。图中，实线部分为 $\omega=0^+\to\infty$ 的奈奎斯特曲线，点画线部分为 $\omega=0\to0^+$ 的增补半径无穷大的 $v90°$ 的圆弧，虚线部分为 $\omega=0^+\to\infty$ 部分关于实轴镜像对称后得到的 $\omega=-\infty\to0$ 的奈奎斯特曲线段。

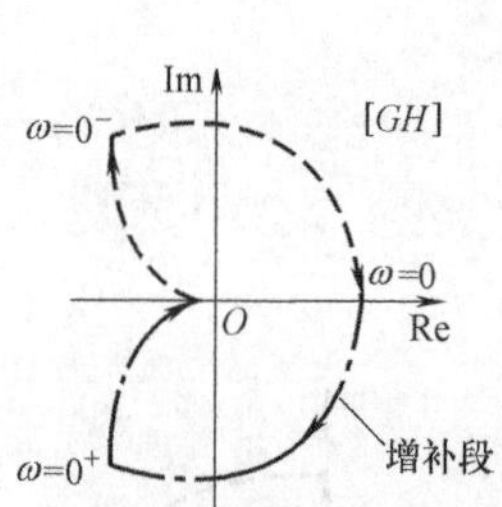

图 5.47　Ⅰ型系统的奈奎斯特曲线低频段

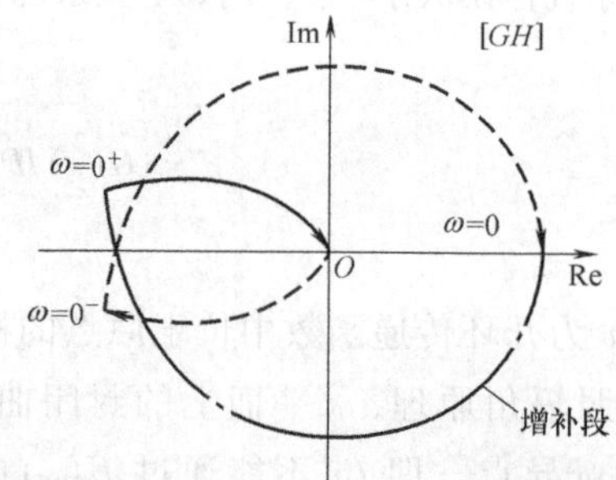

图 5.48　Ⅱ型系统的奈奎斯特曲线低频段

例 5.9　设控制系统的开环传递函数为

$$G(s)H(s)=\frac{(s+0.2)(s+0.3)}{s^2(s+0.1)(s+1)(s+2)}$$

试用奈奎斯特稳定性判据判别其闭环系统的稳定性。

解： 该系统为Ⅱ型系统，其增补奈奎斯特曲线如图 5.49 所示。由图 5.49 可以看出，当 ω 从 $-\infty\to\infty$ 变化时，$G(j\omega)HG(j\omega)$ 曲线逆时针、顺时针各包围（−1，j0）点 1 次，即 $N=$

0；同时开环传递函数也没有位于右半 s 平面上的极点，即 $P=0$，所以 $Z=P+N=0$，因此闭环系统是稳定的。

（2）开环极点位于虚轴非原点处

即系统开环传递函数中含有无阻尼振荡环节 $\frac{1}{T^2s^2+1}$。这种情形下，s 平面（根平面）的虚轴上有开环共轭极点 $\pm \mathrm{j}\frac{1}{T}$。此时 $G(\mathrm{j}\omega)H(\mathrm{j}\omega)$ 的映射曲线 C_{GH} 仍然是系统开环幅相曲线 $\omega=-\infty\to\infty$。

因此，不论系统有无积分环节或振荡环节，奈奎斯特稳定性判据都适用。

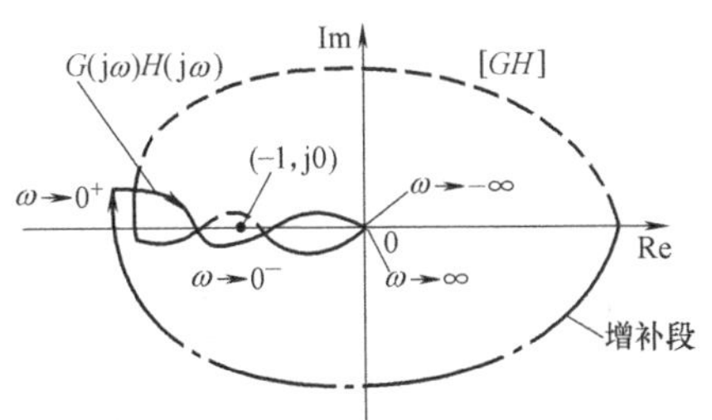

图 5.49　例 5.9 的奈奎斯特图

5.5　系统的相对稳定性

由奈奎斯特稳定性判据推知：对于 $P=0$ 的开环稳定系统，其开环奈奎斯特曲线与（-1，j0）点的相对位置有如下几种情况，如图 5.50 所示。

图 5.50a 给出了曲线包围（-1，j0）点，对应的闭环系统不稳定，阶跃响应曲线发散。

图 5.50b 给出了曲线穿过（-1，j0）点，对应的闭环系统临界稳定，阶跃响应曲线等幅振荡。

图 5.50c 给出了曲线不包围（-1，j0）点，但与（-1，j0）点相对位置较近，对应的闭环系统稳定，阶跃响应曲线收敛，但调节时间较长。

图 5.50d 给出了曲线不包围（-1，j0）点，与（-1，j0）点相对位置较远，对应的闭环系统稳定，阶跃响应曲线收敛，整个响应曲线性能指标较好。

可见，开环系统幅相频率曲线和（-1，j0）点的接近程度可以表征系统的稳定程度。开环系统奈奎斯特曲线和（-1，j0）点越接近，系统的稳定程度越低；开环系统奈奎斯特曲线和（-1，j0）点距离越远，系统的稳定程度就越高，这就是所谓的系统相对稳定性。相对稳定性定量地用增益裕量（Gain Margin）K_g 和相位裕度（Phase Margin）γ 来进行表示，下面分别进行介绍。

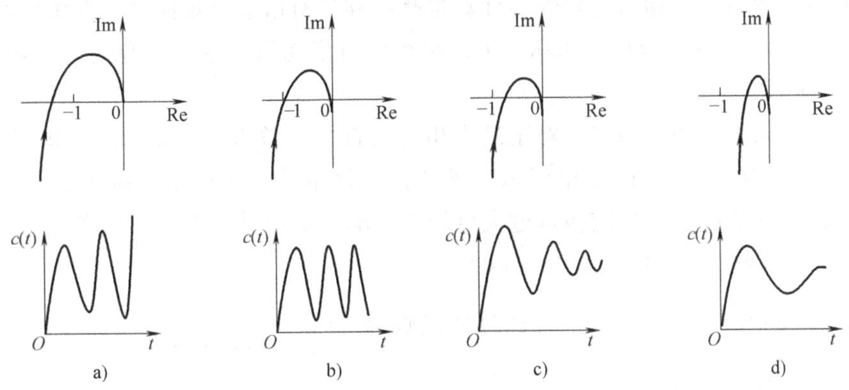

图 5.50　开环奈奎斯特图与（-1，j0）点相对位置和对应阶跃响应曲线

5.5.1 增益裕量

当开环幅相频率特性曲线与负实轴相交于 G 点时，幅值 $|G(j\omega)H(j\omega)|$ 的倒数定义为增益裕量 K_g，如图 5.51 所示，G 点对应的频率 ω_g 称为相位穿越频率。

$$K_g = \frac{1}{|G(j\omega_g)H(j\omega_g)|} \tag{5.66}$$

式（5.66）中，ω_g 满足下式：

$$\angle[G(j\omega_g)H(j\omega_g)] = -180° \tag{5.67}$$

增益裕量的物理意义为：对于闭环稳定系统，保持 $\omega=\omega_g$，如果系统的开环增益增大 K_g 倍，系统处于临界稳定；如果系统的开环增益放大倍数大于 K_g 倍，系统将不稳定。

对于稳定系统，有 $|G(j\omega_g)H(j\omega_g)|<1$，即 $K_g>1$；对于不稳定系统，有 $|G(j\omega_g)H(j\omega_g)|>1$，即 $K_g<1$，如图 5.51 所示。

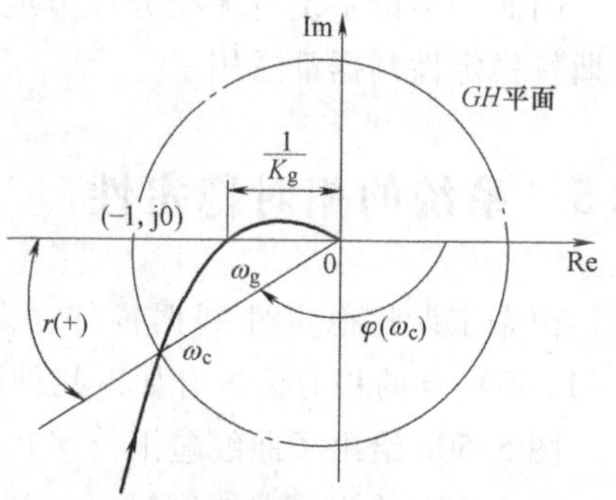

图 5.51 增益裕量和相位裕度在开环幅相频率特性曲线上的示意图

5.5.2 相位裕度

设一稳定系统的开环幅频特性曲线与单位圆相交于 C 点，该点处的相位和 $-180°$ 之间的相位差定义为相位裕度 γ，C 点处的频率定义为幅值穿越频率或剪切频率，即

$$\gamma = \varphi(\omega_c) - (-180°) = 180° + \varphi(\omega_c) \tag{5.68}$$

式中，ω_c 满足下式：

$$|G(j\omega_c)H(j\omega_c)| = 1 \tag{5.69}$$

相位裕度的物理意义为：对于稳定系统，保持 $\omega=\omega_c$，如果系统的相位 $\varphi(\omega_c)$ 再滞后 γ 角度，系统将处于临界稳定；如果系统相位 $\varphi(\omega_c)$ 滞后角大于 γ，系统将不稳定。

对于稳定系统，有 $\gamma>0°$；对于不稳定系统，有 $\gamma<0°$，如图 5.52 所示。

开环对数频率特性的相对稳定性的计算也是一样，对增益裕量而言，系统要稳定，应该满足 $20\lg|G(j\omega_g)H(j\omega_g)|<0$，$20\lg K_g>0$；对相位裕度而言，系统要稳定，应满足 $\gamma>0°$，如图 5.52 所示。

综上所述，系统要闭环稳定，对于最小相位而言，增益裕量满足 $K_g>1$dB 或 $K_g>0$dB，相位裕度满足 $\gamma>0°$，如图 5.52 中所示。显然，增益裕量和相位裕度越大，系统的相对稳定性越高。但要注意的是，稳定裕量过大可能会影响系统的其他性能（如快速性）。在工程中，一般取 $K_g=(6\sim20)$dB，$\gamma=30°\sim60°$。

例 5.10 设单位负反馈系统的开环传递函数为 $G(s)=\dfrac{1.42}{s(0.1s+1)(s+1)}$，确定计算系统的相位裕度 γ 和增益裕量 K_g。

解：（1）计算相位裕度：

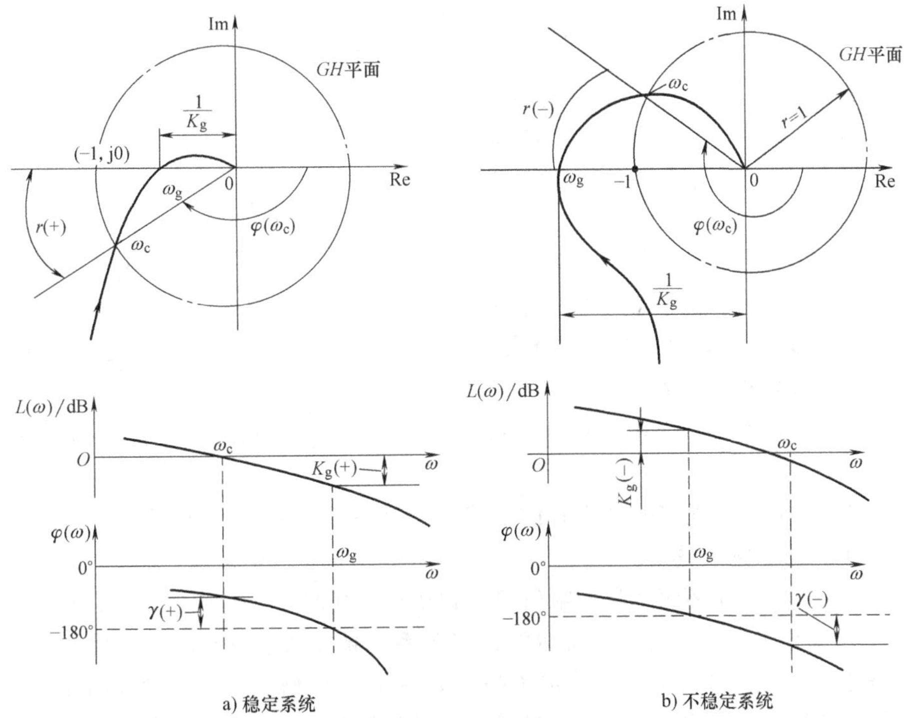

图 5.52　稳定和不稳定系统的增益裕量和相位裕度

$$G(\omega_c)=\frac{1.42}{\omega_c\sqrt{1+(0.1\omega_c)^2}\sqrt{1+\omega_c^2}}=1$$

由式(5.69)得 $\omega_c=4.15\text{rad/s}$。

$$\gamma=180°+\varphi(\omega_c)=180°-90°-\arctan 0.1\omega_c-\arctan\omega_c=39.3°$$

(2)计算增益裕量：

$$\angle(G(\text{j}\omega_g)=-90°-\arctan 0.1\omega_g-\arctan\omega_g=-180°$$

由式(5.67)解得 $\omega_g=3.2\text{rad/s}$。

$$|G(\text{j}\omega_g)|=\frac{1.42}{\omega_g\sqrt{1+(0.1\omega_g)^2}\sqrt{1+\omega_g^2}}=0.13$$

增益裕量 $20\lg K_g=-20\lg|G(\text{j}\omega_g)|=17.7\text{dB}$。

5.6　系统的闭环频率特性

前面已经学习利用系统开环频率特性对系统进行分析，但在分析系统的性能时，也常常需要用到系统闭环频率特性。闭环频率特性同样是系统特性的描述，是一种数学模型的表达式。

对于单位负反馈系统，开环与闭环频率特性的关系如下：

$$\Phi(\mathrm{j}\omega)=\frac{G_{\mathrm{k}}(\mathrm{j}\omega)}{1+G_{\mathrm{k}}(\mathrm{j}\omega)}$$

若已知开环频率特性，可求得环节的闭环频率特性。

闭环幅频特性的典型形状如图 5.53 所示。这种典型的闭环幅频特性常用下面几个特征量来描述。

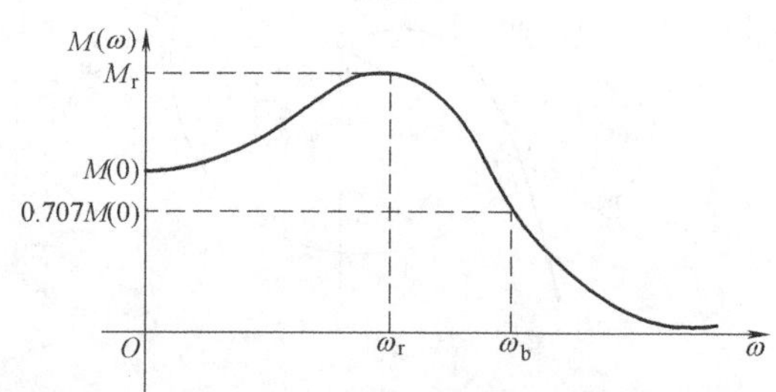

图 5.53　系统闭环幅频特性曲线

1）谐振峰值 M_r：闭环系统幅频特性的最大值，它反映系统的相对稳定性。通常 M_r 值越大，系统阶跃响应的超调量也越大，因而系统的相对稳定性比较差。

2）零频幅值 $M(0)$：$\omega=0$ 时的闭环幅频特性值。

3）谐振频率 ω_r：出现谐振峰值时的频率，它在一定程度上反映了系统动态响应的速度。ω_r 值越大，动态响应越大。

4）带宽频率 ω_b：闭环频率特性幅值减小到 $0.707M(0)$ 时所对应的频率，用 ω_b 表示。$0\sim\omega_b$ 的频率范围称为频带宽度，频带越宽，表明系统越能通过较高频率的输入信号。因此 ω_b 高的系统，一方面重现输入信号的能力强，另一方面抑制输入端高频噪声的能力弱。

开环频率特性较易求取，闭环频率特性指标的计算往往由开环频率特性指标求取，计算方法将在 5.7 节进行介绍。

5.7　系统的频域性能指标和时域性能指标的关系

系统的时域指标仅适用于单位阶跃响应分析，不能直接应用于频域下的分析。在进行频域分析时，开环频率特性中常采用剪切频率 ω_c 和相位裕度 γ 两个指标来分析和设计系统的动态性能；闭环频率特性中常采用谐振峰值 M_r 和带宽频率 ω_b 两个性能指标。事实上，频域指标与系统时域动态性能指标之间存在着密切的关系。

5.7.1　开环频域指标与时域指标的关系

这里主要研究频域指标 ω_c 和 γ 与时域指标 M_p 和 t_s 之间的关系。

1. 典型的二阶欠阻尼系统频域指标与时域指标关系

二阶欠阻尼系统开环传递函数的标准形式为

$$G(s)=\frac{\omega_n^2}{s^2+2\xi\omega_n s}=\frac{\omega_n^2}{s(s+2\xi\omega_n)} \tag{5.70}$$

开环频率特性为

$$G(\mathrm{j}\omega)=\frac{\omega_n^2}{(\mathrm{j}\omega)^2+2\xi\omega_n(\mathrm{j}\omega)} \tag{5.71}$$

从图 5.54 中可以看出，开环对数幅频特性中的剪切频率 ω_c 与 ξ 的取值有密切关系，当 $\omega=\omega_c$ 时幅值为

$$|G(j\omega_c)| = \frac{\omega_n^2}{\omega_c\sqrt{\omega_c^2 + (2\xi\omega_n)^2}} = 1 \tag{5.72}$$

由式（5.72）进一步可得

$$\omega_c^4 + 4\xi^2\omega_n^2\omega_c^2 = \omega_n^4$$

因而可得

$$\omega_c = \omega_n\sqrt{\sqrt{1+4\xi^4} - 2\xi^2} \tag{5.73}$$

当 $\omega = \omega_c$ 时相角为

$$\varphi(\omega_c) = -90° - \arctan\frac{\omega_c}{2\xi\omega_n}$$

相位裕度为

$$\gamma(\omega_c) = 180° + \varphi(\omega_c) = 90° - \arctan\frac{\omega_c}{2\xi\omega_n} = \arctan\frac{2\xi\omega_n}{\omega_c} \tag{5.74}$$

将式（5.73）代入式（5.74）得

$$\gamma(\omega_c) = \arctan\frac{2\xi}{\sqrt{\sqrt{1+4\xi^4} - 2\xi^2}} \tag{5.75}$$

式（5.75）即为频域指标相位裕度 $\gamma(\omega_c)$ 与阻尼比 ξ 之间的定量关系。按式（5.75）的定量关系可绘成曲线，如图5.55所示。从图中可以看到，频域下的相位裕度 $\gamma(\omega_c)$ 是阻尼比 ξ 的单值函数。

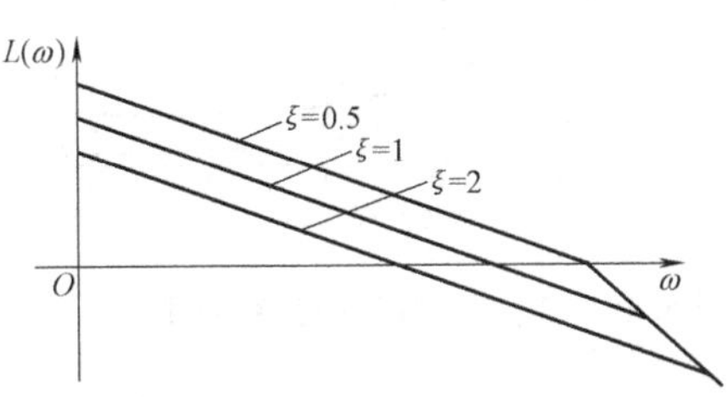

图5.54　二阶系统开环对数幅频特性

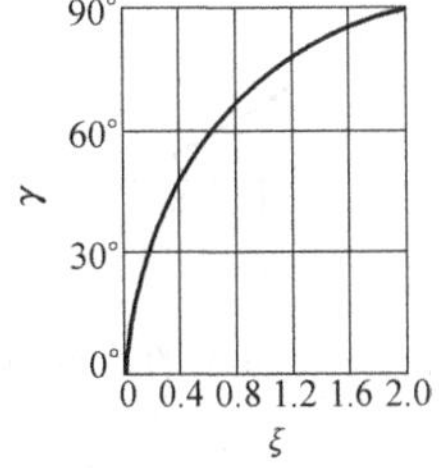

图5.55　二阶系统 γ 和 ξ 的关系

频域下，二阶欠阻尼系统谐振峰值与阻尼比之间的关系为

$$M_r = \frac{1}{2\xi\sqrt{1-\xi^2}} \tag{5.76}$$

时域下，超调量 M_p 和阻尼比 ξ 之间的关系为

$$M_p = \frac{[c(t_p) - c(\infty)]}{c(\infty)} \times 100\% \tag{5.77}$$

由式（5.75）、式（5.76）、式（5.77）可得，$\gamma(\omega_c)$、M_r、M_p 均为阻尼比 ξ 的单值函数。因此，只要知道阻尼比就可以得到系统的超调量，并且在频域中，如果增加相位裕度，

则超调量会下降，系统的振荡将会下降。

将式（5.75）和式（5.76）的函数关系，以 ξ 为横坐标，以 M_p 和 $\gamma(\omega_c)$ 为纵坐标，绘制于同一张图上，如图 5.56 所示。从图中可以看出，若阻尼比较大，则相位裕度较大，超调量较小，系统的动态过程较平稳。

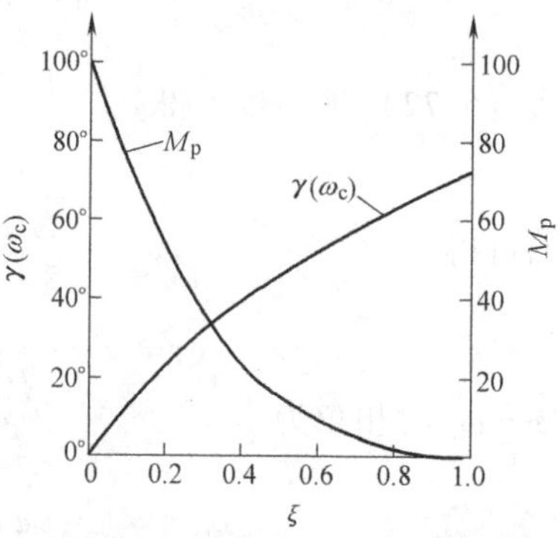

图 5.56　$\gamma(\omega_c)$、M_p 与 ξ 的关系曲线

下面研究时域下调节时间 t_s 与频域指标的关系：

$$t_s\big|_{\Delta=\pm5\%}\approx\frac{3}{\xi\omega_n},\ t_s\big|_{\Delta=\pm2\%}\approx\frac{4}{\xi\omega_n}\qquad(0<\xi<0.9)\tag{5.78}$$

将式（5.73）代入式（5.78）可得

$$t_s\omega_c\big|_{\Delta=\pm5\%}\approx\frac{3}{\xi}\sqrt{\sqrt{1+4\xi^4}-2\xi^2},t_s\omega_c\big|_{\Delta=\pm2\%}\approx\frac{4}{\xi}\sqrt{\sqrt{1+4\xi^4}-2\xi^2}\tag{5.79}$$

再由式（5.73）和式（5.75）可得：

$$t_s\omega_c\big|_{\Delta=\pm5\%}\approx\frac{6}{\tan\gamma(\omega_c)},\ t_s\omega_c\big|_{\Delta=\pm2\%}\approx\frac{8}{\tan\gamma(\omega_c)}\tag{5.80}$$

将式（5.80）的函数关系绘成曲线，如图 5.57 所示。

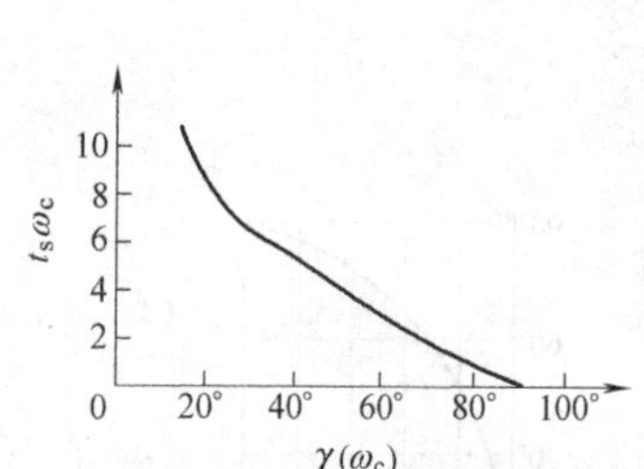

图 5.57　$t_s\omega_c$ 与 $\gamma(\omega_c)$ 的关系曲线

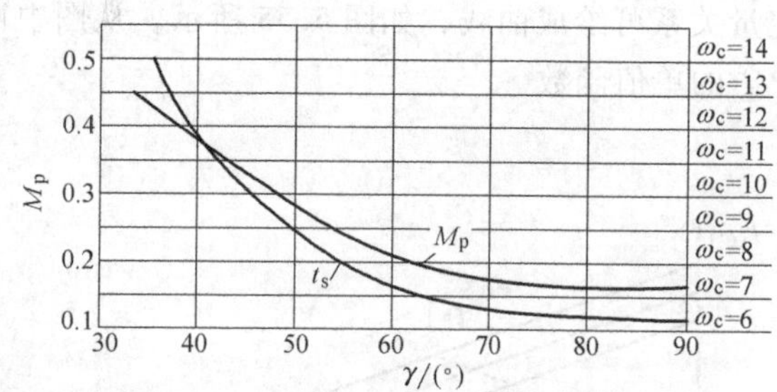

图 5.58　M_p、t_s 与 γ 的关系曲线

图 5.58 给出了超调量 M_p、调节时间 t_s 和相位裕度 γ 之间的关系。可以看出，如果两个二阶系统的相位裕度 $\gamma(\omega_c)$ 相同，则二者的超调量相同；其中 ω_c 较大的系统调节时间 t_s 较小，整个动态过程较快。所以剪切频率 ω_c 在频率特性中是一个很重要的参数，它不仅影响系统的相位裕度，还影响动态过程的调节时间。

对于某些高阶系统，若系统存在一对闭环主导极点，就可以将高阶系统降为二阶系统进行分析，利用上述定量关系，简化系统的分析与设计。

2. 高阶系统频域指标与时域指标的关系

对于一般高阶系统，开环频域指标与时域指标之间准确的关系式很难得到。在控制工程中，常用如下两个经验公式：

$$M_p=0.16+0.4\left(\frac{1}{\sin\gamma}-1\right),\ (35°\leqslant\gamma\leqslant90°)\tag{5.81}$$

$$t_s = \frac{\pi}{\omega_c}\left[2 + 1.5\left(\frac{1}{\sin\gamma} - 1\right) + 2.5\left(\frac{1}{\sin\gamma} - 1\right)^2\right] \quad (35^\circ \leqslant \gamma \leqslant 90^\circ) \tag{5.82}$$

式（5.81）和式（5.82）表明，随着 γ 的增大，系统的动态过程相对平稳，超调量和调节时间减小。工程上一般选择 γ 在 $30^\circ \sim 60^\circ$之间。

5.7.2 闭环频域指标与时域指标的关系

闭环频域指标与时域指标之间同样存在对应关系，对于二阶系统，该对应关系是明确的，而对于高阶系统，该对应关系为近似的。

1. 二阶欠阻尼系统闭环频域指标与时域指标的关系

典型二阶欠阻尼系统的闭环传递函数为

$$\Phi(s) = \frac{\omega_n^2}{s^2 + 2\xi\omega_n s + \omega_n^2} \qquad (0 < \xi < 1) \tag{5.83}$$

其对应的闭环频率特性为

$$\Phi(j\omega) = \frac{\omega_n^2}{(j\omega)^2 + 2\xi\omega_n(j\omega) + \omega_n^2} = \frac{\omega_n^2}{(\omega_n^2 - \omega^2) + j2\xi\omega_n\omega} \tag{5.84}$$

闭环幅频特性为

$$M(\omega) = \frac{\omega_n^2}{\sqrt{(\omega_n^2 - \omega^2)^2 + (2\xi\omega_n\omega)^2}} \tag{5.85}$$

已知在 $0 < \xi \leqslant 0.707$ 时，二阶系统将会出现谐振，其谐振频率 ω_r 和谐振峰值 M_r 为

$$\omega_r = \omega_n\sqrt{1 - 2\xi^2} \quad (0 < \xi \leqslant 0.707) \tag{5.86}$$

$$M_r = \frac{1}{2\xi\sqrt{1 - \xi^2}} \quad (0 < \xi \leqslant 0.707) \tag{5.87}$$

将式（5.87）所表示的 M_r 与 ξ 的关系也绘于图 5.59 中。由图明显看出，M_r 越小，系统阻尼系数越大。如果阻尼比较小，则谐振峰值较高，系统动态过程超调量大，调节时间较大，振荡较强，动态性能较差。从图 5.59 知，$M_r \approx 1.2 \sim 1.5$ 对应 $M_p \approx 20\% \sim 30\%$，这时可获得较好的振荡性能。若出现 $M_r > 2$，则与此对应的超调量可高达 40% 以上。

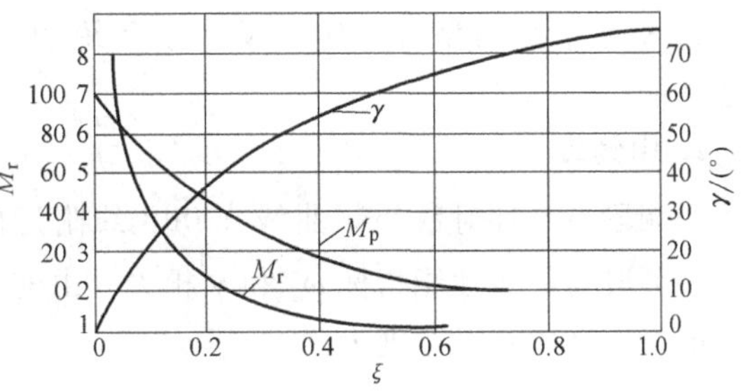

图 5.59　二阶系统 M_p、γ、M_r 与 ξ 的关系曲线

根据带宽的定义，在带宽频率 ω_b 处，典型二阶欠阻尼系统闭环频率特性的幅值为

$$M(\omega_b) = \frac{\omega_n^2}{\sqrt{(\omega_n^2 - \omega_b^2)^2 + (2\xi\omega_n\omega_b)^2}} = 0.707 \tag{5.88}$$

解出 ω_b 与 ω_n、ξ 的关系为

$$\omega_b = \omega_n\sqrt{1 - 2\xi^2 + \sqrt{2 - 4\xi^2 + 4\xi^4}} \tag{5.89}$$

由 $t_s \approx \dfrac{3}{\xi\omega_n}$，得

$$\omega_b t_s = \frac{3}{\xi}\sqrt{1-2\xi^2+\sqrt{2-4\xi^2+4\xi^4}} \tag{5.90}$$

由式（5.89）和式（5.90）可知，对于给定的谐振峰值 M_r，调节时间 t_s 与带宽频率 ω_b 成反比。如果系统有较宽的频带，则说明系统自身的阻尼很小，跟踪输入信号反应迅速，系统的快速性好。

对于某些可以用主导极点降阶近似为二阶系统的高阶系统，可利用二阶系统闭环指标与时域指标的关系进行系统分析和设计。

2. 高阶系统

控制工程中，估计高阶系统时域指标和频域指标的关系，常采用如下经验公式：

$$M_p = 0.16 + 0.4(M_r - 1) \quad (1 \leqslant M_r \leqslant 1.8) \tag{5.91}$$

$$t_s = \frac{\pi}{\omega_c}[2 + 1.5(M_r - 1) + 2.5(M_r - 1)^2] \quad (1 \leqslant M_r \leqslant 1.8) \tag{5.92}$$

式（5.92）表示，高阶系统的超调量 M_p 与闭环谐振峰值 M_r 成正比，调节时间 t_s 与闭环谐振峰值 M_r 同样成正比，但与 ω_c 成反比。

5.7.3 开环对数频率特性曲线与系统时域性能指标之间的关系

在分析系统的对数频率特性曲线时，常将它分成图5.60所示的三个频段（图中省略了相频特性曲线）。

1. 低频段

低频段一般指开环对数幅频曲线在第一个转折频率以前的频率区段。低频段的形状由开环增益 K 和系统的型号决定，反映了系统的稳态性能。

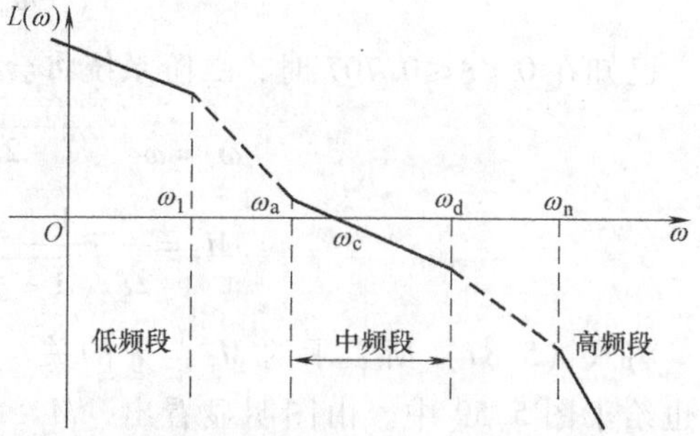

图5.60 对数幅频特性曲线的三个频段的划分

2. 中频段

中频段指开环对数幅频曲线在0dB线附近的频率区段，即剪切频率 ω_c 附近的频率区段。中频段与频域性能指标 ω_c 和 γ 相关。由前面的分析可以得知，中频段反映了系统的动态性能。定义中频段宽度为

$$h = \frac{\omega_a}{\omega_d} \tag{5.93}$$

下面分析中频段斜率与中频段宽度对系统动态性能的影响。

对于最小相位系统，由奈奎斯特稳定性判据，系统若要稳定，相位裕度 γ 应该大于0°。由于最小相位系统的对数幅频特性与对数相频特性之间存在对应关系，当中频段斜率为 -40dB/dec时，意味着相位裕度为较小值，接近0°；当中频段斜率为 -60dB/dec时，相位裕度小于0°，系统不稳定；因此，要得到较好的动态性能指标，中频段斜率应选择 -20dB/dec。

另外，中频段宽度 h 也应具有较大值。若中频段宽度 h 太小，如图 5.61 所示，可以看出，系统的相频特性曲线在 ω_c 处的相频特性 $\varphi(\omega_c)$ 更多地受到滞后相位角的影响，相位裕度较小，动态性能较差。

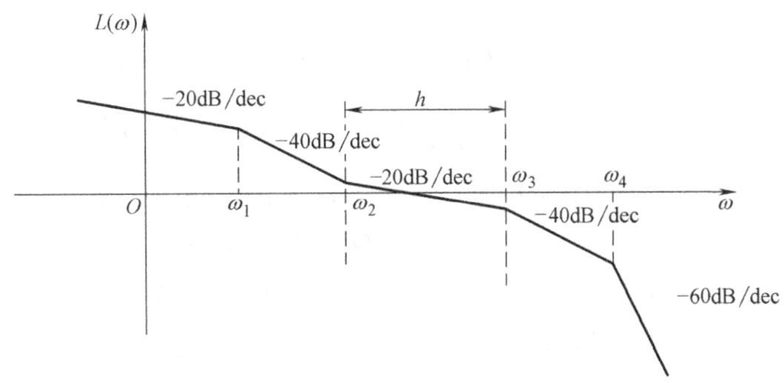

图 5.61　中频段宽度对系统动态性能的影响

对于图 5.61 所示最小相位系统，其中频段斜率为 -20dB/dec，可以写出相应的相频特性表达式为

$$\varphi(\omega) = -90° - \arctan\frac{\omega_2}{\omega_1} + \arctan\frac{\omega_3}{\omega_2} - \arctan\frac{\omega_4}{\omega_3}$$

中频段宽度 $h=\frac{\omega_3}{\omega_2}$，若 h 较小，$\arctan\frac{\omega_3}{\omega_2}$较小，$\gamma$ 将较小；若 h 较大，则 $\arctan\frac{\omega_3}{\omega_2}$较大，$\gamma$ 将较大。

因此，要获得较好的动态品质，系统中频段除了以 -20dB/dec 穿越 ω 轴之外，还应具有较大的中频段宽度。

3. 高频段

高频段指中频段之后（$\omega>10\omega_c$）的频率区段，反映了系统抗高频干扰的能力，高频段斜率越大，系统抗高频干扰的能力越强。

5.8　应用 MATLAB 绘制系统的频率特性曲线

MATLAB 包含了进行控制系统分析与设计所必需的工具箱频域函数，常用的有：

求取系统对数频率特性曲线（伯德图）：bode ( )。

求取系统奈奎斯特图（幅相曲线图或极坐标图）：nyquist ( )。

1. 对数频率特性曲线（伯德图）

函数 bode ( ) 用来绘制系统的伯德图，其用法如下：

bode (sys)：自动绘制出系统的一组伯德图，它们是针对连续状态空间系统的每个输入的伯德图。其中，频率范围由函数自动选取，而且在响应快速变化的位置会自动采用更多采样点。

bode (sys, iu)：可得到从系统第 iu 个输入到所有输出的伯德图。

bode (sys, iu, w)：可利用指定的频率矢量绘制出系统的伯德图。

当带输出变量［mag，pha，w］或［mag，pha］引用函数时，可得到系统伯德图相应的幅值 mag、相角 pha 及频率点 w 矢量或只是返回幅值与相角。相角以度为单位，幅值可转换为 dB 单位：magdb = 20 × log10（mag）

2. 奈奎斯特图（幅相频率特性图）

函数 nyquist（）用来绘制系统的极坐标图，其调用格式和函数 bode（ ）基本一致。

例 5.11 绘制系统 $G(s) = \dfrac{4s^2 + s + 3}{s^4 + 2s^3 + 3s^2 + s + 1}$ 的奈奎斯特图和伯德图。

```
>> num = [4 1 3]; den = [1 2 3 1 1];          % 输入传递函数模型
>> figure (1); nyquist (num, den)              % 打开一个窗口，绘制奈奎斯特图
>> figure (2); bode (num, den)                 % 另打开一个窗口，绘制伯德图
```

执行后结果分别如图 5.62 和图 5.63 所示。

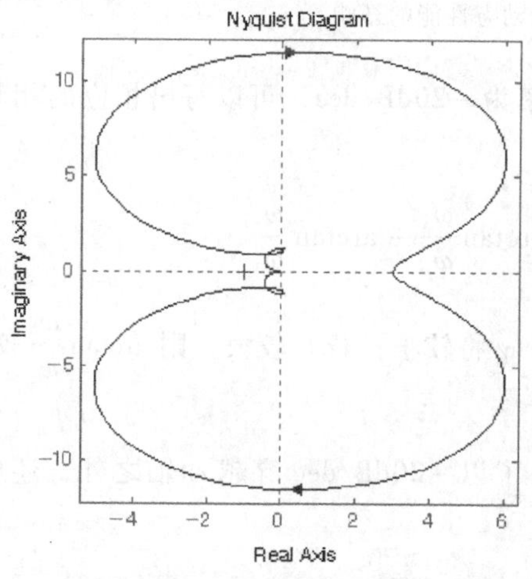

图 5.62 例 5.11 系统的奈奎斯特图

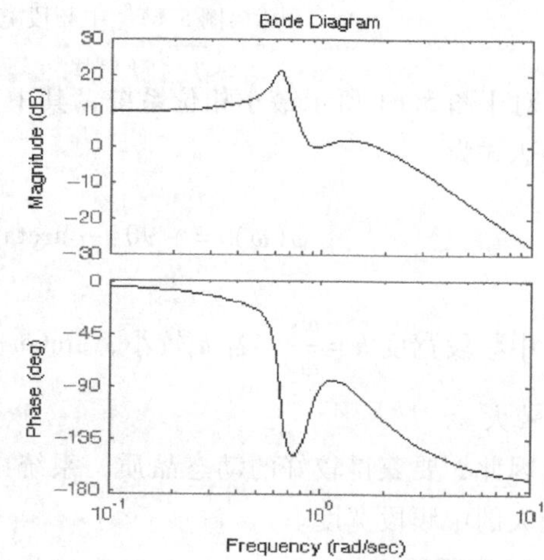

图 5.63 例 5.11 系统的伯德图

MATLAB 除了提供前面介绍的基本频域分析函数外，还提供了大量在工程实际中广泛应用的库函数，由这些函数可以求得系统的各种频率响应曲线和特征值。常用的有 magin 函数，该函数可以从频率响应数据中计算出增益裕量、相位裕度以及对应的频率。

margin（mag，phase，w）：由 bode 指令得到的幅值 mag（不是以 dB 为单位）、相角 phase 及频率 w 矢量绘制出带有裕量及相应频率显示的伯德图。

margin（sys）可计算出连续系统的增益裕量和相位裕度并绘制相应伯德图。

［gm，pm，wcg，wcp］= margin（mag，phase，w）：由幅值 mag（不是以 dB 为单位）、相角 phase 及频率 w 矢量计算出系统增益裕量和相位裕度及相应的相角交界频率 wcg、截止频率 wcp，而不直接绘出伯德图。

例 5.12 绘制传递函数如下系统的伯德图，并指出增益裕量、相位裕度以及对应的频率。

$$G(s) = \frac{s+3}{s^4 + 2s^3 + 3s^2 + s + 1}$$

```
≫num=[1 3];    den=[1 2 3 1 1];
%输入传递函数模型
≫margin (num, den)
%绘制伯德图，计算增益裕量和相位裕度
```

执行结果如图 5.64 所示，注意图中虚线部分对应的就是增益裕量和相位裕度的位置，具体数值在图的上方写出。

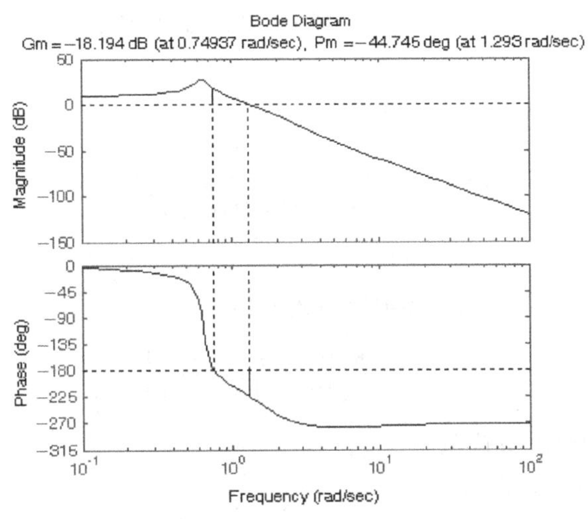

图 5.64　例 5.12 系统的伯德图和幅值裕度、相位裕度以及对应的频率

5.9　案例分析与设计

例 5.13　已知最小相位系统的开环对数幅频特性曲线如图 5.65 所示，试求取系统的开环传递函数。

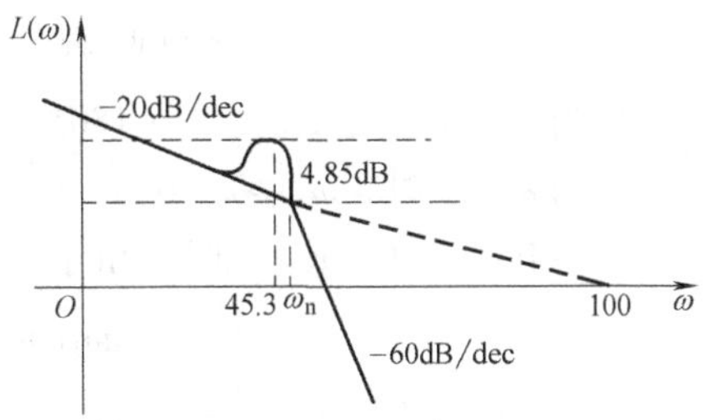

图 5.65　例 5.13 系统的开环对数幅频特性曲线

解：(1) 由图中开环对数幅频特性曲线的斜率变化情况可以写出系统的开环传递函数的形式如下：

$$G(s) = \frac{K}{s(T^2s^2 + 2\xi Ts + 1)}$$

(2) 观察系统的低频段斜率，可知系统包含一个积分环节。另外，低频段渐近线与横坐标相交于 $\omega = 100$ 处，可知 $K=100$。

(3) 对于振荡环节，从图中可读出其谐振峰值 $M_r = 4.85\text{dB}$，由公式 $M_r = 20\lg\frac{1}{2\xi\sqrt{1-\xi^2}}$，计算得 $\xi=0.3$。

(4) 由公式 $\omega_r=\omega_n\sqrt{1-2\xi^2}=45.3\text{rad/s}$ 计算得 $\omega_n=50\text{rad/s}$，则 $T=\frac{1}{\omega_n}=0.02$。

（5）系统开环传递函数为

$$G(s)=\frac{100}{s(0.004s^2+0.012s+1)}$$

例 5.14 设单位负反馈系统的开环传递函数为 $G(s)=\dfrac{K}{(0.01s+1)^3}$，确定使相位裕度 $\gamma=45°$ 的开环增益 K。

解：（1）根据相位裕度定义列写公式：

$$\gamma=180°+\varphi(\omega_c)=180°-3\arctan 0.01\omega_c=45°$$

计算出系统的剪切频率 $\omega_c=100$。

（2）剪切频率处对数幅值为 0，由幅值公式

$$L(\omega_c)=20\lg\left.\frac{K}{(\sqrt{(1+(0.01\omega_c)^2)})^3}\right|_{\omega_c=100}=0$$

解得 $K=2\sqrt{2}$。

例 5.15 已知一控制系统的开环传递函数为

$$G(s)=\frac{K(0.5s+1)(s+1)}{(10s+1)(s-1)}$$

试画出 $G(j\omega)H(j\omega)$ 的奈奎斯特图。

解：（1）由开环幅相特性得

$$|G(j\omega)H(j\omega)|=\frac{K\sqrt{1+(0.5\omega)^2}}{\sqrt{1+(10\omega)^2}}$$

1）当 $\omega=0^+$ 时，$G(j0)H(j0)=-K$。

2）当 $\omega\to\infty$ 时，$|G(j\infty)H(j\infty)|=0.05K$。

3）其余时候，幅频特性随着 ω 的增加，幅值单调递减。

（2）由开环相频特性得

$$\varphi(\omega)=\arctan 0.5\omega+\arctan\omega-\arctan 10\omega-180°+\arctan\omega$$

1）当 $\omega=0^+$ 时，$\varphi(0)=-180°$。

2）当 $\omega\to\infty$ 时，$\varphi(\infty)\to 0°$。

3）当 $0<\omega<0.1\text{rad/s}$ 时，由于

$$\arctan 10\omega>2\arctan\omega+\arctan 0.5\omega$$

因此在此频率范围内 $\varphi(\omega)<-180°$，即 $G(j\infty)H(j\infty)$ 曲线位于第二象限。

4）当 $\omega>0.1\text{rad/s}$ 时，因为 $\arctan 10\omega>2\arctan\omega+\arctan 0.5\omega$，因此在此频率范围内 $\varphi(\omega)>-180°$，即 $G(j\infty)H(j\infty)$ 曲线从第二象限进入第三象限，并最终止于图 5.66 中 B 点处。

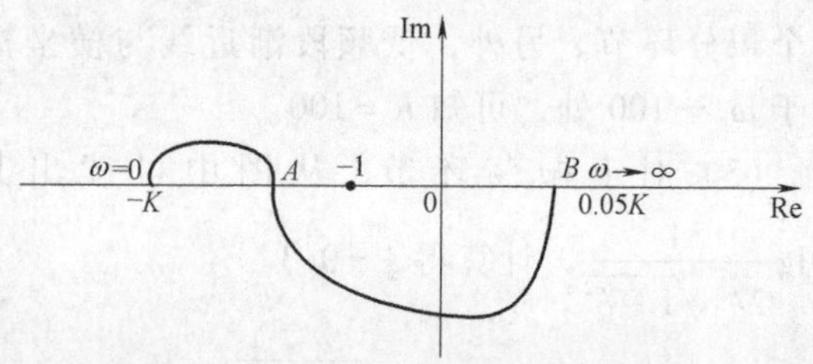

图 5.66 例 5.15 系统的开环奈奎斯特图

（3）由以上分析可知，系统开环幅频特性曲线与实轴有一交点 A，计算该点幅

值。设 A 点处频率为 ω_g，由相频特性得

$$\varphi(\omega_g) = \arctan 0.5\omega_g + \arctan\omega_g - \arctan 10\omega_g - 180^\circ + \arctan\omega_g = -180^\circ$$

解得 $\omega_g = 0.62\text{rad/s}$，带入幅频特性可得 A 点处幅值大小为 $0.167K$。

（4）系统的开环奈奎斯特图如图 5.66 所示。

例 5.16 已知某负反馈系统开环频率响应的奈奎斯特图如图 5.67 所示，该系统的开环增益 $K=500$，位于 s 右半平面的开环极点数 $P=0$。试分析 K 的取值对该闭环系统稳定性的影响。

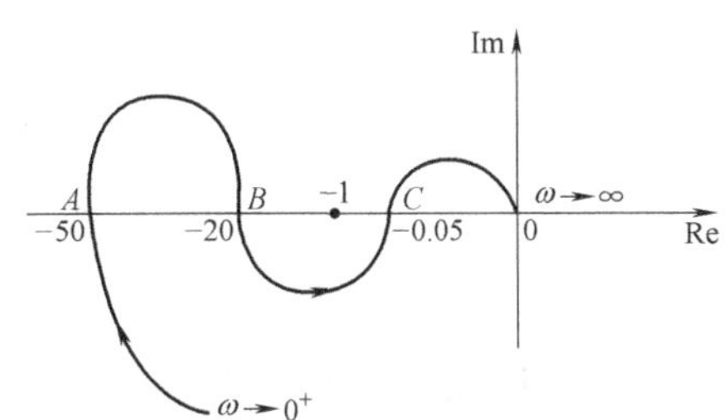

图 5.67 例 5.16 系统的开环频率响应奈奎斯特图

解：由幅频特性可知，改变 K 值只会压缩或者扩大该图形；由相频特性可知，改变 K 值不会改变奈奎斯特图与虚轴的交点数。现考察 K 值改变时 3 个与虚轴的交点 A、B、C 与（-1，j0）点的相对位置情况。

（1）当 $K/50=10$ 时，A 点到达（-1，j0），则 $K<10$ 时，系统开环频率响应对（-1，j0）点无包围，对应闭环系统稳定。

（2）当 $K/20=25$ 时，B 点到达（-1，j0），则 $10<K<25$ 时，系统开环频率响应对（-1，j0）点有一次顺时针包围，对应闭环系统不稳定。

（3）当 $K/0.05=10^4$ 时，C 点到达（-1，j0），则 $25<K<10^4$ 时，系统开环频率响应对（-1，j0）点正、负包围各一次，对应闭环系统稳定。

（4）当 $K>10^4$ 时，系统开环频率响应对（-1，j0）点顺时针包围两次、逆时针包围一次，对应闭环系统不稳定。

所以，当 $K<10$ 和 $25<K<10^4$ 时，闭环系统稳定；当 $10<K<25$ 和 $K>10^4$ 时，闭环系统不稳定。

例 5.17 设单位反馈系统的开环对数幅频特性曲线如图 5.68 所示，计算：

（1）系统的开环传递函数。

（2）系统的相位裕度和稳定性。

（3）系统的阻尼比和谐振峰值。

（4）单位阶跃输入时，动态响应的最大超调量。

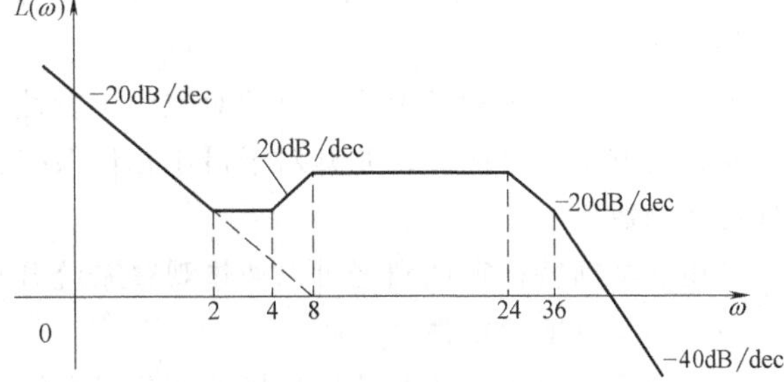

图 5.68 例 5.17 系统的开环对数幅频特性图

解：（1）由系统开环幅值频率特性曲线中可以看到系统有 5 个转折频率，依次分别为 2、4、8、24、36。

观察开环幅频特性曲线的低频段可知，该系统型号 $v=1$，含有积分环节；且低频段延长线与横坐标相交与 $\omega=8$ 处，则开环放大增益 $K=8$。

观察系统斜率变化情况，可知转折频率处分别依次对应的典型环节为比例加微分环节、比例加微分环节、惯性环节、惯性环节、惯性环节，可写出系统的开环传递函数为

$$G(s) = \frac{8(1+0.5s)(1+0.25s)}{s(1+0.125s)(1+0.042s)(1+0.028s)}$$

（2）由对数幅频特性曲线可读出剪切频率在最后一个转折频率之后，利用渐近线法计算剪切频率：

$$A(\omega_c) \approx \frac{8 \times 0.5 \times 0.25\omega_c^2}{0.125 \times 0.042 \times 0.028\omega_c^4} = 1$$

解得 $\omega_c \approx 83\mathrm{rad/s}$。相位裕度为

$$\gamma = 180° + \varphi(\omega_c) = 180° - 90° + \arctan 0.5\omega_c + \arctan 0.25\omega_c - \arctan 0.125\omega_c - \arctan 0.042\omega_c - \arctan 0.028\omega_c$$

解得 $\omega_c = 41°$，系统稳定。

（3）假设该系统用二阶系统近似，由公式 $\gamma = \arctan \dfrac{2\xi}{\sqrt{\sqrt{1+4\xi^4} - 2\xi^2}}$ 可计算得 $\xi = 0.378$，其谐振峰值由公式 $M_r = \dfrac{1}{2\xi\sqrt{1-\xi^2}}$ 解得 $M_r = 1.43$。

（4）单位阶跃输入时，系统响应的最大超调量计算公式为 $M_p = e^{-\frac{\xi\pi}{\sqrt{1-\xi^2}}} \times 100\%$，则 $M_p = 27.8\%$。

5.10 本章小结

本章主要讨论了频率分析法分析系统性能的基本方法。频率分析法是研究线性系统在正弦输入信号作用下稳态输出与输入之间关系的数学方法。频率特性与传递函数一样，都是系统本质的反映，由系统的结构和参数决定，与输入无关，是系统数学模型的一种描述。

频率分析法的基础是系统的频率特性，频率特性可通过将系统的传递函数 $G(s)$ 中的 s 用 $j\omega$ 取代得到。频率分析法是图解法，常用的表述方式有伯德图、奈奎斯特图和尼科尔斯图三种方式。

伯德图法将系统的各串联环节的对数频率特性曲线依照叠加的方式获得对系统整体的性能反映，其方法相对简便，尤其对于最小相位系统，仅通过开环对数幅频特性曲线即可得到开环传递函数。

利用奈奎斯特稳定性判据可以通过观察系统开环奈奎斯特图对（1，j0）点的包围情况来判断闭环系统的稳定性。

考虑到系统内部参数和外界环境的变化对系统稳定性的影响，一个稳定的系统需要具有一定的稳定裕量，常用增益裕量和相位裕度来表示。

利用频率分析法可以完成对系统的分析和设计，系统相应的指标不仅是频域指标也包括时域指标，对于同一系统，无论在时域或频域研究，都应具有相同的动态特性，因此频域指标和时域指标之间具有内在联系。

思考题与习题

5-1　设单位反馈控制系统开环传递函数为

$$G(s) = \frac{4}{s+1}$$

当将 $u(t)=\sin(2t+60°)-2\cos(t-45°)$ 作用于闭环系统时，求其稳态输出。

5-2　设系统是具有如下开环传递函数的单位反馈系统，试判别闭环系统的稳定性，并回答两个问题：(1) 开环系统稳定时，闭环系统一定稳定吗？(2) 开环系统不稳定时，闭环系统也一定不稳定吗？

(1) $G(s)=\dfrac{20}{(s+1)(s+2)(s+3)}$　　(2) $G(s)=\dfrac{100}{s(s+1)(s+2)(s+3)}$

(3) $G(s)=\dfrac{10(s+1)}{(s-1)(s+5)}$　　(4) $G(s)=\dfrac{10}{s(s-1)(2s+3)}$

5-3　绘制下列传递函数的对数幅频渐近线和相频特性曲线。

(1) $G(s)=\dfrac{4}{(2s+1)(8s+1)}$　　(2) $G(s)=\dfrac{24(s+2)}{(s+0.4)(s+40)}$

(3) $G(s)=\dfrac{8(s+0.1)}{s(s^2+s+1)(s^2+4s+25)}$　　(4) $G(s)=\dfrac{10(s+0.4)}{s^2(s+0.1)}$

(5) $G(s)=\dfrac{20}{s(s+1)(s+4)}\mathrm{e}^{-0.2s}$

5-4　已知最小相位环节的对数幅频特性渐近线如图 5.69 所示。试写出它们的传递函数。

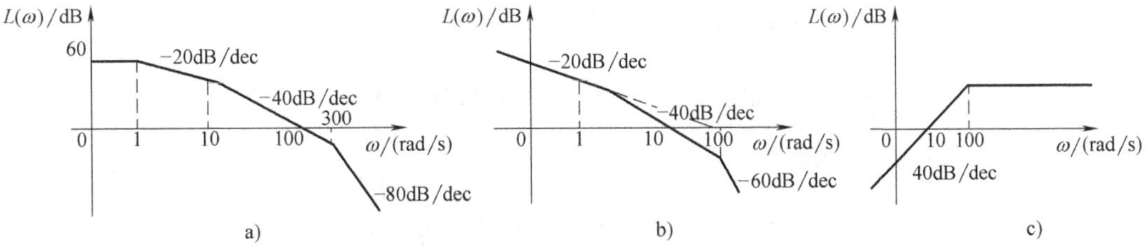

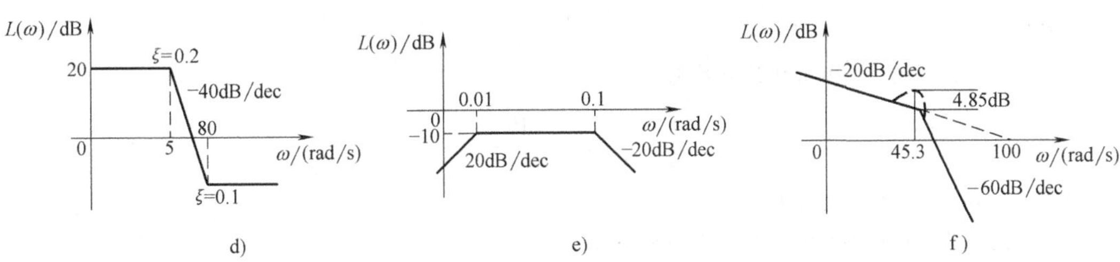

图 5.69　题 5-4 图

5-5　设系统开环幅相特性曲线如图 5.70 所示，试判别系统稳定性。其中 P 为开环传递函数在 s 右半平面极点数，v 为积分环节个数。

5-6　已知系统开环传递函数，试由奈奎斯特稳定性判据判断其闭环系统稳定性。

(1) $G(s)=\dfrac{100}{(s+1)(2s+1)}$　　(2) $G(s)=\dfrac{250}{s(s+5)(s+15)}$

(3) $G(s)=\dfrac{250(s+1)}{s(s+5)(s+15)}$　　(4) $G(s)=\dfrac{0.5}{s(2s-1)}$

(5) $G(s)=\dfrac{(s-1)}{s(s+1)}$

5-7　已知一控制系统的开环传递函数为 $G(s)=\dfrac{K(0.5s+1)(s+1)}{(10s+1)(s-1)}$，试利用奈奎斯特图判定系统稳定时的 K 值。

5-8　设单位负反馈系统开环传递函数如下：

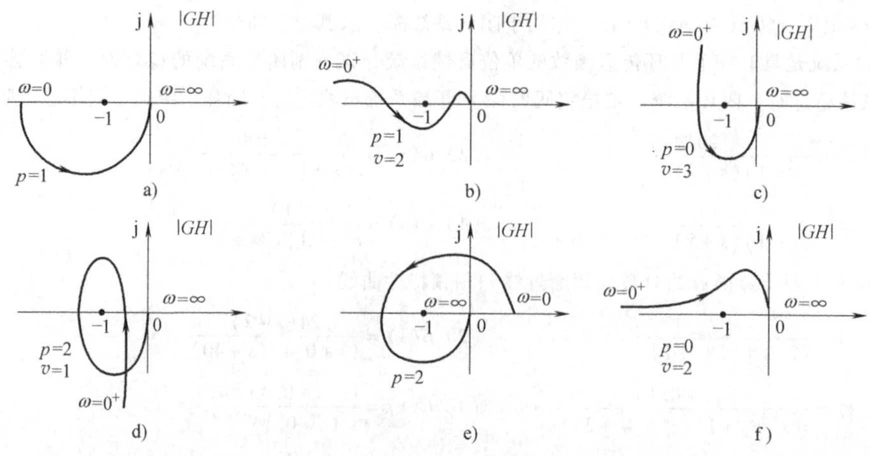

图 5.70　题 5-5 图

（1）$G(s)=\dfrac{\alpha s+1}{s^2}$，试确定使相位裕度等于 45°的 α 值。

（2）$G(s)=\dfrac{K}{(0.01s+1)^3}$，试确定使相位裕度等于 45°的 K 值。

（3）$G(s)=\dfrac{K}{s(s^2+s+100)}$，试确定使增益裕量为 20dB 的开环增益 K 值。

5-9　已知系统的开环传递函数为

（1）$G(s)H(s)=\dfrac{K}{s(s+1)(3s+1)}$　　　　（2）$G(s)H(s)=\dfrac{K\mathrm{e}^{-2\tau}}{s(6s+1)}$

求闭环系统稳定的临界增益 K 值。

5-10　设单位反馈系统开环传递函数为

$$G(s)=\frac{10}{s(0.5s+1)(0.02s+1)}$$

试计算系统的相位裕度和增益裕量。

5-11　设某单位负反馈系统的开环传递函数为

$$G(s)=\frac{100(\tau s+1)}{s^2}$$

试求 $\gamma=45°$的 τ 值。

5-12　设最小相位系统开环对数幅频渐近线如图 5.71 所示。

（1）写出系统开环传递函数 $G(s)$。

（2）计算开环截止频率 ω_c。

（3）计算系统的相位裕度。

（4）若给定输入信号 $u(t)=1+\dfrac{1}{2}t$，系统稳态误差分别为多少？

5-13　闭环控制系统如图 5.72 所示，试判别其稳定性。

5-14　设某单位负反馈系统的开环传递函数为

$$G(s)=\frac{K}{s(0.01s+1)(0.1s+1)}$$

试求：（1）满足闭环系统谐振峰 $M_r\leqslant 1.4$ 的开环增益 K；（2）根据相位裕度和增益裕量分析闭环系统稳定

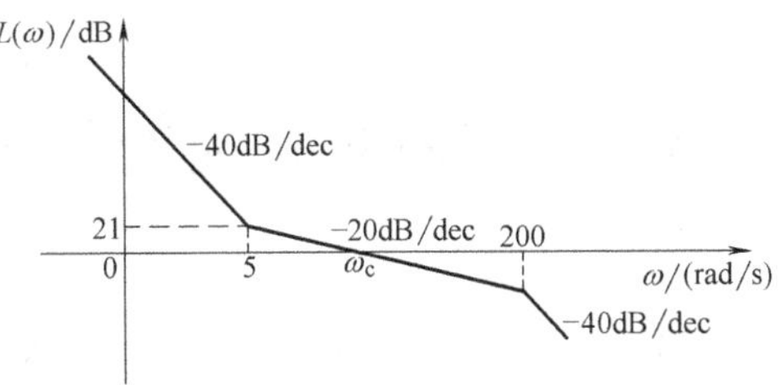

图 5.71　题 5-12 图

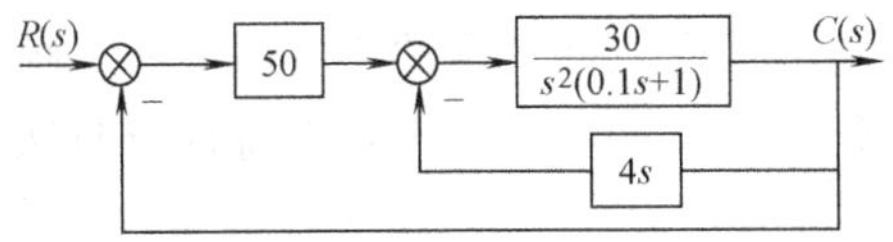

图 5.72　题 5-13 图

性；(3) 应用经验公式计算系统时域指标超调量 M_p 和过渡过程时间 t_s。

5-15　某控制系统开环传递函数为

$$G(s)H(s)=48\frac{10(s+1)}{s(8s+1)(0.05s+1)}$$

试求：(1) 系统开环截止频率 ω_c 及相位裕度 γ；(2) 由经验公式估算闭环系统性能指标 M_r、M_p、t_s。

5-16　已知某系统的开环传递函数为

$$G(s)=\frac{26}{(s+6)(s-1)}$$

要求用 MATLAB 语言：

(1) 绘制系统的奈奎斯特曲线，判断闭环系统的稳定性，求出系统的单位阶跃响应。

(2) 给系统增加一个开环极点 $P=2$，求此时的奈奎斯特曲线，判断此时闭环系统的稳定性，并绘制系统的单位阶跃响应曲线。

5-17　已知某系统的开环传递函数为

$$G(s)=\frac{2s+1}{4s^3+3s^2+2s+16}$$

要求用 MATLAB 语言：

(1) 绘制系统的伯德图，并指出增益裕量、相位裕度以及对应的频率。

(2) 给系统增加一个开环零点 $Z=2$，绘制系统的伯德图，并指出图形的变化。

第 6 章　控制系统的校正

前面几章已经介绍了分析控制系统的几种基本方法——时域分析法、根轨迹分析法以及频率特性分析法。利用这几种方法可以对已知结构和参数的系统进行稳态及动态性能指标的分析。然而实际工程问题中，往往是被控系统传递函数已知，要求该控制系统满足预先提出的某些性能指标，则问题的解决方法刚好相反——需要设计出一个控制器，使得控制器和被控对象一起满足性能指标。这个过程就是本章的主要内容——控制系统的校正。常见的校正方法有根轨迹法和频率特性分析法，本章将采用频率特性分析法进行系统的校正。

6.1　系统校正的基本概念

6.1.1　性能指标

对于单变量系统，在工程上常常使用性能指标来衡量控制系统的好坏。在具体的控制系统设计中，对不同的控制系统有不同的性能指标，或者对同一控制系统提出不同形式的性能指标。频域指标和时域指标都是常见的性能指标。

性能指标从总体上可以归纳为三大类，即稳态性能指标、时域动态性能指标和频域动态性能指标。

1. 稳态性能指标

稳态性能指标是衡量系统稳态精度的指标，常用稳态误差 e_{ss} 或稳态误差系数 K_p、K_v、K_a 来表征。

2. 时域动态性能指标

时域动态性能指标常用上升时间 t_r、调节时间 t_s、峰值时间 t_p、超调量 M_p 来表征。

3. 频域动态性能指标

这类指标分成开环频域指标和闭环频域指标两种。开环频域指标常用相位裕度 γ、剪切频率 ω_c、增益裕量 K_g 来表征；闭环频域指标常用谐振峰值 M_r、谐振频率 ω_r、带宽频率 ω_b 来表征。

6.1.2　系统的校正

在控制系统校正设计中，性能指标的确定是第一步。一般来说，性能指标应该从实际需要出发，除了性能指标外，还往往附加一些其他的限制，如可供选用的能源、元器件、尺寸大小以及价格成本限制等。

当给定了被控对象，明确了控制要达到的性能指标后，就可以开始系统的初步设计工作了，即选择或设计控制器的基本组成部分。在初步设计中，需要选择信号及功率放大装置的增益时有一定的裕量。在某些情况下，执行机构也需要根据系统稳态及动态性能指标的全面要求去确定。

由控制器基本组成部分及被控对象就能组成反馈控制系统，如果该系统能全面满足提出的性能指标，则设计过程的主要工作就完成了。然而，实际工程中，这样组成的系统往往不能满足全面的性能指标，由于被控对象通常难以改变，需要调整被控对象以外的控制器基本组成部分的参数，而这部分除了放大器的增益外，其他的很难改变。增大系统的放大系数，在某些情况下可以改善系统的稳态性能，但是系统的动态性能将变坏，甚至可能会导致系统不稳定。对于稳态性能和动态性能都有一定要求的大部分控制系统来说，必须引入其他装置，以改变系统结构，才有可能使系统完全满足性能指标。这些为校正系统性能而有目的地引入的装置称为校正装置，其传递函数用 $G_c(s)$ 来表示。校正装置是控制器的一部分，它与控制器的基本组成部分一起构成完整的控制器。因此，控制系统的校正，就是按给定的原有部分和性能指标，设计校正装置。

根据校正装置在系统中的位置，控制系统的校正方式通常分为串联校正和反馈校正两种。校正装置与系统原有部分在前向通道串联连接，称为串联校正，如图 6.1 所示；如果校正装置与系统原有部分的某个（或某几个）环节构成局部反馈回路，这种校正方式为反馈校正，如图 6.2 所示。

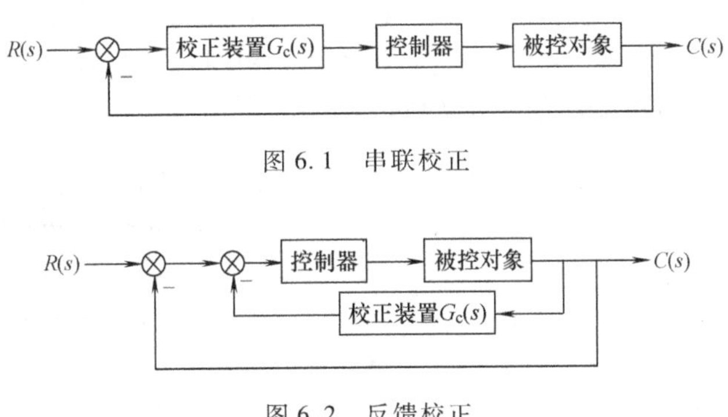

图 6.1　串联校正

图 6.2　反馈校正

6.2　常用控制规律

系统校正工程中，控制器通常采用比例、比例微分、比例积分、比例积分微分等控制规律，可以达到对被控对象较好的控制效果。下面对这几种控制规律进行介绍。

6.2.1　P 控制规律

P 控制规律（比例控制规律）输出信号为按比例放大的输入信号，P 控制规律的传递函数为

$$G_c(s)=\frac{M(s)}{E(s)}=K_P \tag{6.1}$$

式中，K_P 为比例系数。

P 控制器的框图如图 6.3 所示，其电路图如图 6.4 所示。

在系统校正中引入 P 控制规律来增大系统开环增益，可提高系统的稳态精度，但系统的稳定程度会受到破坏，甚至出现闭环系统不稳定现象。另外，P 控制规律的输出依赖于输

入（偏差）的存在，因此，单独使用比例控制规律进行系统校正时要谨慎。

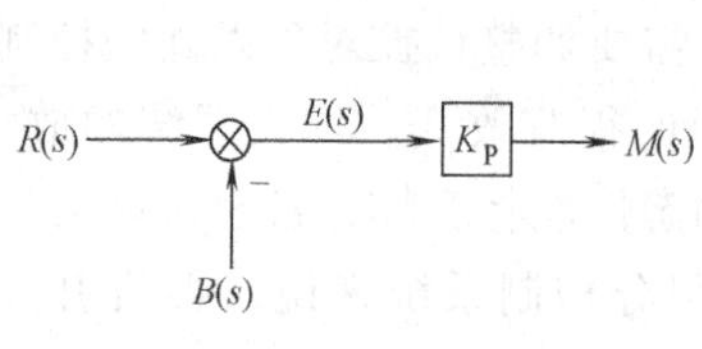

图 6.3　P 控制器的框图

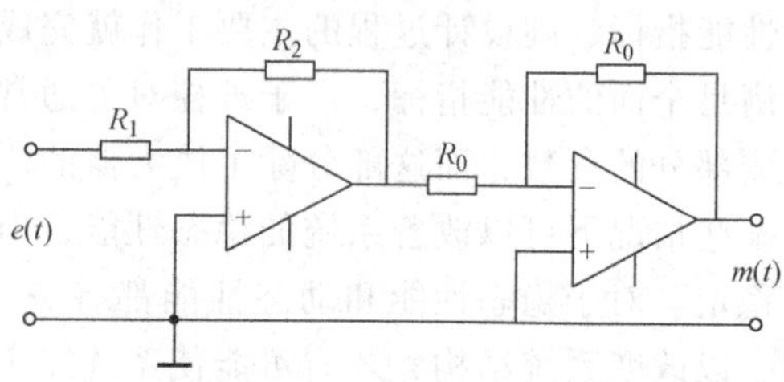

图 6.4　P 控制器的电路图

6.2.2　PD 控制规律

PD 控制规律（比例微分控制规律）的输出信号为按比例放大的输入信号和按比例放大的输入信号对时间的导数的合成。PD 控制规律的传递函数为：

$$G_c(s)=\frac{M(s)}{E(s)}=K_P+T_D s \tag{6.2}$$

式中，T_D 为微分时间常数。K_P 和 T_D 均为可调参数。PD 控制规律的框图如图 6.5 所示，其伯德图如图 6.6 所示，其电路图如图 6.7 所示。

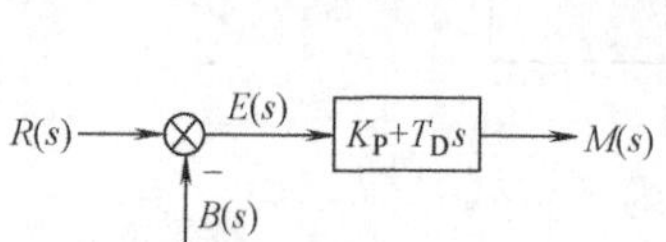

图 6.5　PD 控制器的框图

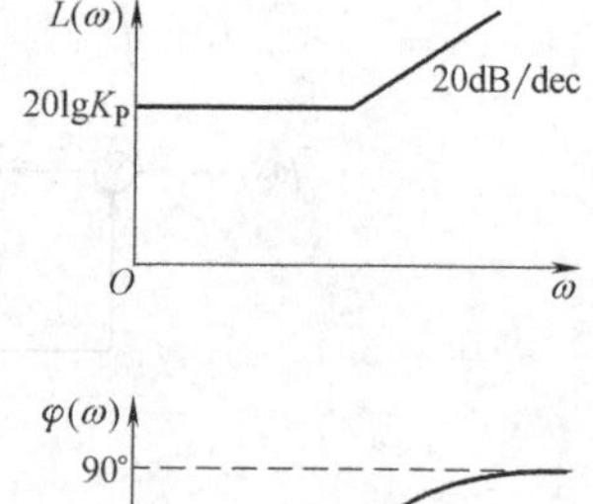

图 6.6　PD 控制器的伯德图

由前述知识可知，微分控制规律的输出与输入（偏差）信号的导数成比值关系，即微分控制规律输出反映了输入（偏差）信号变化的趋势，即具有“超前”调节作用。由于微分控制规律的输出依赖于输入（偏差）的变化，当系统进入稳态后，偏差不再变化，微分控制对被控对象的控制作用将不复存在，因此微分控制一般不会单独使用，常常与 P 控制规律一起构成 PD 控制规律。

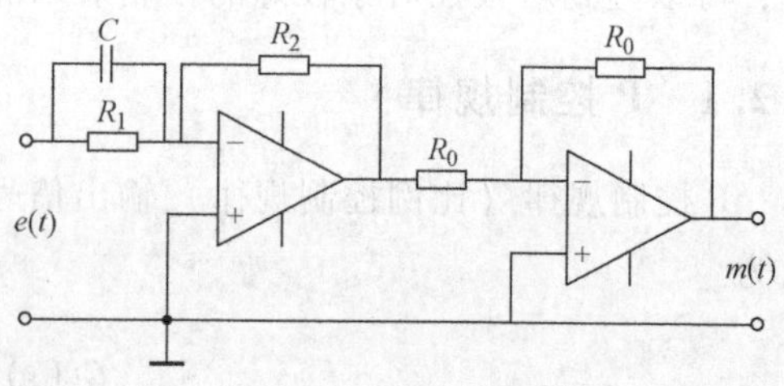

图 6.7　PD 控制器的电路图

PD 控制中的微分控制规律反映的是输入信号变化的趋势，因此 PD 控制能够在输入信号（偏差）变得过大之前“超前”感知输入信号的变化，提前进行控制，对于提高系统的稳定性、减小系统阶跃响应的超调量、缩短调节时间有较好的效果。

6.2.3 PI 控制规律

PI 控制规律（比例积分控制规律）的输出信号为按比例放大了的输入信号和按时间对输入信号的积分的合成。PI 控制器的传递函数为

$$G_c(s)=\frac{M(s)}{E(s)}=K_P\left(1+\frac{1}{T_I s}\right) \tag{6.3}$$

式中，T_I 为微分时间常数。K_P 和 T_I 均为可调参数。PI 控制规律的框图如图 6.8 所示，其伯德图如图 6.9 所示，其电路图如图 6.10 所示。

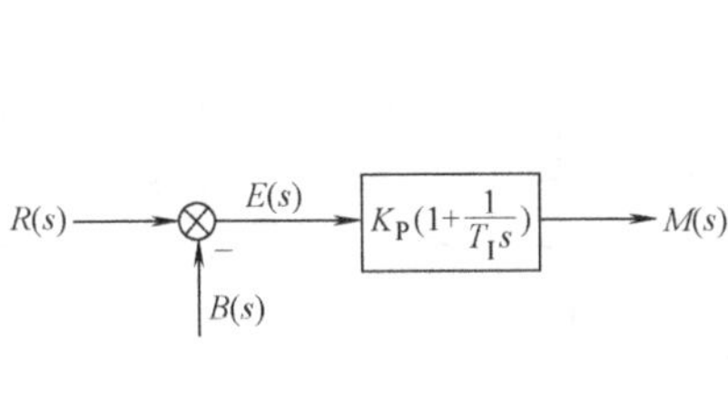

图 6.8 PI 控制器的框图

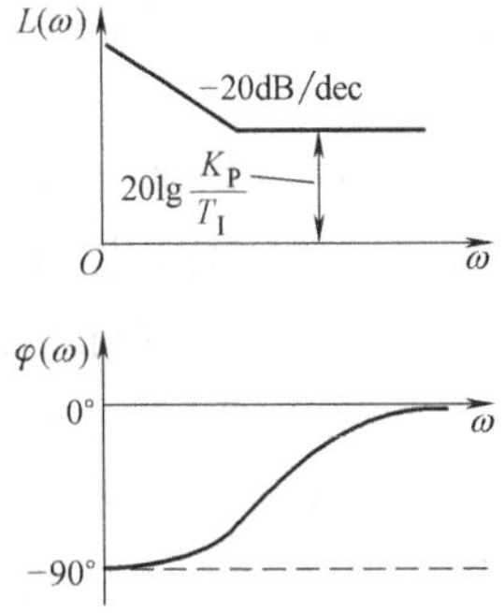

图 6.9 PI 控制器的伯德图

由前述知识可知，积分控制规律的输出与输入（偏差）信号对时间的积分成比值关系，即积分控制规律的输出是输入（偏差）信号对时间的积累。引入积分环节可以提高系统的型号，可以减小或消除稳态误差；另一方面，积分环节的引入增加了系统在虚轴上的开环极点，系统的稳定性可能变差，因此积分控制一般不单独使用，常与 P 控制规律一起构成 PI 控制规律以达到增加系统稳定性、提高稳态精度的目的。

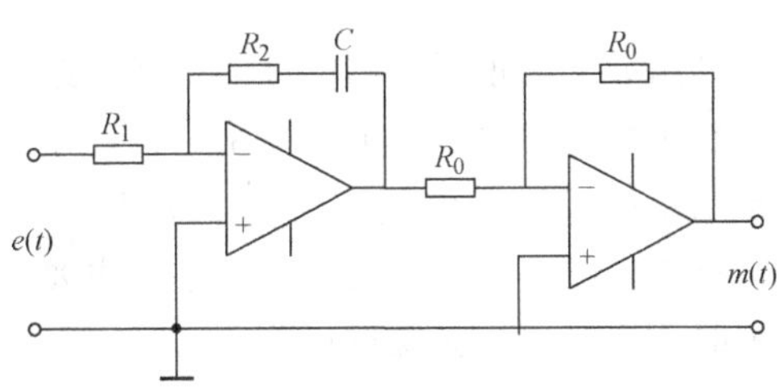

图 6.10 PI 控制器的电路图

PI 控制中的积分控制规律反映的是输入信号对时间的积分，当输入信号（偏差）为零时，输出信号 $m(t)$ 仍然存在，因此积分作用与 P 控制和 PD 控制不同，不依赖于偏差的存在，控制作用的结果可以实现无残差。

6.2.4 PID 控制规律

PID 控制规律（比例积分微分控制规律）兼有比例、积分、微分三种控制规律的特点。PID 控制器的传递函数为：

$$G_c(s)=\frac{M(s)}{E(s)}=K_P\left(1+\frac{1}{T_I s}+T_D s\right) \tag{6.4}$$

式中，T_D、K_P 和 T_I 均为可调参数。PID 控制规律的框图如图 6.11 所示，其伯德图如

图 6. 12所示，其电路图如图 6. 13 所示。

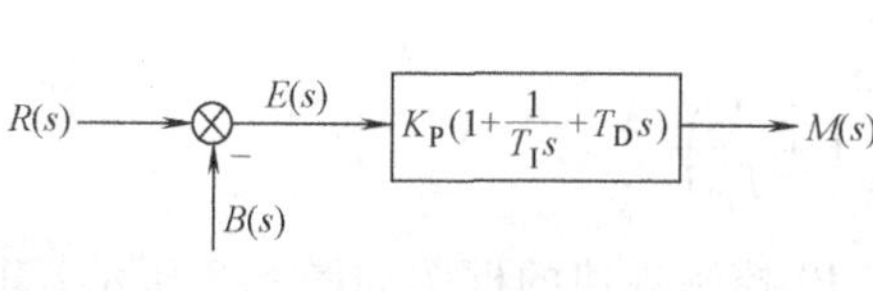

图 6. 11　PID 控制器的框图

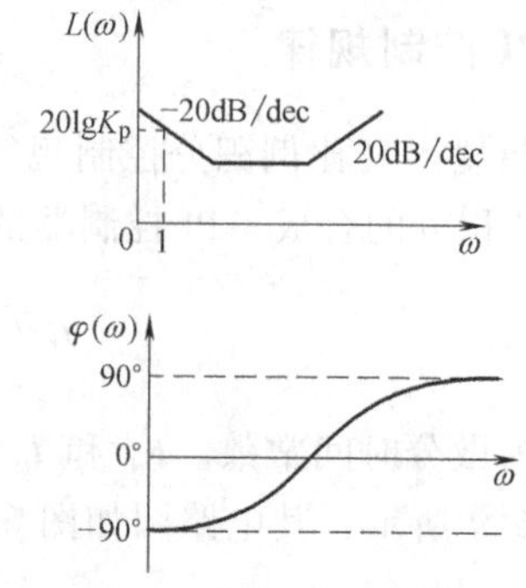

图 6. 12　PID 控制器的伯德图

与 PI 控制相比，PID 控制除了可以提高稳态精度外，还由于增加了微分控制作用，控制器输出能根据偏差的变化趋势进行“超前”调节，在动态特性上大大改善，因为对系统稳态与动态性能都有较好的控制效果。PID 控制在工程实际中有广泛的应用。

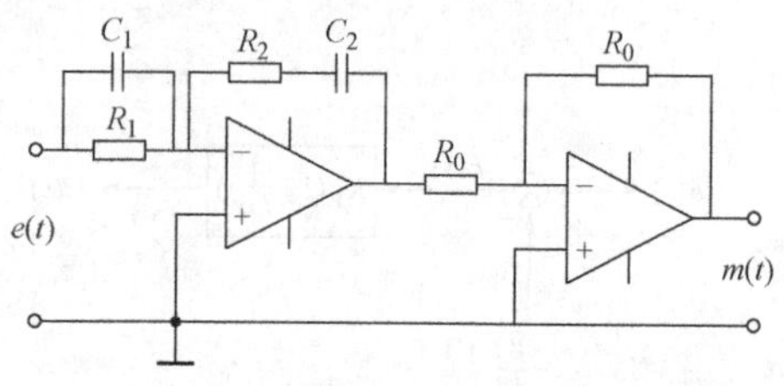

图 6. 13　PID 控制器的电路图

6. 3　基于频率法的串联校正设计

利用频率法根据提出的性能指标来进行校正装置的设计是一种简单实用的方法。频率法设计校正装置主要通过伯德图来进行，使得校正后系统的低频段增益满足稳态指标；中频段满足动态指标，具有合理的中频段斜率、剪切频率以及增益裕量；高频段具有迅速衰减特性，可抵抗噪声对系统的影响。本节主要介绍串联校正方法，为简明起见，在讨论各种校正装置时，主要讨论无源校正装置。

6. 3. 1　串联超前校正

超前校正的基本原理是利用超前校正网络的相位超前特性来增大系统的相位裕度，改善系统的动态响应。

1. 串联超前校正装置

典型无源超前校正装置的电路图如图 6. 14 所示，其对数幅频、相频特性如图 6. 15 所示。

设输入信号源内阻为零，输出端负载阻抗无穷大，该校正装置的传递函数可表达为

$$G_c(s)=\frac{U_2(s)}{U_1(s)}=\frac{1+\beta Ts}{\beta(1+Ts)} \tag{6.5}$$

式中，$\beta=\dfrac{R_1+R_2}{R_2}>1$；$T=\dfrac{R_1R_2}{R_1+R_2}C$。

由式（6. 5）可见，采用无源超前校正装置进行串联校正后，系统的开环增益要下降β倍，这样原系统的稳态误差就要增大β倍，因此必须进行补偿。假设校正装置对开环增益的衰减通

过提高原系统放大器的放大系数加以补偿，则补偿后的无源超前校正装置的传递函数为

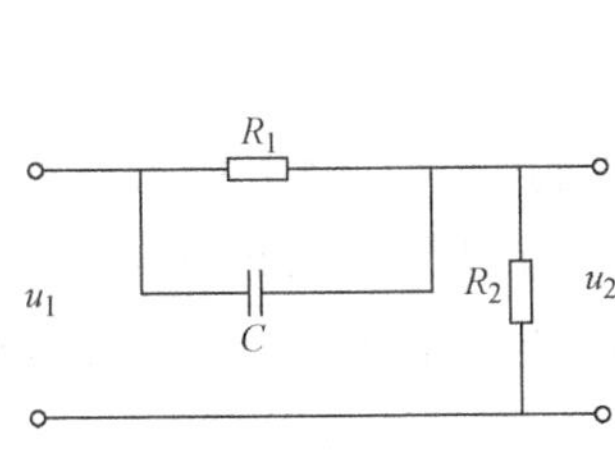

图 6.14　无源超前校正装置的电路图

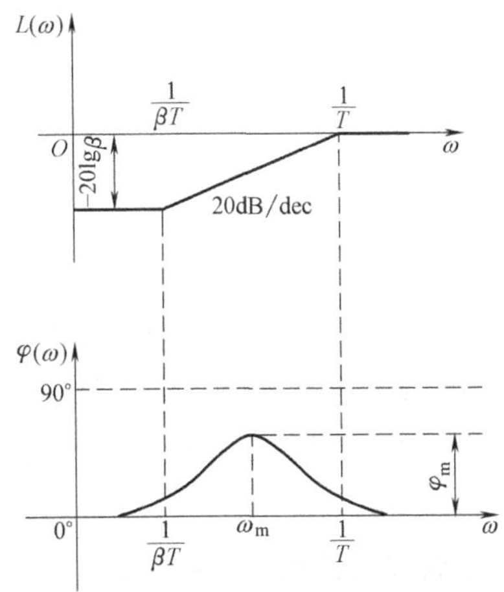

图 6.15　无源超前校正装置的对数幅频、相频特性

$$\beta G_c(s)=\frac{1+\beta Ts}{1+Ts}\qquad(\beta>1)\tag{6.6}$$

由特性图看出，超前校正装置对频率 ω 在 $1/\beta T\sim1/T$ 之间相角曲线 $\varphi(\omega)$ 上相位总是超前的，即输出信号相位超前于输入信号相位，因此该校正装置被称为超前校正装置。

从超前校正装置的相频特性曲线可以直观地看到相位超前网络的相位角有一个最大值，即在 $\omega=\omega_m$ 处为最大超前相位角 φ_m。

可以证明 ω_m 正好位于 $1/\beta T$ 和 $1/T$ 的几何中心。

根据相频特性

$$\varphi_c(\omega)=\arctan\beta T\omega-\arctan T\omega\tag{6.7}$$

由两角和公式得

$$\varphi_c(\omega)=\arctan\frac{(\beta-1)T_2\omega}{1+\beta T_2^2\omega^2}\tag{6.8}$$

对式（6.8）求导并令其等于零，得最大超前角频率为

$$\omega_m=\frac{1}{T\sqrt{\beta}}\tag{6.9}$$

而 $1/\beta T_2$ 和 $1/T_2$ 的几何中心为

$$\lg\omega=\frac{1}{2}\left(\lg\frac{1}{\beta T}+\lg\frac{1}{T}\right)=\lg\frac{1}{T\sqrt{\beta}}\tag{6.10}$$

即

$$\omega=\frac{1}{T\sqrt{\beta}}=\omega_m$$

最大超前相位角为

$$\varphi_m=\arctan\frac{(\beta-1)T\dfrac{1}{T\sqrt{\beta}}}{1+\beta T^2\dfrac{1}{T^2\beta}}=\arctan\frac{\beta-1}{2\sqrt{\beta}}\tag{6.11}$$

应用三角公式改写为

$$\omega_{m} = \sin\frac{\beta - 1}{\beta + 1} \tag{6.12}$$

或

$$\beta = \frac{1 + \sin\varphi_{m}}{1 - \sin\varphi_{m}} \tag{6.13}$$

式（6.11）和式（6.13）表明，φ_{m} 仅与 β 值有关，β 值选得越大，输出稳态正弦信号相位超前越多，超前校正装置的微分效应越强，这使得系统的抗干扰能力明显下降。由于超前校正装置是一个高通滤波器，为了保持较高的信噪比，实际选用的 β 值一般不大于20。

通过计算，可以求出 ω_{m} 处的对数值为

$$L_{c}(\omega_{m}) = 20\lg|G_{c}(j\omega)| = -10\lg\beta \tag{6.14}$$

2. 串联超前校正装置的设计

前已述及，串联超前校正就是利用超前校正网络的相位超前特性来增大系统的相位裕度，超前校正装置的最大超前相位角应该配置在校正后系统的剪切频率处。

用频率特性法设计超前校正装置的步骤如下。

1）根据稳态性能指标的要求，计算校正后系统开环增益 K。为了便于计算，将超前校正装置的传递函数写为：

$$G_{c}(s) = K_{c}\frac{1 + \beta Ts}{1 + Ts} \tag{6.15}$$

校正后系统的开环传递函数为

$$G_{c}(s)G_{0}(s) = K_{c}\frac{1 + \beta Ts}{1 + Ts}G_{0}(s) = G_{1}(s)\frac{1 + \beta Ts}{1 + Ts}$$

式中，$G_{1}(s) = K_{c}G_{0}(s)$，K_{c} 值根据系统提出的稳态指标（如 e_{ss} 或稳态误差系数）进行计算。

2）绘制在确定的 K 值下 G_{1} 的开环伯德图，即计算满足稳态指标下系统的剪切频率 ω_{c} 和相位裕度 γ。

3）根据给定的相位裕度 γ'，计算超前校正装置应提供的超前相位角 φ。

$\varphi = \varphi_{m} = \gamma' - \gamma + \varepsilon$，这里 ε 用于补偿由于超前校正装置的引入使得系统的剪切频率 ω_{c} 增大而增加的相位角滞后，ε 通常取值为：如果 $G_{1}(s)$ 剪切频率处斜率为 -40dB/dec，$\varepsilon = 5° \sim 10°$；如果 $G_{1}(s)$ 剪切频率处斜率为 -60dB/dec，$\varepsilon = 12° \sim 20°$。

4）根据确定的 φ_{m}，计算 β 值

$$\beta = \frac{1 + \sin\varphi_{m}}{1 - \sin\varphi_{m}} \tag{6.16}$$

5）计算在 ω_{m} 处的幅值 $10\lg\beta$，在 $G_{1}(s)$ 的对数幅频特性曲线上找到幅值为 $-10\lg\beta$ 所对应的频率，该频率为校正后系统的开环剪切频率 ω_{c}'，即 $\omega_{m} = \omega_{c}'$。

6）确定校正装置的传递函数。根据

$$\omega_{c}' = \omega_{m} = \frac{1}{T\sqrt{\beta}} \tag{6.17}$$

计算，即得到校正装置的传递函数

$$\beta G_c(s) = \frac{1+\beta Ts}{1+Ts} \tag{6.18}$$

7）验算校正后的系统是否满足要求的性能指标，如果不满足，回到第3）步，适当增大 ε 的取值，重新计算，直到获得满足性能指标要求的校正装置为止。

例 6.1 已知单位反馈系统的开环传递函数为

$$G_k(s) = \frac{K}{s(0.1s+1)}$$

要求稳态速度误差系数 $K_v = 100$，相位裕度 $\gamma \geqslant 45°$，试设计一超前校正装置，满足要求的性能指标。

解：（1）根据提出的稳态速度误差系数 K_v 确定开环放大系数 K。

$$K_v = \lim_{s\to 0} sG_k(s) = \lim_{s\to 0} s\frac{K}{s(0.1s+1)} = K = 100$$

可求得 $K=100$，即 $G_1(s) = \dfrac{100}{s(0.1s+1)}$。

（2）用渐近线法画出 $G_1(s)$ 的伯德图，如图 6.16 中点画线部分所示，计算相位裕度 γ。

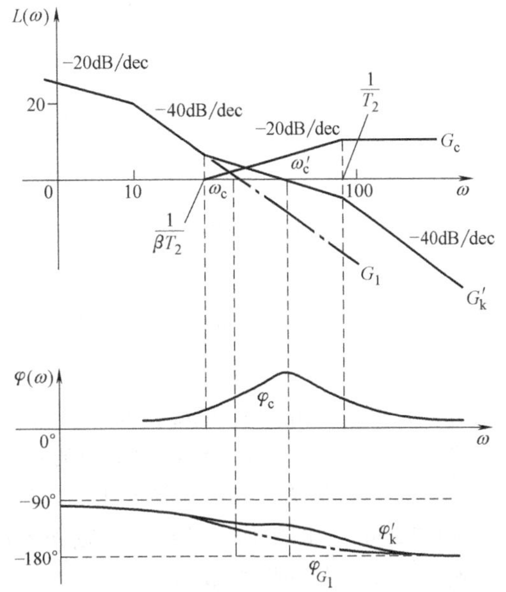

图 6.16 例 6.1 超前校正装置校正前后系统的伯德图

频率特性为

$$G_1(j\omega) = \frac{100}{j\omega(j0.1\omega+1)} = \frac{100}{\omega\sqrt{(j0.1\omega)^2+1}}e^{\varphi(\omega)}$$

由对数幅频特性

$$L(\omega) = 20\lg 100 - 20\lg\omega - 20\lg\sqrt{(0.1\omega)^2+1}$$

可得 $L(\omega_c) = 20\lg 100 - 20\lg\omega_c - 20\lg\sqrt{(0.1\omega_c)^2+1} = 0$

得到 $\omega_c = 31.62$ rad/s。

由相频特性

$$\varphi(\omega) = -90° - \arctan 0.1\omega$$

计算得 $G_1(s)$ 的相位裕度为

$$\gamma = 180° + \varphi(\omega_c) = 180° - 90° - \arctan(0.1\times 31.62) = 17.55°$$

显然不满足相位裕度指标，需要继续校正装置的设计。

（3）计算超前校正装置产生的相位超前量。由于 $G_1(s)$ 的对数幅频特性在剪切频率处的穿越斜率为 -40dB/dec，ε 考虑取 5°。

所以
$$\varphi = \varphi_m = \gamma' - \gamma + \varepsilon = 45° - 17.55° + 5° = 32.45°$$

取 $\varphi_m = 33°$。

（4）计算 β 值。根据公式 $\beta = \dfrac{1+\sin\varphi_m}{1-\sin\varphi_m}$，可以计算 $\beta = 3.4$，为了方便计算，取 $\beta = 4$。

（5）计算 T。因为超前校正装置的最大超前相位角对应校正后系统的剪切角频率 ω'_c，同时校正装置在 ω'_c 处的幅值 $10\lg\beta$ 与 $G_1(s)$ 在 ω'_c 处的幅值叠加后幅值为零，在 $G_1(s)$ 上寻找

幅值为 $-10\lg\beta$ 的角频率即得校正后系统的剪切角频率 ω_c'，因此

$$L(\omega_c') = 20\lg100 - 20\lg\omega_c' - 20\lg\sqrt{(0.1\omega_c')^2 + 1} = -10\lg\beta$$

可得，$\omega_c' = 44.72\text{rad/s}$，则由式（6.17）可得 $T = 0.0112\text{s}$。

（6）确定校正装置的传递函数

$$\beta G_c(s) = \frac{1+\beta Ts}{1+Ts} = \frac{1+0.0447s}{1+0.0112s}$$

（7）验算结果。校正后系统的开环传递函数为

$$G_k'(s) = \frac{100(1+0.0447s)}{s(1+0.1s)(1+0.0112s)}$$

校正后系统的相位裕度为

$$\begin{aligned}\gamma' &= 180° + \varphi(\omega_c') \\ &= 180° - 90° - \arctan(0.1 \times 44.72) + \arctan(0.0447 \times 44.72) - \arctan(0.0112 \times 44.72) \\ &= 49.43°\end{aligned}$$

校正后系统的相位裕度大于45°，满足设计要求。

图6.16中的粗实线为校正后系统的伯德图，点画线是校正前系统 $G_1(s)$ 的伯德图，细实线为校正装置的伯德图。从图6.16可以看出，校正后系统的剪切频率 ω_c' 从31.62rad/s增加到44.72rad/s，即增加了系统的带宽和反应速度。校正后相位裕度增加到49°，故校正后的系统满足了希望的性能指标。

由例6.1可以看出，串联相位超前校正装置可以增加系统的相位裕度，降低系统响应的超调量，增加系统的带宽，加速系统的响应速度，改善系统的动态性能。但同时也应明确，有些情况采用串联超前校正是无效的，例如当未校正系统的相位角在期望的剪切频率处的相位角急剧下降时，采用串联相位超前校正效果并不理想，或者由于相位超前校正网络的高通效应，β 取值若不合理则容易引入高频噪声，影响控制效果。在上述情况下，可采用其他方法对系统进行校正。

6.3.2 串联滞后校正

串联滞后校正有两个作用：其一是利用滞后校正装置的高频衰减特性，提高系统的抗高频干扰能力，减小系统开环剪切频率，增加系统的相位裕度，用以提高系统的稳定性及改善某些动态指标；其二是提高系统低频段的增益，减少系统稳态误差。

1. 串联滞后校正装置

设输入信号内阻为零，负载阻抗为无穷大，则无源滞后校正装置的传递函数可写为

$$G_c(s) = \frac{1+\alpha Ts}{1+Ts} \tag{6.19}$$

式中，$\alpha = \dfrac{R_2}{R_1+R_2} < 1$；$T = (R_1+R_2)C$。

无源滞后校正装置（见图6.17）的对数频率特性如图6.18所示。从相频特性可知，在整个频率范围内，相位一直滞后，最大相位滞后角发生在 ω_m 处，最大相位滞后角 $\varphi_m = \arcsin\dfrac{\alpha-1}{\alpha+1}$，$\omega_m = \dfrac{1}{\sqrt{\alpha}T}$，即 ω_m 仍在两转折频率 $\dfrac{1}{T} \sim \dfrac{1}{\alpha T}$ 的几何中点上；从对数幅频特性可知，

该装置具有低通滤波特性，对高频信号有衰减作用，且 α 越小，高频信号衰减越明显。

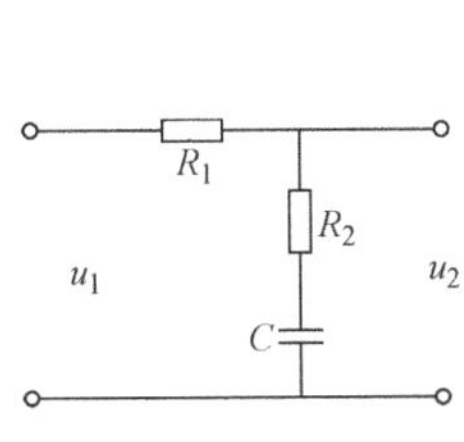

图 6.17　无源滞后校正装置的电路图

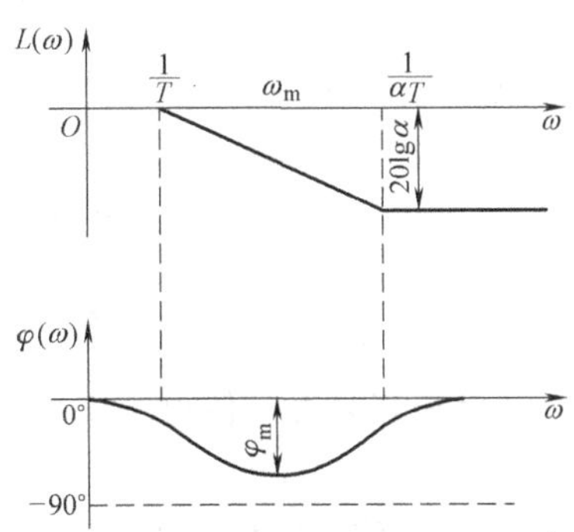

图 6.18　无源滞后校正装置的对数频率特性

2. 串联滞后校正装置的设计

根据要求达到的系统性能指标应用频率法设计滞后校正装置，步骤如下：

1）根据性能指标所要求的稳态性能指标（e_{ss}或稳态误差系数），计算校正后系统的开环增益 K。

设超前校正装置的传递函数为

$$G_c(s)=K_c\frac{1+\alpha Ts}{1+Ts}=K\frac{1+\alpha Ts}{1+Ts},\ K=K_c$$

校正后系统的开环传递函数为

$$G_c(s)G_0(s)=K\frac{1+\alpha Ts}{1+Ts}G_0(s)=G_1(s)\frac{1+\alpha Ts}{1+Ts}$$

式中，$G_1(s)=KG_0(s)$，K 根据系统提出的稳态指标进行计算。

2）绘制在确定的 K 值下 G_1 的开环伯德图，计算满足稳态指标系统的动态性能指标 γ 或 ω_c。

3）如果动态性能指标不满足设计要求，在 $G_1(s)$的对数相频特性曲线上找到满足 $\gamma'=\gamma+\varepsilon$的角频率 ω，该角频率即选为校正后系统的剪切频率 ω_c'。这里 γ'为校正后系统满足的相位裕度，ε 是为了补偿滞后校正装置相位滞后对系统中频段的相位影响而引入的一个补偿角，通常取值为 $\varepsilon=5°\sim15°$。

4）计算校正前系统在 ω_c'处的对数幅值 $L(\omega_c')$，该幅值与由滞后校正装置在该角频率处提供的幅值之和为 0dB，即

$$20\lg\alpha+L(\omega_c')=0$$

即可算出参数 α。

5）为了保证滞后校正装置的负相角对校正前系统的中频段的影响尽可能小，一般将滞后校正装置的第二转折频率选为

$$\frac{1}{\alpha T}=\left(\frac{1}{5}\sim\frac{1}{10}\right)\omega_c'$$

已知 α 即可算出参数 T，因此校正装置的传递函数为

$$G_c(s)=K_c\frac{1+\alpha T_1 s}{1+T_1 s}$$

6）检验校正后系统是否满足要求的性能指标，若不满足要求，则可重新选择 T 的取值，重新进行设计。

例 6.2 设单位反馈系统的开环传递函数为

$$G_k(s)=\frac{K}{s(s+1)(0.2s+1)}$$

设计串联滞后校正装置，使得校正后系统满足：$K_v=6$，相位裕度 $\gamma\geqslant 40°$，剪切角频率 $\omega_c\geqslant 0.5\text{rad/s}$。

解：(1) 根据稳态指标要求求出 K 值。由

$$K_v=\lim_{s\to 0}sG_0(s)=\lim_{s\to 0}\frac{K}{s(s+1)(0.2s+1)}=K$$

得到 $K_v=K=6$，作出满足稳态误差的系统伯德图（见图 6.19 中虚线部分），求出剪切频率 $\omega_c=2.45\text{rad/s}$，相位裕度为 $-3.9°$。该系统是不稳定的，因此必须要继续进行校正。

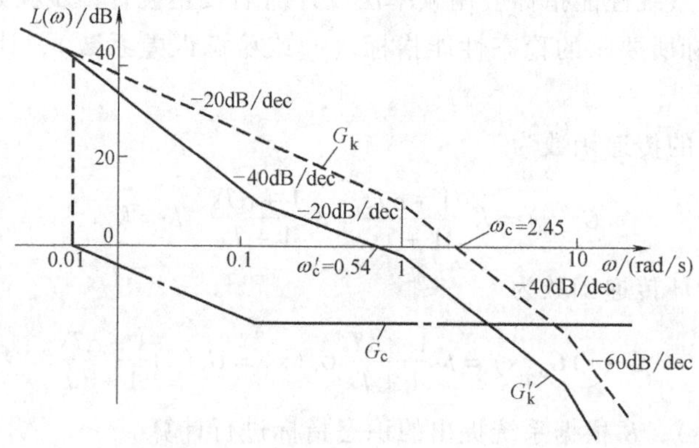

图 6.19　例 6.2 采用滞后校正装置校正前后系统的对数特性

(2) 根据性能指标要求 $\gamma'\geqslant 40°$，取 $\gamma'=40°$，为补偿滞后校正装置的相角滞后，相位裕度应按 $40°+15°=55°$计算，要获得 55°的相位裕度，相角应为 $-180°+55°=-125°$。选择使相角为 $-125°$的频率为校正后系统的开环剪切频率 ω'_c，由相频条件

$$\varphi(\omega'_c)=-90°-\arctan\omega'_c-\arctan 0.2\omega'_c=-125°$$

解得，$\omega'_c=0.54\text{rad/s}$，满足性能指标中剪切频率要求。

(3) 根据串联滞后校正原理，在校正后系统的 ω'_c处对数幅值为 0dB，即未校正系统在 ω'_c处的幅值等于滞后校正装置在该处提供的幅值 $20\lg\alpha$。计算出校正系统在 $\omega=\omega'_c$处的幅值为 20.92dB，因此，滞后校正装置必须产生的幅值衰减为 −20.92dB，由此可求出校正装置参数 α 为：$20\lg\alpha=-20.92\text{dB}$，$\alpha=0.09$。

由$\frac{1}{\alpha T}=\left(\frac{1}{5}\sim\frac{1}{10}\right)\omega'_c$可求得 T。为使滞后校正装置的时间常数 T 不过分大，取$\frac{1}{\alpha T}=\frac{1}{5}\omega'_c$，求出 $T=102.88\text{s}$。这样，滞后校正装置的传递函数为

$$G_c(s)=\frac{\alpha Ts+1}{Ts+1}=\frac{9.26s+1}{102.88s+1}$$

(4) 校正后系统的开环传递函数为

$$G_c(s)G_k(s)=\frac{6(9.26s+1)}{s(0.2s+1)(0.5s+1)(102.88s+1)}$$

(5) 作出校正后系统的对数幅频特性曲线，如图 6.19 中实线部分所示，点画线为滞后校正装置的对数幅频特性曲线，虚线为满足稳态指标的校正前系统的对数幅频特性曲线。

(6) 检验校正后系统是否满足性能指标要求。由图 6.19 可求出校正后系统相位裕度 $\gamma'=58.46°$，剪切频率 $\omega_c'\geqslant 0.5$，且 $K_v=K=6$，说明校正后系统的稳态、动态性能均满足指标的要求。

由上例可见，串联滞后校正利用了滞后校正装置的高频衰减特性，而不是其相位滞后特性，滞后校正装置的最高转折频率应小于校正后系统的剪切频率，使得校正后系统的剪切频率小于校正前系统的剪切频率，提高系统的相位裕度。然而，由于滞后校正装置降低了系统的带宽，使得系统的动态响应变缓慢，这是滞后校正方式的不足之处。

6.3.3 串联滞后-超前校正

串联超前校正利用其相位超前特性可以提高系统的稳定性，增大系统的相位裕度，改善系统动态特性，但抗高频干扰能力降低；串联滞后校正利用其高频衰减特性，可以改善系统的稳态性能，增加抗高频干扰能力，但会减小系统的带宽。如果把超前校正和滞后校正结合起来，用超前部分改善系统的动态性能，用滞后部分改善系统的稳态性能，就能实现对系统更好的控制，这种校正方式就是串联滞后-超前校正。

1. 滞后-超前校正装置

滞后-超前校正装置可由图 6.20 所示的无源网络实现。设该网络输入信号源内阻为 0，输出负载阻抗为无穷大，则传递函数为

$$G_c(s)=\frac{(T_1s+1)(T_2s+1)}{T_1T_2s^2+(T_1+T_2+T_{12})s+1} \tag{6.20}$$

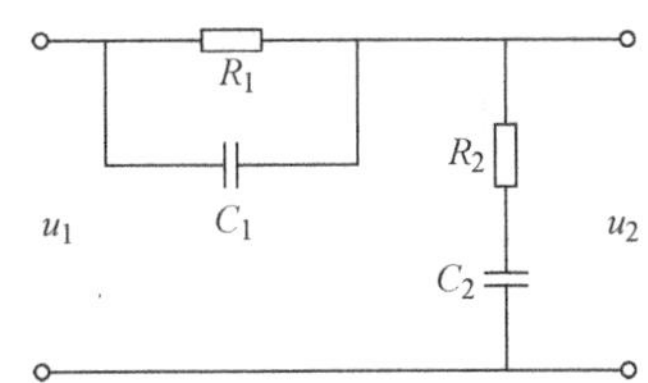

图 6.20 无源滞后-超前校正装置的电路图

式中，$T_1=R_1C_1$；$T_2=R_2C_2$；$T_{12}=R_1C_2$。令式 (6.20) 的分母多项式具有两个不等的负实根，则可将式 (6.20) 写成

$$G_c(s)=\frac{(T_1s+1)(T_2s+1)}{(T_1's+1)(T_2's+1)} \tag{6.21}$$

将式 (6.21) 分母展开，与式 (6.20) 分母比较有

$$T_1'T_2'=T_1T_2 \qquad \text{或} \qquad \frac{T_1}{T_1'}=\frac{T_2'}{T_2} \tag{6.22}$$

$$T_1'+T_2'=T_1+T_2+T_{12} \tag{6.23}$$

设 $T_1'>T_1$，$\frac{T_1}{T_1'}=\frac{T_2'}{T_2}=\frac{1}{\beta}$，其中 $\beta>1$。则

$$T_1'=\beta T_1,\ T_2'=T_2/\beta \tag{6.24}$$

将式 (6.24) 代入式 (6.21) 得

$$G_c(s)=\frac{(T_1s+1)(T_2s+1)}{(\beta T_1s+1)\left(\dfrac{T_2}{\beta}s+1\right)} \tag{6.25}$$

与超前校正装置和滞后校正装置的传递函数比较，式（6.25）前半部分起滞后作用，后半部分起超前作用。因此，图6.20是一个起滞后-超前作用的校正装置，其对数渐近幅频特性如图6.21所示。由图看出其形状由参数 T_1、T_2 和 β 确定。

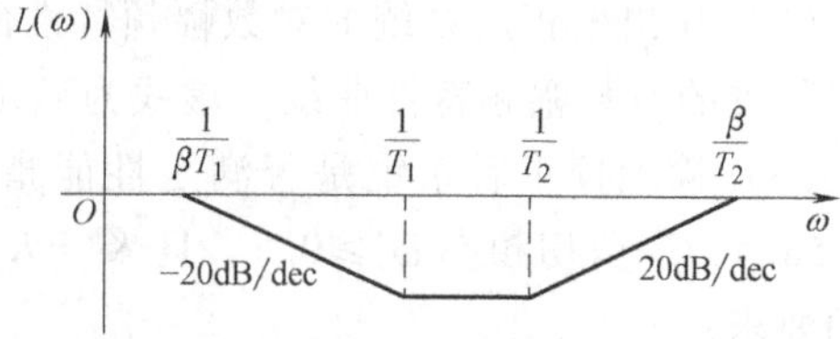

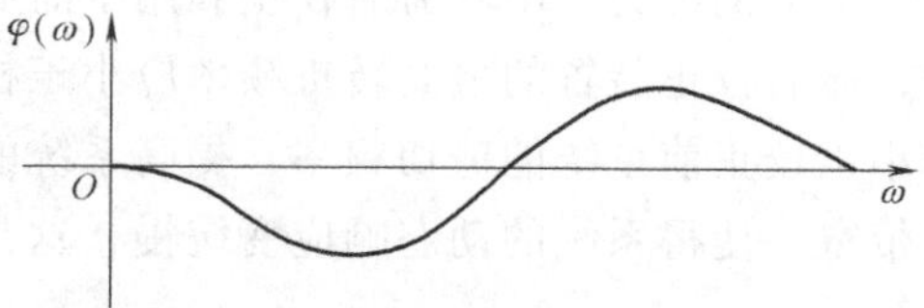

图6.21　无源滞后-超前校正装置的伯德图

2. 串联滞后-超前校正方法

用频率法进行串联滞后-超前校正的步骤如下：

1）根据对校正后系统稳定性能指标的要求，确定校正后系统的开环增益 K。

2）把求出的校正后系统的 K 值作为开环增益，作原系统的对数幅频特性曲线，并求出原系统的剪切频率 ω_c、相位裕度 γ 及增益裕量 K_g。

3）以未校正系统斜率从 -20dB/dec 变为 -40dB/dec 的转折角频率为校正装置超前部分的转折频率 $\omega_b=\dfrac{1}{T_2}$。这种选择不是唯一的，但这种选择可以降低校正后系统的阶次，并使中频段斜率为 -20dB/dec。

4）根据对响应速度的要求，计算出校正后系统的剪切频率 ω_c'。以校正后系统对数渐近幅频特性 $L(\omega_c')=0\text{dB}$ 为条件，求出衰减因子 $\dfrac{1}{\beta}$。

5）根据对校正后系统相位裕度的要求，估算校正装置滞后部分的转折频率 $\omega_a=\dfrac{1}{T_1}$；为了保证系统相位裕度的要求，ω_a 不宜与 ω_c' 太接近，一般选择 $\omega_a=\left(\dfrac{1}{10}\sim\dfrac{1}{2}\right)\omega_c'$。

6）验算性能指标。若满足系统要求，校正结束；若不满足要求修改 ω_a，继续校正。

例6.3　设未校正系统的开环传递函数为 $G_0(s)=\dfrac{K}{s(0.5s+1)(0.167s+1)}$，设计串联滞后-超前校正装置，使得校正后系统满足下列性能指标：$K_v=180$，相位裕度 $\gamma>40°$，剪切角频率位于 $3\sim5\text{rad/s}$ 之间。

解：（1）根据稳态指标要求求出 K 值。由

$$K_v=\lim_{s\to 0}sG_0(s)=\lim_{s\to 0}\frac{K}{s(0.5s+1)(0.167s+1)}=K$$

得到 $K_v=K=180$。

（2）绘制满足 $K=180$ 未校正系统 $G_0(s)$ 的开环伯德图，如图6.22中虚线部分所示，计

算对应的剪切频率 $\omega_c=12.9\text{rad/s}$，相位裕度 $\gamma=-56.35°$。该系统不稳定，需要继续校正。

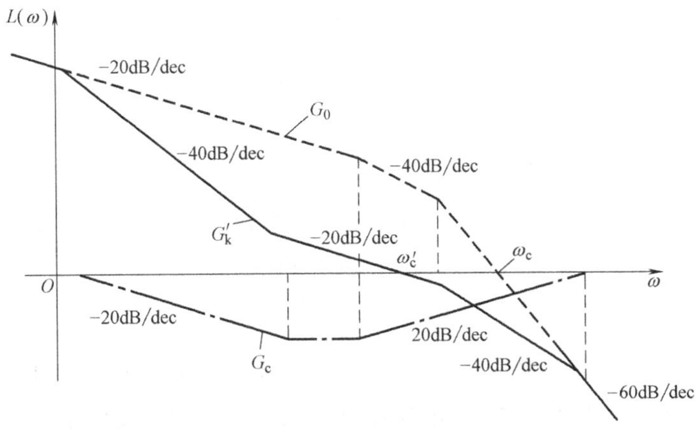

图 6.22　例 6.3 系统的对数幅频特性曲线

(3) 在未校正系统 $G_0(s)$ 的对数幅频特性图中找到满足稳态指标的未校正系统斜率从 -20dB/dec 变为 -40dB/dec 的转折频率 $\omega_b=2\text{rad/s}$ 作为超前部分的转折频率，即 $T_2=0.5\text{s}$。

(4) 根据提出的校正后系统的剪切频率指标，选择 $\omega_c'=3.5\text{rad/s}$，过 ω_c' 作一条斜率为 -20dB/dec 的直线作为校正后系统的中频段。因为在 ω_c' 处，满足稳态指标的未校正系统的对数幅值与滞后-超前校正装置在该处的对数幅值之和为 0，所以 β 可以由下式计算：

$$L(\omega_c')-20\lg\beta+20\lg T_2\omega_c'=0$$

解得 $\beta=51.3$。

(5) 确定 ω_a。由 ω_a 与 ω_c' 的关系，这里取 $\omega_a=\frac{1}{5}\omega_c'=0.7\text{rad/s}$。整理 $T_1=\frac{1}{0.7}=1.43\text{s}$，$T_2=0.5\text{s}$，$\beta=51.3$，至此滞后-超前校正装置的传递函数即可写出：

$$G_c(s)=\frac{(1.43s+1)(0.5s+1)}{(73.3s+1)(0.0097s+1)}$$

校正装置对数幅频特性曲线如图 6.22 中点画线部分所示。

(6) 写出校正后系统的开环传递函数：

$$G_k'(s)=G_0(s)G_c(s)=\frac{180(1.43s+1)}{s(0.167s+1)(73.3s+1)(0.0097s+1)}$$

校正后系统的对数幅频特性曲线如图 6.22 中实线部分所示。计算相位裕度指标得 $\gamma'=46.7°>40°$，满足设计要求。

本例中，如果单纯采用串联超前校正将无法保证剪切频率指标；若单纯采用串联滞后校正，满足各项性能指标下校正后系统将不稳定（读者可自行证明）。只有采用串联滞后-超前校正，兼有超前校正和滞后校正两种校正方式的优点，才能全面满足系统性能指标。

6.4　按期望特性进行串联校正

期望特性法是工程实践中一种广泛应用的方法，基本原理是根据给出的性能指标要求，绘制出满足性能指标的期望开环对数幅频特性，再将其与校正前系统的开环对数幅频特性进行比较，确定校正装置的对数幅频特性，进而求出校正装置的形式和参数。

下面通过例题介绍按期望特性进行串联校正的方法。

例 6.4 位置随动系统如图 6.23 所示，其中

$G_k(s)=\dfrac{K}{s(0.9s+1)(0.007s+1)}$，要求串入校正装置 $G_c(s)$，使系统校正后满足下列性能指标：(1) 稳态速度误差系数 $K_v\geqslant 1000$；(2) 调节时间 $t_s\leqslant 0.25\text{s}$；(3) 超调量 $M_p\leqslant 30\%$。

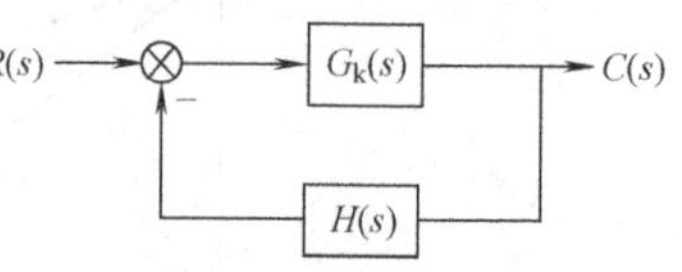

图 6.23 位置随动系统

解：(1) 根据系统提出的稳态指标，令 $K=K_v=1000$，作满足稳态性能指标的系统开环对数渐近幅频特性曲线，如图 6.24 中虚线部分所示。系统中频段斜率为 −40dB/dec，进一步计算表明，原系统的相位裕度为负值，系统不稳定，不满足动态指标的要求。

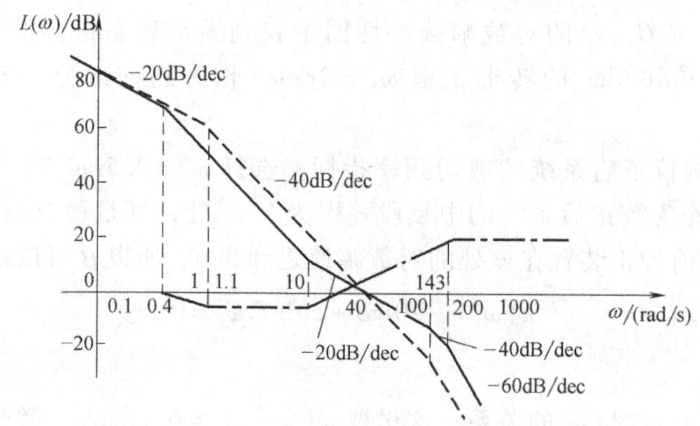

图 6.24 例 6.4 校正前后系统的开环对数渐近幅频特性

(2) 根据动态指标要求作期望特性，由公式

$$M_p=[0.16+0.4(M_r-1)]\times 100\% \qquad (\text{当 } 1\leqslant M_r\leqslant 1.8 \text{ 时})$$

$$t_s=\frac{K\pi}{\omega_c}$$

$$K=2+1.5(M_r-1)+2.5(M_r-1)^2 \qquad (\text{当 } 1\leqslant M_r\leqslant 1.8 \text{ 时})$$

算出 $\omega_c=35.56\text{rad/s}$，取校正后系统开环剪切频率 $\omega_c'=40\text{rad/s}$。为使校正后的系统具有足够的相位裕度（保证系统能满足动态性能指标要求），在剪切频率 ω_c' 附近特性应是 −20dB/dec 的斜率，且应有一定的宽度。同时又要考虑原系统的特性，即高频段应与原系统特性尽量有一致的斜率。

(3) 在 $\omega_c'=40\text{rad/s}$ 处作斜率为 −20dB/dec 的直线。按 $\omega_a=\dfrac{\omega_c'}{2\sim5}$ 和 $\omega_b=(2\sim5)\omega_c'$ 选择 ω_c' 左右的转角频率 ω_a 和 ω_b，以保证系统具有一定的 −20dB/dec 斜率的中频带宽度。

(4) 在 $\omega_b=\dfrac{1}{0.007}\text{rad/s}=143\text{rad/s}$ 处，期望特性斜率由 −20dB/dec 转为 −40dB/dec；

在 $\omega=200\text{rad/s}$ 处，期望特性由 -40dB/dec 转为 -60dB/dec，高频部分的期望特性以此斜率到底。

（5）选择期望特性使得在 $\omega_a=10\text{rad/s}$ 处斜率由 -20dB/dec 转为 -40dB/dec。这样的变化使期望特性有可能与原系统低频段特性相交，其交点为 $\omega=0.4\text{rad/s}$。

（6）在 $\omega<0.4\text{rad/s}$ 的频段，期望特性与原系统特性重合。

按期望特性作出的校正后系统的对数幅频特性曲线如图 6.24 中实线部分所示。对求出的期望特性进行验算。由图 6.24 可见，低频段满足稳态性能指标，说明 $K=K_v=1000$；期望特性的 $\omega_c'=40\text{rad/s}$，算出相位裕度 $\gamma=49.59°$，超调量 $M_p=28.5\%$，$t_s=0.213\text{s}$。这说明选择实线所代表的期望特性作为校正后系统的开环模型能满足预期性能指标的要求。

如经校验后，作出的期望特性不满足性能指标的要求，应根据具体情况修改期望特性（主要是中频段），直到满足性能指标为止。

（7）确定校正装置。由于采用串联校正，因此在图 6.24 上用期望对数幅频特性曲线减去满足稳态指标的系统对数幅频特性曲线就得到校正装置的对数幅频特性曲线，即得到图 6.24 中点画线部分。

写出校正装置的传递函数为

$$G_c(s)=\frac{(0.9s+1)(0.1s+1)}{(2.5s+1)(0.005s+1)}$$

校正后系统的开环对数渐近幅频特性，即期望特性的传递函数为

$$G_c(s)G_k(s)=\frac{1000(0.1s+1)}{s(2.5s+1)(0.007s+1)(0.005s+1)}$$

6.5 应用 MATLAB 进行校正设计

本节以一个例子来说明用 MATLAB 进行计算机辅助设计和开发，以获得满意的性能。

例 6.5 已知一控制系统的结构图如图 6.25 所示，要求设计系统的校正装置 $G_c(s)$，使系统能满足以下性能指标：（1）对单位斜坡输入 $R(s)=\frac{1}{s^2}$ 的稳态误差 $e_{ss}\leqslant 0.1$；（2）相位裕度 $\gamma>60°$，增益裕量 $K_g>15\text{dB}$。

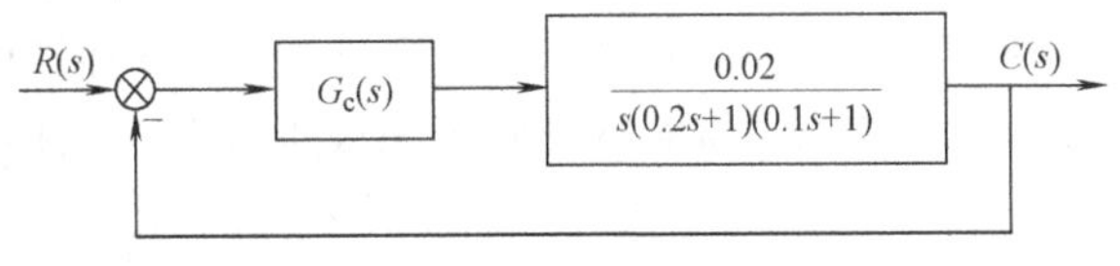

图 6.25 控制系统的结构图

解：由于要求的相位裕度较大，故选择滞后校正网络，传递函数为

$$G_c(s)=K\frac{1+\alpha Ts}{1+Ts}(\alpha<1)$$

按照前面所学的步骤用 MATLAB 程序设计超前校正网络如下：

（1）绘制 $K=500$ 时未校正系统的伯德图，并计算相位裕度

```
K=500;                                          % 对增益 K 取值 500
numg=[0.02]; deng=[0.02 0.3 1 0 ];              % 输入被控对象传递函数
[nums,dens]=series(K,1,numg,deng);              % 求开环传递函数
margin(nums,dens)
```

输出结果如图 6. 26 所示。

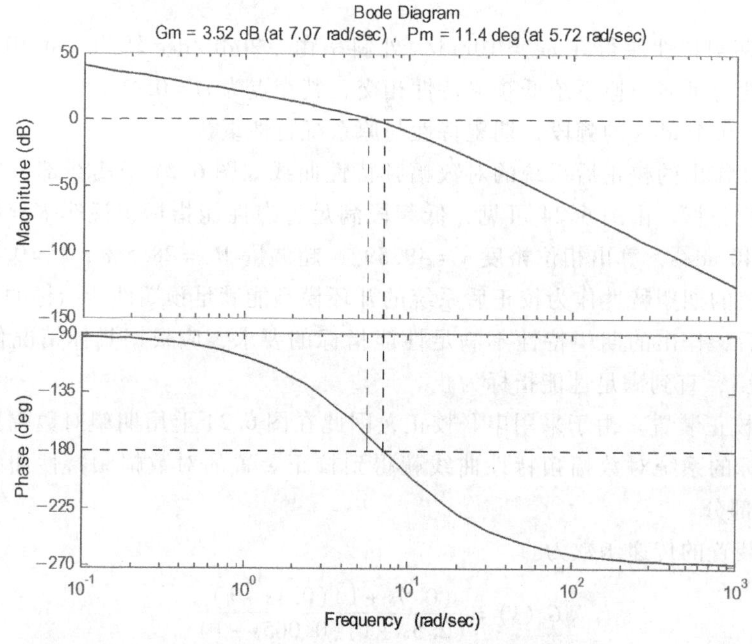

图 6. 26　校正前系统的伯德图

由图中数据显示：增益裕量 Gm = 3. 52，相角交界频率为 7. 07rad/sec；相位裕度 Pm = 11. 4deg，剪切频率为 5. 72rad/sec。可知 $\gamma = 11.4° < 60°$，$K_g = 3.52\text{dB} > 15\text{dB}$ 需要进行校正。

(2) 由所需的相角计算校正后系统的开环剪切频率

```
w = logspace( -1,3);                          % 设定频率范围
[ mag,phase] = bode( nums,dens,w);            % 绘制未校正系统的伯德图
Phi = -180 +60 +10;                           % 计算所需的相角，10°为补偿角
semilogx( w, phase ,w,Phi * ones( length( w) ,1) ) ,grid   % 在图上找校正后
                                                           % 的开环剪切频率
```

输出结果如图 6. 27 所示。由图中相频曲线和校正后相角的交点可知，校正后系统的开环剪切频率为 $\omega_c'(\varphi = -110°) = 1.15\text{rad/s}$。

(3) 根据剪切频率处幅值为 0，计算校正网络参数 α 和 T。

```
semilogx( w,20 * log10( mag) ) ,grid          % 绘制原系统的幅频特性曲线
```

绘出图后，用图中 Data Cursor 工具找 $\omega_c' = 1.15$ 的点，输出结果如图 6. 28 所示。

由原系统幅频特性曲线可知 $M(\omega = 1.15) = 18.49\text{dB}$。

```
Mwc = -18. 49;                  % 确定剪切频率处滞后校正装置需
                                % 产生的幅值衰减
Alpha = 10. ^( Mwc/20)          % 由 20lgα = -18. 49 求 α
```

输出结果知 Alpha = 0. 1196，可以取 $\alpha \approx 0.12$。

T = 10/1. 15/Alpha　　　　　　% 由 $\frac{1}{\alpha T} = \frac{\omega_c'}{10}$ 计算时间常数 T

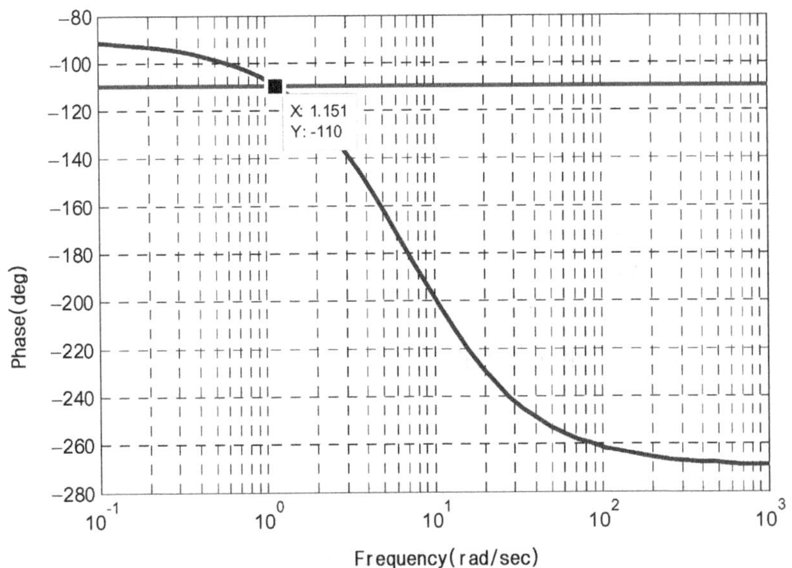

图 6.27　相频曲线和校正后相角的交点

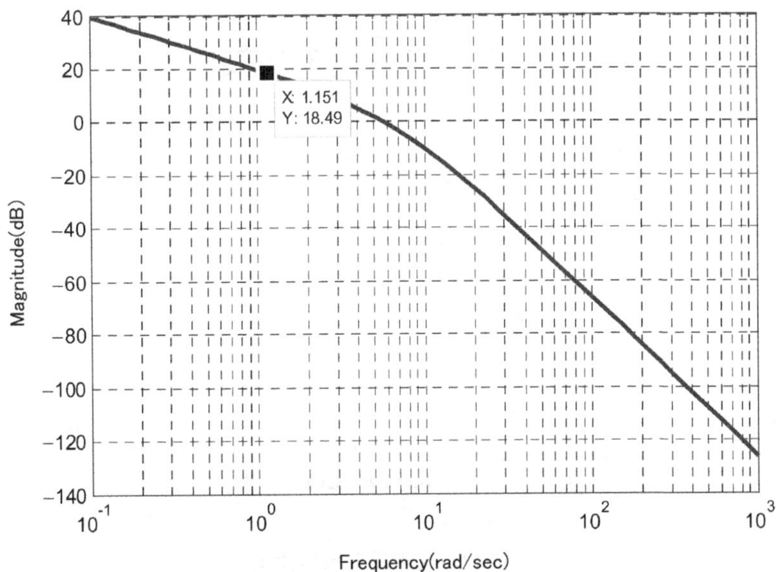

图 6.28　原系统的幅频特性曲线

输出结果为 $T=73.0806$s。

(4) 计算校正后总的传递函数

```
Gc = tf([Alpha * T 1],[T,1])                    % 写出滞后校正装置的传递函数
```

输出滞后校正装置的传递函数结果为：

```
Transfer function:
8.696s + 1
-----------
```

73. 08s + 1

Go = tf (nums, dens); %计算校正前的传递函数

Gp = series (Go, Gc) %计算校正后的传递函数

输出校正后传递函数结果为

Transfer function:

86. 96s + 10

----

1. 462s^4 + 21. 94s^3 + 73. 38s^2 + s

(5) 效验校正后系统是否满足性能指标要求

margin (Gp) %画出校正后系统伯德图，校验 %相位裕度

输出结果如图 6. 29 所示。

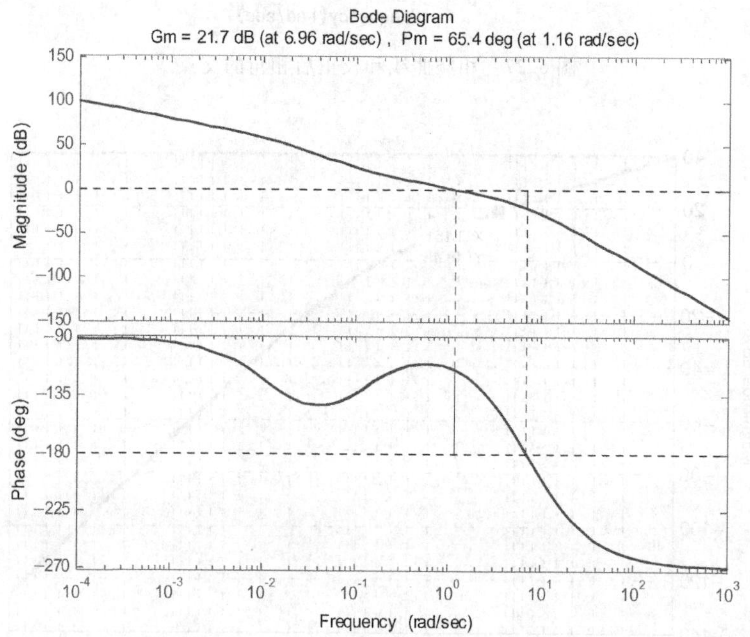

图 6. 29 校正后系统伯德图

由图可知，校正后 $\gamma = 64.5° > 60°$，$K_g = 21.7\text{dB} > 15\text{dB}$，满足频率指标要求。

(6) 求整个系统模型

Gb = feedback (Gp, 1) %求闭环传递函数

闭环传递函数输出结果为

Transfer function:

86. 96s + 10

----

1. 462s^4 + 21. 94s^3 + 73. 38s^2 + 87. 96s + 10

6.6 案例分析与设计

例 6.6 设一单位反馈系统开环传递函数为 $G_k=\dfrac{4K}{s(s+2)}$，试确定系统串联校正装置，要求稳态速度误差系数 $K_v=20$，使得相位裕度不小于 50°，增益裕量 $20\lg K_g=10\text{dB}$。

解：（1）根据稳态误差系数指标计算 K 值。由 $K_v=\lim\limits_{s\to 0}sG_0(s)=\lim\limits_{s\to 0}\dfrac{4K}{s(s+2)}=2K=20$，得 $K=10$。

（2）校正前系统的开环对数幅频特性曲线如图 6.30 所示，计算校正前系统的剪切频率 $\omega_c=6.3\text{rad/s}$，相位裕度为 17°。为了满足要求，剪切频率和相位裕度都应该提高，考虑采用串联超前校正。

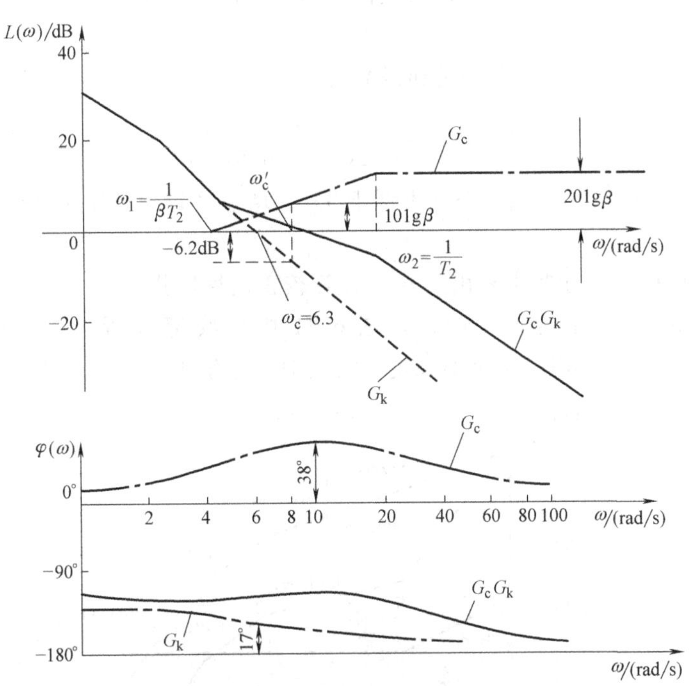

图 6.30 例 6.6 超前校正装置校正前后系统的伯德图

（3）计算超前校正装置产生的相位超前量，由于校正前系统的对数幅频特性曲线在剪切频率处的穿越斜率为 −40dB/dec，ε 考虑取 5°。

$$\varphi=\varphi_m=\gamma'-\gamma+\varepsilon=50°-17°+5°=38°$$

（4）计算 β 值。根据公式 $\beta=\dfrac{1+\sin\varphi_m}{1-\sin\varphi_m}$，可以计算出 $\beta=4.2$。

（5）在校正前系统的对数幅值频率特性上找到幅值为 $-10\lg\beta$ 的角频率，即得校正后系统的剪切频率 ω_c'，因此

$$L(\omega_c')=20\lg 20-20\lg\omega_c'-20\lg\sqrt{(0.5\omega_c')^2+1}=-10\lg\beta$$

可得，$\omega_c'=9\text{rad/s}$，由公式 $\omega_c'=\omega_m=\dfrac{1}{T\sqrt{\beta}}$，可得 $T=0.054\text{s}$。

（6）确定校正装置的传递函数

$$\beta G_c(s)=\frac{1+\beta Ts}{1+Ts}=\frac{1+0.227s}{1+0.054s}$$

（7）验算结果。校正后系统的开环传递函数为

$$G_k'(s)=\frac{20(1+0.227s)}{s(1+0.5s)(1+0.054s)}$$

校正后系统的相位裕度为

$$\begin{aligned}\gamma' &= 180°+\varphi(\omega_c')\\ &= 180°-90°-\arctan(0.5\times 9)+\arctan(0.054\times 9)-\arctan(0.227\times 9)=50°\end{aligned}$$

校正后系统相位裕度不小于 50°，增益裕量为∞，满足设计要求。图 6.30 为该超前校正装置校正前后系统的伯德图。

例 6.7 设单位反馈系统的开环传递函数为

$$G_k(s)=\frac{K}{s(0.2s+1)(0.5s+1)}$$

要求的性能指标为：$K_v=20$，相位裕度不低于 35°，增益裕量不低于 10dB，试求串联滞后校正装置的传递函数。

解：（1）根据稳态指标要求求出 K 值，计算校正前性能指标。

以 $K_v=K=20$ 作出系统伯德图，如图 6.31 中虚线部分所示，计算得相位裕度为 −30.6°，增益裕量为 −12dB。系统不稳定，需要对原系统继续进行校正。

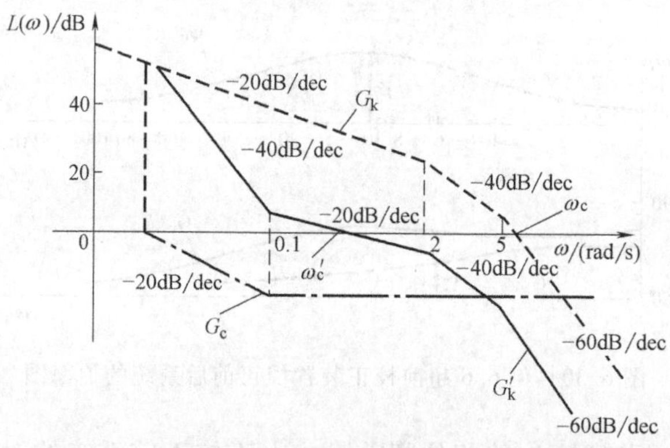

图 6.31 滞后校正装置校正前后系统的对数幅频特性

（2）性能指标要求 $\gamma'\geqslant 35°$，取 $\gamma'=35°$，为补偿滞后校正装置的相角滞后，相位裕度应按 35°+12°=47°计算，要获得 47°的相位裕度，相角应为 −180°+47°=−133°。选择使相角为 133°的频率为校正后系统的开环剪切频率，由图上求得 $\varphi(\omega=1.16)=-133°$，即选择 $\omega_c'=1.16\text{rad/s}$。

（3）选择 $\omega_c'=1.16\text{rad/s}$，即校正后系统伯德图在 $\omega=\omega_c'$处应为 0dB。由图 6.31 中虚线部分可求出原系统伯德图在 $\omega=\omega_c'$处为 24.73dB，因此，滞后校正装置必须产生的幅值衰减

为 -24.73dB，由此可求出校正装置参数 α

$$20\lg\alpha = -24.73\text{dB}$$

$$\alpha = 0.058$$

由 $\dfrac{1}{\alpha T_1} = \left(\dfrac{1}{5} \sim \dfrac{1}{10}\right)\omega'_c$ 可求得 T。为使滞后校正装置的时间常数 T 不过分大，取 $\dfrac{1}{\alpha T_1} = \dfrac{1}{5}\omega'_c$，求出 $T = 74.32\text{s}$。这样，滞后校正装置的传递函数为

$$G_c(s) = \frac{\alpha Ts + 1}{Ts + 1} = \frac{4.3s + 1}{74.32s + 1}$$

（4）校正后系统的开环传递函数为

$$G_c(s)G_k(s) = \frac{20(4.3s + 1)}{s(0.2s + 1)(0.5s + 1)(74.32s + 1)}$$

（5）作出校正后系统的伯德图，如图 6.31 中实线部分所示。

（6）检验校正后系统是否满足性能指标要求，可计算出校正后系统相位裕度为 $\gamma = 35°$，增益裕量 $K_g = 12\text{dB}$，且 $K_v = K = 20$，说明校正后系统的稳态、动态性能均满足指标的要求。

例 6.8 图 6.32 为弹簧-阻尼系统，小车质量 $M = 1\text{kg}$，活塞阻尼系数 $b = 10\text{N}\cdot\text{s/m}$，弹簧阻尼系数 $k = 20\text{N/m}$，拉力 $F = 1\text{N}$。设计串联校正装置，满足：（1）稳态误差 $e_{ss} = 0$；（2）超调量 $M_p \leqslant 20\%$。

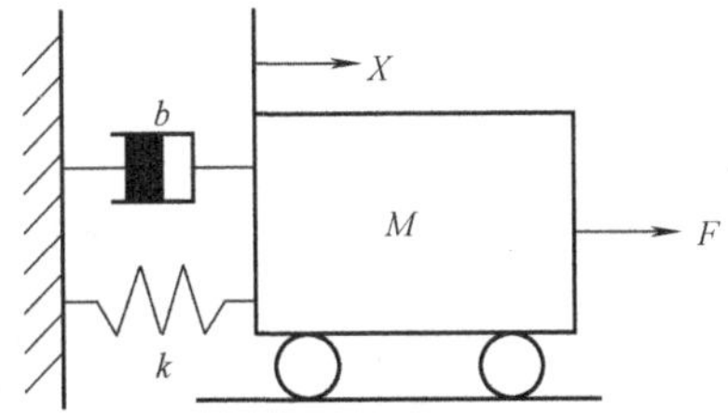

图 6.32 弹簧-阻尼系统

解：（1）计算以力 F 为输入、小车位移 X 为输出的弹簧-阻尼系统的传递函数为 $G_0(s) = \dfrac{1}{Ms^2 + bs + k} = \dfrac{1}{s^2 + 10s + 20}$，由第 3 章内容可以计算该系统不满足稳态性能指标要求，需要进行校正。

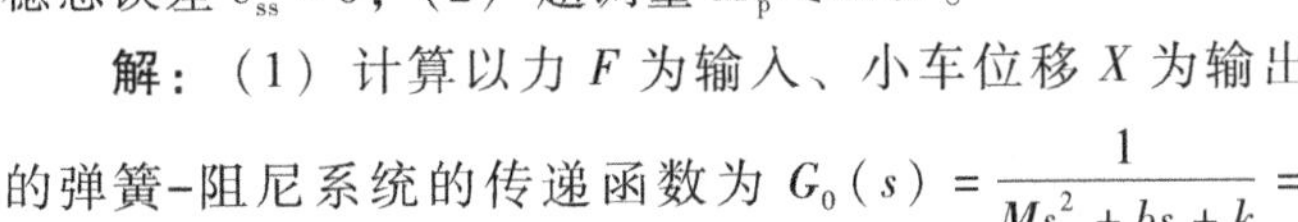

（2）要满足稳态指标，考虑引入 PI 控制，利用积分环节提高系统性能，减小或消除稳态误差。设 PI 控制器的传递函数为 $G_c(s) = K_P\left(1 + \dfrac{1}{T_I s}\right)$，将此控制器串联到未校正系统中，构成的系统闭环传递函数为

$$G(s) = G_0(s)G_c(s) = \frac{K_P s + \dfrac{1}{T_I}}{s^3 + 10s^2 + (20 + K_P)s + \dfrac{1}{T_I}}$$

由时域指标 $M_p \leqslant 20\%$，取 $M_p = 20\%$，利用主导极点概念，$\xi = 0.45$，计算 $T_I = 0.03$，这里没有时间指标取 $K_P = 1$，即 PI 控制器的传递函数为

$$G_c(s) = \frac{0.03s + 1}{0.03s}$$

（3）利用 MATLAB 进行单位阶跃响应仿真，从图中可读出超调量为 14%，满足性能指标。图 6.33 为校正前系统的时域下单位阶跃响应曲线，图 6.34 为 PI 校正后系统的时域下单位阶跃响应曲线。

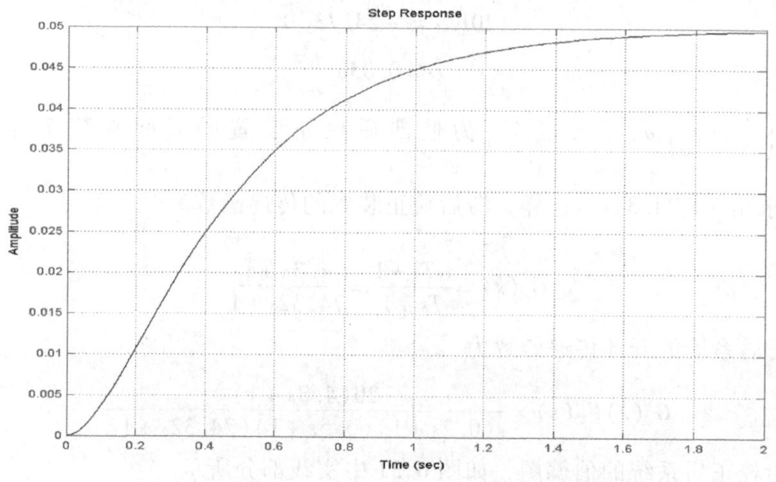

图 6.33　校正前系统的时域下单位阶跃响应曲线

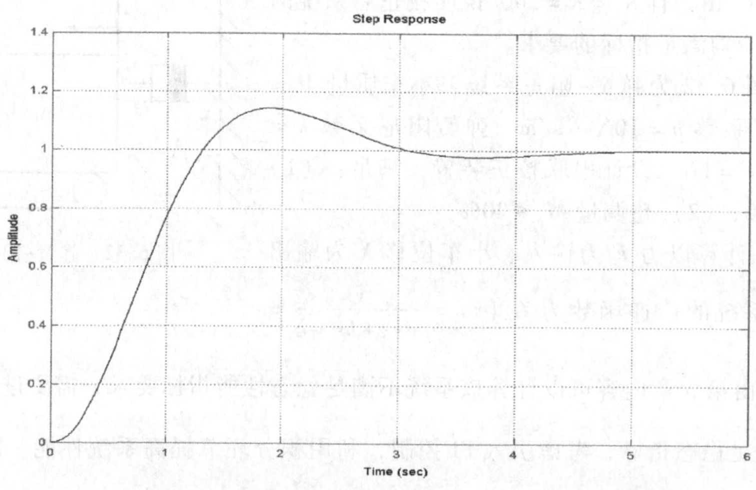

图 6.34　例 6.8 中 PI 校正后系统的时域下单位阶跃响应

6.7　本章小结

系统的校正就是设计者需要设计一个控制器，使得控制器和被控对象一起满足提出的性能指标。

常见的校正方式分为串联校正和反馈校正两种。

相位超前校正是利用相位超前特性，将最大相位超前角设计在校正后系统的剪切频率处，增加校正后系统的相位裕度，提高系统的稳定性，增大系统的带宽，改善系统的动态性能，然而其本质上为一高通滤波器，对高频干扰的抵抗力较弱。

要提高系统的抗高频干扰能力，可以采用串联相位滞后校正，利用其高频衰减特性，通过减小校正后系统的剪切频率，增加系统的相位裕度，提高系统的稳定性，不过滞后校正会减小系统的带宽，使得系统的动态性能受到影响。

对于性能指标要求较高的场合，合理利用超前校正和滞后校正的优点可采用串联滞后-超前校正满足需要。

设计过程中，在系统的校正方法、校正装置的确定上应该根据实际情况进行选择，只要得到全面满足性能指标的校正装置的传递函数且在现实中切实可行即为成功的系统校正。

思考题与习题

6-1 某单位反馈系统的开环传递函数为 $G(s)=\dfrac{20}{s(0.4s+1)(0.2s+1)}$，采用传递函数为 $G_s(s)=\dfrac{1+0.2s}{1+0.02s}$的串联超前校正装置，试确定校正后系统的相位裕量和幅值裕量。

6-2 已知单位反馈的开环传递函数为

$$G_k(s)=\frac{100K}{s(0.04s+1)}$$

现要求系统对单位斜坡输入信号的稳态误差 $e_{ss}\leqslant 1\%$，相位裕度不小于 40°，试确定校正装置的传递函数。

6-3 某一伺服机构的开环传递函数为

$$G_k(s)=\frac{5}{s(0.5s+1)(s+1)}$$

(1) 画出伯德图，并确定该系统的增益裕度、相位裕度以及速度误差系数。

(2) 设计串联-滞后校正装置，使其 $\omega_c\geqslant 0.5$，相位裕度至少为 45°，增益裕度至少 14dB。

6-4 设单位反馈系统的开环传递函数为

$$G(s)=\frac{K}{s^2(0.2s+1)}$$

试用期望法设计串联校正装置，使校正后的系统满足 $K_s=20\mathrm{s}^{-1}$，相角裕量 $\psi'\geqslant 30°$。

6-5 设单位反馈系统的开环传递函数为

$$G_k(s)=\frac{K}{s(0.1s+1)(0.2s+1)}$$

试用频率法设计串联滞后-超前校正装置，使校正后系统满足以下性能指标：①系统响应斜坡信号 $r(t)=t$ 时稳态误差 $e_{ss}\leqslant 0.01$；②系统相位裕度$\gamma\geqslant 40°$。

6-6 单位反馈系统的开环传递函数为

$$G_k(s)=\frac{K}{s(s+1)(0.2s+1)}$$

试用 MATLAB 语言设计校正装置，使得校正后系统满足：$K_v=6$，相位裕度大于等于 40°，剪切频率大于等于 0.5rad/s。

第 7 章　离散控制系统

控制系统可以分为连续控制系统和采样控制系统两种。若控制系统在某处或几处传递的信号是脉冲序列或数字形式，则该系统称为采样控制系统，也称离散控制系统或数字控制系统。近年来，随着计算机的迅速普及，以离散信号为基础的离散控制系统得到了极大的发展，并在许多场合取代了传统的模拟控制器。

图 7.1 是计算机控制系统的框图。该系统中的信号不仅包含了连续信号，也包含了离散信号，即采样信号。计算机或数字控制器的输入和输出均为数字信号。由于被控对象是模拟量，因此离散控制系统中有模-数（A-D）和数-模（D-A）转换器。A-D 转换器是一个采样开关，而 D-A 转换器则是一个保持器。离散系统与连续系统虽在本质上有所不同，但具有研究方面的相似性。

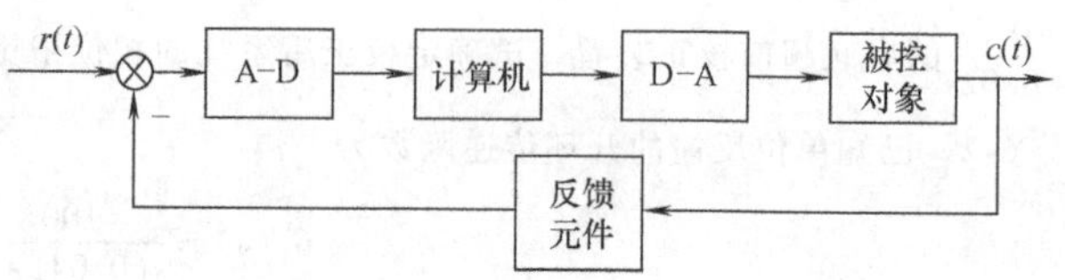

图 7.1　计算机控制系统的框图

本章主要讨论采样控制系统的分析。首先建立信号采样和复现的数学描述，然后介绍 z 变换和 z 反变换理论以及脉冲传递函数，最后对采样系统的性能进行分析。

7.1　离散控制系统的基本概念

若控制系统中传输的所有信号均为连续信号，则该系统为连续控制系统；若控制系统中有一处或几处信号由一串脉冲或者数字信号组成，则该系统为离散控制系统。信号的采样是将连续信号转换为离散信号的过程，一般使用采样开关进行。若系统在固定的间隔上获取系统的信息，这种采样称为周期采样；若采样的间隔是随机的，称为非周期采样或随机采样。本章仅针对周期采样进行讲解。

以 T 为采样周期［单位为 s（秒）］，对连续信号 $f(t)$ 进行采样。采样开关的闭合时间为 τ［单位为 s（秒）］，在闭合期间，获取被采样信号 $f(t)$ 的幅值作为采样开关的输出，如图 7.2 所示。

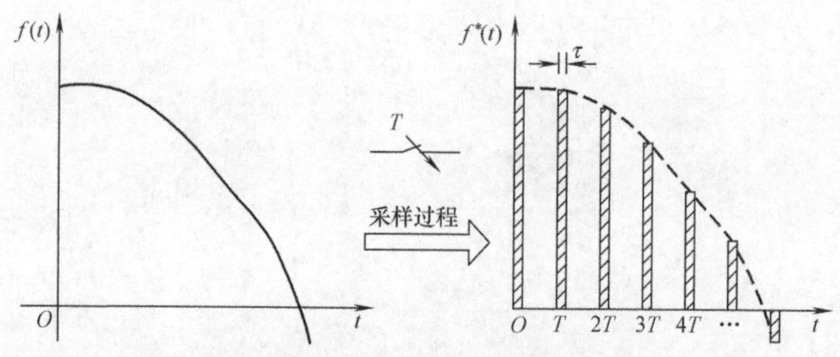

图 7.2　采样过程

在实际的应用过程中，采样开关一般使用电子开关，它具有闭合时间短的特点。其闭合时间τ远小于采样周期 T，也远小于系统连续部分的最大时间常数，如图 7.3a 所示。在理想的情况下，闭合时间τ可近似认为趋于零，即把实际的窄脉冲认为是理想脉冲，如图 7.3b 所示。在理想情况下采用单位理想脉冲函数序列 $\delta_T(t)$ 与被采样信号 $f(t)$ 相乘产生理想的采样信号。信号采样过程的数学描述为：在相应的采样时刻有一个理想脉冲，而相应幅值等于 $f(t)$ 在此时刻的幅值。

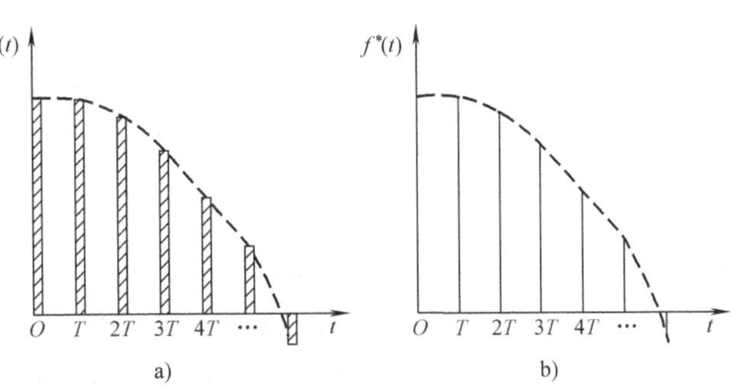

图 7.3　采样信号的理想化

$$f^*(t) = f(t)\delta_T(t) \tag{7.1}$$

单位理想脉冲序列可表示为 $\delta_T(t) = \sum_{k=0}^{\infty}\delta(t-kT)$，则采样过程可写为

$$f^*(t) = f(t)\sum_{k=0}^{\infty}\delta(t-kT) \tag{7.2}$$

而由于 $f(t)$ 的数值仅在采样瞬间才有意义，所以式(7.2)又可以表示成

$$f^*(t) = \sum_{k=0}^{\infty}f(kT)\delta(t-kT) \tag{7.3}$$

此时应注意上述的讨论进行了如下假设：

$$f(t) = 0, \forall t < 0 \tag{7.4}$$

因此脉冲序列从零时刻开始。这个假设在实际的生产过程中一般都是成立的。

采样系统根据采样器的位置不同可分为开环采样系统和闭环采样系统。所谓开环采样系统是指采样器位于系统闭合回路以外，或不存在闭合回路的情况；而闭环采样系统则是指采样器位于闭合回路之内的情况。对误差进行采样的闭环采样系统是应用范围最为广泛的，其结构图如 7.4 所示。图中，K 为理想采样开关，其采样瞬时的幅值等于相应误差信号的幅值；$G_h(s)$ 为保持器的传递函数；$G_p(s)$ 为被控对象的传递函数；$H(s)$ 为反馈元件的传递函数。

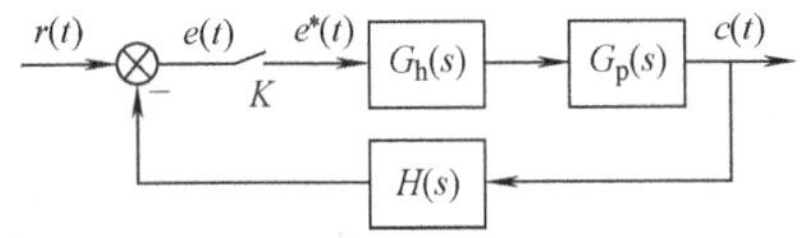

图 7.4　采样系统的典型结构图

7.2　信号的采样与复现

7.2.1　香农采样定理

在采样控制系统的应用过程中，系统需要将离散信号还原成连续的信号，才能对控制对象实施控制。采样周期的选择是离散信号能否恢复到原来形状的关键点。因此在设计采样系统时，需要满足香农采样定理。

从图 7.2 可以看出，连续信号的周期越长，或采样开关的采样周期越短，采样信号 $f^*(t)$ 就越能反映原信号 $f(t)$ 的变化规律，即包括的原信号信息越多。香农采样定理指出：如果采样信号的原信号 $f(t)$ 具有有限带宽，其最高谐波的角频率为 ω_{max}；采样信号 $f^*(t)$ 的采样角频率为 ω_s，只要采样周期满足下列条件：

$$\omega_s = \frac{2\pi}{T} \geqslant 2\omega_{max} \tag{7.5}$$

则称原信号 $f(t)$ 可以无失真地从采样信号 $f^*(t)$ 恢复出来。也就是说，只要采样角频率选择得足够高，高于原信号最高次谐波角频率的两倍，那么经过采样后的采样信号就包含了原信号全部的信息，则可通过保持器无差地恢复出来。反之，若采样频率过低，则会损失大量原信号的信息，原信号则不能准确地复现。

应该指出的是，香农定理给出的能够由采样脉冲序列无失真地再现原连续信号所允许的最低采样频率 ω_s，在实际的工程控制过程中，一般选择都会大于 $2\omega_{max}$。一般来说，采样周期选得越短越好，这样对控制系统的信息获取便越多，控制效果也会更好。但是太短的采样周期会大大增加计算机的工作量，降低控制的效率。所以选择采样周期应该根据实际控制的需要进行选择，太小的采样周期没有什么实际的意义。然而，若采样周期 T 选择过长，会丢失大量的信息，并增加控制过程中的误差，甚至影响控制系统的平衡。因此，采样周期的选择关系着采样控制系统设计中的一个关键指标，影响着整个系统的性能。

在实际的工业过程中，人们往往会针对不同的控制对象，根据经验选择相应的采样周期。表 7.1 列出了工业过程中采样周期 T 选择的经验值。

表 7.1　工业过程中采样周期 T 的选择

控制对象	采样周期 T/s
流量	1
压力	5
液位	5
温度	20
成分	20

7.2.2　零阶保持器的原理

在采样控制系统中，将采样信号转换为原连续信号的过程称为信号的恢复，此过程一般是通过低通滤波器来实现的。采样的信号，如果不经过滤波直接将其用于被控对象的控制，不但会影响控制过程的性能，甚至还会破坏被控对象，造成难以估量的严重后果。其原因是采样信号中存在有大量高频的分量，若直接控制连续系统，相当于引入了大量噪声。图 7.5 是理想的低通滤波器，在采样信号满足香农定理的前提下，想要不失真地恢复原信号就必须采用这种理想的滤波器。这种滤波器的频率特性的幅值 $|G(j\omega)|$ 在角频率 $\omega = \omega_s/2$ 的位置变为零，那么通过理想滤波器便可准确得到原信号。但是理想的低通滤波器在实际中

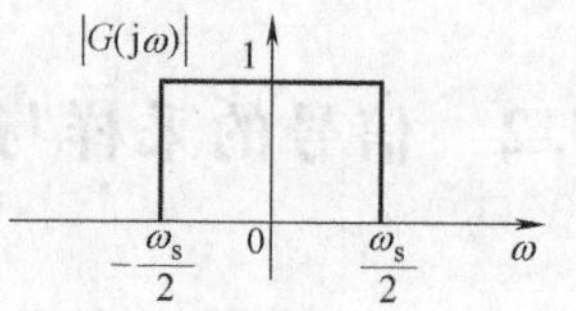

图 7.5　理想低通滤波器的频率特性

并不存在。工程中往往采用具有低通滤波器功能的保持器来实现。

保持器是将采样信号转换为连续信号的装置，能够实现采样过程的逆过程。从数学上说，保持器就是解决各采样点之间的插值问题。在采样时刻上，连续信号和采样信号的值是相等的。在 kT 时刻，有

$$f(t)\big|_{t=kT}=f(kT)=f^{*}(kT) \tag{7.6}$$

在$(k+1)T$时刻，有

$$f(t)\big|_{t=(k+1)T}=f[(k+1)T]=f^{*}[(k+1)T] \tag{7.7}$$

保持器则是解决在采样信号向连续信号转换的过程中，时刻 nT 和$(n+1)T$之间的连续信号的大小问题。它是具有外推功能的元件，即通过当前时刻的信号值推出中间时间段上的信号值。根据保持器函数的不同，以及实际的需求，保持器可分为零阶、一阶和二阶保持器。在工业中，一般采用零阶保持器。

图 7.6 展示了零阶保持器的工作原理：将 kT 时刻的采样值 $f(kT)$ 保持到下一个采样时刻$(k+1)T$之前，使得采样信号 $f^{*}(t)$ 变成阶梯信号 $f_{h}(t)$。

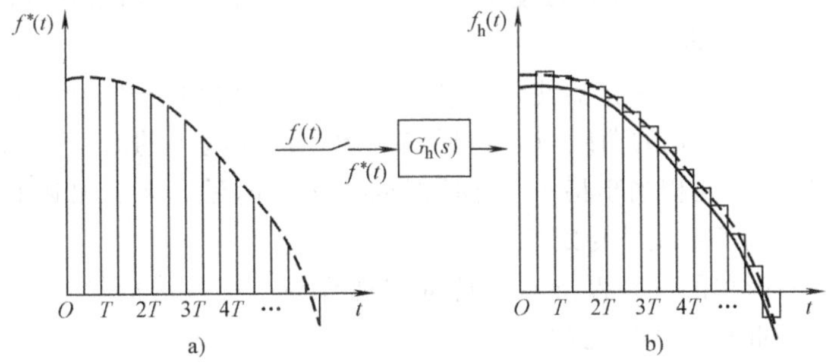

图 7.6 零阶保持器的工作原理

零阶保持器的外推公式是

$$f(kT+\Delta t)=a_0 \tag{7.8}$$

当 $\Delta t=0$ 时，得到

$$a_0=f(kT) \tag{7.9}$$

则零阶保持器的数学表达式为

$$f(kT+\Delta t)=f(kT),0\leqslant\Delta t\leqslant T \tag{7.10}$$

零阶保持器的脉冲过程函数 $g_{h}(t)$ 可表示为

$$g_{h}(t)=1(t)-1(t-T) \tag{7.11}$$

对其取拉氏变换，可得到零阶保持器的传递函数为

$$G_{h}(s)=\frac{1}{s}-\frac{e^{-Ts}}{s}=\frac{1-e^{-Ts}}{s} \tag{7.12}$$

由式（7.12）可得到零阶保持器的频率特性为

$$G_{h}(j\omega)=\frac{1-e^{-j\omega T}}{j\omega}=\frac{2e^{-j\omega T/2}(e^{j\omega T/2}-e^{-j\omega T/2})}{2j\omega}=T\frac{\sin(\omega T/2)}{(\omega T/2)}e^{-j\omega T/2} \tag{7.13}$$

将角频率 $\omega_{s}=2\pi/T$ 代入式（7.13）得到

$$G_h(j\omega)=\frac{2\pi}{\omega_s}\frac{\sin\pi(\omega/\omega_s)}{\pi(\omega/\omega_s)}e^{-j\pi(\omega/\omega_s)} \tag{7.14}$$

根据式（7.14）绘制出零阶保持器的幅频特性 $|G_h(j\omega)|$ 和相频特性 $\angle G_h(j\omega)$ 曲线，如图 7.7 所示。由图可知，零阶保持器具有以下几个特性：

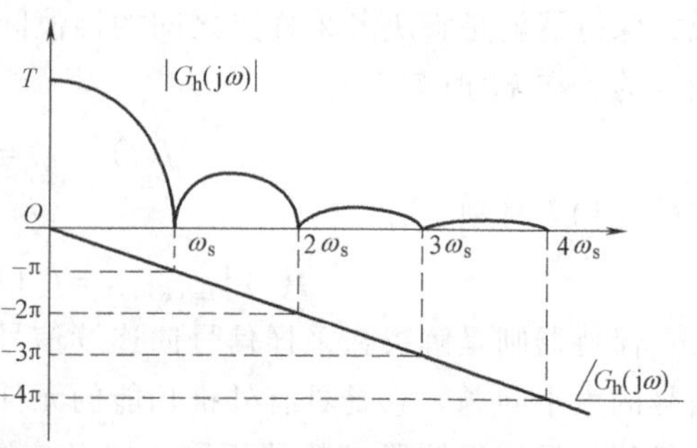

图 7.7 零阶保持器的幅频与相频特性

1）低通特性。随着频率的增高，幅值迅速下降，说明零阶保持器是一个非理想的低通滤波器。与理想的低通滤波器相比，零阶保持器仍然可以通过一部分高频的信号，且在频率 $\omega=\omega_s/2$ 处，其幅值已衰减到初值的 63.7%，并拥有多个截止频率。这种情况会导致采样控制系统的输出中存在一定的纹波。

2）相角延迟特性。从相频特性观察，零阶保持器会产生一定量的相角延迟效应，并随着角频率 ω 的增加而变大。在低通滤波器的临界频率 $\omega=\omega_s$ 处，相角延迟达到了 $-\pi$，从而影响了采样控制系统的稳定性。

3）时间滞后特性。零阶保持器使采样信号 $f^*(t)$ 变成阶梯信号 $f_h(t)$。若将阶梯信号 $f_h(t)$ 的中点连接起来，所得到的曲线与 $f(t)$ 形状一致，但在输出的时间上却落后了 $T/2$，其平均响应为 $f(t-T/2)$。这相当于将一个滞后时间为 $T/2$ 的延迟环节加到了系统中，使系统产生了相角延迟，影响了系统的稳定性。

零阶保持器是最简单的一种保持器，具有实现容易、相位滞后较小（相较一阶及以上保持器）的特点，因此得到了广泛的应用。

7.3 离散控制系统的数学模型

7.3.1 差分方程

在第 2 章的控制系统的数学模型中讲到，微分方程是描述连续控制系统的一种重要的数学模型。微分方程针对的是自变量连续取值的问题，但在很多实际问题中，有些变量不是连续的。例如对于采样控制系统，微分方程就无法对其进行描述。因此需要使用其他的数学模型对这种离散的系统进行描述。

设函数 $y_t=y(t)$，变量 $y_{t+1}-y_t$ 称为函数 y_t 的差分，也称为函数 y_t 的一阶差分，记为 Δy_t，即

$$\Delta y_t=y_{t+1}-y_t \text{ 或 } \Delta y(t)=y(t+1)-y(t) \tag{7.15}$$

而一阶差分的差分 $\Delta^2 y_t$ 称为二阶差分，即

$$\Delta^2 y_t=\Delta(\Delta y_t)=\Delta y_{t+1}-\Delta y_t=(y_{t+2}-y_{t+1})-(y_{t+1}-y_t)=y_{t+2}-2y_{t+1}+y_t \tag{7.16}$$

以此类推，可定义三阶、四阶差分。一般来说，函数 y_t 的 $n-1$ 阶差分的差分称为 n 阶差分，记为 $\Delta^n y_t$，即

$$\Delta^n y_t=\Delta^{n-1}y_{t+1}-\Delta^{n-1}y_t=\sum_{i=0}^{n}(-1)^i C_n^i y_{t+n-i} \tag{7.17}$$

一般来说，二阶及以上的差分统称为高阶差分。

差分方程是微分方程的离散化。当微分方程无法解出精确解时，可将其转换为差分方程，进而求得近似解。将含有未知函数 y_t 差分的方程称为差分方程。差分方程的一般形式为

$$F(t,y_t,\Delta y_t,\Delta^2 y_t,\cdots,\Delta^n y_t)=0 \tag{7.18}$$

差分方程中所含未知函数差分的最高阶数称为该差分方程的阶，而满足差分方程的函数则称为该差分方程的解。

7.3.2 z 变换与 z 反变换

在连续控制系统中，采用拉氏变换对系统进行研究。但拉氏变换不会应用于离散控制系统中。与连续系统中的拉氏变换相对应，在离散系统中常采用 z 变换对系统进行研究。z 变换是一种从拉氏变换中引申出来的变换方法，其实质是采样函数拉氏变换的变形。因此，z 变换又被称为采样拉氏变换，是研究线性采样控制系统的重要数学工具。

在采样控制系统中，连续信号 $f(t)$ 经过采样开关变成采样信号 $f^*(t)$，有

$$f^*(t) = \sum_{k=0}^{\infty} f(kT)\delta(t-kT) \tag{7.19}$$

对采样信号进行拉氏变换得到

$$F^*(t) = L[f^*(t)] = \sum_{k=0}^{\infty} f(kT)\mathrm{e}^{-kTs} \tag{7.20}$$

式（7.20）中含有因子 e^{-kTs}，它是 s 的超越函数。为便于应用，引入新变量 z，令

$$z=\mathrm{e}^{Ts} \tag{7.21}$$

式中，T 为采样周期；z 是在复平面上定义的一个复变量，通常称为 z 变换算子。

将 $F^*(s)$ 记为 $F(z)$，是以复变量 z 为自变量的函数。$F(z)$ 称为采样函数 $f^*(t)$ 的 z 变换，即

$$F(z) = Z[f^*(t)] = \sum_{k=0}^{\infty} f(kT)z^{-k} \tag{7.22}$$

记为

$$F(z)=Z[f^*(t)]=Z[f(t)] \tag{7.23}$$

注意，后一种表达方式是为了便于书写，并不意味着是对连续信号 $f(t)$ 进行的 z 变换，而是指采样信号 $f^*(t)$ 的 z 变换。

将式（7.22）展开得到

$$F(z)=f(0)z^0+f(T)z^{-1}+f(2T)z^{-2}+\cdots+f(kT)z^{-k}+\cdots \tag{7.24}$$

可见，采样函数的 z 变换是复变量 z 的幂级数，其中 $f(kT)$ 表示采样信号的幅值，而 z 的幂次表示采样脉冲出现的时刻，具有量值和时间的双重概念。

z 变换的求解方法主要包括了级数求和法、部分分式法和查表法三种，下面针对三种方法分别进行介绍。

1. 级数求和法

根据式（7.24）可知，采样信号 $f^*(t)$ 的 z 变换实际上是一种无穷级数。对于常用函数

的 z 变换通常都能写出闭合形式。

已知连续函数 $f(t)$，则其 z 变换为 $Z[f(t)]=\sum_{k=0}^{\infty}f(kT)z^{-k}$。对于这样一个无穷级数，可采用无穷级数求和的公式写出其闭合形式，得到 $f(t)$ 的 z 变换。

例 7.1 求解单位阶跃函数 $1(t)$ 的 z 变换。

解： 单位阶跃函数所对应的离散信号为 $1^*(nT)=1\,(n=0,1,2,\cdots,\infty)$，故根据式（7.24）得

$$1(z)=1+z^{-1}+z^{-2}+z^{-3}+\cdots+z^{-n}+\cdots$$

上式中，若 $|z^{-1}|<1$，则无穷级数收敛。利用求和公式得到单位阶跃函数 z 变换的闭合形式为

$$1(z)=\frac{1}{1-z^{-1}}=\frac{z}{z-1}\qquad(|z^{-1}|<1)$$

式中，$|z^{-1}|<1$ 是上式成立的条件。

例 7.2 已知连续函数 $f(t)=\mathrm{e}^{-at}$，$a>0$，求其 z 变换。

解： 将 $f(t)$ 写成采样信号为

$$f^*(t)=\sum_{k=0}^{\infty}\mathrm{e}^{-akT}\delta(t-kT)$$

得到

$$F^*(s)=\sum_{k=0}^{\infty}\mathrm{e}^{-akT}\mathrm{e}^{-kTs}$$

根据 $z=\mathrm{e}^{Ts}$ 得到 $f(t)$ 的 z 变换为

$$F(z)=\sum_{k=0}^{\infty}\mathrm{e}^{-akT}z^{-k}=1+\mathrm{e}^{-aT}z^{-1}+\mathrm{e}^{-2aT}z^{-2}+\mathrm{e}^{-3aT}z^{-3}\cdots$$

当 $|\mathrm{e}^{-aT}z^{-1}|<1$ 时，得到闭合的表达形式为

$$F(z)=\frac{1}{1-\mathrm{e}^{-aT}z^{-1}}=\frac{z}{z-\mathrm{e}^{-aT}}\qquad(|\mathrm{e}^{-aT}z^{-1}|<1)$$

当 $a=0$ 时，$f(t)$ 是单位阶跃函数，得到的 z 变换和例 7.1 得到的结果相同。

2. 部分分式法

部分分式法是首先求出已知连续函数 $f(t)$ 的拉氏变换 $F(s)$，然后将其展开为部分分式的形式，即

$$F(s)=\frac{b_ms^m+b_{m-1}s^{m-1}+\cdots+b_0}{a_ns^n+a_{n-1}s^{n-1}+\cdots+a_0}=\sum_{i=1}^{n}\frac{A_i}{s+p_i}\qquad(n\geqslant m)$$

使其每一部分都对应简单的函数，因而容易求解各部分的 z 变换，并最终求得 $f(t)$ 的 z 变换 $F(z)$。

例 7.3 求 $F(s)=\dfrac{1}{s(s+p)}$ 的 z 变换。

解： 用部分分式法对上式展开得

$$F(s)=\frac{1}{p}\left(\frac{1}{s}-\frac{1}{s+p}\right)$$

其原函数为

$$f(t)=\frac{1-e^{-pt}}{p}$$

根据例 7.2 的结果求出

$$F(z)=\frac{1}{p}\left(\frac{1}{1-z^{-1}}-\frac{1}{1-e^{-pT}z^{-1}}\right)=\frac{1}{p}\frac{(1-e^{-pT})z^{-1}}{(1-z^{-1})(1-e^{-pT}z^{-1})}$$

3. 查表法

若已知函数的拉氏变换，用部分分式法将其展开后，通过查阅附录中的 z 变换表求得其 z 变换。

与拉氏变换类似，z 变换也具有一些基本定理，熟练地应用这些定理可以使 z 变换变得更加简便，常用的一些定理如表 7.2 所示。

表 7.2　z 变换的相关定理

线性定理	$Z[r_1(kT)\pm r_2(kT)]=R_1(z)\pm R_2(z)$ $Z[ar(kT)]=aZ[r(kT)]=aR(z)$
位移定理	$Z[r(kT-nT)]=z^{-n}R(z)$ $Z[r(kT+nT)]=z^{n}[R(z)-\sum_{k=0}^{n-1}r(kT)z^{-k}]$
复数位移定理	$Z[e^{\mp akT}r(kT)]=R(ze^{\pm aT})$
初值定理	$\lim_{k\to 0}r(kT)=\lim_{z\to\infty}R(z)$
终值定理	$\lim_{k\to\infty}r(kT)=\lim_{z\to 1}(1-z^{-1})R(z)$

在连续系统中，拉氏反变换是拉氏变换的逆运算，其功能是将系统的传递函数转换成时间域的响应。同理在离散系统中，z 变换也存在逆变换，也就是 z 反变换。z 反变换的功能是将系统的脉冲传递函数（将在 7.3.3 节的内容中进行介绍）转换成时间域的响应。

将 $F(z)$转换为$f^*(t)$的过程称为 z 反变换，得到的函数是离散的信号而不是连续的信号，记为

$$Z^{-1}[F(z)]=f^*(t)=f(nT) \tag{7.25}$$

在进行 z 反变换时，得到的离散信号序列是单边的，即当 $n<0$ 时，$f(nT)=0$。常用的 z 反变换有长除法和部分分式法。

（1）长除法

长除法又称为幂级数法、综合除法。其原则是将 $F(z)$展开成 z^{-1}的升幂排列的幂级数，变成两个多项式的比，即

$$F(z)=\frac{b_m z^m+b_{m-1}z^{m-1}+\cdots+b_0}{a_n z^n+a_{n-1}z^{n-1}+\cdots+a_0}\quad(n\geqslant m) \tag{7.26}$$

式中，$a_i(i=1,2,\cdots,n)$和 $b_j(j=0,1,2,\cdots,m)$为常系数。通过对式（7.26）进行综合除法，得到按 z^{-1}升幂排列的幂级数展开式为

$$F(z)=c_0+c_1z^{-1}+c_2z^{-2}+\cdots+c_kz^{-k}+\cdots=\sum_{k=0}^{\infty}c_kz^{-k} \tag{7.27}$$

式（7.27）是 z 变换的定义式。z^{-k}项的系数 c_k 就是时间函数 $f(t)$ 在采样时刻 $t=kT$ 时的值，从而求得 $f(kT)$。

例 7.4 试用长除法求 $F(z)=\dfrac{z^2+z}{z^3-2z+1}$的 z 反变换。

解： 将 $F(z)$ 写成 z^{-1}的升幂形式，即

$$F(z)=\frac{z^2+z}{z^3-2z+1}=\frac{z^{-1}+z^{-2}}{1-2z^{-2}+z^{-3}}$$

利用长除法得

$$F(z)=z^{-1}+z^{-2}+2z^{-3}+z^{-4}+\cdots$$

通过查表，得到采样函数为

$$f^*(t)=\delta(t-T)+\delta(t-2T)+2\delta(t-3T)+\delta(t-4T)+\cdots$$

例 7.5 试用长除法求 $F(z)=\dfrac{z}{(z-2)(z-3)}$的 z 反变换。

解： 将 $F(z)$ 写成 z^{-1}的升幂形式，即

$$F(z)=\frac{z}{z^2-5z+6}=\frac{z^{-1}}{1-5z^{-1}+6z^{-2}}$$

利用长除法得

$$F(z)=z^{-1}+5z^{-2}+19z^{-3}+\cdots$$

通过查表，得到采样函数为

$$f^*(t)=\delta(t-T)+5\delta(t-2T)+19\delta(t-3T)+\cdots$$

（2）部分分式法

部分分式法，其实就是查表法，与部分分式展开求拉氏变换的思路类似。由于在 z 变换表中，所有的 z 变换在分子上均有一个 z 因子，因此一般都是将 $F(z)/z$ 展开成部分分式的形式后，再进行查表求得 z 反变换。

例 7.6 试用部分分式法求 $F(z)=\dfrac{z}{(z-2)(z-3)}$的 z 反变换。

解： 将 $F(z)/z$ 展开成部分分式，得

$$\frac{F(z)}{z}=\frac{1}{z^2-5z+6}=\frac{-1}{z-2}+\frac{1}{z-3}$$

则 $F(z)$ 的因式分解式为

$$F(z)=\frac{-z}{z-2}+\frac{z}{z-3}$$

通过查表，得到采样函数为

$$f^*(t)=-2^k+3^k$$

7.3.3 脉冲传递函数的定义

和连续系统一样，为有效地研究采样控制系统，需要建立相应的数学模型。对于连续控制系统，采用微分方程和传递函数对其进行描述，而对于采样控制系统，则使用差分方程和脉冲传递函数进行描述。

离散控制系统脉冲传递函数的定义是：在零初始条件下，输出离散信号的 z 变换 $C(z)$ 与输入离散信号的 z 变换 $R(z)$ 之比

$$G(z)=\frac{C(z)}{R(z)} \tag{7.28}$$

式中，$R(z)$ 为输入信号 $r(t)$ 经过采样后得到的 $r^*(t)$ 的 z 变换函数；$C(z)$ 为输出信号 $c(t)$ 经过采样后得到的 $c^*(t)$ 的 z 变换函数。零初始条件是指当 $t<0$ 时，输入的脉冲序列 $r(-T)$、$r(-2T)$、…以及输出脉冲序列 $c(-T)$、$c(-2T)$、…均为零。

通过连续系统的传递函数 $G(s)$ 求解脉冲传递函数 $G(z)$ 的过程如下：先求得 $G(s)$ 的反拉氏变换，再将得到的连续信号进行采样离散化，最后将离散化的采样信号进行 z 变换得到脉冲传递函数 $G(z)$。当然，也可以直接通过查表求得 $G(z)$，其中 $G(s)$ 对应 $F(s)$，$G(z)$ 则对应 $F(z)$，如图 7.8 所示。

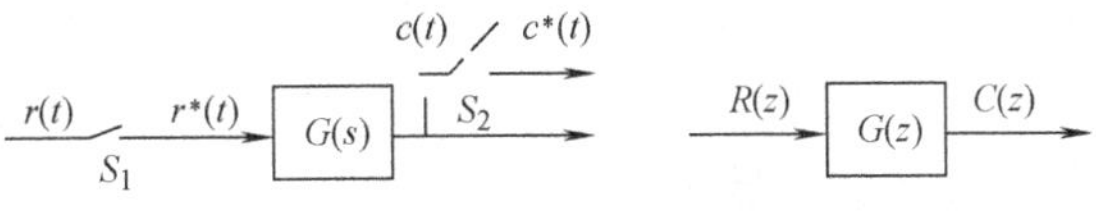

图 7.8　脉冲传递函数

7.3.4　开环系统的脉冲传递函数

在采样控制系统中，当几个环节串联或者并联的时候，其脉冲传递函数的求法与连续控制系统的求法并不完全一样。即使两个开环系统的组成部分相同，但由于采样开关的数目或者位置不同，也会导致脉冲传递函数的差异。下面分别从串联和并联两个方面对脉冲传递函数的求解进行分析。

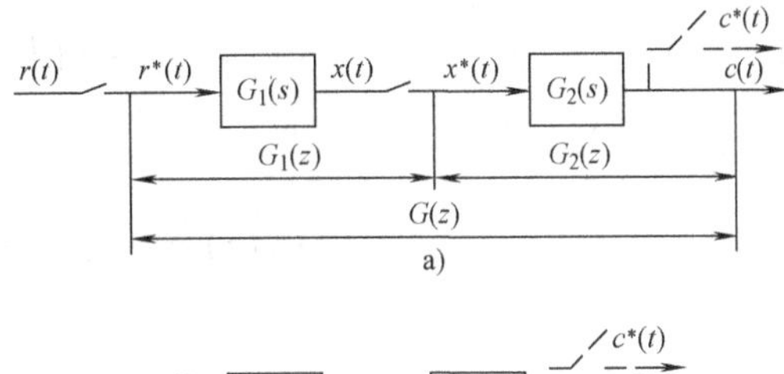

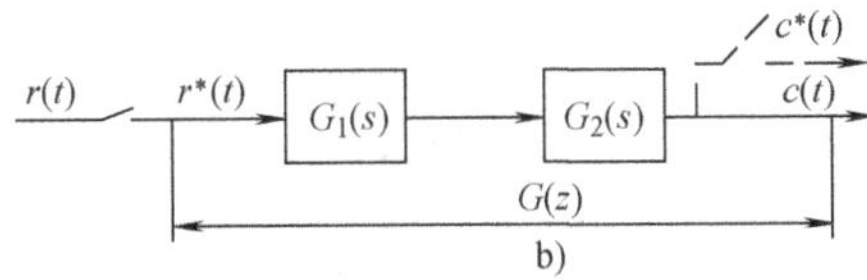

图 7.9　串联环节的两种连接形式

1. 串联环节的脉冲传递函数

当两个环节串联的时候，环节之间有存在或不存在采样开关这两种情况，如图 7.9 所示。

对于串联环节之间有采样开关的情况，如图 7.9a 所示，由于两环节由理想的采样开关隔开，根据脉冲传递函数的定义得

$$X(z)=G_1(z)R(z) \qquad C(z)=G_2(z)X(z)$$

合并得到

$$C(z)=G_2(z)X(z)=G_1(z)G_2(z)R(z)$$

因此，图 7.9a 所示的开环系统的脉冲传递函数为

$$G(z)=\frac{C(z)}{R(z)}=G_1(z)G_2(z) \tag{7.29}$$

式（7.29）表明，当两个环节串联时，由理想的采样开关将其隔开后得到的脉冲传递函数等于两个环节各自的脉冲传递函数之积。同理，将 n 个环节进行串联，并在所有的环节之间用理想的采样开关进行隔离，得到的等效脉冲传递函数等于所有环节单独的脉冲传递函数之积，即

$$G(z)=G_1(z)G_2(z)\cdots G_n(z) \tag{7.30}$$

对于串联环节之间无采样开关的情况，如图 7.9b 所示，由于环节之间没有理想采样开关进行隔离，得到脉冲传递函数为

$$G(z)=\frac{C(z)}{R(z)}=Z[G_1(s)G_2(s)]=G_1G_2(z) \tag{7.31}$$

通常情况下

$$Z[G_1(s)G_2(s)]=G_1G_2(z)\neq G_1(z)G_2(z)$$

即两个环节传递函数乘积的 z 变换不等于各环节传递函数 z 变换的乘积。因此，当两个环节串联，且无理想的采样开关将其隔开时，得到的脉冲传递函数等于两个环节传递函数的乘积经采样后的 z 变换。同理，将 n 个环节进行串联，若没有理想的采样开关进行隔离，得到的等效脉冲传递函数为

$$G(z)=Z[G_1(s)G_2(s)\cdots G_n(s)]=G_1G_2\cdots G_n(z) \tag{7.32}$$

例 7.7 假设图 7.9 中的传递函数分别为 $G_1(s)=\frac{1}{s}$，$G_2(s)=\frac{1}{s+1}$，输入信号为单位阶跃函数，试求系统在两种连接情况下的脉冲传递函数和输出的 z 变换 $C(z)$。

解： 输入为单位阶跃函数 $1(t)$，其 z 变换为

$$R(z)=Z[1(t)]=\frac{z}{z-1}$$

对于图 7.9a，有

$$G_1(z)=\frac{z}{z-1},\quad G_2(z)=\frac{z}{z-\mathrm{e}^{-T}}$$

因此

$$G(z)=G_1(z)G_2(z)=\frac{z^2}{(z-1)(z-\mathrm{e}^{-T})}$$

$$C(z)=R(z)G(z)=\frac{z^3}{(z-1)^2(z-\mathrm{e}^{-T})}$$

对于图 7.9b，有

$$G(s)=G_1(s)G_2(s)=\frac{1}{s(s+1)}$$

因此

$$G(z)=Z[G_1(s)G_2(s)]=\frac{z(1-\mathrm{e}^{-T})}{(z-1)(z-\mathrm{e}^{-T})}$$

$$C(z)=R(z)G(z)=\frac{z^2(1-\mathrm{e}^{-T})}{(z-1)^2(z-\mathrm{e}^{-T})}$$

可见，在串联环节之间有无理想的同步采样开关，其脉冲传递函数是不同的。其不同之处主要表现在零点不同，而极点是一致的。

例 7.8 求解图 7.10 中含有零阶保持器的开环系统脉冲传递函数。

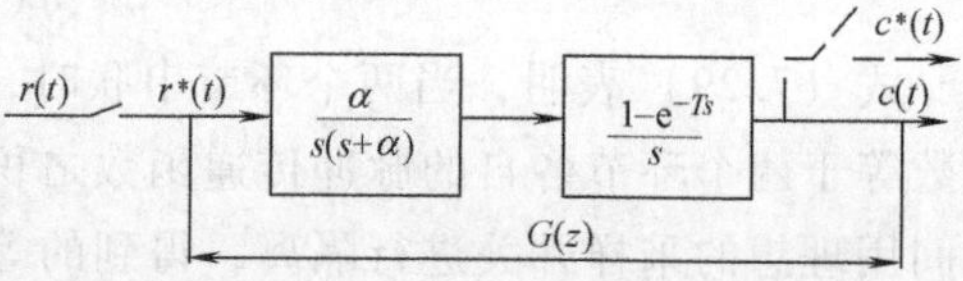

图 7.10 具有零阶保持器的开环系统

解：具有零阶保持器的开环系统的脉冲传递函数为

$$G(z)=Z[G_h(s)G_p(s)]=Z\left[\frac{1-e^{-Ts}}{s}G_p(s)\right]$$

$$=Z\left[\frac{G_p(s)}{s}-\frac{G_p(s)e^{-Ts}}{s}\right]$$

其中，$Z\left[\frac{G_p(s)e^{-Ts}}{s}\right]=z^{-1}Z\left[\frac{G_p(s)}{s}\right]$，得

$$G(z)=G_hG_p(z)=Z\left[\frac{1-e^{-Ts}}{s}G_p(s)\right]=(1-z^{-1})Z\left[\frac{G_p(s)}{s}\right]$$

当 $G_p(s)=\frac{\alpha}{s(s+\alpha)}$时，查 z 变换表，进行 z 变换，得

$$Z\left[\frac{G_p(s)}{s}\right]=Z\left[\frac{1}{s^2}-\frac{1}{\alpha s}-\frac{1}{\alpha(s+1)}\right]$$

$$=\frac{\frac{1}{\alpha}z[(e^{-\alpha T}+\alpha T-1)z+(1-\alpha Te^{-\alpha T}-e^{-\alpha T})]}{(z-1)^2(z-e^{-\alpha T})}$$

因此得到脉冲传递函数为

$$G(z)=\frac{[(e^{-\alpha T}+\alpha T-1)z+(1-\alpha Te^{-\alpha T}-e^{-\alpha T})]}{\alpha(z-1)(z-e^{-\alpha T})}$$

2. 并联环节的脉冲传递函数

并联环节如图 7.11 所示。

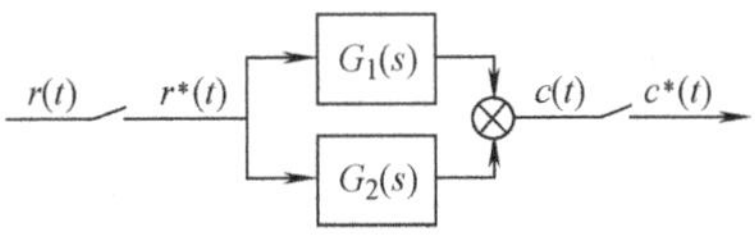

图 7.11　并联环节

根据信号之间的关系得

$$C(s)=R^*(s)[G_1(s)\pm G_2(s)]$$

$$C^*(s)=R^*(s)[G_1(s)\pm G_2(s)]^*$$

$$=R^*(s)G_1^*(s)\pm R^*(s)G_2^*(s)$$

$$C(z)=R(z)G_1(z)\pm R(z)G_2(z)$$

因此并联环节的脉冲传递函数为

$$G(z)=\frac{C(z)}{R(z)}=G_1(z)\pm G_2(z)$$

同理，n 个环节并联，当输入信号有采样开关时，其等效脉冲传递函数为所有环节的脉冲传递函数的和，即

$$G(z)=G_1(z)\pm G_2(z)\cdots G_n(z) \tag{7.33}$$

7.3.5　闭环系统的脉冲传递函数

对于闭环系统，由于采样开关在其中有多种可能，所以闭环系统脉冲传递函数的计算方法只能根据实际结构来进行计算。

1. 闭环系统脉冲传递函数的一般计算方法

一般来说，求解闭环系统脉冲传递函数的方法是根据定义进行计算，即根据系统结构列

出各变量之间的关系式，然后消除中间变量，得到脉冲传递函数。但如果系统输入的连续信号是直接作用于环节（输入信号与环节之间没有采样开关），则系统无法求出相应的脉冲传递函数，只能求得系统输出信号的 z 变换表达式。

例 7.9 根据定义求解图 7.12 所示系统输出信号的 z 变换表达式。

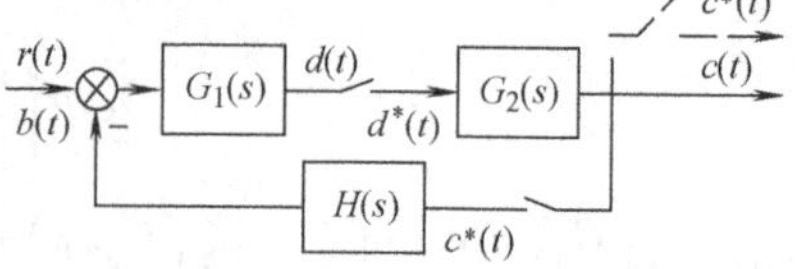

图 7.12 例 7.9 的闭环采样系统

解：环节 $G_1(s)$ 的输入为 $r(t)$，输出为 $d(t)$，得

$D(s)=G_1(s)[R(s)-B(s)]=G_1(s)R(s)-G_1(s)B(s)$

环节 $G_2(s)$ 的输入为 $d^*(t)$，输出为 $c(t)$，得

$$C(s)=G_2(s)D^*(s)$$

环节 $H(s)$ 的输入为 $c^*(t)$，输出为 $b(t)$，得

$$B(s)=H(s)C^*(s)$$

将三式合并得到

$$D(s)=G_1(s)R(s)-G_1(s)H(s)[G_2(s)D^*(s)]^*$$

采样后有

$$D^*(s)=[G_1(s)R(s)]^*-[G_1(s)H(s)]^*G_2^*(s)D^*(s)$$

取 z 变换后，整理得

$$D(z)=\frac{G_1R(z)}{1+G_1H(z)G_2(z)}$$

因为

$$C(s)=G_2(s)D^*(s)$$

采样后

$$C^*(s)=G_2^*(s)D^*(s)$$

z 变换后，得

$$Y(z)=G_2(z)D(z)=\frac{G_2(z)G_1R(z)}{1+G_1H(z)G_2(z)}$$

2. 闭环系统脉冲传递函数的简易计算方法

若反馈回路中存在至少一个采样开关，可采用简易方法计算系统闭环脉冲传递函数。其步骤为：

(1) 忽略所有的采样开关，求出连续系统的输出表达式。

(2) 对各环节乘积项逐个决定是否添加“ * ”号。分析乘积项中某项与其余相乘项，当且仅当该项与其中任一相乘项均被采样开关分隔时，该项才能打“ * ”号；否则，需相乘后才打“ * ”号。

(3) 取 z 变换，把有“ * ”号的单项中的 s 变换为 z，多项相乘后仅有一个“ * ”号的，其 z 变换等于各项传递函数乘积的 z 变换。

例 7.10 根据图 7.13 所示的系统结构图，求解该系统的脉冲传递函数。

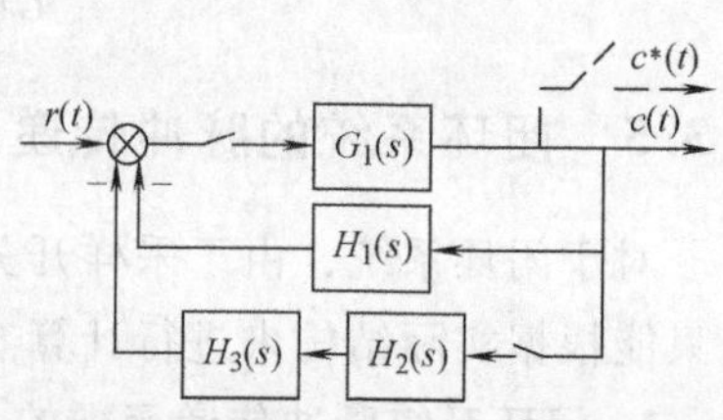

图 7.13 例 7.10 的闭环采样系统

解： 该系统在反馈回路中有采样开关，故可用简易法计算。

首先忽略所有采样开关，求得连续系统的输出表达式为

$$C(s)=\frac{G_1(s)R(s)}{1+G_1(s)[H_1(s)+H_2(s)H_3(s)]}$$

$$=\frac{G_1(s)R(s)}{1+G_1(s)H_1(s)+G_1(s)H_2(s)H_3(s)}$$

对上式进行脉冲变换（加“∗”），得

$$C^*(s)=\frac{G_1^*(s)R^*(s)}{1+[G_1(s)H_1(s)]^*+G_1^*(s)[H_2(s)H_3(s)]^*}$$

求得闭环采样系统的脉冲传递函数为

$$C(z)=\frac{G_1(z)R(z)}{1+G_1H_1(z)+G_1(z)H_2H_3(z)}$$

为了方便运算，表 7.3 列出了典型的闭环采样系统输出的 z 变换 $C(Z)$。

表 7.3　典型闭环采样系统输出的 z 变换 $C(Z)$

序号	系统结构图	$C(Z)$
1	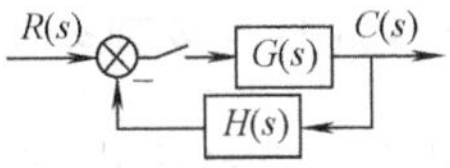	$\frac{G(z)R(z)}{1+GH(z)}$
2	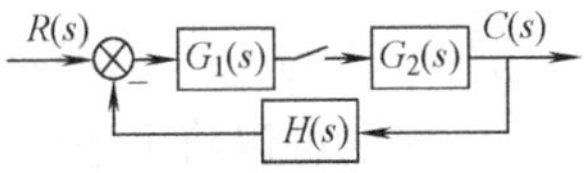	$\frac{G_2(z)RG_1(z)}{1+G_1G_2H(z)}$
3	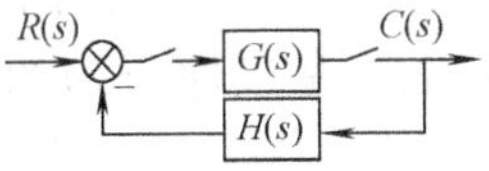	$\frac{G(z)R(z)}{1+G(z)H(z)}$
4	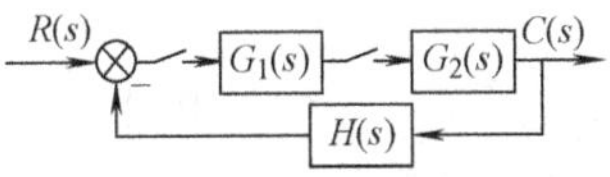	$\frac{G_1(z)G_2(z)R(z)}{1+G_1(z)G_2H(z)}$
5	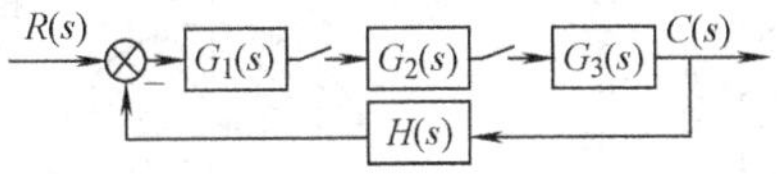	$\frac{G_2(z)G_3(z)RG_1(z)}{1+G_2(z)G_1G_3H(z)}$
6	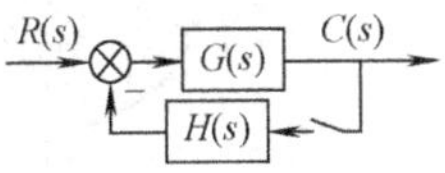	$\frac{GR(z)}{1+GH(z)}$
7	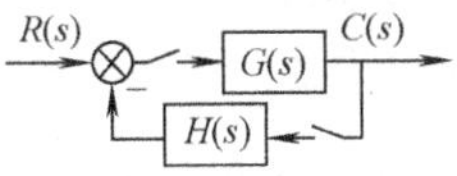	$\frac{G(z)R(z)}{1+G(z)H(z)}$
8	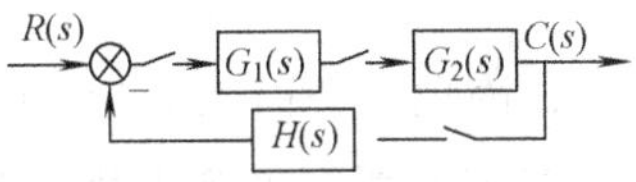	$\frac{G_1(z)G_2(z)R(z)}{1+G_1(z)G_2(z)H(z)}$

7.4 离散系统的性能分析

7.4.1 离散系统的稳定性条件和代数判据

与连续控制系统类似，在采样控制系统中也存在系统的稳定性问题，以及相应的稳定性判别方法。通过将连续系统在 s 平面上稳定性的分析结果移植到采样系统的 z 平面上，进而分析离散系统的稳定性问题。首先，需要建立 s 平面和 z 平面的映射关系。

1. s 平面到 z 平面的映射关系

根据 z 变换的定义

$$z = e^{Ts}$$

可以得到 s 平面和 z 平面的联系，且在 s 平面中任意点都可以表示成为 $s=\sigma+j\omega$，得

$$z = e^{(\sigma+j\omega)T} = e^{\sigma T}e^{j\omega T}$$

因此，由 s 平面到 z 平面的映射关系是

$$|z| = e^{\sigma T},\quad \angle z = \omega T = 2\pi\frac{\omega}{\omega_s}$$

当 $\sigma=0$ 时，在 s 平面上相当于虚轴，而当 ω 从 $-\infty$ 到 ∞ 变化时，在 z 平面上的轨迹就是以原点为圆心的单位圆，并沿着单位圆逆时针旋转了无穷圈。当 ω 从 $-\dfrac{\omega_s}{2}\sim\dfrac{\omega_s}{2}$ 变化时，z 平面上的轨迹正好旋转了一圈，从 $-\pi$ 经 0 变化为 π，半径为 1。同理，当 ω 从 $\omega_s/2\sim3\omega_s/2$ 变化时，轨迹也是旋转了一圈。由此可知，以 2π 为周期可以将 s 平面划分成多条平行于实轴的周期带，其中从 $-\omega_s/2\sim\omega_s/2$ 的周期带称为主要带，而其他周期带称为次要带。

得出结论：s 平面的虚轴映射到 z 平面上，是以原点为圆心、半径为 1 的单位圆，如图 7.14所示。

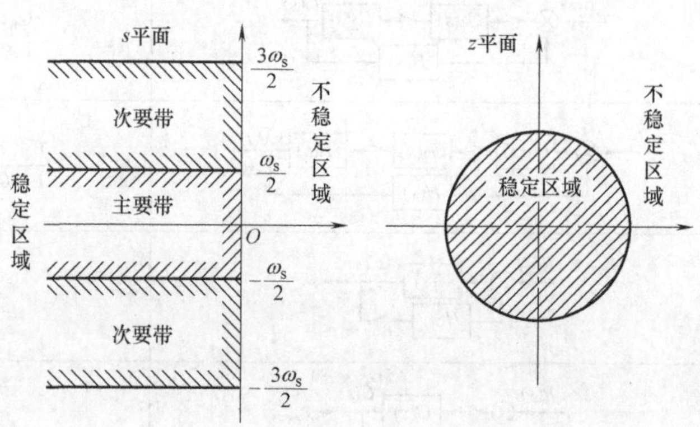

图 7.14　s 平面与 z 平面的映射关系

对于 s 平面的左半平面，其实部 $\sigma<0$，因此 z 平面上 $e^{\sigma T}$ 小于 1，无论 ω 如何变化，相应的点均处在 z 平面的单位圆内。所以，s 平面左半平面映射到 z 平面上是单位圆内部。

对于 s 平面的右半平面，其实部 $\sigma>0$，因此 z 平面上 $e^{\sigma T}$ 大于 1，无论 ω 如何变化，相应的点均处在 z 平面的单位圆外。所以，s 平面右半平面映射到 z 平面上是单位圆外部。

例 7.11 图 7.15 所示系统中，设采样周期 $T=1\text{s}$，试分析当 $K=4$ 和 $K=5$ 时系统的稳定性。

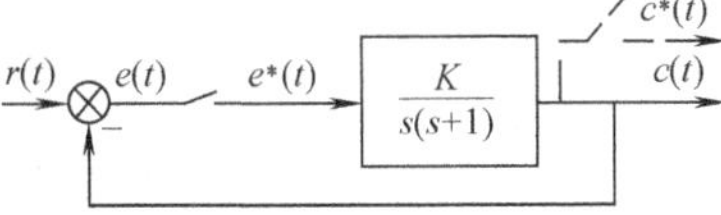

图 7.15　例 7.11 的采样控制系统

解： 系统开环脉冲传递函数为

$$G(z)=Z\left[\frac{K}{s(s+1)}\right]=KZ\left(\frac{1}{s}-\frac{1}{s+1}\right)=\frac{Kz(1-e^{-T})}{(z-1)(z-e^{-T})}$$

对应系统的闭环脉冲传递函数为

$$\Phi_{cr}(z)=\frac{R(z)}{C(z)}=\frac{G(z)}{1+G(z)}=\frac{Kz(1-e^{-T})}{(z-1)(z-e^{-T})+Kz(1-e^{-T})}$$

因此，系统的闭环特征方程为

$$(z-1)(z-e^{-T})+Kz(1-e^{-T})=0$$

（1）将 $K=4$，$T=1$ 代入方程，得

$$z^2+1.16z+0.368=0$$

解得

$$z_1=-0.580+j0.178,\ z_2=-0.580-j0.178$$

由于 z_1、z_2 均在单位圆内，所以系统是稳定的。

（2）将 $K=5$，$T=1$ 代入方程，得

$$z^2+1.792z+0.368=0$$

解得

$$z_1=-0.237,\ z_2=-1.555$$

因为 z_2 在单位圆外，所以系统是不稳定的。

2. 劳斯稳定判据在采样控制系统中的应用

在连续控制系统中，劳斯稳定判据通过特征方程的系数和符号判断系统的稳定性，其实质是判断系统的特征根是否都在 s 平面左半平面，因为 s 平面的左半平面是系统的稳定区域。然而在采样控制系统内，系统的稳定区域是在单位圆内，因此无法通过劳斯稳定判据直接进行判定，需要将 z 平面单位圆内的部分映射到 w 平面的左半平面后，才能进行套用。这种将 z 平面单位圆内的部分映射到 w 平面的左半平面的线性变换称为双线性变换。

令

$$z=\frac{w+1}{w-1} \tag{7.34}$$

则有

$$w=\frac{z+1}{z-1} \tag{7.35}$$

由式（7.34）和（7.35）可知，复变量 z 和 w 互为线性变换，故 w 变换又称为双线性变换。令复变量

$$z=x+jy,\ w=u+jv$$

代入式（7.35），得

$$w = u + \mathrm{j}v = \frac{x + \mathrm{j}y + 1}{x + \mathrm{j}y - 1} = \frac{x^2 + y^2 - 1}{(x-1)^2 + y^2} - \mathrm{j}\frac{2y}{(x-1)^2 + y^2} \tag{7.36}$$

在 w 平面中，虚轴为 $u=0$，其对应到 z 平面是

$$x^2 + y^2 - 1 = 0$$

即为 z 平面中的单位圆，说明 w 平面中虚轴对应到 z 平面就是单位圆。当 $u<0$ 时，对应 $x^2+y^2<1$，表明 w 平面的左半平面对应到 z 平面的单位圆内；当 $u>0$ 时，对应 $x^2+y^2>1$，表明 w 平面的右半平面对应到 z 平面的单位圆外。其对应关系如图 7.16 所示。

例 7.12 已知系统结构图如图 7.17 所示，采样周期 $T=0.1\mathrm{s}$。试用劳斯稳定判据确定系统稳定的 K 值范围。

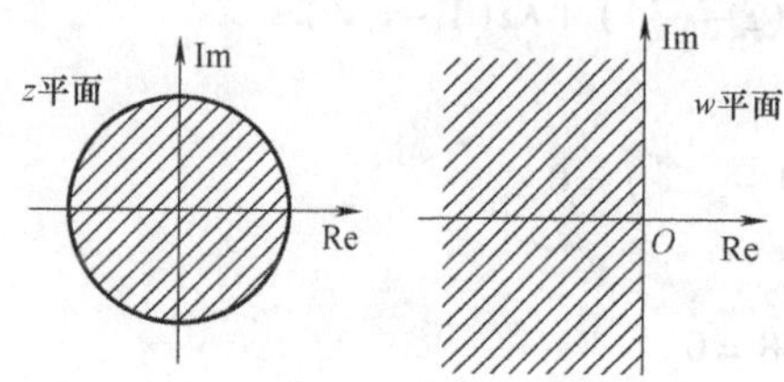

图 7.16 z 平面和 w 平面的对应关系

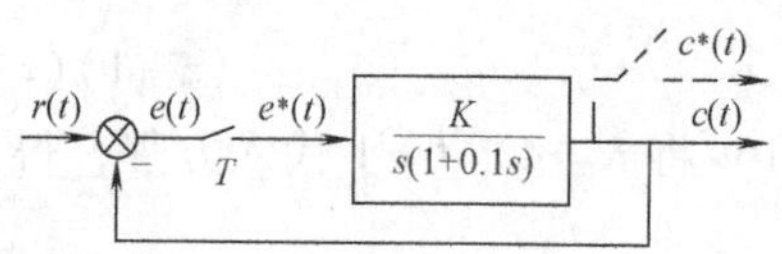

图 7.17 例 7.12 的采样控制系统结构图

解： 系统开环传递函数为

$$G(z) = Z\left[\frac{K}{s(0.1s+1)}\right] = KZ\left(\frac{1}{s} - \frac{1}{s+10}\right) = \frac{(1-\mathrm{e}^{-10T})Kz}{(z-1)(z-\mathrm{e}^{-10T})}$$

代入 $T=0.1\mathrm{s}$，$\mathrm{e}^{-1}=0.368$，所以

$$G(z) = \frac{0.632Kz}{z^2 - 1.368z + 0.368}$$

特征方程为

$$D(z) = 1 + G(z) = 0$$

即

$$D(z) = z^2 + (0.632K - 1.368)z + 0.368 = 0$$

将 $z = \frac{w+1}{w-1}$ 代入上式得

$$\left(\frac{w+1}{w-1}\right)^2 + (0.632K - 1.368)\left(\frac{w+1}{w-1}\right) + 0.368 = 0$$

化简后得

$$0.632Kw^2 + 1.264w + (2.736 - 0.632K) = 0$$

列出劳斯表

$$\begin{array}{lll} w^2 & 0.632K & 2.736-0.632K \\ w^1 & 1.264 & \\ w^0 & 2.736-0.632K & \end{array}$$

为使第一列各元素均大于零，有 $K>0$，$2.736-0.632K>0$，所以

$$0<K<4.32$$

上面应用了劳斯稳定判据来判别采样系统的稳定性。

7.4.2 离散系统的稳态误差

对于离散系统，由于其结构形式多样，因此没有一种一般性的计算公式求解误差脉冲传递函数 $\Phi_e(z)$。离散系统的稳态误差需要针对不同形式的离散系统分别进行求解。如图 7.18 所示，该系统的采样误差信号为

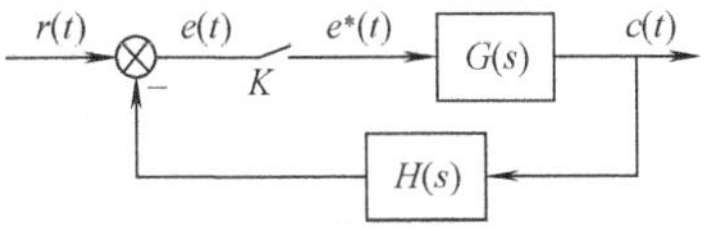

$$E(z)=R(z)-C(z)=[1-\Phi(z)]R(z)=\Phi_e(z)R(z)$$

图 7.18 采样系统的结构图

式中，$\Phi_e(z)$ 为误差脉冲传递函数，有

$$\Phi_e(z)=\frac{E(z)}{R(z)}=\frac{1}{1+GH(z)}$$

假设系统为稳定系统，则根据终值定理可求得系统的稳态误差为

$$e_{ss}=\lim_{k\to\infty}e(kT)=\lim_{z\to1}(z-1)E(z)=\lim_{z\to1}(z-1)\frac{1}{1+GH(z)}R(z) \tag{7.37}$$

由式（7.37）可知，离散系统的稳态误差不仅与系统的结构和参数有关，还和系统的输入 $r(t)$ 以及采样周期 T 有关。

类似于连续系统，在离散系统中，开环脉冲传递函数也有极点，而且脉冲传递函数 $G(z)$ 的极点与传递函数 $G(s)$ 的极点是一一对应的。由转换关系式 $z=e^{sT}$ 可知，连续系统中 $s=0$ 的极点对应到离散系统中就是 $z=1$ 的极点。因此，根据类似的系统型号的标准，离散脉冲传递函数根据 $G(z)$ 中 $z=1$ 的极点数 v，将系统分为 0 型、Ⅰ型、Ⅱ型等离散系统。

1. 单位阶跃输入时的稳态误差

当系统的输入为单位阶跃函数 $r(t)=1(t)$ 时，其 z 变换为

$$R(z)=\frac{z}{z-1}$$

由式（7.37）得到离散系统的稳态误差为

$$e_{ss}=\lim_{z\to1}(z-1)\frac{1}{1+GH(z)}\frac{z}{z-1}=\lim_{z\to1}\frac{1}{1+GH(z)}=\frac{1}{1+K_p} \tag{7.38}$$

式中，令 $K_p=\lim\limits_{z\to1}GH(z)$，称为静态位置误差系数。

若 $GH(z)$ 没有 $z=1$ 的极点，即 0 型系统，则 $K_p\neq\infty$，而 $e_{ss}\neq0$，因此其稳态误差为一有限常数。而对于Ⅰ型及其以上的系统，因为 $GH(z)$ 存在 $z=1$ 的极点，因此 $K_p=\infty$，故其稳态误差 $e_{ss}=0$。也就是说，在单位阶跃函数作用下，0 型系统具有有限常数的位置误差，Ⅰ型及其以上的离散系统在采样瞬间没有误差。这与连续系统十分类似。

2. 单位速度输入时的稳态误差

当系统的输入为单位速度函数 $r(t)=t$ 时，其 z 变换为

$$R(z)=\frac{Tz}{(z-1)^2}$$

由式（7.30）得到离散系统的稳态误差为

$$e_{ss}=\lim_{z\to1}(z-1)\frac{1}{1+GH(z)}\frac{Tz}{(z-1)^2}=\lim_{z\to1}\frac{1}{\frac{1}{T}(z-1)GH(z)}=\frac{1}{K_v} \tag{7.39}$$

式中，令 $K_v=\frac{1}{T}\lim_{z\to1}(z-1)GH(z)$，称为静态速度误差系数。

若 $GH(z)$没有 $z=1$ 的极点，即 0 型系统，则 $K_p=0$，而 $e_{ss}=\infty$，因此其稳态误差为无限大。而对于Ⅰ型系统，因为 $GH(z)$存在一个 $z=1$ 的极点，因此 $K_p\neq\infty$，故其稳态误差$e_{ss}\neq\infty$，为一有限的常数。而对于Ⅱ型及其以上的系统，因为 $GH(z)$存在两个及以上 $z=1$ 的极点，因此 $K_p=\infty$，故其稳态误差 $e_{ss}=0$。因此，在单位速度函数作用下，0 型系统的误差无穷大，Ⅰ型具有有限常数的误差，而Ⅱ型及其以上的离散系统在采样瞬间没有误差。

3. 单位加速度输入时的稳态误差

当系统的输入为单位加速度函数 $r(t)=\frac{1}{2}t^2$ 时，其 z 变换为

$$R(z)=\frac{T^2(z+1)}{2(z-1)^3}$$

由式（7.37）得到离散系统的稳态误差为

$$e_{ss}=\lim_{z\to1}(z-1)\frac{1}{1+GH(z)}\frac{T^2(z+1)}{2(z-1)^3}$$

$$=\lim_{z\to1}\frac{1}{\frac{1}{T^2}(z-1)^2GH(z)}=\frac{1}{K_a} \tag{7.40}$$

式中，令 $K_a=\frac{1}{T^2}\lim_{z\to1}(z-1)^2GH(z)$，称为静态加速度误差系数。

对于 0 型或Ⅰ型系统，其 $K_p=0$，$e_{ss}=\infty$，因此稳态误差为无限大。而对于Ⅱ型系统，因为 $GH(z)$存在两个 $z=1$ 的极点，因此 $K_p\neq\infty$，故其稳态误差 $e_{ss}\neq\infty$，为一有限的常数。对于Ⅱ型以上的系统，因为 $GH(z)$存在两个以上 $z=1$ 的极点，因此 $K_p=\infty$，故其稳态误差 $e_{ss}=0$。因此，在单位加速度函数作用下，0 型和Ⅰ型系统的误差无穷大，Ⅱ型具有有限常数的误差，而Ⅱ型以上的离散系统在采样瞬间没有误差。

离散系统的稳态误差，除了与采样周期 T 有关外，在形式上与连续控制系统完全类似，如表 7.4 所示。

表 7.4 单位反馈离散系统的稳态误差

系统类型	单位阶跃函数 $r(t)=1(t)$	单位速度函数 $r(t)=t$	单位加速度函数 $r(t)=\frac{1}{2}t^2$
0 型	$\frac{1}{K_p}$	∞	∞
Ⅰ型	0	$\frac{1}{K_v}$	∞
Ⅱ型	0	0	$\frac{1}{K_a}$
Ⅲ型及其以上	0	0	0

例 7.13 采样系统的框图如图 7.19 所示。设采样周期 $T=0.1\text{s}$，试确定系统分别在单位阶跃、单位斜坡和单位抛物线函数输入信号作用下的稳态误差。

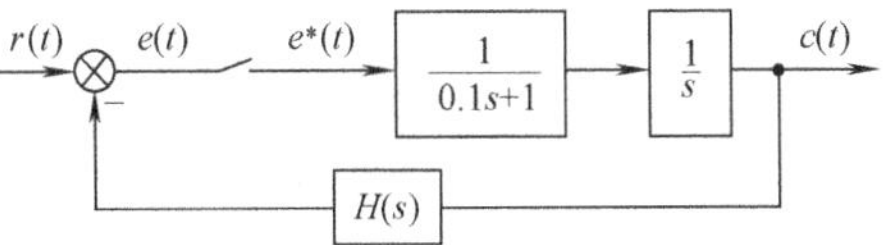

图 7.19 例 7.13 的采样控制系统的框图

解： 系统的开环脉冲传递函数为

$$G(z)=Z\left[\frac{1}{s(0.1s+1)}\right]=\frac{z(1-\mathrm{e}^{-1})}{(z-1)(z-\mathrm{e}^{-1})}$$

$$=\frac{0.632z}{(z-1)(z-0.368)}$$

求稳态误差之前必须先确定系统是稳定的，否则求稳态误差没有意义。

系统闭环特征方程为

$$D(z)=(z-1)(z-0.368)+0.632z=z^2-0.736z+0.368=0$$

令 $z=\dfrac{w+1}{w-1}$代入上式，求得

$$D(w)=0.632w^2+1.264w+2.104=0$$

由于系数均大于零，所以系统是稳定的。

静态位置误差系数为

$$K_{\mathrm{p}}=\lim_{z\to1}G(z)=\lim_{z\to1}\frac{0.632z}{(z-1)(z-0.368)}=\infty$$

静态速度误差系数为

$$K_{\mathrm{v}}=\frac{1}{T}\lim_{z\to1}(z-1)G(z)=\frac{1}{0.1}\lim_{z\to1}\frac{0.632z}{z-0.368}=10$$

静态加速度误差系数为

$$K_{\mathrm{a}}=\frac{1}{T^2}\lim_{z\to1}(z-1)^2G(z)=\frac{1}{0.1^2}\lim_{z\to1}(z-1)\frac{0.632z}{z-0.368}=0$$

所以，不同输入信号作用下的稳态误差分别为

单位阶跃输入信号作用下 $e_{\mathrm{ss}}=\dfrac{1}{1+K_{\mathrm{p}}}=0$

单位斜坡输入信号作用下 $e_{\mathrm{ss}}=\dfrac{1}{K_{\mathrm{v}}}=\dfrac{1}{10}=0.1$

单位抛物线输入信号作用下 $e_{\mathrm{ss}}=\dfrac{1}{K_{\mathrm{a}}}=\infty$

实际上，若从结构图鉴别出系统属Ⅰ型系统，则可根据表 7.4 的结论，直接得出上述结果，而不必逐步计算。

7.4.3 离散系统的动态性能

和连续控制系统一样，对于离散控制系统，同样要研究它的动态性能。而对其动态性能的研究，也主要是研究离散控制系统脉冲传递函数闭环极点在 z 平面上的分布情况，从而了解系统的动态性能。和连续系统不同，离散系统在 z 平面的稳定区域是单位圆内部。因此，对于离散系统闭环脉冲传递函数极点位置的研究，也是围绕单位圆来进行的，而不是虚轴。

设某闭环传递函数为

$$\Phi(s) = \frac{b_m z^m + b_{m-1} z^{m-1} + \cdots + b_1 z + b_0}{a_n z^n + a_{n-1} z^{n-1} + \cdots + a_1 z + a_0} = K\frac{\prod_{i=1}^{m}(z - z_i)}{\prod_{j=1}^{n}(z - p_j)} = K\frac{P(z)}{D(z)} \quad m \leqslant n$$

式中，$z_i(i=1,2,\cdots,m)$为$\Phi(s)$系统的闭环零点，$p_j(j=1,2,\cdots,n)$为$\Phi(s)$系统的闭环极点，它们既可以是实数，也可以是共轭的复数。为便于讨论，假定$\Phi(s)$无重极点。

当输入信号为单位阶跃信号时，$r(t)=1(t)$，离散系统输出的z变换为

$$C(z) = K\frac{P(z)}{D(z)}\frac{z}{z-1}$$

部分展开得

$$\frac{C(z)}{z} = K\frac{P(z)}{D(z)}\frac{1}{z-1} + \sum_{j=1}^{n}\frac{C_j}{z-p_j} \tag{7.41}$$

取z反变换，得

$$c(kT) = C_0 + \sum_{j=1}^{n} C_j p_j^k \qquad (k = 0,1,2,\cdots) \tag{7.42}$$

式（7.42）为系统的离散输出序列。其中，第一项 C_0 是稳态分量；第二项 $\sum_{j=1}^{n} C_j p_j^k c(kT)$ 是动态分量，它决定了闭环极点的性质及其在z平面上的位置。

1. 实轴上的闭环单极点

实轴上闭环单极点的位置与系统动态过程之间的关系表示如图 7.20 所示。

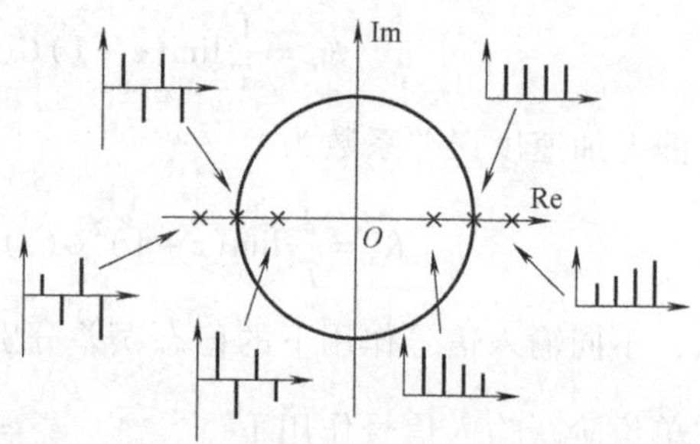

图 7.20　闭环单极点分布与相应的动态形式

（1）当极点 p_j 为正实数时

若 $p_j>1$，闭环单极点位于z平面上单位圆外的正实轴上，所对应的响应是发散的，因此系统是不稳定的。

若 $p_j=1$，闭环单极点位于右半z平面单位圆上，所对应的响应是等幅序列的，因此系统为临界稳定的。

若 $p_j<1$，闭环单极点位于右半z平面单位圆内，所对应的响应是衰减的，因此系统是稳定的。且 p_j 离原点越近，衰减速度越快。

（2）当极点 p_j 为负实数时

若 $p_j<-1$，闭环单极点位于z平面上单位圆外的负实轴上，所对应的响应是正负交替振荡发散的，因此系统是不稳定的。

若 $p_j=-1$，闭环单极点位于左半z平面单位圆上，所对应的响应是正负交替等幅序列的，因此系统是临界稳定的。

若 $p_j>-1$，闭环单极点位于左半z平面单位圆内，所对应的响应是正负交替衰减的，因此系统是稳定的。且 p_j 离原点越近，衰减速度越快。

2. 当极点 p_j 为共轭复数时

当 p_j 为复数时，必为共轭复数的形式成对出现。闭环复数极点位置与系统动态响应之间的关系表示如图 7.21 所示。

若 $|p_j|>1$，闭环复数极点位于 z 平面上的单位圆外，所对应的响应是振荡发散的，因此系统是不稳定的。

若 $|p_j|=1$，闭环复数极点位于 z 平面上的单位圆上，所对应的响应是等幅振荡的，因此系统是临界稳定的。

若 $|p_j|<1$，闭环复数极点位于 z 平面上的单位圆内，所对应的响应是振荡收敛的，因此系统是稳定的。但复数极点位于左半单位圆内所对应的振荡频率要高于位于右半单位圆内的振荡频率。

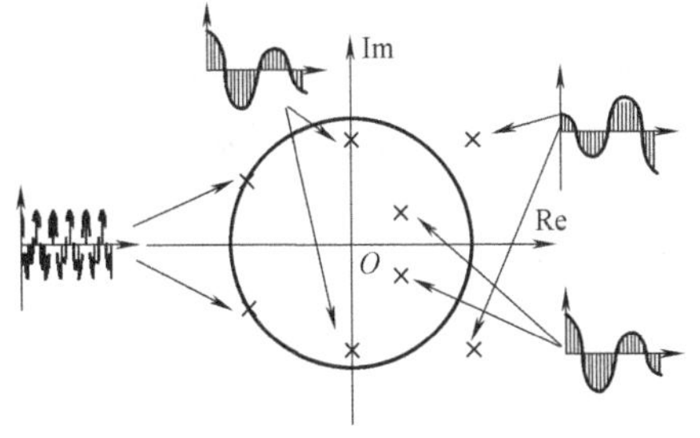

图 7.21　闭环复数极点分布与相应的动态响应形式

由此可见，离散控制系统的动态特性与闭环极点的分布密切相关。当 p_j 为实数并位于左半单位圆内时，其输出的衰减信号交替变号，严重影响了系统的动态性能。因此一般设计离散控制系统时，会将其闭环极点设置在 z 平面右半单位圆内，且尽量靠近原点，以加速其衰减速度。

7.5　应用 MATLAB 进行离散系统分析

在 MATLAB 中建立一个离散系统模型，除了需要提供一个采样时间以外，方法基本上和连续系统一样。

例 7.14　建立一个离散传递函数如下，采样时间为 $Ts=0.1s$。

$$H(z)=\frac{z-1}{z^2-1.85z+0.9}$$

在 MATLAB 命令窗口输入

```
num = [1   -1];
den = [1 -1.85   0.9 ];
H = tf(num,den,0.1)
```

输出结果为

```
Transfer function:
          z  -1
------------------
z^2  -1.85z  +  0.9
Sampling time: 0.1
```

或者也可以这样输入，结果一样：

```
z = tf('z',0.1);
H = (z-1)/(z^2-1.85*z+0.9);
```

如果想要知道一个系统是否是离散的，有几种判断方法：

1）输出结果显示有非零的采样时间，如例 7.14 的输出。

2）用命令 sys. Ts 或 get（sys,'Ts'）返回一个非零的采样时间。

3）判断离散系统的命令 isdt（sys）返回结果为 true（非零）。

例 7.15 判断例 7.14 的传递函数 H 是否为离散系统。

在 MATLAB 命令窗口输入

```
H.Ts
```

结果为

```
ans =
    0.1000
```

或者输入

```
isdt (H)
```

结果为

```
ans =
    1
```

以上结果只要非零即可判断系统是离散的。

如果离散模型已经建立好的话，可以用和连续系统相同的命令分析系统。

例 7.16 求例 7.14 系统的阶跃响应和频率响应。

输入 step（H），结果如图 7.22 所示。

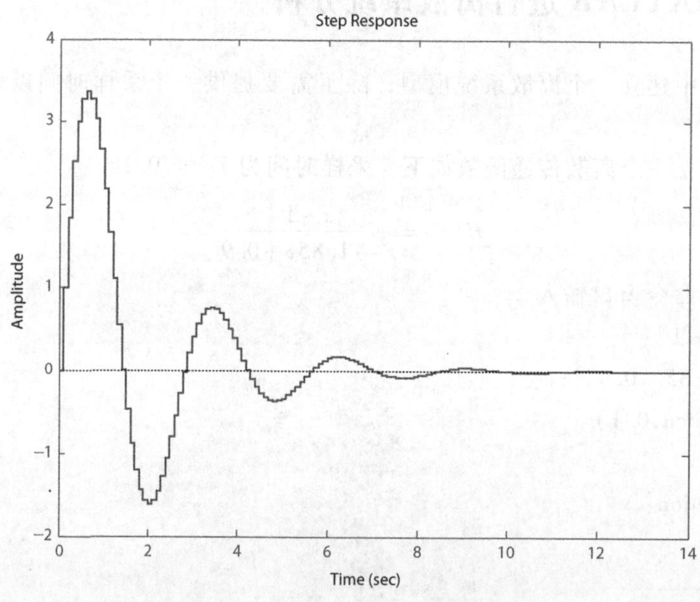

图 7.22 例 7.16 的阶跃响应图

输入 bode（H），grid，结果如图 7.23 所示。

图 7.22 中阶跃响应曲线呈现阶梯样，图 7.23 的伯德图中出现了垂直竖线，这些都是采样系统的特点。

分析离散系统的时域和频域响应，也可以在连续系统命令前加上 d 来用，如单位阶跃响应 dstep、冲激响应 dimpulse、任意输入下响应 dlsim、伯德图分析 dbode 和奈奎斯特图分析 dnyquist。需要注意的是，使用 dbode、dnyquist 命令时，除了需要输入离散系统模型，还需要输入采样时间。

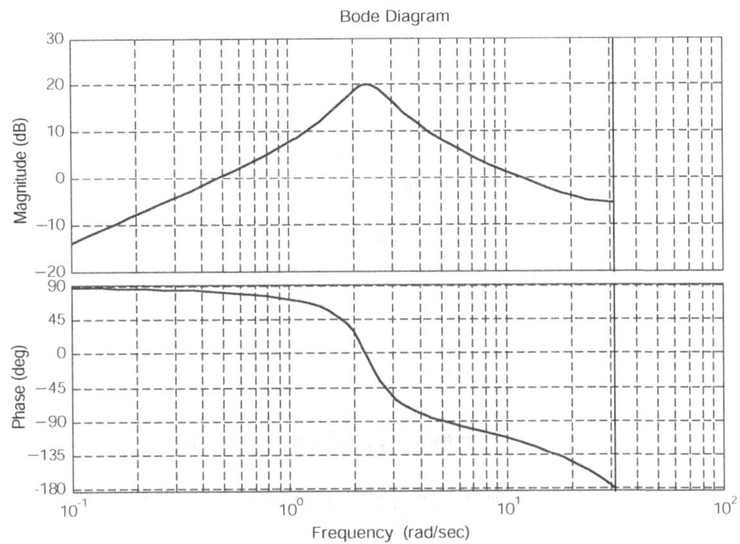

图 7.23　例 7.16 的伯德图

7.6　案例分析与设计

某电动机速度控制系统如图 7.24 所示。该控制系统采用计算机进行控制，因此属于离散控制系统。其等效框图如图 7.25 所示。

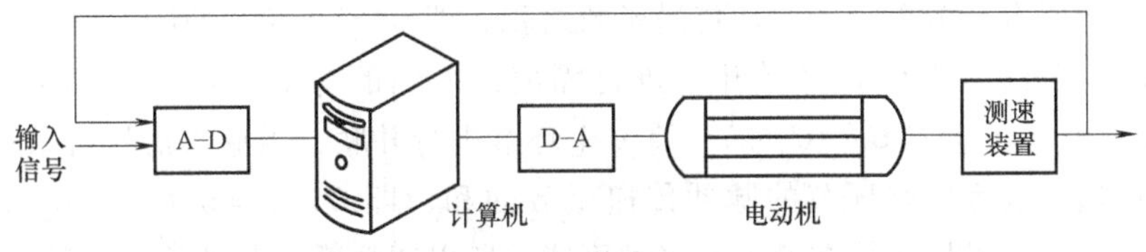

图 7.24　某电动机速度控制系统

现按单位斜坡输入设计系统，其中 $T=1(\mathrm{s})$。假定 $T_m=1$，$K_v/i=10$，则电动机的等效传递函数为 $G(s)=\dfrac{10}{s(s+1)}$。

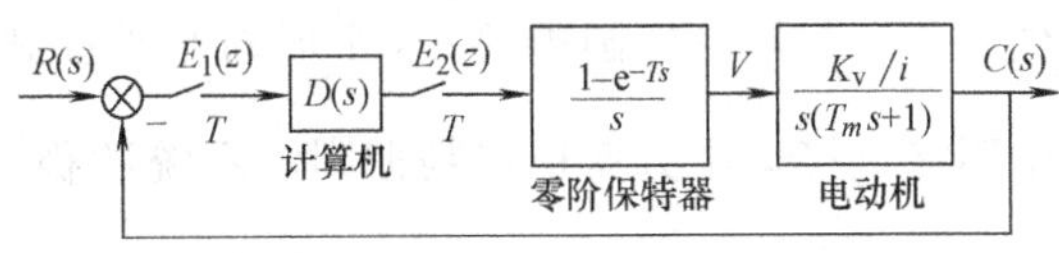

图 7.25　电动机速度控制系统的框图

系统的开环传递函数为

$$G(s)=G(s)G_h(s)=\frac{10(1-e^{-sT})}{s^2(s+1)}$$

由于

$$Z\left[\frac{1}{s^2(s+1)}\right]=\frac{Tz}{(z-1)^2}-\frac{(1-e^{-T})z}{(z-1)(z-e^{-T})}$$

得到

$$G(z)=10(1-z^{-1})\left[\frac{Tz}{(z-1)^2}-\frac{(1-e^{-T})z}{(z-1)(z-e^{-T})}\right]=\frac{3.68z^{-1}(1+0.717z^{-1})}{(1-z^{-1})(1-0.368z^{-1})}$$

根据输入信号 $r(t)=t$ 和最小拍系统的理论，闭环脉冲传递函数和误差脉冲传递函数为

$$\Phi(z)=2z^{-1}(1-0.5z^{-1})，\ \Phi_e(z)=(1-z^{-1})^2$$

根据此结果可以求得控制器的脉冲传递函数为

$$D(z)=\frac{\Phi(z)}{G(z)\Phi_e(z)}=\frac{0.543(1-0.368z^{-1})(1-0.5z^{-1})}{(1-z^{-1})(1+0.717z^{-1})}$$

7.7 本章小结

信号的采样是将连续信号转换为离散信号的过程，一般使用采样开关进行。香农定理指出能够由采样脉冲序列无失真地再现原连续信号所允许的最低采样频率 $\omega_s=\frac{2\pi}{T}\geqslant 2\omega_{max}$。在采样控制系统中，将采样信号转换为原连续信号的过程称为信号的恢复过程，此过程一般是通过低通滤波器来实现的。

离散控制系统脉冲传递函数的定义：在零初始条件下，输出离散信号的 z 变换 $C(z)$ 与输入离散信号的 z 变换 $R(z)$ 之比 $G(z)=\frac{C(z)}{R(z)}$。其中，$R(z)$ 为输入信号 $r(t)$ 经过采样后得到的 $r^*(t)$ 的 z 变换函数，而 $C(z)$ 为输出信号 $c(t)$ 经过采样后得到的 $c^*(t)$ 的 z 变换函数。

将 n 个环节进行串联，并在所有的环节之间用理想的采样开关进行隔离，得到的等效脉冲传递函数等于所有环节单独的脉冲传递函数之积，即 $G(z)=G_1(z)G_2(z)\cdots G_n(z)$。将 n 个环节进行串联，若没有理想的采样开关进行隔离，得到的等效脉冲传递函数为 $G(z)=Z[G_1(s)G_2(s)\cdots G_n(s)]=G_1G_2\cdots G_n(z)$。将 n 个环节进行并联，当输入信号有采样器开关时，其等效脉冲传递函数为所有环节的脉冲传递函数的和，即 $G(z)=G_1(z)\pm G_2(z)\cdots G_n(z)$。对于闭环系统，由于采样开关在其中有多种可能，所以闭环系统脉冲传递函数的计算方法只能根据实际结构来进行计算。

s 平面的虚轴映射到 z 平面上，是以原点为圆心、半径为 1 的单位圆。s 平面左半平面映射到 z 平面上是单位圆内部；s 平面右半平面映射到 z 平面上是单位圆外部。在离散控制系统中不能直接运用劳斯稳定判据判定系统的稳定性，因此需要通过双线性变换 $z=\frac{w+1}{w-1}$ 将 z 平面单位圆内的部分映射到 s 平面的左半平面后，才能进行套用。

在单位阶跃函数作用下，0 型离散系统具有有限常数的误差，Ⅰ型及其以上的离散系统没有误差；在单位速度函数作用下，0 型离散系统的误差无穷大，Ⅰ型具有有限常数的误差，Ⅱ型及其以上的离散系统没有误差；在单位加速度函数作用下，0 型和Ⅰ型离散系统的误差无穷大，Ⅱ型具有有限常数的误差，而Ⅱ型以上的离散系统没有误差。

思考题与习题

7-1　试求下列函数的 z 变换。

（1）$f(t)=1+e^{-2t}$　（2）$f(t)=e^{-\alpha t}\sin\omega t$　（3）$f(t)=t^2e^{-3t}$　（4）$f(t)=t^2$

7-2　求下列拉氏变换式的 z 变换。

（1）$\dfrac{1}{s(s+2)(s+3)}$　（2）$\dfrac{1}{(s+1)^2}$　（3）$\dfrac{s+1}{s^2}$　（4）$\dfrac{a}{s(s+a)}$

7-3　求下列函数的 z 反变换（式中 $T=1$s）。

（1）$\dfrac{z}{z+a}$　（2）$\dfrac{z(1-e^{-T})}{(z-1)(z-e^{-T})}$　（3）$\dfrac{z}{(z-1)^2(z-2)}$

（4）$\dfrac{10z}{(z-1)(z-2)}$　（5）$\dfrac{z(z-e^{-\alpha T})}{(z-1)(z-e^{-\alpha T})}$　（6）$\dfrac{-3+z^{-1}}{1-2z^{-1}+z^{-2}}$

7-4　求下列函数的脉冲序列。

（1）$F(z)=\dfrac{z}{(z+1)^2}$　（2）$F(z)=\dfrac{z}{(z-1)(z+0.5)^2}$

7-5　求解下列微分方程的响应 $c(k)$

（1）$c(k+2)+2c(k+1)+c(k)=r(k)$，其中 $r(k)=k$，$c(0)=0$，$c(1)=0$。

（2）$c(k+2)-6c(k+1)+8c(k)=r(k)$，其中 $r(k)=1$，$c(0)=0$。

（3）$c(k+3)+6c(k+2)+11c(k+1)+6c(k)=2k$，其中 $c(0)=c(1)=0$，$c(2)=0$。

7-6　求图 7.26 中系统的脉冲传递函数。假定图中采样开关是同步的。

7-7　图 7.27 为一采样控制系统，采样周期 $T=0.25$s，求输入作用下系统的输出响应。

7-8　系统如图 7.28 所示，分别求出 $T=1$s 及 $T=0.5$s 时，系统临界稳定时的 K 值，并讨论采样周期 T 对稳定性的影响。

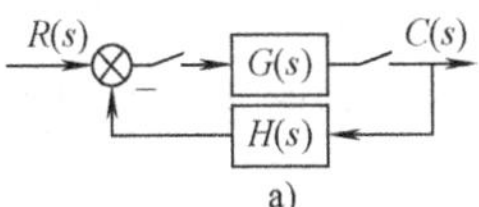

a)

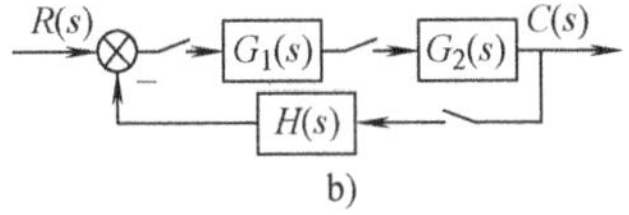

b)

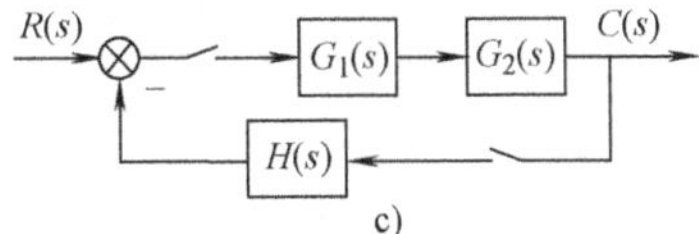

c)

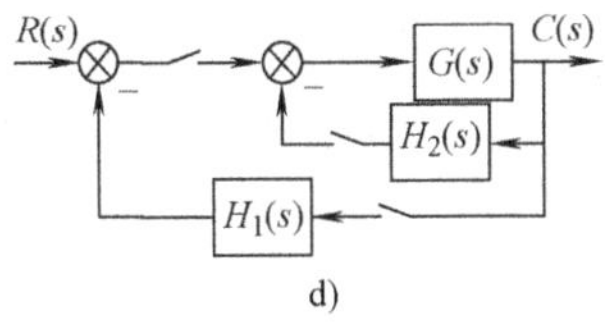

d)

图 7.26　采样控制系统的结构图

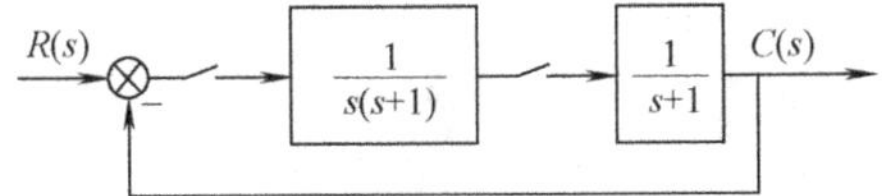

图 7.27　采样控制系统的结构图

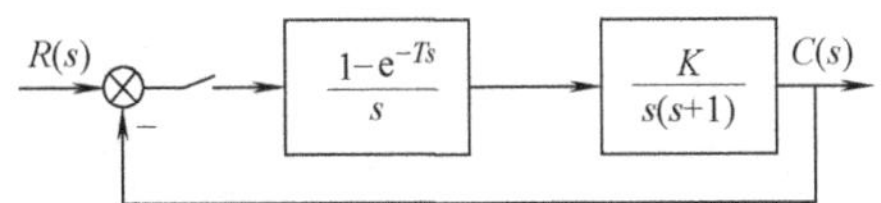

图 7.28　采样控制系统的结构图

7-9　已知采样控制系统的特征方程式 $D(z)$，判断系统是否稳定。

（1）$D(z)=z^2+3z+1=0$　（2）$D(z)=z^3+2z^2+4z+6=0$

（3）$D(z)=z^4+0.2z^3+2z^2+z+1=0$

（4）$D(z)=(z+2)(z+1)(z+1.5)=0$

7-10　已知系统结构图如图 7.28 所示，其中 $K=1$，$T=0.1$s，输入为 $u(t)=1(t)+t$，试用静态误差系数法求稳态误差。

7-11　已知系统结构图如图 7.29 所示，其中 $K=10$，$T=0.2$s，输入为 $u(t)=1(t)+3t+2t^2$，试用静态误差系数法求稳态误差。

7-12　采样系统的结构图如图 7.30 所示，其中 $G_1(s)=\frac{1-e^{-Ts}}{s}$，$G_2(s)=\frac{K}{s+1}$，$H(s)=\frac{s+1}{K}$，两个采样开关的采样周期相等，均为 $T=0.1\text{s}$，试确定使闭环系统稳定的 K 值范围。

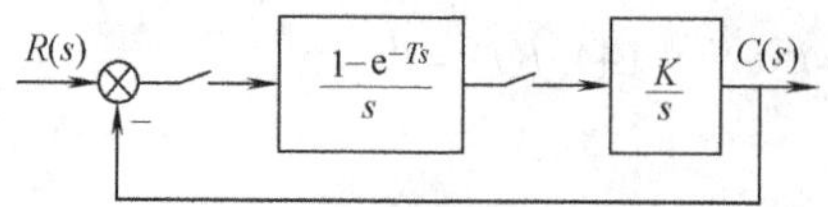

图 7.29　采样控制系统的结构图

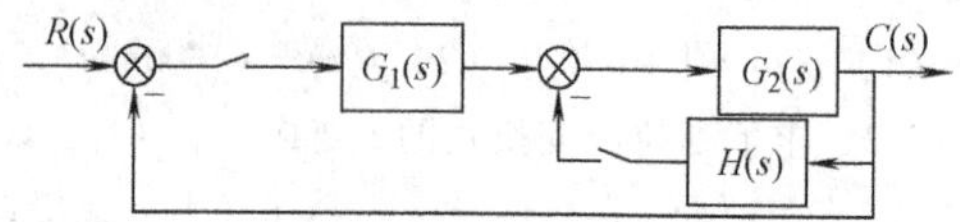

图 7.30　采样控制系统的结构图

7-13　已知某离散系统的脉冲传递函数为

$$\Phi(z)=\frac{z}{(z-1)^2(z-2)}$$

要求用 MATLAB 语言：

（1）绘制系统的单位阶跃响应曲线。

（2）由绘出的阶跃响应曲线判断系统的稳定性。

第 8 章　现代控制理论初步

在前面的各章中讲述的是经典控制理论的内容，本章将初步讲述现代控制理论的一些基础内容。这两者在研究对象、解决方法、数学工具等方面有诸多的不同。

经典控制理论主要以传递函数为基础，采用复域分析方法，由此建立起来的频率特性和根轨迹等图解解析设计法，对于单输入单输出系统极为有效，至今仍在广泛成功地使用。

现代控制理论主要以状态空间法为基础，采用时域分析方法。与传递函数相比，用状态空间模型表示物理系统有很多优点。第一，状态空间方程更适于表示复杂系统，如多输入多输出系统、时变系统等；第二，除系统输出的信息外，状态空间方程还可提供系统内部状态的情况；第三，采用状态反馈的系统在一定条件下可以任意配置极点位置，从而得到理想的系统动态性能。

8.1　控制系统的状态空间描述

控制系统的时域表示是现代控制理论和系统优化理论的基础，其重要性就像经典控制理论中确定系统的传递函数一样。所谓时域，是指以时间为基本变量域，采用时间尺度 t 来描述系统及其响应。控制系统的时域表示即在时域内建立起来的控制系统数学模型，也就是控制系统的状态空间描述。

8.1.1　状态变量和状态空间方程

系统的状态空间模型是建立在状态、状态空间概念的基础之上的。为此，首先对系统、状态、状态空间等基本概念进行定义和讨论。

状态变量是指足以完全描述系统运动状态的最小个数的一组变量。这里完全描述的意思是如果给定了 $t=t_0$ 时刻这组变量的值和 $t\geqslant t_0$ 时输入的时间函数，那么系统在 $t\geqslant t_0$ 的任何瞬间的行为就完全确定了。最小个数意味着这组变量是互相独立的。也即是说，状态变量是系统的一组变量，只要知道这组变量的初值、输入量和描述动态系统的微分方程，就能完全确定系统的未来状态和输出响应。

一个用 n 阶微分方程式描述的系统，就有 n 个独立的状态变量，通常记作 $x_1(t)$，$x_2(t)$ $\cdots,x_n(t)$。当这 n 个独立变量的时间响应都求得时，系统的运动状态也就被揭示无遗了。因此，可以说该系统的状态变量就是 n 阶系统的 n 个独立变量。

以系统的这 n 维状态变量为基底就构成了 n 维**状态空间**。当一个动态系统的状态变量确定后，由系统状态变量构成的一阶微分方程组称为**状态方程**；系统输出量与状态变量、输入量的关系称为**输出方程**。在状态空间中描述这个动态系统的状态方程和输出方程的组合，称为**状态空间方程**或**状态空间表达式**。它既表征了输入对于系统内部状态的因果关系，又反映了内部状态对于外部输出的影响，所以状态空间表达式是对系统的一种完全的描述。

由于系统状态变量的选择是非唯一的，因此状态空间表达式也是非唯一的。

8.1.2 线性定常连续系统状态空间表达式的建立

用图 8.1 所示的 *RLC* 电路说明如何建立线性定常连续系统的状态空间表达式。

此系统有两个独立储能元件，即电容 C 和电感 L，故用二阶微分方程式描述该系统，所以应有两个状态变量。可以设 u_C 和 i 作为此系统的两个状态变量，根据电工学原理，写出两个含有状态变量的一阶微分方程式：

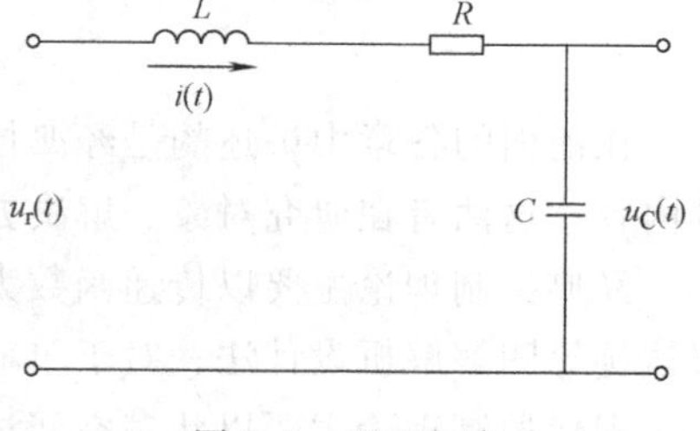

图 8.1 *RLC* 电路

$$C\frac{\mathrm{d}u_C}{\mathrm{d}t}=i$$

$$L\frac{\mathrm{d}i}{\mathrm{d}t}+Ri+u_C=u$$

亦即

$$\dot{u}_C=\frac{1}{C}i \tag{8.1}$$

$$\dot{i}=-\frac{1}{L}u_C-\frac{R}{L}i+\frac{1}{L}u$$

设状态变量 $x_1=u_C$，$x_2=i$，则该系统的状态方程为

$$\dot{x}_1=\frac{1}{C}x_2$$

$$\dot{x}_2=-\frac{1}{L}x_1-\frac{R}{L}x_2+\frac{1}{L}u$$

写成向量矩阵形式为

$$\begin{bmatrix}\dot{x}_1\\ \dot{x}_2\end{bmatrix}=\begin{bmatrix}0 & \frac{1}{C}\\ -\frac{1}{L} & -\frac{R}{L}\end{bmatrix}\begin{bmatrix}x_1\\ x_2\end{bmatrix}+\begin{bmatrix}0\\ \frac{1}{L}\end{bmatrix}\boldsymbol{u} \tag{8.2a}$$

简记为

$$\dot{\boldsymbol{x}}=\boldsymbol{A}\boldsymbol{x}+\boldsymbol{b}u$$

式中

$$\boldsymbol{x}=\begin{bmatrix}x_1\\ x_2\end{bmatrix},\ \boldsymbol{A}=\begin{bmatrix}0 & \frac{1}{C}\\ -\frac{1}{L} & -\frac{R}{L}\end{bmatrix},\ \boldsymbol{b}=\begin{bmatrix}0\\ \frac{1}{L}\end{bmatrix}$$

为正确理解状态空间的基本概念，需要注意状态变量的非唯一性。因为系统内部变量的个数大于选取状态的维数 n，而任意 n 个线性无关的内部变量都可能取为系统的状态变量。在图 8.1 所示电路中也可以改选 u_C 和 $\dot{u}_C$ 作为两个状态变量，即令 $x_1=u_C$，$x_2=\dot{u}_C$，则该系统的状态方程为

$$\dot{x}_1=x_2$$

$$\dot{x}_2 = -\frac{1}{LC}x_1 - \frac{R}{L}x_2 + \frac{1}{LC}u$$

即

$$\begin{bmatrix} \dot{x}_1 \\ \dot{x}_2 \end{bmatrix} = \begin{bmatrix} 0 & 1 \\ -\frac{1}{LC} & -\frac{R}{L} \end{bmatrix}\begin{bmatrix} x_1 \\ x_2 \end{bmatrix} + \begin{bmatrix} 0 \\ \frac{1}{LC} \end{bmatrix}\boldsymbol{u} \tag{8.2b}$$

比较式（8.2a）和式（8.2b），显然，对于同一系统，选取的状态变量不同，状态方程也不同。

输出方程中输出量由系统任务确定或给定。例如，在图 8.1 所示系统中，指定 $x_1 = u_C$ 作为输出，用 y 表示，则有

$$y = u_C \tag{8.3}$$

或

$$y = x_1$$

式（8.3）就是图 8.1 所示系统的输出方程，它的矩阵表示式为

$$\boldsymbol{y} = [1 \quad 0]\begin{bmatrix} x_1 \\ x_2 \end{bmatrix}$$

或

$$\boldsymbol{y} = \boldsymbol{cx}$$

一般地，线性定常连续系统的状态空间表达式可简写为

$$\begin{aligned} \dot{\boldsymbol{x}} &= \boldsymbol{Ax} + \boldsymbol{Bu} \\ \boldsymbol{y} &= \boldsymbol{Cx} + \boldsymbol{Du} \end{aligned} \tag{8.4}$$

式中，$\boldsymbol{x}$ 为 n 维状态矢量；$\boldsymbol{u}$ 为 r 维输入（或控制）矢量；$\boldsymbol{y}$ 为 m 维输出矢量；$\boldsymbol{A}$ 为 $n \times n$ 维系数矩阵；$\boldsymbol{B}$ 为 $n \times r$ 维控制矩阵；$\boldsymbol{C}$ 为 $m \times n$ 维输出矩阵；$\boldsymbol{D}$ 为 $m \times r$ 维直接传递输入矩阵，也称为关联矩阵，即

$$\boldsymbol{A} = \begin{bmatrix} a_{11} & a_{12} & \cdots & a_{1n} \\ a_{21} & a_{22} & \cdots & a_{2n} \\ \vdots & \vdots & & \vdots \\ a_{n1} & a_{n2} & \cdots & a_{nn} \end{bmatrix}, \quad \boldsymbol{B} = \begin{bmatrix} b_{11} & b_{12} & \cdots & b_{1r} \\ b_{21} & b_{22} & \cdots & b_{2r} \\ \vdots & \vdots & & \vdots \\ b_{n1} & b_{n2} & \cdots & b_{nr} \end{bmatrix}$$

$$\boldsymbol{C} = \begin{bmatrix} c_{11} & c_{12} & \cdots & c_{1n} \\ c_{21} & c_{22} & \cdots & c_{2n} \\ \vdots & \vdots & & \vdots \\ c_{m1} & c_{m2} & \cdots & c_{mn} \end{bmatrix}, \quad \boldsymbol{D} = \begin{bmatrix} d_{11} & d_{12} & \cdots & d_{1r} \\ d_{21} & d_{22} & \cdots & d_{2r} \\ \vdots & \vdots & & \vdots \\ d_{m1} & d_{m2} & \cdots & d_{mr} \end{bmatrix}$$

采用矢量-矩阵方程形式使复杂的多输入多输出系统的数学表达式得以简化，当系统状态变量的数目、输入变量的数目或输出变量的数目增加时，并不增加方程的复杂性。

8.1.3 状态空间表达式的线性变换

由 8.1.2 节的内容可知，对于一个给定的定常系统，选取的不同状态变量，状态空间表达式也就不同。但它们描述了同一线性系统，因此在各状态空间表达式所选取的状态矢量之间，实际上存在着一种矢量的线性变换。

设给定系统为

$$\begin{aligned}\dot{\boldsymbol{x}} &= \boldsymbol{A}\boldsymbol{x}+\boldsymbol{B}\boldsymbol{u},\boldsymbol{x}(0)=\boldsymbol{x}_0\\ \boldsymbol{y}&=\boldsymbol{C}\boldsymbol{x}+\boldsymbol{D}\boldsymbol{u}\end{aligned} \tag{8.5}$$

总可以找到任意一个非奇异矩阵 $\boldsymbol{T}$，将原状态矢量 $\boldsymbol{x}$ 作线性变换，得到另一状态矢量 $\boldsymbol{z}$。设变换关系为 $\boldsymbol{x}=\boldsymbol{T}\boldsymbol{z}$，即 $\boldsymbol{z}=\boldsymbol{T}^{-1}\boldsymbol{x}$，代入式（8.5），可得到新的状态空间表达式为

$$\begin{aligned}\dot{\boldsymbol{z}} &= \boldsymbol{T}^{-1}\boldsymbol{A}\boldsymbol{T}\boldsymbol{z}+\boldsymbol{T}^{-1}\boldsymbol{B}\boldsymbol{u};\boldsymbol{z}(0)=\boldsymbol{T}^{-1}\boldsymbol{x}(0)=\boldsymbol{T}^{-1}\boldsymbol{x}_0\\ \boldsymbol{y}&=\boldsymbol{C}\boldsymbol{T}\boldsymbol{z}+\boldsymbol{D}\boldsymbol{u}\end{aligned} \tag{8.6}$$

通常称 $\boldsymbol{T}$ 为变换矩阵。由于 $\boldsymbol{T}$ 的选择非唯一，故状态空间表达式也不是唯一的。

线性变换不改变状态方程的特征值，不改变系统的输入输出关系，也就是说并不会改变系统原有的性质。这可以从线性变换前后特征值的不变性体现。线性变换前特征值为 $|\lambda\boldsymbol{I}-\boldsymbol{A}|=0$ 的根，线性变换后式（8.6）的特征值为 $|\lambda\boldsymbol{I}-\boldsymbol{T}^{-1}\boldsymbol{A}\boldsymbol{T}|$ 的根，而

$$\begin{aligned}|\lambda\boldsymbol{I}-\boldsymbol{T}^{-1}\boldsymbol{A}\boldsymbol{T}| &= |\lambda\boldsymbol{T}^{-1}\boldsymbol{T}-\boldsymbol{T}^{-1}\boldsymbol{A}\boldsymbol{T}| = |\boldsymbol{T}^{-1}\lambda\boldsymbol{T}-\boldsymbol{T}^{-1}\boldsymbol{A}\boldsymbol{T}|\\ &= |\boldsymbol{T}^{-1}(\lambda\boldsymbol{I}-\boldsymbol{A})\boldsymbol{T}| = |\boldsymbol{T}^{-1}||\lambda\boldsymbol{I}-\boldsymbol{A}||\boldsymbol{T}|\\ &= |\boldsymbol{T}^{-1}\boldsymbol{T}||\lambda\boldsymbol{I}-\boldsymbol{A}| = |\lambda\boldsymbol{I}-\boldsymbol{A}|\end{aligned}$$

故线性变换为等价变换。

对系统进行线性变换的目的在于使 $\boldsymbol{T}^{-1}\boldsymbol{A}\boldsymbol{T}$ 规范化，成为某种标准型，如能控标准型、能观标准型、约当标准型等，以便于揭示系统特性及分析计算。

8.1.4 传递函数与状态方程之间的转换

1. 状态空间表达式到传递函数

设系统的状态空间表达式为

$$\begin{aligned}\dot{\boldsymbol{x}} &= \boldsymbol{A}\boldsymbol{x}+\boldsymbol{B}\boldsymbol{u}\\ \boldsymbol{y}&=\boldsymbol{C}\boldsymbol{x}+\boldsymbol{D}\boldsymbol{u}\end{aligned} \tag{8.7}$$

令初始条件为零，求拉氏变换式，得

$$\boldsymbol{X}(s)=(s\boldsymbol{I}-\boldsymbol{A})^{-1}\boldsymbol{B}\boldsymbol{U}(s)$$

$$\boldsymbol{Y}(s)=[\boldsymbol{C}(s\boldsymbol{I}-\boldsymbol{A})^{-1}\boldsymbol{B}+\boldsymbol{D}]\boldsymbol{U}(s)$$

则系统的传递函数矩阵表达式为

$$\boldsymbol{\Phi}(s)=\frac{\boldsymbol{Y}(s)}{\boldsymbol{U}(s)}=\boldsymbol{C}(s\boldsymbol{I}-\boldsymbol{A})^{-1}\boldsymbol{B}+\boldsymbol{D} \tag{8.8}$$

$\boldsymbol{\Phi}(s)$ 是一个 $m\times r$ 维矩阵函数，即

$$\boldsymbol{\Phi}(s)=\begin{bmatrix}\Phi_{11}(s) & \Phi_{12}(s) & \cdots & \Phi_{1r}(s)\\ \Phi_{21}(s) & \Phi_{22}(s) & \cdots & \Phi_{2r}(s)\\ \vdots & \vdots & & \vdots\\ \Phi_{m1}(s) & \Phi_{m2}(s) & \cdots & \Phi_{mr}(s)\end{bmatrix}$$

其中各元素 $\Phi_{ij}(s)$都是标量函数，它表征第 j 个输入对第 i 个输出的传递关系。当 $i\neq j$ 时，意味着不同标号的输入与输出有相互关联，称为耦合关系，这正是多变量系统的特点。

应当指出，对于同一系统，尽管其状态空间表达式是非唯一的，但是用不同的状态矢量描述系统，并不影响其传递函数矩阵，同一系统的传递函数矩阵是唯一的。这一点可证明如下：

对于已知系统如式（8.7），其传递函数矩阵为式（8.8）。当作坐标变换，即令 $\boldsymbol{z}=\boldsymbol{T}^{-1}\boldsymbol{x}$时，该系统的状态空间表达式变为

$$\dot{\boldsymbol{z}}=\boldsymbol{T}^{-1}\boldsymbol{A}\boldsymbol{T}\boldsymbol{z}+\boldsymbol{T}^{-1}\boldsymbol{B}\boldsymbol{u}$$

$$\boldsymbol{y}=\boldsymbol{C}\boldsymbol{T}\boldsymbol{z}+\boldsymbol{D}\boldsymbol{u}$$

那么对应上式的传递函数矩阵 $\tilde{\boldsymbol{\Phi}}(s)$应为

$$\begin{aligned}\tilde{\boldsymbol{\Phi}}(s)&=\boldsymbol{C}\boldsymbol{T}(s\boldsymbol{I}-\boldsymbol{T}^{-1}\boldsymbol{A}\boldsymbol{T})^{-1}\boldsymbol{T}^{-1}\boldsymbol{B}+\boldsymbol{D}=\boldsymbol{C}[\boldsymbol{T}(s\boldsymbol{I}-\boldsymbol{T}^{-1}\boldsymbol{A}\boldsymbol{T})^{-1}\boldsymbol{T}]\boldsymbol{B}+\boldsymbol{D}\\&=\boldsymbol{C}[\boldsymbol{T}(s\boldsymbol{I})\boldsymbol{T}^{-1}-\boldsymbol{T}\boldsymbol{T}^{-1}\boldsymbol{A}\boldsymbol{T}\boldsymbol{T}^{-1}]^{-1}\boldsymbol{B}+\boldsymbol{D}\\&=\boldsymbol{C}(s\boldsymbol{I}-\boldsymbol{A})^{-1}\boldsymbol{B}+\boldsymbol{D}=\boldsymbol{\Phi}(s)\end{aligned}$$

即对于同一系统，其传递函数矩阵并没有改变。

例 8.1 试将下列系统状态方程变换为传递函数：

$$\dot{x}_1=x_2\qquad \dot{x}_2=-6x_1-5x_2+u$$

$$y=x_1+x_2$$

解：首先将状态方程和输出方程用矢量-矩阵形式表示，即

$$\dot{\boldsymbol{x}}=\begin{bmatrix}0 & 1\\ -6 & -5\end{bmatrix}\boldsymbol{x}+\begin{bmatrix}0\\1\end{bmatrix}\boldsymbol{u}\qquad \boldsymbol{y}=[1\quad 1]\boldsymbol{x}$$

由式（8.8）可求出系统的传递函数为

$$\boldsymbol{\Phi}(s)=\boldsymbol{C}(s\boldsymbol{I}-\boldsymbol{A})^{-1}\boldsymbol{b}=[1\quad 1]\begin{bmatrix}s & -1\\ 6 & s+5\end{bmatrix}^{-1}\begin{bmatrix}0\\1\end{bmatrix}=[1\quad 1]\frac{\begin{bmatrix}s+5 & 1\\ -6 & s\end{bmatrix}}{s^2+5s+6}\begin{bmatrix}0\\1\end{bmatrix}=\frac{s+1}{s^2+5s+6}$$

2. 传递函数到状态空间表达式

单输入单输出系统的传递函数为

$$\Phi(s)=\frac{Y(s)}{U(s)}=\frac{b_ms^m+b_{m-1}s^{m-1}+\cdots+b_1s+b_0}{s^n+a_{n-1}s^{n-1}+\cdots+a_1s+a_0}\qquad (n\geqslant m)\tag{8.9}$$

由于状态方程的表示不是唯一的，因此传递函数式（8.9）到状态方程的转换也不是唯一

的，可以对应多个状态方程。

在实际应用中，常常根据所研究问题的需要，将传递函数变换成相应的几种标准形式。常用的标准型有能控标准型、能观标准型、对角或约当标准型。下面通过举例说明几种变换方式。

例 8.2 求下列传递函数的状态空间方程：

$$\Phi(s)=\frac{Y(s)}{U(s)}=\frac{s^2+6s+5}{s^3+9s^2+26s+24}$$

要求采用不同的转换方法分别得到能控标准型、能观标准型和对角标准型的状态空间表达式。

（1）得到能控标准型

引入中间变量 $V(s)$，使 $\Phi(s)=\frac{Y(s)}{U(s)}=\frac{Y(s)V(s)}{V(s)U(s)}$。

设$\frac{V(s)}{U(s)}=\frac{1}{s^3+9s^2+26s+24}$，$\frac{Y(s)}{V(s)}=s^2+6s+5$，得到 $\dddot{v}+9\ddot{v}+6\dot{v}+4v=u$，$\ddot{v}+6\dot{v}+5v=y$

设 $x_1=v$，$x_2=\dot{x}_1$，$x_3=\dot{x}_2$，则

$$\dot{x}_1=x_2,\ \dot{x}_2=x_3,\ \dot{x}_3=-24x_1-26x_2-9x_3+u$$

$$y=5x_1+6x_2+x_3$$

可得到状态空间表达式为

$$\begin{bmatrix}\dot{x}_1\\ \dot{x}_2\\ \dot{x}_3\end{bmatrix}=\begin{bmatrix}0&1&0\\0&0&1\\-24&-26&-9\end{bmatrix}\begin{bmatrix}x_1\\x_2\\x_3\end{bmatrix}+\begin{bmatrix}0\\0\\1\end{bmatrix}\boldsymbol{u},\boldsymbol{y}=\begin{bmatrix}5&6&1\end{bmatrix}\begin{bmatrix}x_1\\x_2\\x_3\end{bmatrix}$$

如上式这种形式称为能控标准型。如果系统传递函数用式（8.9）定义，则对应的**能控标准型**的一般表达式为

$$\begin{bmatrix}\dot{x}_1\\ \dot{x}_2\\ \vdots\\ \dot{x}_{n-1}\\ \dot{x}_n\end{bmatrix}=\begin{bmatrix}0&1&0&\cdots&0\\0&0&1&\cdots&0\\ \vdots&\vdots&\vdots&&\vdots\\0&0&0&\cdots&1\\-a_0&-a_1&-a_2&\cdots&-a_{n-1}\end{bmatrix}\begin{bmatrix}x_1\\x_2\\ \vdots\\x_{n-1}\\x_n\end{bmatrix}+\begin{bmatrix}0\\0\\0\\ \vdots\\1\end{bmatrix}\boldsymbol{u},\ \boldsymbol{y}=\begin{bmatrix}b_0&b_1&b_2&\cdots&b_{n-1}\end{bmatrix}\begin{bmatrix}x_1\\x_2\\ \vdots\\x_{n-1}\\x_n\end{bmatrix}\tag{8.10}$$

数学上形如式（8.10）中的 $\boldsymbol{A}$ 矩阵形式的矩阵称为**友矩阵**。友矩阵的特点是主对角线上方的元素均为1；最后一行的元素与其特征多项式的系数有一一对应关系；而其余元素均为零。

（2）得到能观标准型

同样也可以通过设状态变量得到能观标准型。由于能观标准型与能控标准型互为对偶，因此也可以通过能控标准型写出。

能观标准型的一般表达式为

$$\begin{bmatrix}\dot{x}_1\\ \dot{x}_2\\ \vdots\\ \dot{x}_{n-1}\\ \dot{x}_n\end{bmatrix}=\begin{bmatrix}0&0&0&\cdots&-a_0\\ 1&0&0&\cdots&-a_1\\ 0&1&0&\cdots&-a_2\\ \vdots&\vdots&\vdots&&\vdots\\ 0&0&0&\cdots&-a_{n-1}\end{bmatrix}\begin{bmatrix}x_1\\ x_2\\ \vdots\\ x_{n-1}\\ x_n\end{bmatrix}+\begin{bmatrix}b_0\\ b_1\\ b_2\\ \vdots\\ b_{n-1}\end{bmatrix}\boldsymbol{u},\ \boldsymbol{y}=[0\ \ 0\ \ 0\ \ \cdots\ \ 1]\begin{bmatrix}x_1\\ x_2\\ \vdots\\ x_{n-1}\\ x_n\end{bmatrix} \tag{8.11}$$

对照式（8.11）的形式，例 8.2 的能观表达式可写为

$$\begin{bmatrix}\dot{x}_1\\ \dot{x}_2\\ \dot{x}_3\end{bmatrix}=\begin{bmatrix}0&0&-24\\ 1&0&-26\\ 0&1&-9\end{bmatrix}\begin{bmatrix}x_1\\ x_2\\ x_3\end{bmatrix}+\begin{bmatrix}5\\ 6\\ 1\end{bmatrix}\boldsymbol{u},\ \boldsymbol{y}=[0\ \ 0\ \ 1]\begin{bmatrix}x_1\\ x_2\\ x_3\end{bmatrix}$$

（3）得到对角标准型

原式可分解为部分分式之和，即

$$\Phi(s)=\frac{Y(s)}{U(s)}=\frac{s^2+6s+5}{s^3+9s^2+26s+24}=-\frac{\frac{3}{2}}{s+4}+\frac{4}{s+3}-\frac{\frac{3}{2}}{s+2}$$

设 $X_1(s)=\dfrac{1}{s+4}U(s)$，则有 $\dot{x}_1=-4x_1+u$。

设 $X_2(s)=\dfrac{1}{s+3}U(s)$，则有 $\dot{x}_2=-3x_2+u$。

设 $X_3(s)=\dfrac{1}{s+2}U(s)$，则有 $\dot{x}_3=-2x_3+u$。

由 $Y(s)=-\dfrac{3}{2}X_1(s)+4X_2(s)-\dfrac{3}{2}X_3(s)$，有 $y=-\dfrac{3}{2}x_1+4x_2-\dfrac{3}{2}x_3$，所以系统的状态空间表达式可写为

$$\begin{bmatrix}\dot{x}_1\\ \dot{x}_2\\ \dot{x}_3\end{bmatrix}=\begin{bmatrix}-4&0&0\\ 0&-3&0\\ 0&0&-2\end{bmatrix}\begin{bmatrix}x_1\\ x_2\\ x_3\end{bmatrix}+\begin{bmatrix}1\\ 1\\ 1\end{bmatrix}\boldsymbol{u},\ y(t)=\begin{bmatrix}-\frac{3}{2}&4&-\frac{3}{2}\end{bmatrix}\begin{bmatrix}x_1\\ x_2\\ x_3\end{bmatrix}$$

这种形式称为系统的对角标准型，也称为特征值标准型。由于系统的特征根有两种情况，对应的一般表达式也有两种情况，下面对应式（8.9）分别讨论。

A. 具有互异根情况

此时式（8.9）可以写成

$$\Phi(s)=\frac{b_ms^m+b_{m-1}s^{m-1}+\cdots+b_1s+b_0}{(s-\lambda_1)(s-\lambda_2)\cdots(s-\lambda_n)} \tag{8.12}$$

式中，λ_1，λ_2，…，λ_n 为系统的特征根。

将其展开成部分分式：

$$\Phi(s)=\frac{Y(s)}{U(s)}=\frac{c_1}{s-\lambda_1}+\frac{c_2}{s-\lambda_2}+\cdots+\frac{c_n}{s-\lambda_n}=\sum_{i=1}^{n}\frac{c_i}{s-\lambda_i} \tag{8.13}$$

该系统的**对角标准型**状态空间表达式可写为

$$\begin{bmatrix}\dot{x}_1\\\dot{x}_2\\\vdots\\\dot{x}_{n-1}\\\dot{x}_n\end{bmatrix}=\begin{bmatrix}\lambda_1&0&\cdots&0\\0&\lambda_2&\cdots&0\\\vdots&\vdots&&\vdots\\0&0&\cdots&\lambda_n\end{bmatrix}\begin{bmatrix}x_1\\x_2\\\vdots\\x_{n-1}\\x_n\end{bmatrix}+\begin{bmatrix}1\\1\\\vdots\\1\end{bmatrix}\boldsymbol{u},\ \boldsymbol{y}=\begin{bmatrix}c_1&c_2&\cdots&c_n\end{bmatrix}\begin{bmatrix}x_1\\x_2\\\cdots\\x_{n-1}\\x_n\end{bmatrix} \tag{8.14}$$

此即为例 8.2 中的情况。也可以写为式（8.14）的对偶形式：

$$\begin{bmatrix}\dot{x}_1\\\dot{x}_2\\\vdots\\\dot{x}_{n-1}\\\dot{x}_n\end{bmatrix}=\begin{bmatrix}\lambda_1&0&\cdots&0\\0&\lambda_2&\cdots&0\\\vdots&\vdots&&\vdots\\0&0&\cdots&\lambda_n\end{bmatrix}\begin{bmatrix}x_1\\x_2\\\vdots\\x_{n-1}\\x_n\end{bmatrix}+\begin{bmatrix}c_1\\c_2\\\vdots\\c_n\end{bmatrix}\boldsymbol{u},\ \boldsymbol{y}=\begin{bmatrix}1&1&\cdots&1\end{bmatrix}\begin{bmatrix}x_1\\x_2\\\vdots\\x_{n-1}\\x_n\end{bmatrix} \tag{8.15}$$

B. 具有重根的情况

设有一个 q 重的主根 λ_1，其余 λ_{q+1}，λ_{q+2}，…，λ_n 是互异根。此时式（8.9）可以展开成部分分式：

$$\Phi(s)=\frac{c_{1q}}{(s-\lambda_1)^q}+\frac{c_{1(q-1)}}{(s-\lambda_1)^{q-1}}+\cdots+\frac{c_{12}}{(s-\lambda_1)^2}+\frac{c_{11}}{(s-\lambda_1)}+\sum_{i=q+1}^{n}\frac{c_i}{(s-\lambda_i)} \tag{8.16}$$

此时只能写出该系统的**约当标准型**，状态空间表达式为

$$\begin{bmatrix}\dot{x}_1\\\dot{x}_2\\\vdots\\\dot{x}_{q-1}\\\dot{x}_q\\\dot{x}_{q+1}\\\vdots\\\dot{x}_n\end{bmatrix}=\begin{bmatrix}\lambda_1&1&0&\cdots&0&0&0&\cdots&0\\0&\lambda_1&1&\cdots&0&0&0&\cdots&0\\\vdots&\vdots&\vdots&&\vdots&\vdots&\vdots&&\vdots\\0&0&0&\cdots&\lambda_1&1&0&\cdots&0\\0&0&0&\cdots&0&\lambda_1&0&\cdots&0\\0&0&0&\cdots&0&0&\lambda_{q+1}&\cdots&0\\\vdots&\vdots&\vdots&&\vdots&\vdots&\vdots&&\vdots\\0&0&0&\cdots&0&0&0&\cdots&\lambda_n\end{bmatrix}\begin{bmatrix}x_1\\x_2\\\vdots\\x_{q-1}\\x_q\\x_{q+1}\\\vdots\\x_n\end{bmatrix}+\begin{bmatrix}0\\0\\\vdots\\0\\1\\1\\\vdots\\1\end{bmatrix}u \tag{8.17}$$

$$y = [c_{1q} \quad c_{1(q-1)} \quad \cdots \quad c_{12} \quad c_{11} \quad c_{q+1} \quad \cdots \quad c_n] \begin{bmatrix} x_1 \\ x_2 \\ \vdots \\ x_{q-1} \\ x_q \\ x_{q+1} \\ \vdots \\ x_n \end{bmatrix}$$

式（8.17）中 $\boldsymbol{A}$ 矩阵为一个对应 q 重根 λ_1 的 q 阶**约当块**。其特点是主对角线上的元素为 q 重根 λ_1；主对角线上方的元素均为 1；其余元素均为零。

如果传递函数的分母阶次等于分子阶次时，即 $n = m$ 时，这时应作一次除法，将传递函数变换为带分式的形式，再去求状态方程的表达式。

例 8.3 写出如下系统的能控标准型：

$$\Phi(s) = \frac{Y(s)}{U(s)} = \frac{s^3 + 10s^2 + 32s + 29}{s^3 + 9s^2 + 26s + 24}$$

解：传递函数分子分母阶次相同，则

$$\Phi(s) = \frac{s^3 + 10s^2 + 32s + 29}{s^3 + 9s^2 + 26s + 24} = 1 + \frac{s^2 + 6s + 5}{s^3 + 9s^2 + 26s + 24}$$

此时可知状态空间表达式带有关联矩阵 $\boldsymbol{D} = 1$。则由式（8.10）可写出能控标准型为

$$\begin{bmatrix} \dot{x}_1 \\ \dot{x}_2 \\ \dot{x}_3 \end{bmatrix} = \begin{bmatrix} 0 & 1 & 0 \\ 0 & 0 & 1 \\ -24 & -26 & -9 \end{bmatrix} \begin{bmatrix} x_1 \\ x_2 \\ x_3 \end{bmatrix} + \begin{bmatrix} 0 \\ 0 \\ 1 \end{bmatrix} \boldsymbol{u}, \quad \boldsymbol{y} = [5 \quad 6 \quad 1] \begin{bmatrix} x_1 \\ x_2 \\ x_3 \end{bmatrix} + \boldsymbol{u}$$

8.1.5 状态图

状态方程也可以用状态图来表示。状态图是与状态方程对应的一种结构图，便于动态系统的模拟实现。状态图只由三种基本结构组成：积分器、放大器和节点。

如 $\dot{x} = ax + bu$，状态图如图 8.2 所示。

对于状态空间空间表达式

$$\dot{\boldsymbol{x}} = \boldsymbol{A}\boldsymbol{x} + \boldsymbol{B}\boldsymbol{u}$$

$$\boldsymbol{y} = \boldsymbol{C}\boldsymbol{x} + \boldsymbol{D}\boldsymbol{u}$$

状态图如图 8.3 所示。

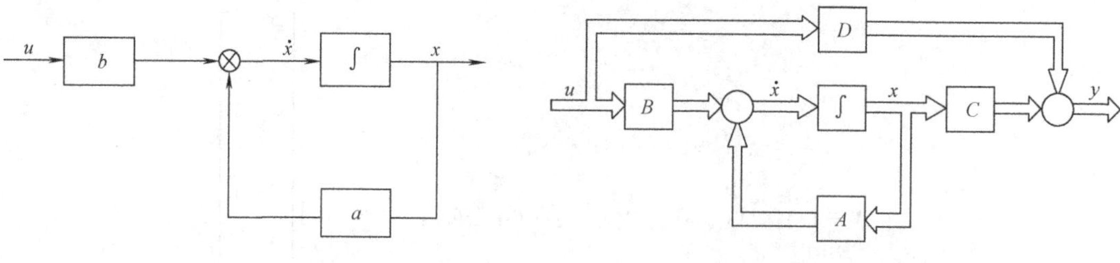

图 8.2　一阶微分方程状态图　　　　图 8.3　线性定常系统状态图

8.2　线性定常系统状态方程的解

系统状态空间表达式的建立为分析系统的行为和特性提供了可能性。对系统进行分析的目的，是要揭示系统状态的运动规律和基本特性，是定量分析系统性能的重要内容。

线性定常系统在控制 $\boldsymbol{u}=0$ 时，由初始状态引起的运动称为自由运动，其可用式（8.18）所示的齐次状态方程描述，即

$$\dot{\boldsymbol{x}}=\boldsymbol{A}\boldsymbol{x},\quad \boldsymbol{x}(t)\big|_{t=t_0}=\boldsymbol{x}(t_0) \tag{8.18}$$

线性定常系统在控制 $\boldsymbol{u}$ 作用下的运动称为强迫运动。可用式（8.19）所示的非齐次状态方程描述

$$\dot{\boldsymbol{x}}=\boldsymbol{A}\boldsymbol{x}+\boldsymbol{B}\boldsymbol{u},\ \boldsymbol{x}(t)\big|_{t=t_0}=\boldsymbol{x}(t_0) \tag{8.19}$$

分析系统的运动状态也就是求系统状态方程的解。下面通过求解状态方程来研究系统状态的运动规律。

8.2.1　线性系统状态方程的解

下面求解非齐次状态方程式（8.19），以研究在控制作用下系统强迫运动的规律。

对于线性状态方程　$\dot{\boldsymbol{x}}=\boldsymbol{A}\boldsymbol{x}+\boldsymbol{B}\boldsymbol{u}$

先将其改写成

$$\dot{\boldsymbol{x}}-\boldsymbol{A}\boldsymbol{x}=\boldsymbol{B}\boldsymbol{u}$$

等式两边同时左乘 $\mathrm{e}^{-\boldsymbol{A}t}$，得

$$\mathrm{e}^{-\boldsymbol{A}t}(\dot{\boldsymbol{x}}-\boldsymbol{A}\boldsymbol{x})=\mathrm{e}^{-\boldsymbol{A}t}\boldsymbol{B}\boldsymbol{u}(t)$$

即

$$\frac{\mathrm{d}}{\mathrm{d}t}[\mathrm{e}^{-\boldsymbol{A}t}\boldsymbol{x}(t)]=\mathrm{e}^{-\boldsymbol{A}t}\boldsymbol{B}\boldsymbol{u}(t)$$

对上式在 $0\sim t$ 间积分，有

$$\mathrm{e}^{-\boldsymbol{A}t}\boldsymbol{x}(t)\big|_0^t=\int_0^t \mathrm{e}^{-\boldsymbol{A}\tau}\boldsymbol{B}\boldsymbol{u}(\tau)\,\mathrm{d}\tau$$

整理后可得

$$\boldsymbol{x}(t)=\mathrm{e}^{\boldsymbol{A}t}\boldsymbol{x}(0)+\int_0^t \mathrm{e}^{\boldsymbol{A}(t-\tau)}\boldsymbol{B}\boldsymbol{u}(\tau)\,\mathrm{d}\tau \tag{8.20}$$

e^{At}称为**矩阵指数函数**，可以定义为

$$e^{At} = \boldsymbol{I} + \boldsymbol{A}t + \frac{1}{2}\boldsymbol{A}^2t^2 + \cdots + \frac{1}{k!}\boldsymbol{A}^kt^k + \cdots = \sum_{k=0}^{\infty}\frac{1}{k!}\boldsymbol{A}^kt^k \tag{8.21}$$

当 $\boldsymbol{u}\equiv 0$ 时，式（8.20）可写为

$$\dot{\boldsymbol{x}}(t) = e^{At}\boldsymbol{x}(0) \tag{8.22}$$

式（8.22）表明，线性定常系统在无输入作用时，任一时刻 t 的状态 $\boldsymbol{x}(t)$ 是由初始时刻 $\boldsymbol{x}(0)$ 通过 e^{At} 演化而来的。因此，也可以将矩阵指数 e^{At} 称为**状态转移矩阵**，记作 $\boldsymbol{\Phi}(t)$，即 $\boldsymbol{\Phi}(t) = e^{At}$。状态转移矩阵是现代控制理论最重要的概念之一。

使用状态转移矩阵，式（8.20）可改写为

$$\boldsymbol{x}(t) = \boldsymbol{\Phi}(t)\boldsymbol{x}(0) + \int_0^t \boldsymbol{\Phi}(t-\tau)\boldsymbol{Bu}(\tau)\mathrm{d}\tau \tag{8.23}$$

式（8.23）表明，线性定常非齐次状态方程的解 $\boldsymbol{x}(t)$ 由源于系统初始状态的自由运动项 $\boldsymbol{\Phi}(t)\boldsymbol{x}(0)$ 和源于系统控制作用的受控运动项 $\int_0^t \boldsymbol{\Phi}(t-\tau)\boldsymbol{Bu}(\tau)\mathrm{d}\tau$，即零输入响应和零状态响应两部分构成。这是线性系统叠加原理的体现，而且正因为有受控项的存在，才有可能通过选择适当的输入控制信号 $\boldsymbol{u}$，达到预期的状态变化规律。

8.2.2 状态转移矩阵的计算

1. 矩阵指数函数直接计算法

该方法是根据 e^{At} 或 $\boldsymbol{\Phi}(t)$ 的定义

$$e^{At} = \boldsymbol{I} + \boldsymbol{A}t + \frac{1}{2}\boldsymbol{A}^2t^2 + \cdots + \frac{1}{k!}\boldsymbol{A}^kt^k + \cdots$$

来直接计算。此法具有步骤简便和编程容易的优点，适合于计算机计算。

2. 拉氏反变换法

对于齐次微分方程 $\dot{\boldsymbol{x}} = \boldsymbol{Ax}$，$\boldsymbol{x}(0) = \boldsymbol{x}_0$，两边取拉氏变换有

$$s\boldsymbol{X}(s) - \boldsymbol{x}(0) = \boldsymbol{AX}(s)$$

即

$$(s\boldsymbol{I} - \boldsymbol{A})\boldsymbol{X}(s) = \boldsymbol{x}(0) = \boldsymbol{x}_0$$

所以

$$\boldsymbol{X}(s) = (s\boldsymbol{I} - \boldsymbol{A})^{-1}\boldsymbol{x}_0$$

对上式两边取拉氏反变换，从而得到齐次微分方程的解为

$$\boldsymbol{x}(t) = L^{-1}[(s\boldsymbol{I} - \boldsymbol{A})^{-1}]\boldsymbol{x}_0$$

而由式（8.22）可知，齐次微分方程的解为

$$\boldsymbol{x}(t) = e^{At}\boldsymbol{x}(0) \text{或} \boldsymbol{x}(t) = \boldsymbol{\Phi}(0)\boldsymbol{x}(0)$$

故由解的唯一性有

$$e^{At} = \boldsymbol{\Phi}(t) = L^{-1}[(s\boldsymbol{I} - \boldsymbol{A})^{-1}] \tag{8.24}$$

例 8.4 已知系统状态方程为

$$\dot{\boldsymbol{x}} = \begin{bmatrix} 0 & 1 \\ -2 & -3 \end{bmatrix}\boldsymbol{x} + \begin{bmatrix} 0 \\ 1 \end{bmatrix}\boldsymbol{u}$$

且 $\boldsymbol{x}(0)=[0\quad 1]^{\mathrm{T}}$，分析系统在单位阶跃输入信号作用下的运动。

解： 首先计算状态转移矩阵 $\boldsymbol{\Phi}(t)$。

（1）矩阵指数函数直接计算法

$$\boldsymbol{\Phi}(t)=\begin{bmatrix}1&0\\0&1\end{bmatrix}+\begin{bmatrix}0&1\\-2&-3\end{bmatrix}t+\begin{bmatrix}0&1\\-2&-3\end{bmatrix}^2\frac{t^2}{2!}+\begin{bmatrix}0&1\\-2&-3\end{bmatrix}^3\frac{t^3}{3!}+\cdots$$

$$=\begin{bmatrix}1-t^2+t^3+\cdots & t-\dfrac{3}{2}t^2-\dfrac{7}{6}t^3+\cdots\\ -2t+3t^2-\dfrac{7}{3}t^3+\cdots & 1-3t+\dfrac{7}{2}t^2-\dfrac{5}{2}t^3+\cdots\end{bmatrix}$$

（2）拉氏反变换法

$$(s\boldsymbol{I}-\boldsymbol{A})^{-1}=\begin{bmatrix}s&-1\\2&s+3\end{bmatrix}=\frac{1}{(s+1)(s+2)}\begin{bmatrix}s+3&1\\-2&s\end{bmatrix}$$

$$=\begin{bmatrix}\dfrac{s+3}{(s+1)(s+2)} & \dfrac{1}{(s+1)(s+2)}\\ \dfrac{-2}{(s+1)(s+2)} & \dfrac{s}{(s+1)(s+2)}\end{bmatrix}=\begin{bmatrix}\dfrac{2}{s+1}-\dfrac{1}{s+2} & \dfrac{1}{s+1}-\dfrac{1}{s+2}\\ \dfrac{-2}{s+1}+\dfrac{2}{s+2} & \dfrac{-1}{s+1}+\dfrac{2}{s+2}\end{bmatrix}$$

所以 $\boldsymbol{\Phi}(t)=L^{-1}[(s\boldsymbol{I}-\boldsymbol{A})^{-1}]=\begin{bmatrix}2\mathrm{e}^{-t}-\mathrm{e}^{-2t} & \mathrm{e}^{-t}-\mathrm{e}^{-2t}\\ -2\mathrm{e}^{-t}+2\mathrm{e}^{-2t} & -\mathrm{e}^{-t}+2\mathrm{e}^{-2t}\end{bmatrix}$

再将 $\boldsymbol{x}(0)=[0\quad 1]^{\mathrm{T}}$，$\boldsymbol{b}=\begin{bmatrix}0\\1\end{bmatrix}$，$u(t)=1(t)$ 代入式（8.22）得到

$$\boldsymbol{x}(t)=\boldsymbol{\Phi}(t)\boldsymbol{x}(0)+\int_0^t\boldsymbol{\Phi}(t-\tau)\boldsymbol{B}\cdot 1\mathrm{d}\tau$$

$$=\begin{bmatrix}2\mathrm{e}^{-t}-\mathrm{e}^{-2t} & \mathrm{e}^{-t}-\mathrm{e}^{-2t}\\ -2\mathrm{e}^{-t}+2\mathrm{e}^{-2t} & -\mathrm{e}^{-t}+2\mathrm{e}^{-2t}\end{bmatrix}\begin{bmatrix}0\\1\end{bmatrix}+$$

$$\int_0^t\begin{bmatrix}2\mathrm{e}^{-(t-\tau)}-\mathrm{e}^{-2(t-\tau)} & \mathrm{e}^{-(t-\tau)}-\mathrm{e}^{-2(t-\tau)}\\ -2\mathrm{e}^{-(t-\tau)}+2\mathrm{e}^{-2(t-\tau)} & -\mathrm{e}^{-(t-\tau)}+2\mathrm{e}^{-2(t-\tau)}\end{bmatrix}\begin{bmatrix}0\\1\end{bmatrix}\cdot 1\mathrm{d}\tau$$

$$=\begin{bmatrix}\mathrm{e}^{-t}-\mathrm{e}^{-2t}\\ -\mathrm{e}^{-t}+2\mathrm{e}^{-2t}\end{bmatrix}+\begin{bmatrix}\dfrac{1}{2}-\mathrm{e}^{-t}+\dfrac{1}{2}\mathrm{e}^{-2t}\\ \mathrm{e}^{-t}-\mathrm{e}^{-2t}\end{bmatrix}=\begin{bmatrix}\dfrac{1}{2}-\dfrac{1}{2}\mathrm{e}^{-2t}\\ \mathrm{e}^{-2t}\end{bmatrix}$$

8.3 线性定常系统的能控性和能观性

状态空间方法描述系统可分为两部分：一部分是系统的控制输入对系统状态的影响，由状态方程来表征；另一部分是系统状态与系统输出的关系，由输出方程来表征。在输入、状态和输出三者之间的相互关系的基础上产生了控制理论的许多新概念，比如本节的能控性和能观性概念。

在控制工程中，有两个问题经常引起设计者的关心。那就是加入适当的控制作用后，能否在有限时间内将系统从任一初始状态控制（转移）到希望的状态上；通过对系统输出在一段时间内的观测，能否判断（识别）系统的初始状态。这便是控制系统的能控性与能观性问题。控制系统的能控性及能观性是现代控制理论中很重要的两个概念。

8.3.1 能控性

1. 能控性的定义

对于线性连续定常系统 $\dot{\boldsymbol{x}}=\boldsymbol{A}\boldsymbol{x}+\boldsymbol{B}\boldsymbol{u}$，如果存在一个分段连续的输入 $\boldsymbol{u}(t)$，能在有限时间区间 $[t_0, t_f]$ 内，使系统由某一初始状态 $\boldsymbol{x}(t_0)$，转移到指定的任意终端状态 $\boldsymbol{x}(t_f)$，则称此状态是能控的。若系统的所有状态都是能控的，则称系统是**状态完全能控**的，简称系统是**能控**的。能控性描述了输入量控制状态变量的能力。

某系统的结构图如图 8.4 所示。

显然，u 只能控制 x_1 而不能影响 x_2，称状态变量 x_1 是可控的，而 x_2 是不可控的。只要系统中有一个状态变量是不可控的，则该系统是状态不可控的。

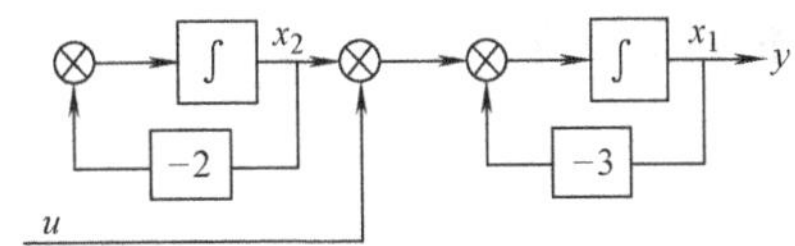

图 8.4　某系统的结构图

2. 能控性判据

对于线性定常系统 $\dot{\boldsymbol{x}}=\boldsymbol{A}\boldsymbol{x}+\boldsymbol{B}\boldsymbol{u}$ 能控的充分必要条件是由 $\boldsymbol{A}$、$\boldsymbol{B}$ 构成的**能控性判别矩阵**

$$\boldsymbol{Q}_{\mathrm{c}}=[\boldsymbol{B}\quad \boldsymbol{A}\boldsymbol{B}\quad \boldsymbol{A}^2\boldsymbol{B}\quad \cdots\quad \boldsymbol{A}^{n-1}\boldsymbol{B}] \tag{8.25}$$

满秩，即 $\mathrm{rank}\boldsymbol{Q}_{\mathrm{c}}=n$。否则，当 $\mathrm{rank}\boldsymbol{Q}_{\mathrm{c}}<n$ 时，系统为不能控的。

例 8.5　已知某系统如下，试判断其是否能控。

$$\dot{\boldsymbol{x}}=\begin{bmatrix}-2 & 0\\ 0 & -1\end{bmatrix}\boldsymbol{x}+\begin{bmatrix}1\\ 2\end{bmatrix}u$$

解：因为 $\boldsymbol{b}=\begin{bmatrix}1\\ 2\end{bmatrix}$，$\boldsymbol{A}\boldsymbol{b}=\begin{bmatrix}-2\\ -2\end{bmatrix}$，故 $\boldsymbol{Q}_{\mathrm{c}}=[\boldsymbol{b}\quad \boldsymbol{A}\boldsymbol{b}]=\begin{bmatrix}1 & -2\\ 2 & -2\end{bmatrix}$，显然其 $\mathrm{rank}\boldsymbol{Q}_{\mathrm{c}}=2$，满秩，故系统能控。

例 8.6　试判断下列系统的能控性：

$$\dot{\boldsymbol{x}}=\begin{bmatrix}1 & 2 & 1\\ 0 & 1 & 0\\ 1 & 0 & 3\end{bmatrix}\boldsymbol{x}+\begin{bmatrix}1 & 0\\ 0 & 1\\ 0 & 0\end{bmatrix}\boldsymbol{u}$$

解：$\boldsymbol{Q}_{\mathrm{c}}=[\boldsymbol{B}\quad \boldsymbol{A}\boldsymbol{B}\quad \boldsymbol{A}^2\boldsymbol{B}]=\begin{bmatrix}1 & 0 & 1 & 2 & 2 & 4\\ 0 & 1 & 0 & 1 & 0 & 1\\ 0 & 0 & 1 & 0 & 4 & 2\end{bmatrix}$，其 $\mathrm{rank}\boldsymbol{Q}_{\mathrm{c}}=3$，满秩，故系统能控。

8.3.2 能观性

1. 能观性的定义

对于线性连续定常系统

$$\begin{aligned} \dot{\boldsymbol{x}} &= \boldsymbol{A}\boldsymbol{x} + \boldsymbol{B}\boldsymbol{u}; \quad \boldsymbol{x}(t_0) = \boldsymbol{x}_0 \\ \boldsymbol{y} &= \boldsymbol{C}\boldsymbol{x} \end{aligned} \tag{8.26}$$

如果对任意给定的输入 $\boldsymbol{u}(t)$，在有限的观测时间 $t_f > t_0$，使得根据 $[t_0, t_f]$ 期间的输出 $\boldsymbol{y}(t)$ 能唯一地确定系统在初始时刻的状态 $\boldsymbol{x}(t_0)$，则称状态 $\boldsymbol{x}(t_0)$ 是能观的。若系统的每一个状态都是能观的，则称系统是**状态完全能观**的。能观性反映了输出量包含状态信息量的程度。

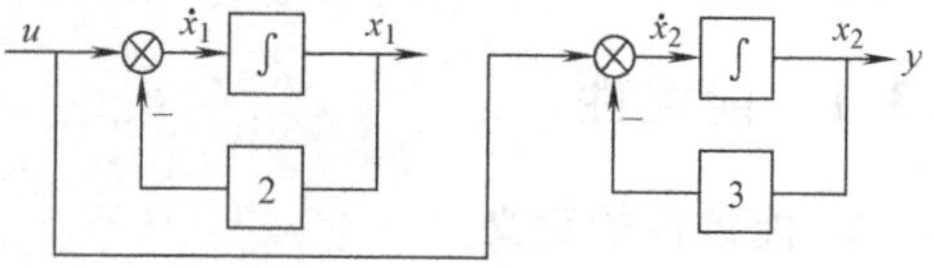

图 8.5　某系统的结构图

某系统的结构图如图 8.5 所示。

显然，输出 y 中只有 x_2，而不包含 x_1，所以从 y 中不能确定 x_1，只能确定 x_2。因此称 x_2 是能观的，x_1 是不能观的。

2. 能观性判据

对于式（8.26）所示的线性连续定常系统，其能观的充分必要条件是由 $\boldsymbol{A}$、$\boldsymbol{C}$ 构成的**能观性判别矩阵**

$$\boldsymbol{Q}_o = \begin{bmatrix} \boldsymbol{C} \\ \boldsymbol{C}\boldsymbol{A} \\ \vdots \\ \boldsymbol{C}\boldsymbol{A}^{n-1} \end{bmatrix} \tag{8.27}$$

满秩，即 $\text{rank}\boldsymbol{Q}_o = n$。否则，当 $\text{rank}\boldsymbol{Q}_o < n$ 时，系统为不能观的。

例 8.7　已知某系统如下，试判断其是否能控。

$$\dot{\boldsymbol{x}} = \begin{bmatrix} -2 & 0 \\ 0 & -1 \end{bmatrix}\boldsymbol{x} + \begin{bmatrix} 1 \\ 2 \end{bmatrix}u, \ y = \begin{bmatrix} 1 & 0 \end{bmatrix}\boldsymbol{x}$$

解：$\boldsymbol{Q}_o = \begin{bmatrix} \boldsymbol{C} \\ \boldsymbol{C}\boldsymbol{A} \end{bmatrix} = \begin{bmatrix} 1 & 0 \\ -2 & 0 \end{bmatrix}$，显然其 $\text{rank}\boldsymbol{Q}_o = 1 < 2$，故系统不能观。

8.3.3　能控、能观标准型的线性变换

任何一个能控或能观系统的状态方程都可以经线性变换变成能控标准型或能观标准型。线性变换不改变能控性、能观性。

1. 由传递函数写出能控、能观标准型

系统只有完全能控（能观）才能变换成能控（能观）标准型，对于一个用传递函数表示的单输入单输出系统完全能控、能观的充要条件为其传递函数中没有相消的零、极点。此时，可以直接由传递函数写出其能控、能观标准型。具体的写法可见第 8.1.4 节。

2. 由状态空间表达式写出能控、能观标准型

（1）变换成能控标准型

如果给定的能控系统是用状态空间表达式描述的，且并不具有能控标准型的形式，则可用下面的方法将其变换为能控标准型。

设系统的状态空间表达式为式（8.26），若系统是完全能控的，则存在线性变换 $\boldsymbol{x} = \boldsymbol{T}_c\bar{\boldsymbol{x}}$，式中

$$T_c=[A^{n-1}b \quad A^{n-2}b \quad \cdots \quad b]\begin{bmatrix}1 & & & & 0\\ a_{n-1} & 1 & & & \\ \vdots & \vdots & \ddots & & \\ a_2 & a_3 & & \ddots & \\ a_1 & a_2 & \cdots & a_{n-1} & 1\end{bmatrix} \tag{8.28}$$

式中，a_i 为系统特征多项式中对应项系数。原式经线性变换变为

$$\begin{aligned}\dot{\bar{x}} &= \bar{A}\,\bar{x}+\bar{b}u\\ y &= \bar{c}\bar{x}\end{aligned} \tag{8.29}$$

式中

$$\bar{A}=T_c^{-1}AT_c=\begin{bmatrix}0 & 1 & 0 & \cdots & 0\\ 0 & 0 & 1 & \cdots & 0\\ \vdots & \vdots & \vdots & & \vdots\\ 0 & 0 & 0 & \cdots & 1\\ -a_0 & -a_1 & -a_2 & \cdots & -a_{n-1}\end{bmatrix} \tag{8.30}$$

$$\bar{b}=T_c^{-1}b=\begin{bmatrix}0\\0\\0\\ \vdots\\1\end{bmatrix} \tag{8.31}$$

$$\bar{C}=CT_c=\begin{bmatrix}b_0 & b_1 & b_2 & \cdots & b_{n-1}\end{bmatrix} \tag{8.32}$$

（2）变换成能观标准型

若系统是完全能观的，同样可用下面的方法将其变换为能观标准型。

存在线性变换 $x=T_o\bar{x}$，其中

$$T_o^{-1}=\begin{bmatrix}1 & a_{n-1} & \cdots & a_2 & a_1\\ & 1 & \cdots & a_3 & a_2\\ & & \ddots & & \ddots\\ & & & \ddots & a_{n-1}\\ & 0 & & & 1\end{bmatrix}\begin{bmatrix}CA^{n-1}\\ CA^{n-2}\\ \vdots\\ CA\\ C\end{bmatrix} \tag{8.33}$$

式中，a_i 为系统特征多项式中对应项系数。使原式变换为式（8.29），其中

$$\bar{A}=T_o^{-1}AT_o=\begin{bmatrix}0 & 0 & 0 & \cdots & -a_0\\ 1 & 0 & 0 & \cdots & -a_1\\ 0 & 1 & 0 & \cdots & -a_2\\ \vdots & \vdots & \vdots & & \vdots\\ 0 & 0 & 0 & \cdots & -a_{n-1}\end{bmatrix} \tag{8.34}$$

$$\bar{\boldsymbol{b}} = \boldsymbol{T}_o^{-1}\boldsymbol{b} = \begin{bmatrix} b_0 \\ b_1 \\ b_2 \\ \vdots \\ b_{n-1} \end{bmatrix} \tag{8.35}$$

$$\bar{\boldsymbol{C}} = \boldsymbol{C}\boldsymbol{T}_o = [0 \quad 0 \quad 0 \quad \cdots \quad 1] \tag{8.36}$$

例 8.8 试将下列系统变换为能控标准型：

$$\dot{\boldsymbol{x}} = \begin{bmatrix} 1 & 2 & 0 \\ 1 & 0 & 1 \\ 0 & 1 & 1 \end{bmatrix}\boldsymbol{x} + \begin{bmatrix} 0 \\ 0 \\ 1 \end{bmatrix}u,\ y = [1 \quad 0 \quad 0]\boldsymbol{x}$$

解：（1）先判别系统的能控、能观性。

$$\boldsymbol{Q}_c = [\boldsymbol{b} \quad \boldsymbol{A}\boldsymbol{b} \quad \boldsymbol{A}^2\boldsymbol{b}] = \begin{bmatrix} 0 & 0 & 2 \\ 0 & 1 & 1 \\ 1 & 1 & 2 \end{bmatrix},\ \mathrm{rank}\boldsymbol{Q}_c = 3，所以系统是能控的。$$

$$\boldsymbol{Q}_o = \begin{bmatrix} \boldsymbol{C} \\ \boldsymbol{C}\boldsymbol{A} \\ \boldsymbol{C}\boldsymbol{A}^2 \end{bmatrix} = \begin{bmatrix} 1 & 0 & 0 \\ 1 & 2 & 0 \\ 3 & 2 & 2 \end{bmatrix},\ \mathrm{rank}\boldsymbol{Q}_o = 3，所以系统是能观的。$$

（2）计算能控、能观性线性变换阵。

系统的特征多项式为

$$|\lambda\boldsymbol{I} - \boldsymbol{A}| = \lambda^3 - 2\lambda^2 - 2\lambda + 3$$

即 $a_2 = -2$，$a_1 = -2$，$a_0 = 3$。于是，由式（8.28）可得如下能控性线性变换阵：

$$\boldsymbol{T}_c = [\boldsymbol{A}^2\boldsymbol{b} \quad \boldsymbol{A}\boldsymbol{b} \quad \boldsymbol{b}]\begin{bmatrix} 1 & 0 & 0 \\ a_2 & 1 & 0 \\ a_1 & a_2 & 1 \end{bmatrix} = \begin{bmatrix} 2 & 0 & 0 \\ 1 & 1 & 0 \\ 2 & 1 & 1 \end{bmatrix}\begin{bmatrix} 1 & 0 & 0 \\ -2 & 1 & 0 \\ -2 & -2 & 1 \end{bmatrix} = \begin{bmatrix} 2 & 0 & 0 \\ -1 & 1 & 0 \\ -2 & -1 & 1 \end{bmatrix}$$

由式(8.33)可得如下能观性线性变换阵

$$\boldsymbol{T}_o^{-1} = \begin{bmatrix} 1 & a_2 & a_1 \\ 0 & 1 & a_1 \\ 0 & 0 & 1 \end{bmatrix}\begin{bmatrix} \boldsymbol{C} \\ \boldsymbol{C}\boldsymbol{A} \\ \boldsymbol{C}\boldsymbol{A}^2 \end{bmatrix} = \begin{bmatrix} 1 & -2 & -2 \\ 0 & 1 & -2 \\ 0 & 0 & 1 \end{bmatrix}\begin{bmatrix} 3 & 2 & 2 \\ 1 & 2 & 0 \\ 1 & 0 & 0 \end{bmatrix} = \begin{bmatrix} 1 & 0 & 0 \\ 1 & 2 & 0 \\ 3 & 2 & 2 \end{bmatrix}$$

根据式（8.30）、式（8.31）及式（8.32）可求得该系统的能控标准型为

$$\dot{\bar{\boldsymbol{x}}} = \begin{bmatrix} 0 & 1 & 0 \\ 0 & 0 & 1 \\ -3 & 2 & 2 \end{bmatrix}\bar{\boldsymbol{x}} + \begin{bmatrix} 0 \\ 0 \\ 1 \end{bmatrix}\boldsymbol{u},\ \boldsymbol{y} = [2 \quad 0 \quad 0]\bar{\boldsymbol{x}}$$

根据式（8.34）、式（8.35）及式（8.36）可求得该系统的能观标准型为

$$\dot{\bar{x}}=\begin{bmatrix}0 & 0 & -3\\1 & 0 & 2\\0 & 1 & 2\end{bmatrix}\bar{x}+\begin{bmatrix}2\\0\\0\end{bmatrix}\boldsymbol{u},\ \boldsymbol{y}=\begin{bmatrix}0 & 0 & 1\end{bmatrix}\bar{x}$$

由上式可以很容易地写出系统的传递函数为

$$\Phi(s)=\frac{b_2s^2+b_1s+b_0}{s^3+a_2s^2+a_1s+a_0}=\frac{2}{s^3-2s^2-2s+3}$$

8.3.4 对偶原理

对于系统的能控性和能观性，无论在概念上还是在判据和标准型的形式上都存在着内在联系，即**对偶**关系。

1. 线性定常系统的对偶关系

设有两个系统，一个 r 维输入 m 维输出的 n 阶系统 $\sum_1$ 为

$$\dot{\boldsymbol{x}}_1=\boldsymbol{A}_1\boldsymbol{x}_1+\boldsymbol{B}_1\boldsymbol{u}_1$$
$$\boldsymbol{y}_1=\boldsymbol{C}_1\boldsymbol{x}_1+\boldsymbol{D}_1\boldsymbol{u}_1$$

另一个 m 维输入 r 维输出的 n 阶系统 $\sum_2$ 为

$$\dot{\boldsymbol{x}}_2=\boldsymbol{A}_2\boldsymbol{x}_2+\boldsymbol{B}_2\boldsymbol{u}_2$$
$$\boldsymbol{y}_2=\boldsymbol{C}_2\boldsymbol{x}_2+\boldsymbol{D}_2\boldsymbol{u}_2$$

若满足下列条件，则称 $\sum_1$ 与 $\sum_2$ 是互为对偶的：

$$\boldsymbol{A}_2=\boldsymbol{A}_1^{\mathrm{T}},\ \boldsymbol{B}_2=\boldsymbol{C}_1^{\mathrm{T}},\ \boldsymbol{C}_2=\boldsymbol{B}_1^{\mathrm{T}},\ \boldsymbol{D}_2=\boldsymbol{D}_1 \tag{8.37}$$

2. 对偶原理

系统 $\sum_1=(\boldsymbol{A}_1,\boldsymbol{B}_1,\boldsymbol{C}_1)$ 与 $\sum_2=(\boldsymbol{A}_2,\boldsymbol{B}_2,\boldsymbol{C}_2)$ 是互为对偶的两个系统，则 $\sum_1$ 的能控性等价于 $\sum_2$ 的能观性，$\sum_1$ 的能观性等价于 $\sum_2$ 的能观性。或者说，若 $\sum_1$ 是状态完全能控（能观）的，则 $\sum_2$ 是状态完全能观（能控）的。上述关系即称为系统的能控性和能观性的**对偶原理**。

利用这一关系，可以对系统的能控性和能观性做相互校验。例如对例 8.8，如果求出了能控标准型表达式，可以通过对偶原理写出能观标准型表达式；反之亦然。

8.4 线性定常系统的极点配置

本章前面介绍的内容都属于系统的描述与分析。在本节中，将以状态空间描述和状态空间方法为基础，讨论控制系统的综合方法。其任务是根据被控对象及给定的技术指标要求设计自动控制系统，使运动规律具有预期的性质和特征。

8.4.1 状态反馈

因为反馈控制具有抑制任何内、外扰动对被控量产生影响的能力，而且适当地采用反馈

还可改善系统的稳定性和输出的动态响应，故控制系统最基本的形式是由受控系统和反馈控制规律所构成的反馈系统。在经典控制理论中，习惯采用输出反馈；而在现代控制理论中，通常采用状态反馈。

系统状态反馈的基本结构如图 8.6 所示。

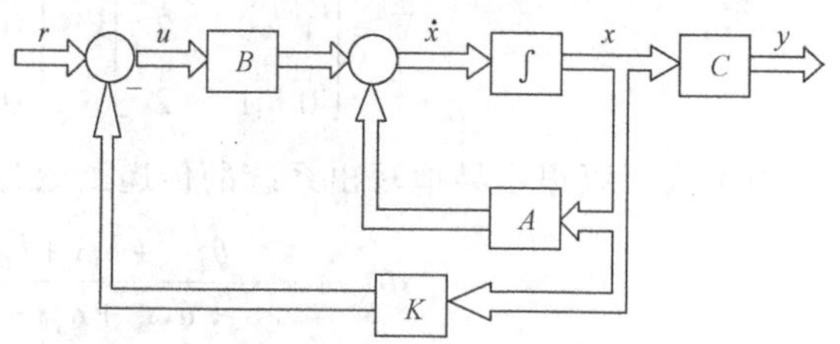

图 8.6　状态反馈的结构图

这里以单输入系统为例。设系统方程为 $\dot{x}=Ax+bu$，$y=cx$。对状态方程的输入量 u 取 $u=r-Kx$，则称**状态反馈**控制。其中，r 为加入状态反馈后的系统输入；$K=[k_1, k_2, \cdots, k_n]$，$K$ 称为**反馈增益矩阵**，$k_i(i=1,2,\cdots,n)$ 称为**反馈系数**。

加入状态反馈后，闭环系统的状态空间表达式为

$$\dot{x}=(A-bK)x+br,\ y=cx \tag{8.38}$$

从式（8.38）可以看出，加入状态反馈后系统的特征值或极点改变为 $|A-bK|=0$ 的根。由于控制系统的性能与极点在复平面上的分布密切相关，因此状态反馈增益阵 K 的引入可通过自由地改变闭环系统的极点位置，使系统获得理想的动态性能。

8.4.2　状态反馈极点配置定理

极点配置，就是通过选择线性反馈增益矩阵 K，将闭环系统的极点恰好配置在根平面上所期望的位置，以获得所期望的动态性能。

对被控系统 $\dot{x}=Ax+bu$，$y=cx$，能利用线性状态反馈矩阵 $K=[k_1, k_2, \cdots, k_n]$，使闭环极点可任意配置的充分必要条件是系统完全能控。

8.4.3　求状态反馈矩阵 K 的待定系数法

由式（8.38）可知，系统的闭环状态方程的特征方程为

$$\Delta(s)=|sI-(A-bK)|=0 \tag{8.39}$$

设期望极点为 $-p_1$，$-p_2$，…，$-p_n$，则期望的闭环系统的特征方程为

$$\Delta^*(s)=(s+p_1)(s+p_2)\cdots(s+p_n)=s^n+a_{n-1}^*s^{n-1}+\cdots+a_1^*s+a_0^* \tag{8.40}$$

两式应相等，即

$$|sI-(A-bK)|=s^n+a_{n-1}^*s^{n-1}+\cdots+a_1^*s+a_0^* \tag{8.41}$$

将 $K=[k_1, k_2, \cdots, k_n]$ 代入式（8.41），利用待定系数法，可解出反馈矩阵 K 的每个元素。

例 8.9　已知线性定常系统的状态方程为

$$\dot{x}=\begin{bmatrix}1 & 3\\0 & -1\end{bmatrix}x+\begin{bmatrix}0\\1\end{bmatrix}u,\ y=[1\quad 1]x$$

试设计状态反馈控制器，使闭环极点为 $-1\pm j$。

解：设 $K=[k_1\quad k_2]$，状态反馈后闭环状态方程的特征方程为

$$\Delta(s)=|sI-(A-bK)|=\begin{vmatrix}s-1 & -3\\k_1 & s+1+k_2\end{vmatrix}=s^2+k_2s+3k_1-k_2-1$$

期望的闭环系统的特征方程为

$$\Delta^*(s)=(s+1+\mathrm{j})(s+1-\mathrm{j})=s^2+2s+2$$

比较两式中同次幂系数得 $k_1=5/3$，$k_2=2$。

8.4.4 求状态反馈矩阵 *K* 的能控标准型法

当系统阶次较低（$n\leqslant3$）时采用待定系数法直接计算反馈增益阵 $\boldsymbol{K}$ 比较简单，但随着系统阶次的增高，直接计算 $\boldsymbol{K}$ 将愈加复杂。此时一般需要通过线性变换将状态方程化为能控标准型进行极点配置。基本步骤如下：

若系统 $\dot{\boldsymbol{x}}=\boldsymbol{A}\boldsymbol{x}+\boldsymbol{b}u$，$y=\boldsymbol{c}\boldsymbol{x}$ 完全能控，必存在非奇异变换 $\boldsymbol{x}=\boldsymbol{T}_c\bar{\boldsymbol{x}}$（其中 $\boldsymbol{T}_c$ 为能控标准型变换矩阵），能将 Σ_0 化成能控标准型 $\dot{\bar{\boldsymbol{x}}}=\bar{\boldsymbol{A}}\bar{\boldsymbol{x}}+\bar{\boldsymbol{b}}u$，$y=\overline{\boldsymbol{c}\boldsymbol{x}}$ ，其中

$$\bar{\boldsymbol{A}}=\boldsymbol{T}_c^{-1}\boldsymbol{A}\boldsymbol{T}_c=\begin{bmatrix}0&1&\cdots&0&0\\0&0&\cdots&0&0\\\vdots&\vdots&&\vdots&\vdots\\0&0&\cdots&0&1\\-a_0&-a_1&\cdots&-a_{n-2}&-a_{n-1}\end{bmatrix}$$

$$\bar{\boldsymbol{b}}=\boldsymbol{T}_c^{-1}\boldsymbol{b}=\begin{bmatrix}0\\0\\\vdots\\0\\1\end{bmatrix}\qquad\bar{\boldsymbol{c}}=\boldsymbol{c}\boldsymbol{T}_c=[\boldsymbol{b}_0\quad\boldsymbol{b}_1\quad\boldsymbol{b}_2\quad\cdots\quad\boldsymbol{b}_{n-1}]$$

受控系统的传递函数为

$$\begin{aligned}\boldsymbol{\Phi}_o(s)&=\boldsymbol{c}(s\boldsymbol{I}-\boldsymbol{A})^{-1}\boldsymbol{b}=\bar{\boldsymbol{c}}(s\boldsymbol{I}-\bar{\boldsymbol{A}})^{-1}\bar{\boldsymbol{b}}\\&=\frac{b_{n-1}s^{n-1}+b_{n-2}s^{n-2}+\cdots+b_1s+b_0}{s^n+a_{n-1}s^{n-1}+\cdots+a_1s+a_0}\end{aligned}$$

加入状态反馈增益阵

$$\bar{\boldsymbol{K}}=[\bar{k}_0\quad\bar{k}_1\quad\cdots\quad\bar{k}_{n-1}]\tag{8.42}$$

可求得对 $\bar{\boldsymbol{x}}$ 的闭环状态空间表达式为

$$\begin{aligned}\dot{\bar{\boldsymbol{x}}}&=(\bar{\boldsymbol{A}}-\bar{\boldsymbol{b}}\bar{\boldsymbol{K}})\bar{\boldsymbol{x}}+\bar{\boldsymbol{b}}v\\\boldsymbol{y}&=\overline{\boldsymbol{c}\boldsymbol{x}}\end{aligned}\tag{8.43}$$

式中

$$\bar{\boldsymbol{A}}-\bar{\boldsymbol{b}}\bar{\boldsymbol{K}}=\begin{bmatrix}0&1&0&\cdots&0\\0&0&1&\cdots&0\\\vdots&\vdots&\vdots&&\vdots\\0&0&0&\cdots&1\\-(a_0+k_0)&-(a_1+k_1)&-(a_2+k_2)&\cdots&-(a_{n-1}+k_{n-1})\end{bmatrix}$$

闭环传递函数为

$$\boldsymbol{\Phi}(s)=\bar{\boldsymbol{c}}[s\boldsymbol{I}-(\overline{\boldsymbol{A}}+\bar{\boldsymbol{b}}\,\overline{\boldsymbol{K}})]^{-1}\bar{\boldsymbol{b}}$$

$$=\frac{b_{n-1}s^{n-1}+b_{n-2}s^{n-2}+\cdots+b_1 s+b_0}{s^n+(a_{n-1}+\bar{k}_{n-1})s^{n-1}+\cdots+(a_1+\bar{k}_1)s+(a_0+\bar{k}_0)} \tag{8.44}$$

使闭环极点与给定的期望极点相符，必须满足 $\Delta(s)=\Delta^*(s)$。由等式两边同次幂系数对应相等，可解出反馈矩阵各系数为

$$\bar{k}_i=a_i^*-a_i \quad (i=0,1,\cdots,n-1) \tag{8.45}$$

于是得

$$\overline{\boldsymbol{K}}=[a_0^*-a_0 \quad a_1^*-a_1 \quad \cdots \quad a_{n-1}^*-a_{n-1}] \tag{8.46}$$

最后，把对应于 $\bar{\boldsymbol{x}}$ 的 $\overline{\boldsymbol{K}}$，通过如下变换，得到对应于状态 $\boldsymbol{x}$ 的 $\boldsymbol{K}$：

$$\boldsymbol{K}=\overline{\boldsymbol{K}}\boldsymbol{T}_c^{-1} \tag{8.47}$$

这是由于 $u=r+\overline{\boldsymbol{K}}\bar{\boldsymbol{x}}=r+\boldsymbol{K}\boldsymbol{T}_c^{-1}\boldsymbol{x}$ 的缘故。

例 8.10 考虑线性定常系统 $\dot{\boldsymbol{x}}=\boldsymbol{A}\boldsymbol{x}+\boldsymbol{b}u$，式中

$$\boldsymbol{A}=\begin{bmatrix}0 & 1 & 0\\ 0 & 0 & 1\\ -1 & -5 & -6\end{bmatrix},\ \boldsymbol{b}=\begin{bmatrix}0\\0\\1\end{bmatrix}$$

试设计状态反馈控制器，使闭环极点为 $-2\pm \mathrm{j}4$，-10。

解： 首先需检验该系统的能控性判别矩阵。由于能控性判别矩阵为

$$\boldsymbol{Q}_c=[\boldsymbol{b} \quad \boldsymbol{A}\boldsymbol{b} \quad \boldsymbol{A}^2\boldsymbol{b}]=\begin{bmatrix}0 & 0 & 1\\ 0 & 1 & -6\\ 1 & -6 & 31\end{bmatrix}$$

可看出 $\mathrm{rank}\boldsymbol{Q}_c=3$。因而该系统是状态完全能控的，可任意配置极点。下面分别采用两种方法求解。

(1) 待定系数法

设期望的状态反馈增益矩阵为 $\boldsymbol{K}=[k_1 \quad k_2 \quad k_3]$，并使期望的特征多项式和 $|s\boldsymbol{I}-(\boldsymbol{A}-\boldsymbol{b}\boldsymbol{K})|$ 相等，可得

$$|s\boldsymbol{I}-(\boldsymbol{A}-\boldsymbol{b}\boldsymbol{K})|=\left|\begin{bmatrix}s & 0 & 0\\ 0 & s & 0\\ 0 & 0 & s\end{bmatrix}-\begin{bmatrix}0 & 1 & 0\\ 0 & 0 & 1\\ -1 & -5 & -6\end{bmatrix}+\begin{bmatrix}0\\0\\1\end{bmatrix}[k_1 \quad k_2 \quad k_3]\right|$$

$$=\begin{vmatrix}s & -1 & 0\\ 0 & s & -1\\ 1+k_1 & 5+k_2 & s+6+k_3\end{vmatrix}=s^3+(6+k_3)s^2+(5+k_2)s+1+k_1$$

$$=s^3+14s^2+60s+200$$

因此 $6+k_3=14$，$5+k_2=60$，$1+k_1=200$

从中可得 $k_1=199$，$k_2=55$，$k_3=8$，所以 $K=[199\quad 55\quad 8]$。

(2) 能控标准型法

该系统的特征方程为

$$|s\boldsymbol{I}-\boldsymbol{A}|=\begin{bmatrix} s & -1 & 0 \\ 0 & s & -1 \\ 1 & 5 & s+6 \end{bmatrix}=s^3+6s^2+5s+1=s^3+a_2s^2+a_1s+a_0=0$$

因此　$a_2=6$，$a_1=5$，$a_0=1$

期望的特征方程为

$$(s+2-\mathrm{j}4)(s+2+\mathrm{j}4)(s+10)=s^3+14s^2+60s+200=s^3+a_2^*s^2+a_1^*s+a_0^*=0$$

因此　$a_2^*=14$，$a_1^*=60$，$a_0^*=200$

参照式（8.46），可得 $\overline{\boldsymbol{K}}=[200-1\ 60-5\ 14-6]=[199\quad 55\quad 8]$。

再来计算变换矩阵：

$$\boldsymbol{T}_c=[\boldsymbol{A}^2\boldsymbol{b}\quad \boldsymbol{A}\boldsymbol{b}\quad \boldsymbol{b}]\begin{bmatrix} 1 & 0 & 0 \\ a_2 & 1 & 0 \\ a_1 & a_2 & 1 \end{bmatrix}=\begin{bmatrix} 1 & 0 & 0 \\ -6 & 1 & 0 \\ 31 & -6 & 1 \end{bmatrix}\begin{bmatrix} 1 & 0 & 0 \\ 6 & 1 & 0 \\ 5 & 6 & 1 \end{bmatrix}=\begin{bmatrix} 1 & 0 & 0 \\ 0 & 1 & 0 \\ 0 & 0 & 1 \end{bmatrix}$$

并求出其逆矩阵

$$\boldsymbol{T}_c^{-1}=\begin{bmatrix} 1 & 0 & 0 \\ 0 & 1 & 0 \\ 0 & 0 & 1 \end{bmatrix}$$

从而可得所要确定的反馈增益矩阵 $\boldsymbol{K}$ 为

$$\boldsymbol{K}=\overline{\boldsymbol{K}}\boldsymbol{T}_c^{-1}=[199\quad 55\quad 8]\begin{bmatrix} 1 & 0 & 0 \\ 0 & 1 & 0 \\ 0 & 0 & 1 \end{bmatrix}=[199\quad 55\quad 8]$$

8.5 状态观测器

对于完全能控的系统，可以通过状态反馈任意配置极点，使闭环系统具有任意要求的动态特性，这是状态反馈的主要优点。但状态反馈所需的状态变量并不是都能测量出来的。状态重构问题正是为了克服状态反馈物理实现困难而提出的，也可称为状态估计或状态观测。实现重构状态的装置称为**状态观测器**。状态观测器理论是现代控制理论中具有工程实用价值的基本内容之一，它使状态反馈成为一种现实的控制规律。

8.5.1 全维状态观测器

所谓**状态重构**，是指一个能观系统的所有状态变量可以通过可测量的输入量和输出量重构出来。当全部状态变量均由状态观测器得到时，该观测器称为全维状态观测器，系统结构图如图 8.7 所示。

由图 8.7 可知，所谓**全维状态观测器**，就是以 n 阶线性定常系统，即

$$\dot{\boldsymbol{x}} = \boldsymbol{A}\boldsymbol{x} + \boldsymbol{B}\boldsymbol{u} \quad \boldsymbol{x}(0) = \boldsymbol{x}_0,\ t \geqslant 0$$

$$\boldsymbol{y} = \boldsymbol{C}\boldsymbol{x} \tag{8.48}$$

的输出量 $\boldsymbol{y}$ 和输入量 $\boldsymbol{u}$ 为输入，且其输出 $\hat{\boldsymbol{x}}(t)$ 满足

$$\lim_{t\to\infty}\hat{\boldsymbol{x}}(t) = \lim_{t\to\infty}\boldsymbol{x}(t) \tag{8.49}$$

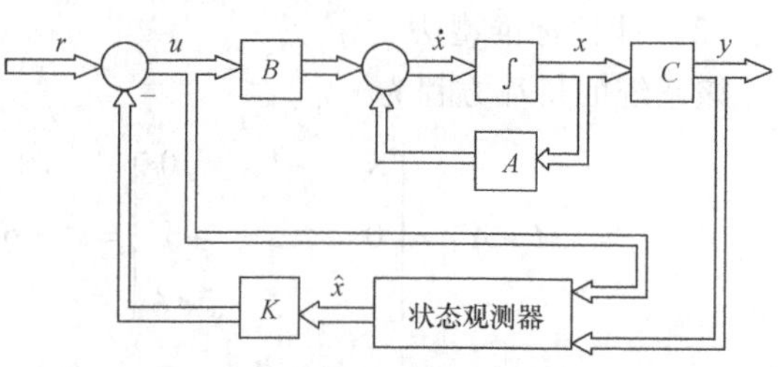

图 8.7　带全维观测器的系统状态反馈

的一个 n 维线性定常系统。通常称 $\hat{\boldsymbol{x}}(t)$ 为 $\boldsymbol{x}(t)$ 的**重构状态**或估计状态。

1. 全维状态观测器的结构设计

首先，根据已知的系数矩阵 $\boldsymbol{A}$、$\boldsymbol{B}$、$\boldsymbol{C}$，按和原系统相同的结构形式，复制出一个基本系统。如此得到的观测器就是对被估计系统的直接复制，即为

$$\dot{\hat{\boldsymbol{x}}} = \boldsymbol{A}\hat{\boldsymbol{x}} + \boldsymbol{B}\boldsymbol{u},\quad \hat{\boldsymbol{x}}(0) = \hat{\boldsymbol{x}}_0 \tag{8.50}$$

因此，一般地说这样可以达到重构状态的目的。并且，如果能做到使初始状态 $\hat{\boldsymbol{x}}_0 = \boldsymbol{x}_0$，则理论上可实现对所有 $t \geqslant 0$ 均成立 $\hat{\boldsymbol{x}}(t) = \boldsymbol{x}(t)$，即实现完全的状态重构。但是，这种开环型的观测器实际上是难以应用的，它有两个主要的缺点：第一，每次用这种观测器前都必须设置初始状态 $\hat{\boldsymbol{x}}_0$，使之等同于 $\boldsymbol{x}_0$，这显然是不方便的；第二，更为严重的是，如果系数矩阵 $\boldsymbol{A}$ 包含不稳定的特征值，那么哪怕 $\hat{\boldsymbol{x}}_0$ 和 $\boldsymbol{x}_0$ 间很小的偏差，也会导致随着 t 的增加而使 $\hat{\boldsymbol{x}}(t)$ 和 $\boldsymbol{x}(t)$ 的偏差越来越大。

为解决这个问题，取原系统输出 $\boldsymbol{y}$ 和复制系统输出 $\hat{\boldsymbol{y}}$ 之差值信号 $\boldsymbol{y} - \hat{\boldsymbol{y}}$ 作为修正变量，并将其经增益矩阵 $\boldsymbol{G}$ 反馈到复制系统中积分器的输入端，来构成一个闭环系统，如图 8.8 所示。

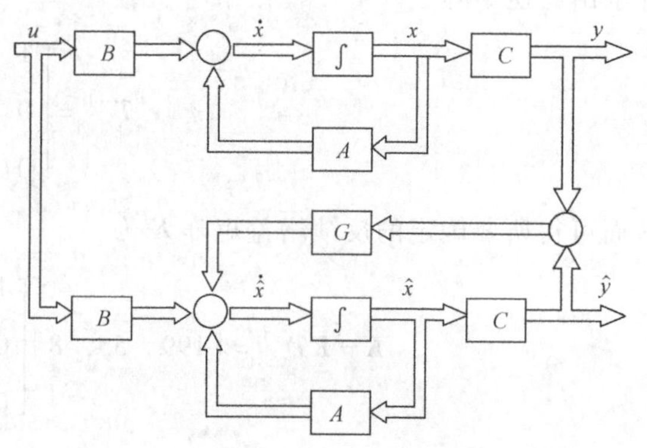

图 8.8　全维状态观测器

根据图 8.8，闭环观测器的方程为

$$\dot{\hat{\boldsymbol{x}}} = \boldsymbol{A}\hat{\boldsymbol{x}} + \boldsymbol{B}\boldsymbol{u} + \boldsymbol{G}(\boldsymbol{y} - \hat{\boldsymbol{y}}),\ \hat{\boldsymbol{x}}(0) = \hat{\boldsymbol{x}}_0 \tag{8.51}$$

进一步考虑到 $\hat{\boldsymbol{y}} = \boldsymbol{C}\hat{\boldsymbol{x}}$，全维状态观测器的动态方程可表示为

$$\dot{\hat{\boldsymbol{x}}} = (\boldsymbol{A} - \boldsymbol{G}\boldsymbol{C})\hat{\boldsymbol{x}} + \boldsymbol{B}\boldsymbol{u} + \boldsymbol{G}\boldsymbol{y},\ \hat{\boldsymbol{x}}(0) = \hat{\boldsymbol{x}}_0 \tag{8.52}$$

此时全维状态观测器的结构图可表示为图 8.9 所示的形式。

2. 反馈增益矩阵 G 的选取

用式（8.48）减去式（8.51），并定义 $\tilde{\boldsymbol{x}} = \boldsymbol{x} - \hat{\boldsymbol{x}}$ 为实际状态和估计状态间的状态误差矢量，可得

$$\dot{\tilde{\boldsymbol{x}}} = (\boldsymbol{A}\boldsymbol{x} + \boldsymbol{B}\boldsymbol{u}) - [(\boldsymbol{A} - \boldsymbol{G}\boldsymbol{C})\hat{\boldsymbol{x}} + \boldsymbol{B}\boldsymbol{u} + \boldsymbol{G}\boldsymbol{C}\boldsymbol{x}] = (\boldsymbol{A} - \boldsymbol{G}\boldsymbol{C})\tilde{\boldsymbol{x}} \tag{8.53}$$

式（8.53）可解为

$$\dot{\tilde{x}} = \mathrm{e}^{(A-GC)t}\tilde{x}(0) \tag{8.54}$$

式（8.54）表明，只要使矩阵 $(A-GC)$ 的所有特征值均位于复平面的左半平面，不管初始误差 $\tilde{x}(0)$ 为多大，观测器的状态 $\hat{x}(0)$ 仍将以一定精度和速度逼近系统的实际状态 $x(0)$，从而使 $\lim\limits_{t\to\infty}\hat{x}(t) = \lim\limits_{t\to\infty}x(t)$ 成立，即误差 $\tilde{x}$ 将最终趋近于零。进而，如果可通过选择增益矩阵 G 而使（$A-GC$）的特征值任意配置，则 $\tilde{x}(t)$ 衰减的快慢是可以被控制的。显然，若（$A-GC$）的特征值均远离虚轴，则可使重构状态 $\hat{x}(t)$ 很快地趋于实际状态 $x(t)$。

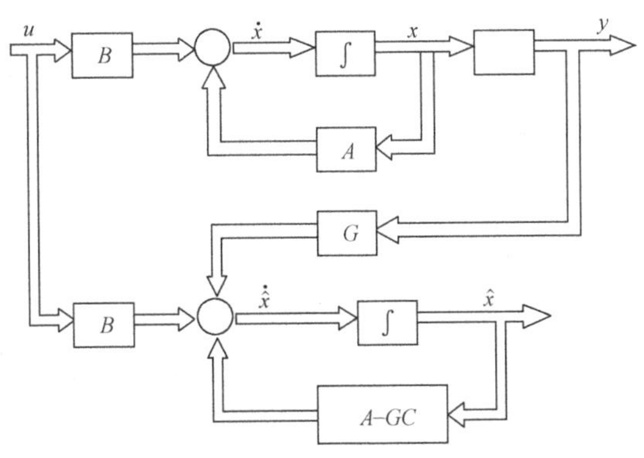

图 8.9　全维状态观测器结构图

观测器配置定理　系统可以采用全维状态观测器来重构其状态，并且可通过选择增益矩阵 G 而任意配置（$A-GC$）的全部特征值的充分必要条件是系统完全能观。

与状态反馈矩阵 K 的计算方法一样，观测器增益矩阵 G 也可以采用待定系数法和变换为能观标准型法得到。

8.5.2　配置极点求观测器增益矩阵的待定系数法

全维状态观测器的设计方法类似于状态反馈极点配置问题。设系统状态观测器的特征方程为

$$\Delta(s) = |sI-(A-Gc)| = 0 \tag{8.55}$$

设期望观测器极点为 $-p_1$，$-p_2$，…，$-p_n$，则期望的观测器特征方程为

$$\Delta^*(s) = (s+p_1)(s+p_2)\cdots(s+p_n) = s^n + a_{n-1}^* s^{n-1} + \cdots + a_1^* s + a_0^* \tag{8.56}$$

两式应相等，即

$$|sI-(A-Gc)| = s^n + a_{n-1}^* s^{n-1} + \cdots + a_1^* s + a_0^* \tag{8.57}$$

将 $G^{\mathrm{T}} = [g_1, g_2, \cdots, g_n]^{\mathrm{T}}$ 代入式（8.57），利用待定系数法，可解出观测器增益矩阵的每个元素。

例 8.11　已知系统如下，设计状态观测器使其极点为 -3，-3。

$$\dot{x} = \begin{bmatrix} 0 & 1 \\ -2 & -3 \end{bmatrix} x + \begin{bmatrix} 0 \\ 1 \end{bmatrix} u,\ y = [2\quad 0]x$$

解：

显然，$Q_o = \begin{bmatrix} c \\ cA \end{bmatrix} = \begin{bmatrix} 2 & 0 \\ 0 & 2 \end{bmatrix}$ 满秩，系统能观，观测器极点位置可任意配置。

设 $G = \begin{bmatrix} g_1 \\ g_2 \end{bmatrix}$，有　$A - Gc = \begin{bmatrix} 0 & 1 \\ -2 & -3 \end{bmatrix} - \begin{bmatrix} g_1 \\ g_2 \end{bmatrix}[2\quad 0] = \begin{bmatrix} -2g_1 & 1 \\ -2-2g_2 & -3 \end{bmatrix}$

$$\Delta(s) = |s\boldsymbol{I}-(\boldsymbol{A}-\boldsymbol{G}\boldsymbol{c})| = \begin{vmatrix} s+2g_1 & -1 \\ 2+2g_2 & s+3 \end{vmatrix} = s^2+(2g_1+3)s+6g_1+2g_2+2$$

根据期望极点得期望特征多项式为 $\Delta^*(s)=(s+3)(s+3)=s^2+6s+9$ 两式比较，得

$\begin{matrix} 2g_1+3=6 \\ 2+6g_1+2g_2=9 \end{matrix}$，故 $\boldsymbol{G}=\begin{bmatrix} g_1 \\ g_2 \end{bmatrix}=\begin{bmatrix} \frac{3}{2} \\ -1 \end{bmatrix}$。

所以观测器方程为

$$\dot{\hat{\boldsymbol{x}}}=(\boldsymbol{A}-\boldsymbol{G}\boldsymbol{c})\hat{\boldsymbol{x}}+\boldsymbol{b}u+\boldsymbol{G}y=\begin{bmatrix} -3 & 1 \\ 0 & -3 \end{bmatrix}\hat{\boldsymbol{x}}+\begin{bmatrix} 0 \\ 1 \end{bmatrix}u+\begin{bmatrix} \frac{3}{2} \\ -1 \end{bmatrix}y$$

8.5.3 配置极点求观测器增益矩阵的能观标准型法

现同样以单输入单输出为例说明状态观测器极点配置的方法与步骤。

1）设单输入系统能观，通过 $\boldsymbol{x}=\boldsymbol{T}_o\bar{\boldsymbol{x}}$，将状态方程变换为能观标准型。

$$\dot{\bar{\boldsymbol{x}}}=\begin{bmatrix} 0 & 0 & \cdots & 0 & -a_0 \\ 1 & 0 & \cdots & 0 & -a_1 \\ 0 & 1 & \cdots & 0 & -a_2 \\ \vdots & \vdots & & \vdots & \vdots \\ 0 & 0 & \cdots & 1 & -a_{n-1} \end{bmatrix}\bar{\boldsymbol{x}}+\begin{bmatrix} \beta_0 \\ \beta_1 \\ \beta_2 \\ \vdots \\ \beta_{n-1} \end{bmatrix}u,\ y=[0\ \ 0\ \ \cdots\ \ 0\ \ 1]\bar{\boldsymbol{x}} \tag{8.58}$$

线性变换矩阵 $\boldsymbol{T}_o$ 可以由式（8.33）求出。

2）构造状态观测器。

$$\dot{\bar{\boldsymbol{x}}}=(\bar{\boldsymbol{A}}-\bar{\boldsymbol{G}}\bar{\boldsymbol{c}})\bar{\boldsymbol{x}}+\bar{\boldsymbol{b}}u+\bar{\boldsymbol{G}}y \tag{8.59}$$

令 $\bar{\boldsymbol{G}}=[\bar{g}_0\ \ \bar{g}_1\ \ \cdots\ \ \bar{g}_{n-1}]^{\mathrm{T}}$，得到

$$\bar{\boldsymbol{A}}-\bar{\boldsymbol{G}}\bar{\boldsymbol{c}}=\begin{bmatrix} 0 & 1 & \cdots & 0 & -a_0-\bar{g}_0 \\ 1 & 0 & \cdots & 0 & -a_1-\bar{g}_1 \\ 0 & 1 & \cdots & 0 & -a_2-\bar{g}_2 \\ \vdots & \vdots & & & \vdots \\ 0 & 0 & \cdots & 1 & -a_{n-1}-\bar{g}_{n-1} \end{bmatrix} \tag{8.60}$$

其闭环特征方程为

$$|s\boldsymbol{I}-(\bar{\boldsymbol{A}}-\bar{\boldsymbol{G}}\bar{\boldsymbol{c}})|=s^n+(a_{n-1}+\bar{g}_{n-1})s^{n-1}+\cdots+(a_1+\bar{g}_1)s+(a_0+\bar{g}_0)=0 \tag{8.61}$$

设状态观测器期望的极点为 s_1，s_2，…，s_n，其特征多项式记为

$$\Delta_K^*(s)=\prod_{i=1}^{n}(s-s_i)=s^n+a_{n-1}^*s^{n-1}+\cdots+a_1^*s+a_0^* \tag{8.62}$$

令 s 同次幂的系数相等，得

$$\bar{\boldsymbol{G}}=[a_0^*-a_0\ \ a_1^*-a_1\ \ a_2^*-a_2\ \ \cdots\ \ a_{n-1}^*-a_{n-1}] \tag{8.63}$$

3）令 $\boldsymbol{G}=\boldsymbol{T}_{o}\overline{\boldsymbol{G}}$，代回到式（8.59）中就得到系统的状态观测器。

对例 8.11 采用上述能观标准型法求解。

将系统变换为能观标准型，系统特征多项式为

$$|s\boldsymbol{I}-\boldsymbol{A}|=\begin{vmatrix} s & -1 \\ 2 & s+3 \end{vmatrix}=s^2+3s+2$$

即 $a_1=3$，$a_0=2$，则

$$\boldsymbol{T}_o^{-1}=\begin{bmatrix} 1 & a_1 \\ 0 & 1 \end{bmatrix}\begin{bmatrix} \boldsymbol{cA} \\ \boldsymbol{c} \end{bmatrix}=\begin{bmatrix} 1 & 3 \\ 0 & 1 \end{bmatrix}\begin{bmatrix} 0 & 2 \\ 2 & 0 \end{bmatrix}=\begin{bmatrix} 6 & 2 \\ 2 & 0 \end{bmatrix}$$

有 $\boldsymbol{T}_o=\begin{bmatrix} 0 & \frac{1}{2} \\ \frac{1}{2} & -\frac{3}{2} \end{bmatrix}$

引入反馈增益矩阵 $\overline{\boldsymbol{G}}=\begin{bmatrix} \bar{g}_0 \\ \bar{g}_1 \end{bmatrix}$，得观测器特征多项式为

$$\Delta(s)=|s\boldsymbol{I}-(\overline{\boldsymbol{A}}-\overline{\boldsymbol{G}}\bar{\boldsymbol{c}})|=\left|\begin{bmatrix} s & 0 \\ 0 & s \end{bmatrix}-\begin{bmatrix} 0 & -2-\bar{g}_0 \\ 1 & -3-\bar{g}_1 \end{bmatrix}\right|=s^2+(3+\bar{g}_1)s+2+\bar{g}_0$$

根据期望极点得期望特征多项式为 $\Delta^*(s)=(s+3)(s+3)=s^2+6s+9$

比较 $\Delta(s)$ 与 $\Delta^*(s)$ 各项系数得 $\bar{g}_0=7$，$\bar{g}_1=3$，即 $\overline{\boldsymbol{G}}=\begin{bmatrix} 7 \\ 3 \end{bmatrix}$。

反变换到 $\boldsymbol{x}$ 状态下有 $\boldsymbol{G}=\boldsymbol{T}_o\overline{G}=\begin{bmatrix} 0 & \frac{1}{2} \\ \frac{1}{2} & -\frac{3}{2} \end{bmatrix}\begin{bmatrix} 7 \\ 3 \end{bmatrix}=\begin{bmatrix} \frac{3}{2} \\ -1 \end{bmatrix}$

和采用待定系数法结果一样，观测器方程为

$$\dot{\hat{\boldsymbol{x}}}=(\boldsymbol{A}-\boldsymbol{Gc})\hat{\boldsymbol{x}}+\boldsymbol{b}u+\boldsymbol{G}y=\begin{bmatrix} -3 & 1 \\ 0 & -3 \end{bmatrix}\hat{\boldsymbol{x}}+\begin{bmatrix} 0 \\ 1 \end{bmatrix}u+\begin{bmatrix} \frac{3}{2} \\ -1 \end{bmatrix}y$$

8.5.4 带状态观测器的状态反馈系统

设受控系统 $\sum_0$ 的状态空间表达式为

$$\dot{\boldsymbol{x}}=\boldsymbol{Ax}+\boldsymbol{Bu}$$
$$\boldsymbol{y}=\boldsymbol{Cx}$$

且原系统能控、能观。如果状态 $\boldsymbol{x}$ 不能直接测量，可构造一个状态观测器，以观测器估计出的状态 $\hat{\boldsymbol{x}}$ 代替实际状态 $\boldsymbol{x}$，以进行状态反馈。

状态观测器 $\sum_c$ 的状态方程为

$$\dot{\hat{\boldsymbol{x}}}=(\boldsymbol{A}-\boldsymbol{GC})\hat{\boldsymbol{x}}+\boldsymbol{Bu}+\boldsymbol{Gy} \tag{8.64}$$

反馈控制律为

$$u = r - Kx \tag{8.65}$$

对于带观测器的状态反馈控制系统，引入误差变量$\tilde{x} = x - \hat{x}$，则由以上三式可得

$$\begin{aligned} \dot{\tilde{x}} &= (Ax + Bu) - [(A - GC)\hat{x} + Bu + GCx] = (A - GC)\tilde{x} \\ \dot{x} &= Ax + B(r - K\hat{x}) = Ax + Br - BK(x - \tilde{x}) = (A - BK)x + BK\tilde{x} + Br \end{aligned} \tag{8.66}$$

写成矩阵形式为

$$\begin{bmatrix} \dot{x} \\ \dot{\tilde{x}} \end{bmatrix} = \begin{bmatrix} A - BK & BK \\ 0 & A - GC \end{bmatrix} \begin{bmatrix} x \\ \tilde{x} \end{bmatrix} + \begin{bmatrix} B \\ 0 \end{bmatrix} r \tag{8.67}$$

由式（8.67）可知，x是系统的能控部分，对应的极点位置由矩阵（$A - BK$）所决定，可通过状态反馈矩阵K进行配置。而$\tilde{x}$与u、r无关，即$\tilde{x}$是不能控的，不管施加了什么样的控制信号，状态误差总衰减到零。这正是所希望的，是状态观测器具有的重要性质。该部分的极点位置由矩阵（$A - GC$）所决定，可通过增益矩阵G进行配置。

式（8.67）对应的特征方程为

$$\begin{vmatrix} sI - (A - BK) & BK \\ 0 & sI - (A - GC) \end{vmatrix} = |sI - (A + BK)|\,|sI - (A - GC)| = 0 \tag{8.68}$$

式（8.68）表明闭环系统的特征方程由两部分组成：一部分与（$A - BK$）有关，决定系统的性能；另一部分与（$A - GC$）有关，决定状态观测器的性能。且两部分相互独立，彼此不受影响。因而状态反馈矩阵K和输出反馈矩阵G，可以根据各自的要求来独立进行设计。由此得到分离定理如下：

分离定理　若受控系统$\sum = (A, B, C)$能控、能观，用状态观测器估值形成状态反馈时，其系统的极点配置和观测器设计可分别独立进行，相互之间没有影响。

例 8.12　设受控系统的传递函数为$\Phi(s) = \dfrac{1}{s(s+6)}$，用状态反馈将闭环极点配置为$-4 \pm j6$。试设计实现状态反馈的状态观测器（设其极点为$-10$，$-10$）。

解：（1）由传递函数可知，系统能控、能观，因此存在状态反馈及状态观测器。根据分离定理可分别进行设计。

（2）求状态反馈矩阵K。

直接由传递函数可以写出系统的状态空间表达式为

$$\dot{x} = \begin{bmatrix} 0 & 0 \\ 1 & -6 \end{bmatrix} x + \begin{bmatrix} 1 \\ 0 \end{bmatrix} u,\ y = [0 \quad 1] x$$

令$K = [k_0 \quad k_1]$，得闭环系统矩阵为

$$A - bK = \begin{bmatrix} 0 & 0 \\ 1 & -6 \end{bmatrix} - \begin{bmatrix} 1 \\ 0 \end{bmatrix} [k_0 \quad k_1] = \begin{bmatrix} -k_0 & -k_1 \\ 1 & -6 \end{bmatrix}$$

则闭环系统的特征多项式为

$$\Delta(s)=|sI-(A-bK)|=\begin{bmatrix} s+k_0 & k_1 \\ -1 & s+6 \end{bmatrix}=s^2+(6+k_0)s+(6k_0+k_1)$$

与期望特征多项式

$$\Delta^*(s)=(s+4-\mathrm{j}6)(s+4+\mathrm{j}6)=s^2+8s+52$$

比较得

$$K=[2 \quad 40]$$

（3）求全维观测器。

令 $G=\begin{bmatrix} g_0 \\ g_1 \end{bmatrix}$，得 $A-Gc=\begin{bmatrix} 0 & 0 \\ 1 & -6 \end{bmatrix}-\begin{bmatrix} g_0 \\ g_1 \end{bmatrix}[0 \quad 1]=\begin{bmatrix} 0 & -g_0 \\ 1 & -(6+g_1) \end{bmatrix}$，则 $\Delta(s)=|sI-(A-Gc)|=\begin{bmatrix} s & g_0 \\ -1 & s+(6+g_1) \end{bmatrix}=s^2+(6+g_1)s+g_0$ 与 $\Delta^*(s)=(s+10)^2=s^2+20s+100$ 比较，得到 $G=\begin{bmatrix} 100 \\ 14 \end{bmatrix}$。

全维观测器方程为

$$\dot{\hat{x}}=(A-Gc)\hat{x}+Gy+bu=\begin{bmatrix} 0 & -100 \\ 1 & -20 \end{bmatrix}\hat{x}+\begin{bmatrix} 100 \\ 14 \end{bmatrix}y+\begin{bmatrix} 1 \\ 0 \end{bmatrix}u$$

8.6 李雅普诺夫稳定性分析

一个自动控制系统要正常工作，首先必须是一个稳定的系统。因此判别系统的稳定性是系统分析和综合的首要问题。对于线性定常系统，由前面几章的内容可知，可利用系统特征方程的根在复平面的分布来判断其稳定性。但这种方法不适用于时变系统和非线性系统。俄国学者李雅普诺夫借助平衡状态稳定与否的特征对系统或系统运动稳定性给出严格定义，提出解决稳定性问题的一般理论，即李雅普诺夫理论。该理论基于系统的状态空间描述，是对线性、非线性、定常、时变系统均适用的稳定性判别法，是现代控制理论的重要组成部分。本节将讲述李雅普诺夫稳定性判别法。

8.6.1 李雅普诺夫关于稳定性的定义

系统的稳定性是系统处于平衡状态时受到扰动后的自由运动特性，与系统所受的外部作用或外部输入量无关。因此在定义系统的稳定性概念时，采用齐次状态方程模型。

设系统方程为

$$\dot{x}=f(x,\ t) \tag{8.69}$$

式中，x 为 n 维状态向量。$f(x,t)$ 为线性或非线性、定常或时变的 n 维函数，其展开式为

$$\dot{x}_i=f_i(x_1,\ x_2,\ \cdots,\ x_n,\ t) \quad i=1,\ 2,\ \cdots,\ n \tag{8.70}$$

假定方程的解为 $x(t;\ x_0,\ t_0)$，其中 x_0 和 t_0 分别为初始状态向量和初始时刻，那么初始条件 x_0 必满足 $x(t_0;\ x_0,\ t_0)=x_0$。

1. 平衡状态

对于所有的 t，若状态 $\boldsymbol{x}_e$ 满足

$$\dot{\boldsymbol{x}}_e = \boldsymbol{f}(\boldsymbol{x}_e, t) = 0 \tag{8.71}$$

则称状态 $\boldsymbol{x}_e$ 为**平衡状态**。平衡状态的各分量相对时间不再发生变化。若已知状态方程，令 $\dot{\boldsymbol{x}} = 0$ 所求得的解 $\boldsymbol{x}$ 便是平衡状态。由平衡状态在状态空间中确定的点称为**平衡点**。

对于线性定常系统 $\dot{\boldsymbol{x}} = \boldsymbol{A}\boldsymbol{x}$，其平衡状态满足 $\boldsymbol{A}\boldsymbol{x}_e = 0$，只要 $\boldsymbol{A}$ 非奇异，系统只有唯一的零解，即存在一个位于状态空间原点的平衡状态。若 $\boldsymbol{A}$ 奇异，则系统存在无穷多个平衡状态。至于非线性系统，$\boldsymbol{f}(\boldsymbol{x}_e, t) = 0$ 的解可能有多个，由系统状态方程决定。例如某非线性系统状态方程为

$$\dot{x}_1 = -x_1$$

$$\dot{x}_2 = x_1 + x_2 - x_2^3$$

可解出如下 3 种不同的平衡状态：

$$x_{e1} = \begin{bmatrix} 0 \\ 0 \end{bmatrix}, \ x_{e2} = \begin{bmatrix} 0 \\ 1 \end{bmatrix}, \ x_{e3} = \begin{bmatrix} 0 \\ -1 \end{bmatrix}$$

2. 李雅普诺夫关于稳定性的定义

李雅普诺夫根据系统自由响应是否有界把系统的稳定性定义为 4 种情况。

(1) 李雅普诺夫意义下的稳定性

设系统初始状态位于以平衡状态 $\boldsymbol{x}_e$ 为球心、半径为 δ 的闭球域 $\boldsymbol{S}(\delta)$ 内，即 $\| x_0 - x_e \| \leqslant \delta$, $t = t_0$。若能使系统方程的解 $\boldsymbol{x}(t; \boldsymbol{x}_0, t_0)$ 在 $t \to \infty$ 的过程中，都位于以 $\boldsymbol{x}_e$ 为球心、任意规定的半径为 ε 的闭球域 $\boldsymbol{S}(\varepsilon)$ 内，即 $\| x(t; x_0, t_0) - x_e \| \leqslant \varepsilon$, $t \geqslant t_0$，则称该 $\boldsymbol{x}_e$ 是稳定的，通常称为**李雅普诺夫意义下的稳定性**。该定义的平面几何表示如图 8.10a 所示。

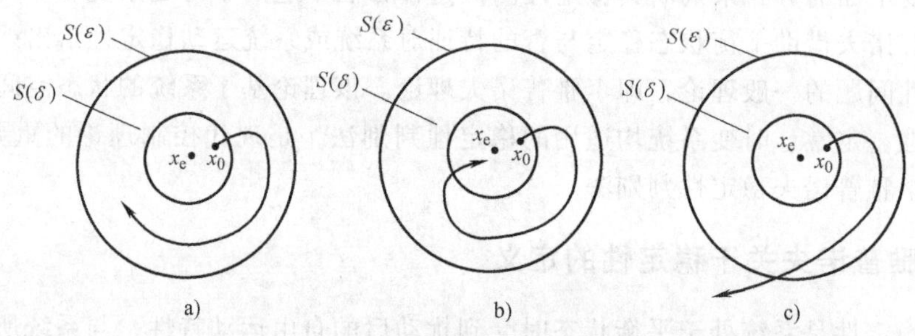

图 8.10　有关稳定性的平面几何表示

通常时变系统的 δ 与 t_0 有关，定常系统的 δ 与 t_0 无关。只要 δ 与 t_0 无关，这种平衡状态称为一致稳定的。

具有李雅普诺夫意义下稳定性的系统其状态响应的幅值是有界的。

(2) 渐近稳定性

不仅具有李雅普诺夫意义下的稳定性，而且有

$$\lim_{t \to \infty} \| \boldsymbol{x}(t; \boldsymbol{x}_0, t_0) - \boldsymbol{x}_e \| \to 0$$

称此平衡状态是**渐近稳定**的。这时，从 $S(\delta)$ 出发的轨迹不仅不会超出 $S(\varepsilon)$，而且当 $t\to\infty$ 时收敛于 x_e，其平面几何表示如图 8.10b 所示。当 δ 与 t_0 无关时，称为**一致渐近稳定**。

经典控制理论中稳定性的定义与渐近稳定性对应。

(3) 大范围（全局）渐近稳定性

当初始条件扩展至整个状态空间，且具有渐近稳定性时，称此平衡状态是**大范围渐近稳定**的。此时 $\delta\to\infty$，$S(\delta)\to\infty$，$x\to\infty$，由状态空间中任意一点出发的轨迹都收敛至 x_e。当 δ 与 t_0 无关时，则称为**大范围一致渐近稳定**。

对于严格线性的系统，如果它是渐近稳定的，必具有大范围渐近稳定性，这是因为线性系统稳定性与初始条件的大小无关。一般非线性系统的稳定性与初始条件大小密切相关，其 δ 总是有限的，故通常只能在小范围内渐近稳定。

(4) 不稳定性

不论 δ 规定得多么小，只要在 $S(\delta)$ 内有一条从 x_e 出发的轨迹超出 $S(\varepsilon)$ 以外，则称此平衡状态是**不稳定**的。其平面几何表示如图 8.10c 所示。

线性系统的平衡状态不稳定，表征系统不稳定；非线性系统的平衡状态不稳定，只说明存在局部发散的轨迹，至于是否趋于无穷远，要看 $S(\varepsilon)$ 域外是否存在其他平衡状态，若存在，如有极限环，则系统仍是李雅普诺夫意义下的稳定。

8.6.2 李雅普诺夫判断系统稳定性的方法

李雅普诺夫稳定性理论的基本思路是借助于一个李雅普诺夫函数来直接对系统平衡状态的稳定性做出判断。它是从能量观点进行稳定性分析的。如果一个系统储存的能量不断减小直至最小值，那么这个平衡状态是渐近稳定的；如果系统储存能量越来越多，那么这个平衡状态就是不稳定的。如果系统的储能既不增加，也不消耗，那么这个平衡状态就是李雅普诺夫意义下的稳定。

为了便于判断，李雅普诺夫定义了一个正定的标量函数 $V(x)$，作为虚构的广义能量函数，然后根据 $\dot{V}(x)=\mathrm{d}V(x)/\mathrm{d}t$ 的符号特征来判断系统的稳定性。对于一个给定系统，如果能找到一个正定的标量函数 $V(x)$，而 $\dot{V}(x)$ 是负定的，则这个系统是渐近稳定的。这个 $V(x)$ 就称为李雅普诺夫函数。因此应用李雅普诺夫第二法判断稳定性的关键在于找出李雅普诺夫函数 $V(x)$。对于线性系统，通常可用二次型函数 $x^{\mathrm{T}}Px$ 作为李雅普诺夫函数。

用李雅普诺夫方法分析系统的稳定性，可以概括为以下几个稳定判据。

设系统的状态方程为 $\dot{x}=f[x]$，平衡状态 $x_e=0$，满足 $f[x_e]=0$。

如果存在一个标量函数 $V(x)$，它满足：

A. $V(x)$ 对所有 x 都具有连续的一阶偏导数。

B. $V(x)$ 是正定的，即当 $x=0$，$V(x)=0$；$x\neq0$，$V(x)>0$。

C. $V(x)$ 沿状态轨迹方向计算的时间导数 $\dot{V}(x)=\mathrm{d}V(x)/\mathrm{d}t$ 分别满足下列条件。

a. 若 $\dot{V}(x)$ 为半负定，那么平衡状态 x_e 为李雅普诺夫意义下的稳定。此为稳定判据。

b. 若 $\dot{V}(x)$ 为负定，或者虽然 $\dot{V}(x)$ 为半负定，但对任意初始状态 $x(t_0)\neq0$ 来说，除去 $x=0$ 外，对 $x\neq0$，$\dot{V}(x)$ 不恒为零。那么原点平衡状态是渐近稳定的。如果进一步还有

当 $\|x\| \to \infty$ 时，$V(x) \to \infty$，则系统是大范围渐近稳定的。此为渐近稳定判据。

c. 若 $\dot{V}(x)$ 为正定，那么平衡状态 x_e 是不稳定的。此为不稳定判据。

这里仅给出了充分条件，也就是说，如果构造出了李雅普诺夫函数，那么系统是渐近稳定的。但如果找不到这样的函数，并不能据此说该系统是不稳定的。

例 8.13 已知系统状态方程如下，试分析其平衡状态的稳定性。

$$\dot{x}_1 = -x_1 + x_2$$

$$\dot{x}_2 = 2x_1 - 3x_2$$

解： 坐标原点 $x_e = 0$ 是其唯一的平衡状态。

设正定的标量函数为 $$V(x) = \frac{1}{2}x_1^2 + \frac{1}{4}x_2^2$$

沿任意轨迹求 $V(x)$ 对时间的导数，得

$$\begin{aligned}\dot{V}(x) &= \frac{\partial V}{\partial x_1}\frac{\mathrm{d}x_1}{\mathrm{d}t} + \frac{\partial V}{\partial x_2}\frac{\mathrm{d}x_2}{\mathrm{d}t} = \dot{x}_1 x_1 + \frac{1}{2}\dot{x}_2 x_2 \\ &= -x_1^2 + 2x_1x_2 - \frac{3}{2}x_2^2 = -(x_1 - x_2)^2 - \frac{1}{2}x_2^2\end{aligned}$$

对于状态空间中一切非零 x 满足条件 $V(x)$ 正定和 $\dot{V}(x)$ 负定。而且当 $\|x\| \to \infty$ 时，有 $V(x) \to \infty$，则系统在坐标原点处是大范围渐近稳定的。

8.6.3 线性定常系统的李雅普诺夫稳定性分析

对线性定常连续系统可以采用特征值来判断其稳定性，渐近稳定的充分必要条件是系统矩阵 A 的所有特征值 $\lambda_i (i=1, 2, \cdots, n)$ 均具有负实部，即 $\mathrm{Re}(\lambda_i) < 0$。

另外也可以通过李雅普诺夫方法的推论来判断。

设线性定常连续系统为 $\dot{x} = Ax$，则平衡状态 $x_e = 0$ 为大范围渐近稳定的充要条件是：对于任意给定的正定实对称矩阵 Q，必存在正定的实对称矩阵 P，满足李雅普诺夫方程，即

$$A^{\mathrm{T}}P + PA = -Q \tag{8.72}$$

并且

$$V(x) = x^{\mathrm{T}}Px \tag{8.73}$$

是系统的李雅普诺夫函数。

证明： 若选 $V(x) = x^{\mathrm{T}}Px$ 为李雅普诺夫函数，设 P 为 $n \times n$ 维正定实对称矩阵，则 $V(x)$ 是正定的。将 $V(x)$ 取时间导数为

$$\dot{V}(x) = x^{\mathrm{T}}P\dot{x} + \dot{x}^{\mathrm{T}}Px \tag{8.74}$$

将 $\dot{x} = Ax$ 代入式 (8.74) 得

$$\dot{V}(x) = x^{\mathrm{T}}PAx + (Ax)^{\mathrm{T}}Px = x^{\mathrm{T}}(PA + A^{\mathrm{T}}P)x$$

欲使系统在原点渐近稳定，则要求 $\dot{V}(x)$ 必须为负定，即

$$\dot{V}(x) = -x^{\mathrm{T}}Qx \tag{8.75}$$

式中，$\boldsymbol{Q}=-[\boldsymbol{A}^{\mathrm{T}}\boldsymbol{P}+\boldsymbol{P}\boldsymbol{A}]$为正定的。

在应用该判据时应注意以下几点：

1）实际应用时，通常是先选取一个正定的实对称矩阵 $\boldsymbol{Q}$，代入李雅普诺夫方程式（8.72）解出矩阵 $\boldsymbol{P}$，然后按赛尔维斯特准则判定 $\boldsymbol{P}$ 的正定性，进而作出系统渐近稳定的结论。

2）为了方便计算，常取 $\boldsymbol{Q}=\boldsymbol{I}$，这时 $\boldsymbol{P}$ 应满足

$$\boldsymbol{A}^{\mathrm{T}}\boldsymbol{P}+\boldsymbol{P}\boldsymbol{A}=-\boldsymbol{I} \tag{8.76}$$

式中，$\boldsymbol{I}$ 为单位矩阵

3）若 $\dot{V}(\boldsymbol{x})$沿任一轨迹不恒等于零，那么 $\boldsymbol{Q}$ 可取为半正定。

例 8.14 对例 8.13 可以采用另外一种判别方法。

解： 写出系统的状态方程为$\begin{bmatrix}\dot{x}_1\\\dot{x}_2\end{bmatrix}=\begin{bmatrix}-1 & 1\\2 & -3\end{bmatrix}\begin{bmatrix}x_1\\x_2\end{bmatrix}$，由于系统的状态矩阵 $\boldsymbol{A}$ 是非奇异的，故原点 $\boldsymbol{x}_{\mathrm{e}}=0$ 是其唯一的平衡状态。

设 $\boldsymbol{P}=\begin{bmatrix}p_{11} & p_{12}\\p_{21} & p_{22}\end{bmatrix}$，$\boldsymbol{Q}=\boldsymbol{I}$，代入式（8.72），得

$$\begin{bmatrix}-1 & 2\\1 & -3\end{bmatrix}\begin{bmatrix}p_{11} & p_{12}\\p_{21} & p_{22}\end{bmatrix}+\begin{bmatrix}p_{11} & p_{12}\\p_{21} & p_{22}\end{bmatrix}\begin{bmatrix}-1 & 1\\2 & -3\end{bmatrix}=-\begin{bmatrix}-1 & 0\\0 & -1\end{bmatrix}$$

将上式展开，并令各对应元素相等，可解得

$$\boldsymbol{P}=\frac{1}{8}\begin{bmatrix}14 & 5\\5 & 3\end{bmatrix}$$

根据赛尔维斯特准则知

$$\Delta_1=\frac{7}{4}>0,\ \Delta_2=\frac{17}{64}>0$$

故矩阵 $\boldsymbol{P}$ 是正定的，因而系统的平衡点是大范围渐近稳定的。

8.7 案例分析与设计

设有一倒立摆安装在电动机驱动车上，如图 8.11 所示。我们希望通过控制作用于小车上的力 u 使摆杆上的小球保持直立。性能指标要求：阻尼比 $\zeta=0.5$，过渡过程时间 $t_s(2\%)=2\mathrm{s}$。假设倒立摆只在图 8.11 所在的平面内运动，试分析该系统。

1. 系统模型建立

设小车和摆杆的质量分别为 M 和 m，摆杆长 l，所以摆杆重心的水平位置为 $x+l\sin\theta$，垂直位置为 $l\cos\theta$。按照物理定律，摆杆和小车的运动方程如下。

摆杆的转动方程为

$$J\frac{\mathrm{d}^2\theta}{\mathrm{d}t^2}=Vl\sin\theta-Hl\cos\theta$$

式中，J 是摆杆的转动惯量。

摆杆重心的水平运动方程为

$$m\frac{\mathrm{d}^2}{\mathrm{d}t^2}(x+l\sin\theta)=H$$

摆杆重心的垂直运动方程为

$$m\frac{\mathrm{d}^2}{\mathrm{d}t^2}(l\cos\theta)=V-mg$$

小车的水平运动方程为

$$M\frac{\mathrm{d}^2x}{\mathrm{d}t^2}=u-H$$

因为必须保持倒立摆垂直，所以可假设 $\theta(t)$ 和 $\dot{\theta}(t)$ 的量值很小，因而使得 $\sin\theta=0$，$\cos\theta=1$，并且 $\dot{\theta}\theta^2=0$，摆杆的几个运动方程可以被线性化。线性化后的方程为

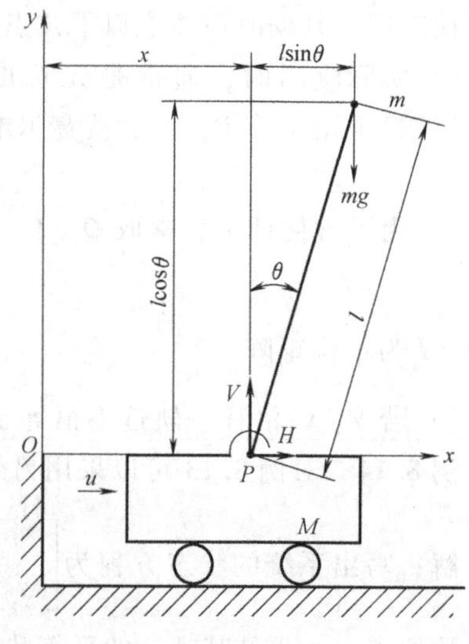

图 8.11　倒立摆系统

$$J\ddot{\theta}=Vl\theta-Hl$$

$$(\ddot{x}+l\ddot{\theta})=H$$

$$mV-mg=0$$

由于摆杆的转动惯量很小，可看做 $J=0$。由以上方程，可以推导出系统微分方程的数学模型为

$$(M+m)\ddot{x}+ml\ddot{\theta}=u$$

$$ml^2\ddot{\theta}+ml\ddot{x}=mgl\theta$$

从上两式中分别消去 $\ddot{x}$ 和 $\ddot{\theta}$ 后得到方程

$$Ml\ddot{\theta}=(M+m)g\theta-u$$

$$M\ddot{x}=u-mg\theta \tag{8.77}$$

若定义状态变量 x_1、x_2、x_3、x_4 为

$$x_1=\theta,\ x_2=\dot{\theta},\ x_3=x,\ x_4=\dot{x} \tag{8.78}$$

以摆杆绕点 P 的转动角度 θ 和小车的位置 x 作为系统的输出量，则有

$$\boldsymbol{y}=\begin{bmatrix}y_1\\y_2\end{bmatrix}=\begin{bmatrix}\theta\\x\end{bmatrix}=\begin{bmatrix}x_1\\x_3\end{bmatrix}$$

根据方程组（8.77）和（8.78），可以得到

$$\dot{x}_1=x_2$$

$$\dot{x}_2=\frac{M+m}{Ml}gx_1-\frac{1}{Ml}u$$

$$\dot{x}_3 = x_4$$

$$\dot{x}_4 = -\frac{m}{M}gx_1 + \frac{1}{M}u$$

或

$$\begin{bmatrix}\dot{x}_1\\\dot{x}_2\\\dot{x}_3\\\dot{x}_4\end{bmatrix} = \begin{bmatrix}0 & 1 & 0 & 0\\\frac{M+m}{Ml}g & 0 & 0 & 0\\0 & 0 & 0 & 1\\-\frac{m}{M}g & 0 & 0 & 0\end{bmatrix}\begin{bmatrix}x_1\\x_2\\x_3\\x_4\end{bmatrix} + \begin{bmatrix}0\\-\frac{1}{Ml}\\0\\\frac{1}{M}\end{bmatrix}u,\ \begin{bmatrix}y_1\\y_2\end{bmatrix} = \begin{bmatrix}1 & 0 & 0 & 0\\0 & 0 & 1 & 0\end{bmatrix}\begin{bmatrix}x_1\\x_2\\x_3\\x_4\end{bmatrix}$$

设 $M=2\text{kg}$，$m=0.1\text{kg}$，$l=0.5\text{m}$，代入上式可得

$$\begin{bmatrix}\dot{x}_1\\\dot{x}_2\\\dot{x}_3\\\dot{x}_4\end{bmatrix} = \begin{bmatrix}0 & 1 & 0 & 0\\20.6 & 0 & 0 & 0\\0 & 0 & 0 & 1\\-0.49 & 0 & 0 & 0\end{bmatrix}\begin{bmatrix}x_1\\x_2\\x_3\\x_4\end{bmatrix} + \begin{bmatrix}0\\-1\\0\\0.5\end{bmatrix}\boldsymbol{u},\ \begin{bmatrix}y_1\\y_2\end{bmatrix} = \begin{bmatrix}1 & 0 & 0 & 0\\0 & 0 & 1 & 0\end{bmatrix}\begin{bmatrix}x_1\\x_2\\x_3\\x_4\end{bmatrix}$$

2. 系统特性分析

（1）稳定性分析

系统状态空间表达式中，由系数矩阵

$$\boldsymbol{A} = \begin{bmatrix}0 & 1 & 0 & 0\\20.6 & 0 & 0 & 0\\0 & 0 & 0 & 1\\-0.49 & 0 & 0 & 0\end{bmatrix}$$

可求出对应的特征值为［0　0　4.54　−4.54］，存在正的特征值，所以系统是不稳定的。正常情况下摆杆是不可能保持直立的。因此，要达到控制目标必须有控制器，使小车上摆杆的角度 θ 保持为零。

（2）能控性分析

要设计控制器，首先系统要是能控的，先求出能控性判别矩阵为

$$\boldsymbol{Q}_c = [\boldsymbol{B}\quad \boldsymbol{AB}\quad \boldsymbol{A}^2\boldsymbol{B}\quad \boldsymbol{A}^3\boldsymbol{B}] = \begin{bmatrix}0 & -1 & 0 & -20.6\\-1 & 0 & -20.6 & 0\\0 & 0.5 & 0 & 0.49\\0.5 & 0 & 0.49 & 0\end{bmatrix}$$

判断能控性判别矩阵的秩，可知 $\text{rank}\boldsymbol{Q}_c=4$，满秩，所有系统状态完全能控。

3. 状态反馈

系统有 4 个极点，希望配置后有一对闭环主导极点，其他为远极点。认为系统性能主要由主导极点决定。

由给定性能指标可取 $\omega_n=4$，$\zeta=0.5$，所以闭环主导极点为

$$s_{1,2}=-\zeta\omega_n\pm \mathrm{j}\sqrt{1-\zeta^2}=-2\pm \mathrm{j}2\sqrt{3}$$

另外两个远极点取主导极点离虚轴 5 倍的距离，即 $s_{3,4}=-10$。

原系统特征方程式为

$$f(s)=|s\boldsymbol{I}-\boldsymbol{A}|=\begin{bmatrix} s & -1 & 0 & 0\\ -20.6 & s & 0 & 0\\ 0 & 0 & s & -1\\ 0.49 & 0 & 0 & s\end{bmatrix}=s^4-20.6s^2$$

由期望的闭环极点构成的特征多项式为

$$\begin{aligned}f^*(s)&=\left(s+2-\mathrm{j}2\sqrt{3}\right)\left(s+2+\mathrm{j}2\sqrt{3}\right)(s+10)(s+10)\\&=s^4+24s^3+196s^2+720s+1600\end{aligned}$$

可解出对应能控规范型的反馈阵为

$$\overline{\boldsymbol{K}}=[a_0^*-a_0 \quad a_1^*-a_1 \quad a_2^*-a_2 \quad a_3^*-a_3]=[1600 \quad 720 \quad 216.6 \quad 24]$$

注意：要求出对应原系统的状态反馈阵，还需要进行 $\boldsymbol{K}=\overline{\boldsymbol{K}}\boldsymbol{T}_c^{-1}$ 线性变换。

$$\boldsymbol{T}_c=[\boldsymbol{A}^3\boldsymbol{b} \quad \boldsymbol{A}^2\boldsymbol{b} \quad \boldsymbol{A}\boldsymbol{b} \quad \boldsymbol{b}]\begin{bmatrix}1 & 0 & 0 & 0\\ a_3 & 1 & 0 & 0\\ a_2 & a_3 & 1 & 0\\ a_1 & a_2 & a_3 & 1\end{bmatrix}=\begin{bmatrix}0 & 0 & -1 & 0\\ 0 & 0 & 0 & -1\\ -9.81 & 0 & 0.5 & 0\\ 0 & -9.81 & 0 & 0.5\end{bmatrix}$$

所以

$$\boldsymbol{K}=\overline{\boldsymbol{K}}\boldsymbol{T}_c^{-1}=[-298.2 \quad -60.70 \quad -163.1 \quad -73.4]$$

最终可实现期望目标的线性控制规律为

$$u=-\boldsymbol{K}\boldsymbol{x}=298.2x_1+60.70x_2+163.1x_3+73.4x_4$$

8.8 本章小结

本章初步介绍了现代控制理论的基础理论和方法，为进一步学习现代控制打下基础。

本章首先讲述了从状态变量的定义、状态变量的选取到建立状态空间表达式的整个建模过程。同一系统的状态空间表达式可以通过线性变换进行转换，也能和传递函数模型相互转换。

接着对数学模型已知的系统进行了性能分析。性能分析包括定量分析和定性分析。定量分析通过求系统在某一输入信号下的解，或者说系统响应来进行。定性分析则研究系统能控性、能观性、稳定性等特性，这些都是现代控制理论中最重要的基本概念。

最后在系统分析的基础上，介绍了系统综合问题。当系统能控时，通过引入状态反馈就能任意配置系统特征值，从而得到希望的系统性能。如果状态不能取得时，若系统能观测，可以设计状态观测器，用重构的状态向量实现反馈，构成具有状态观测器的状态反馈系统。

思考题与习题

8-1　已知 RLC 电路如图 8.12 所示。设状态变量 $x_1=i_1$，$x_2=i_2$，$x_3=u_C$。求电路的状态方程。

8-2　已知控制系统状态空间表达式如下，试求其传递函数或传递函数矩阵。

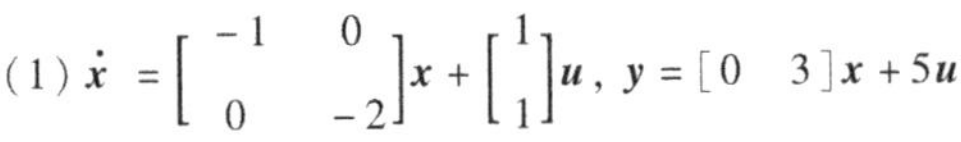

(1) $\dot{\boldsymbol{x}}=\begin{bmatrix}-1 & 0\\ 0 & -2\end{bmatrix}\boldsymbol{x}+\begin{bmatrix}1\\1\end{bmatrix}\boldsymbol{u}$，$\boldsymbol{y}=[0\quad 3]\boldsymbol{x}+5\boldsymbol{u}$

(2) $\dot{\boldsymbol{x}}=\begin{bmatrix}0 & 1\\ -2 & -3\end{bmatrix}\boldsymbol{x}+\begin{bmatrix}1 & 0\\ 1 & 1\end{bmatrix}\boldsymbol{u}$，$\boldsymbol{y}=\begin{bmatrix}2 & 1\\ 1 & 1\end{bmatrix}\boldsymbol{x}+\begin{bmatrix}3 & 0\\ 0 & 1\end{bmatrix}\boldsymbol{u}$

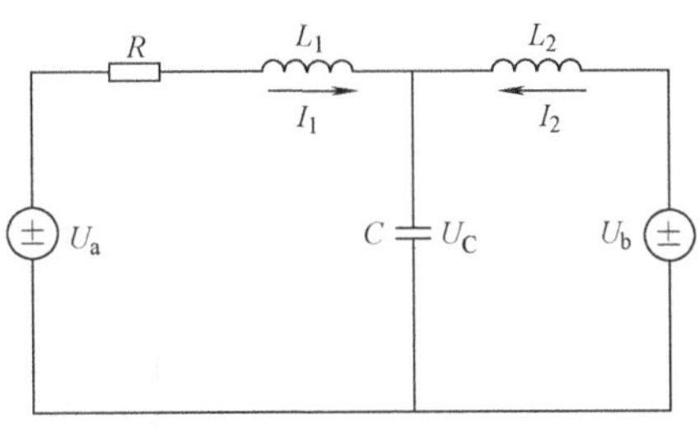

图 8.12　题 8-1 图

(3) $\dot{\boldsymbol{x}}=\begin{bmatrix}-1 & 0 & 1\\ 1 & -2 & 0\\ 0 & 0 & -3\end{bmatrix}\boldsymbol{x}+\begin{bmatrix}0\\0\\1\end{bmatrix}\boldsymbol{u}$，$\boldsymbol{y}=[1\quad 1\quad 0]\boldsymbol{x}$

(4) $\dot{\boldsymbol{x}}=\begin{bmatrix}0 & 1 & 0\\ 0 & -4 & 3\\ -1 & -1 & -2\end{bmatrix}\boldsymbol{x}+\begin{bmatrix}0 & 0\\ 1 & 0\\ 0 & 2\end{bmatrix}\boldsymbol{u}$，$\boldsymbol{y}=\begin{bmatrix}1 & 0 & 0\\ 0 & 1 & 1\end{bmatrix}\boldsymbol{x}$

8-3　设系统输入-输出关系的微分方程为 $\ddot{x}(t)+3\dot{x}(t)+2x(t)=2u$。若选取状态变量 $x_1=x$，$x_2=\dot{x}$，试写出该系统的状态空间表达式。

8-4　已知系统的闭环传递函数如下，试求出系统的能控标准型、能观标准型和对角标准型实现。

(1) $\Phi(s)=\dfrac{10(s-1)}{s(s+1)(s+3)}$　　(2) $\Phi(s)=\dfrac{6}{s(s+2)(s+3)}$

(3) $\Phi(s)=\dfrac{s^2+6s+8}{s^2+4s+3}$

8-5　设系统微分方程为 $\dddot{y}+6\ddot{y}+11\dot{y}+6y=6u$，其中 u、y 分别为系统的输入、输出量。试求出系统的能控标准型和能观标准型。

8-6　已知 $\boldsymbol{A}=\begin{bmatrix}-1 & 0\\ 0 & 1\end{bmatrix}$，试用两种方法求 e^{At}。

8-7　求下列齐次状态方程的解：

(1) $\dot{\boldsymbol{x}}=\begin{bmatrix}0 & 1\\ 0 & 0\end{bmatrix}\boldsymbol{x}$，$\boldsymbol{x}(0)=\begin{bmatrix}1\\1\end{bmatrix}$　　(2) $\dot{\boldsymbol{x}}=\begin{bmatrix}0 & 1\\ -2 & -3\end{bmatrix}\boldsymbol{x}$，$\boldsymbol{x}(0)=\begin{bmatrix}1\\0\end{bmatrix}$

8-8　已知系统状态方程如下，试求在单位阶跃输入作用下的时间响应。

$$\dot{\boldsymbol{x}}=\begin{bmatrix}0 & 1\\ 0 & 0\end{bmatrix}\boldsymbol{x}+\begin{bmatrix}0\\1\end{bmatrix}\boldsymbol{u},\ \boldsymbol{x}(0)=\begin{bmatrix}1\\1\end{bmatrix}$$

8-9　线性定常系统的状态空间表达式分别为

(1) $\dot{\boldsymbol{x}}=\begin{bmatrix}0 & 1\\ 1 & 3\end{bmatrix}\boldsymbol{x}+\begin{bmatrix}1\\2\end{bmatrix}\boldsymbol{u}$，$\boldsymbol{y}=[1\quad 0]x$

(2) $\dot{\boldsymbol{x}}=\begin{bmatrix}1 & 2 & -1\\ 0 & 1 & 0\\ 0 & -4 & 3\end{bmatrix}\boldsymbol{x}+\begin{bmatrix}0\\0\\1\end{bmatrix}\boldsymbol{u}$，$\boldsymbol{y}=[1\quad -1\quad 1]\boldsymbol{x}$

（1）试判别各系统的能控性和能观性。

（2）如果各系统能控或能观，写出对应能控标准型或能观标准型。

8-10　已知控制系统的状态空间表达式为

$$\dot{x}=\begin{bmatrix}2 & 1\\1 & 1\end{bmatrix}x+\begin{bmatrix}b_1\\b_2\end{bmatrix}u,\ y=[a_1 \quad 0]x$$

试求系统能控能观时 a_1、b_1、b_2 应满足的条件。

8-11　已知系统的状态空间表达式为

$$\dot{x}=\begin{bmatrix}4 & 1 & -2\\1 & 0 & 2\\1 & -1 & 3\end{bmatrix}x+\begin{bmatrix}1\\2\\1\end{bmatrix}u,\ y=[1 \quad 0 \quad 0]x$$

（1）写出其对偶系统的状态空间表达式及其传递函数。

（2）判别原系统和对偶系统的能控性和能观性。

8-12　已知系统状态方程为

$$\dot{x}=\begin{bmatrix}0 & 1 & 0\\0 & -1 & 1\\0 & -1 & -10\end{bmatrix}x+\begin{bmatrix}0\\0\\10\end{bmatrix}u$$

（1）系统动态性能不满足要求，可否任意配置极点？

（2）指定闭环极点为 -10，$-1\pm\sqrt{3}\mathrm{j}$，试求状态反馈增益矩阵 $\boldsymbol{K}$。

8-13　已知系统传递函数为 $G(s)=\dfrac{1}{s(s+1)(s+2)}$。

（1）写出系统能控标准型表达式。

（2）求状态反馈增益矩阵 $\boldsymbol{K}$，使系统配置在 -2，$-1\pm\mathrm{j}$。

8-14　设系统状态空间表达式为

$$\dot{x}=\begin{bmatrix}0 & 1\\1 & 0\end{bmatrix}x+\begin{bmatrix}0\\1\end{bmatrix}u$$

$$y=[1 \quad 0]\ x$$

设计全维状态观测器，使闭环极点位于 -1，-2处。

8-15　已知系统状态空间表达式为

$$\dot{x}=\begin{bmatrix}0 & 1 & 0\\0 & 0 & 1\\0 & -6 & -5\end{bmatrix}x+\begin{bmatrix}0\\0\\1\end{bmatrix}u,\ y=[1 \quad 0 \quad 0]x$$

（1）设计全维状态观测器，使闭环极点位于 -3，-3，-3 处。

（2）用状态观测器进行状态反馈，使系统极点配置在 -6，$-3\pm3\mathrm{j}$ 处。

8-16　判断下列二次型函数的符号性质：

（1）$\boldsymbol{Q}(\boldsymbol{x})=-x_1^2-4x_2^2-4x_3^2+4x_1x_3$

（2）$\boldsymbol{Q}(\boldsymbol{x})=x_1^2+x_2^2+x_3^2-2x_1x_2+2x_2x_3-2x_1x_3$

8-17　试用李雅普诺夫第二法判断下列线性定常系统平衡状态的稳定性：

（1）$\dot{x}_1=-x_1+x_2$，$\dot{x}_2=2x_1-3x_2$

（2）$\dot{x}=\begin{bmatrix}-1 & -2\\2 & -4\end{bmatrix}x$

8-18　已知系统的状态方程为

$$\begin{cases} \dot{x}_1 = x_2 \\ \dot{x}_2 = -x_1 - x_2 - x_1^5 \end{cases}$$

试用李雅普诺夫第二法判断系统的稳定性。

第 9 章　非线性系统分析

控制系统可分为线性系统和非线性系统两种，本书前面的章节中讨论了线性系统的建立、分析以及设计的问题。但实际上，现实世界的系统都不是绝对线性的，因为组成系统的元件，以及系统中各物理量之间的关系并不是绝对线性的，因此描述它们的数学模型也应该不是线性的。然而，为了研究的方便，人们在建立、分析以及设计系统的过程中，常常会在一定的条件下将非线性的系统进行线性化处理，以达到与实际的结果近似吻合的效果。对于非线性程度不严重，且仅在小范围内工作的系统，人们往往会采用小偏差法将其线性化，并利用线性理论对其进行分析和研究。然而并非所有的非线性问题都能线性化，当系统的非线性程度较大，系统的工作范围较大，或系统的控制精度要求较高的时候，便不能作线性化的处理。此时系统工作的特点会表现出许多线性理论无法解释的现象，因此必须采用非线性理论进行研究，才能得到正确的结论。

当系统中存在一个无法进行线性化的组成元件时，这种系统被称为非线性系统，此时的系统不满足线性系统所拥有的叠加性，且系统的响应与系统的初始条件相关。由于非线性系统数学模型的多样性，并没有一种普适的方法对此类问题进行研究。本章主要介绍两种基本非线性系统的分析方法：相平面法和描述函数法。

9.1　控制系统的非线性特性

现实世界中存在着多种不同类型的非线性系统，本节将介绍几种常见的典型非线性特性。

9.1.1　典型的非线性特性

1. 饱和特性

饱和特性是一种常见的非线性特性，一般的放大元件都具有饱和特性，例如晶体放大器中的晶体管、磁放大器中的铁心都有一定的线性工作范围，超过该范围后，就会表现出饱和特性。饱和特性的输入输出关系如图 9.1 所示。当输入信号 $|x|<x_0$ 时，输出信号 y 与输入信号 x 呈线性关系；当输入信号 $|x|>x_0$ 时，输出信号 y 进入饱和状态，为一常量 b，等效增益随输入信号的加大逐渐降低，其数学表达式为

$$y=\begin{cases}kx & (|x|<a)\\ b\operatorname{sgn}x & (|x|>a)\end{cases}\tag{9.1}$$

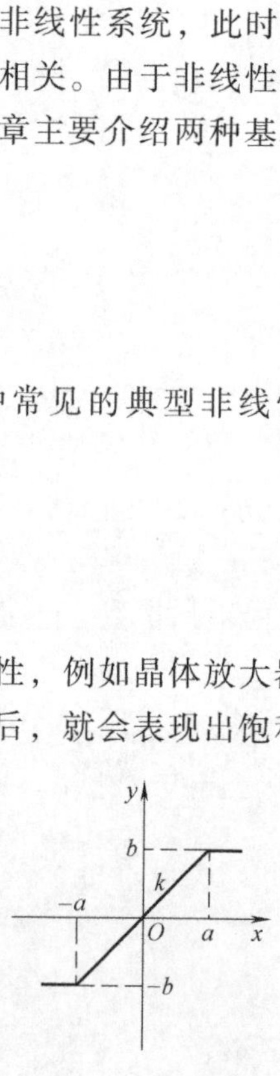

图 9.1　饱和特性

一般情况下，当输入信号超过线性区进入饱和区时，系统的开环增益会大幅度地减小，会使系统过渡时间增加，并导致稳态误差的加大。但在某些自动控制系统的暂态过程中，当偏差信号增大进入饱和区时，系统的开环增益系数下降，可以抑制系统的振荡，从而起到保

护系统的功能。

2. 死区特性

在控制系统的执行元件、测量元件中一般都会存在死区的情况，即当输入信号 $|x|<a$ 时，输出信号 y 为零，当输入信号 $|x|>a$ 时，才会产生输出信号 y，并与输入信号 x 呈线性关系。死区特性的输入输出关系如图 9.2 所示。其数学表达式为

$$y=\begin{cases}0 & (|x|<a)\\ k(x-a\mathrm{sgn}x) & (|x|>a)\end{cases} \tag{9.2}$$

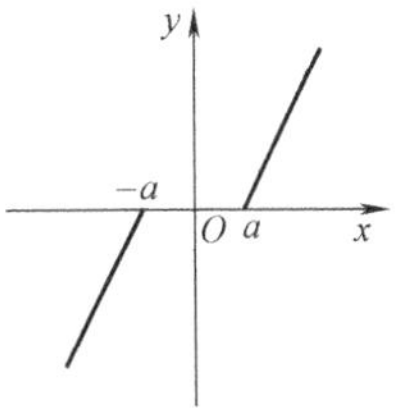

图 9.2　死区特性

死区非线性特性对系统产生的主要影响有：

1）降低了系统的稳态准确度，稳态误差始终会大于死区值。

2）影响系统暂态性能，有时可以抑制系统的振荡，有时又会导致系统产生自激振荡。

3）能滤去一些小幅干扰信号，提高系统抗干扰能力。

4）可能会导致系统输出滞后。

3. 滞环特性

各种传动机制，例如齿轮传动、杆系传动，由于加工精度和装配上的限制，会产生一定的间隙特性，这种特性被称为滞环特性。滞环特性的输入输出关系如图 9.3 所示。它的数学表达式为

$$y=\begin{cases}k(x-a/2) & (\dot{y}>0)\\ k(x+a/2) & (\dot{y}<0)\\ b\mathrm{sgn}y & (\dot{y}=0)\end{cases} \tag{9.3}$$

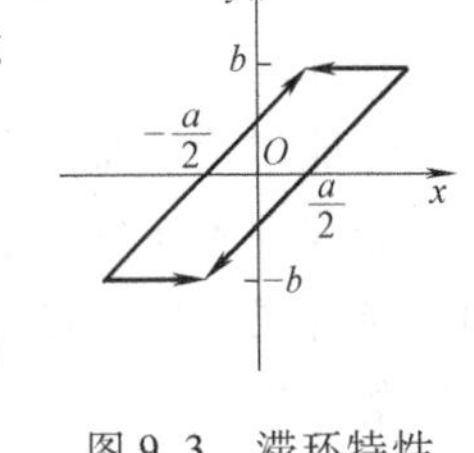

图 9.3　滞环特性

由图 9.3 可知，这种非线性特性与系统的输入输出的变换规律都有关系。滞环特性不仅会降低控制系统的精度，还会增加系统的稳态误差，加剧系统的振荡。

4. 继电特性

继电特性也是一种常见的非线性特性，其形式如图 9.4 所示。对于继电器，一般都有死区存在，如图 9.4b 所示。此外，由于继电器的吸合电压都大于释放电压，故继电器还具有回环的特性，如图 9.4c 所示。图 9.4d 是实际的继电器特性，既有死区，又有回环，其数学表达式为

$$y=\begin{cases}0 & (-ma<x<a,\ \dot{x}>0)\\ 0 & (-a<x<ma,\ \dot{x}<0)\\ b\mathrm{sgn}x & (|x|\geqslant a)\\ b & (x\geqslant ma,\ \dot{x}<0)\\ -b & (x\leqslant -ma,\ \dot{x}>0)\end{cases} \tag{9.4}$$

继电器非线性特性可能会导致系统产生自激振荡，导致系统不稳定。对于稳定系统，会增加其稳态误差。

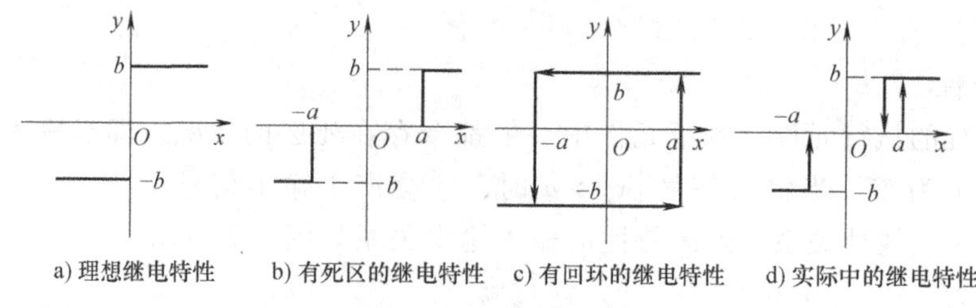

图 9.4　继电特性

9.1.2　非线性系统的特性

描述非线性系统运动状态的数学模型采用的是非线性微分方程。这种非线性的微分方程不满足系统的叠加原理，这种系统的运动特征也与线性系统不同。非线性系统的主要运动特征有：

1. 稳定性

在线性系统中，系统的稳定性只与系统的结构和参数有关，与外部作用和初始条件无关。而非线性系统的稳定性除了与系统的结构和参数有关外，还与外部作用及初始条件有关。在非线性系统中，不存在整个系统是否稳定的概念，必须针对系统某一具体的运动状态，才能讨论系统的稳定性问题。

非线性系统中可能存在多个平衡状态，而部分的平衡状态是稳定的。由于非线性系统中初始条件的不同，可能导致系统的运动趋于不同的平衡状态，其运动的稳定性就可能表现出不同的特性。

2. 叠加原理的不适用性

对于线性系统而言，其响应曲线的形状与输入信号的大小及初始状态无关，因此对于多个输入的情况可以采用叠加原理。然而在非线性系统中，其响应曲线的形状与系统的输入、系统的初始条件都有关系。在初始条件不同的情况下，即便是大小相同的输入信号，也会得到完全不同形式的响应曲线，其振荡频率、调节时间均不相同，而且甚至会改变其响应的稳定性和周期性。出现这些情况都是因为非线性系统不满足叠加原理导致的。

3. 自激振荡

自激振荡是指非线性系统，在没有外界周期变换信号作用下产生的，具有固定振幅和频率的稳定周期运动。在线性系统中，只有在临界稳定的情况下才会产生等幅周期运动。但线性系统的这种周期运动实际上是观测不到的，因为系统的结构或者参数只要发生微小的变化或者漂移，这种临界状态就会被破坏。非线性系统的自激振荡的振幅和频率都是由系统自身的特点决定的。自激振荡具有一定的稳定性，当受到某种干扰且满足一定范围限制的情况下，这种振荡能够恢复。

一般的实际系统中，人们都不希望系统有自激振荡存在。因为长时间的振荡会造成机械磨损，并增加能耗带来误差。但有时候一些高频的、小幅度的自激振荡也会引入到系统中，以克服间隙、摩擦等因素造成的不利影响。

4. 对正弦输入信号的响应

在线性控制系统中，当输入正弦信号时，其输出为同频率、不同幅值的正弦信号。而在非线性控制系统中，若输入是正弦信号，其输出就不一定是正弦信号了，可能会产生跳跃谐振和多值响应，变成一个畸变的波形。所谓跳跃谐振就是指振幅随频率的改变出现突跳的现象，产生这种跳跃谐振的原因就是系统中存在多值特性。

5. 非线性系统的畸变

线性系统在正弦信号作用下的稳态输出，拥有与输入信号同频率的正弦信号。而非线性系统在正弦信号的作用下，其稳态输出则不是正弦信号，其中还包含了倍频和分频等各种谐波分量，使得输出波形发生了非线性的畸变。

9.1.3 非线性控制系统的分析研究方法

在非线性控制系统中，一般采用非线性微分方程来进行描述。其建立数学模型的过程要复杂得多，且没有求解非线性微分方程的通用方法。除了一些极特殊的情况以外，多数非线性微分方程无法直接得到解析解。目前研究非线性系统常用的工程近似方法有：

1. 相平面法

相平面法是求解一、二阶常微分方程的图解法。相平面上的轨迹曲线描述了系统状态的变化过程，因此可以求出微分方程在任何初始条件下的解。这种方法是将时域内的分析法推广到了非线性系统中进行应用，但仅适用于一、二阶系统。

2. 描述函数法

描述函数法又称为谐波线性化法，它是一种基于频率域的工程近似方法。这种方法用非线性元件输出的基波信号代替在正弦作用下的非正弦输出，使非线性元件近似于一个线性元件，从而可以应用奈奎斯特稳定判据对系统的稳定性进行判别。应用描述函数法研究非线性控制系统的自激振荡时，能给出振荡过程的基本特性（如振幅、频率）与系统参数（如放大系数、时间常数等）的关系，给系统的初步设计提供一个思考方向。描述函数法是线性控制系统理论中的频率法在非线性系统中的推广。

3. 李雅普诺夫第二法

李雅普诺夫第二法是一种对线性系统和非线性系统都适用的方法。首先根据非线性系统的动态方程求出李雅普诺夫函数 $V(x)$，然后根据 $V(x)$ 和 $\dot{V}(x)$ 的性质去判别非线性系统的稳定性。

4. 计算机求解法

用计算机直接求解非线性微分方程，可用于分析和设计复杂的非线性系统。随着计算机的普及，这种方法会有很大的发展前景。

应该指出，上述方法都存在着一定的局限性。这些方法都是围绕着稳定性问题对非线性系统进行分析。到目前为止并没有一种通用的方法来设计任意的非线性控制系统。如相平面法，是一种图解法，能给出稳态和暂态性能的全部信息，但只适用于一、二阶非线性控制系统。描述函数法是一种近似的线性方法，虽不受阶次的限制，但只能给出系统的稳定性和自激振荡的信息。本章以系统分析为主，重点针对相平面法和描述函数法进行讲解。

9.2 相平面法

相平面法是法国数学家 Poincare 在 1885 年首次提出的，它是求解一、二阶常微分方程的图解法。这种方法的特点是在不求出微分方程解的情况下，直接从方程的结构和特点来推断其解的形态，将系统的运动过程转化为相平面上一个移动的点，通过对轨迹的研究分析系统的运动规律。这种定性方法是研究非线性微分方程的有效手段，可用来分析非线性系统的稳定性、平衡位置、时间响应、稳态精度，以及初始条件和参数对系统运动的影响。

9.2.1 相轨迹的基本概念

对于二阶时不变系统一般可以描述为

$$\ddot{x}+f(x,\ \dot{x})=0 \tag{9.5}$$

式中，$f(x,\ \dot{x})$是 x 和 $\dot{x}$ 的线性和非线性函数。该系统的解可用 $x(t)$ 和 t 的关系曲线进行表示；也可以将 t 作为参变量，把 x 与 $\dot{x}$ 的关系曲线画在以 x 和 $\dot{x}$ 为坐标的平面上，这种关系曲线被称为相轨迹，相轨迹上的箭头表示时间增加时相点的运动方向；而由 x 和 $\dot{x}$ 组成的平面叫作相平面。若把式（9.5）看作是一个质点的运动方程，则 $x(t)$ 和 $\dot{x}(t)$ 可分别看作是质点的位移量和速度。$x(t)$ 和 $\dot{x}(t)$ 被称为是该质点运动系统的状态变量。相平面上的每一点都代表系统在相应时刻的一个状态。

根据解的唯一性可知，对于任一初始条件，微分方程都有唯一解与之对应。在相平面上布满了与不同初始条件相对应的相轨迹。这种用相平面分析系统性能的方法就是相平面法。由于相平面只能表示两个独立的变量 $x(t)$ 和 $\dot{x}(t)$，故相平面只能用于研究一阶、二阶的非线性系统。

例 9.1 设一个二阶系统的齐次方程为

$$\frac{\mathrm{d}^2x}{\mathrm{d}t^2}+2\xi\omega_{\mathrm{n}}\frac{\mathrm{d}x}{\mathrm{d}t}+\omega_{\mathrm{n}}^2x=0 \tag{9.6}$$

解： 令 $x_1=x$、$x_2=\dot{x}$ 为系统的两个状态变量，得到微分方程组为

$$\begin{cases}\dot{x}_1=x_2\\ \dot{x}_2=-\omega_{\mathrm{n}}^2x_1-2\xi\omega_{\mathrm{n}}x_2\end{cases} \tag{9.7}$$

根据式（9.7），可解得状态变量 x_1 和 x_2。描述该系统的运动一般有两种方法：一种是直接解出 x_1 和 x_2 对 t 的关系；另一种是以时间 t 为参变量，求出 $x_2=f(x_1)$ 的关系，把它画在 x_1-x_2 平面上，如图 9.5 所示。

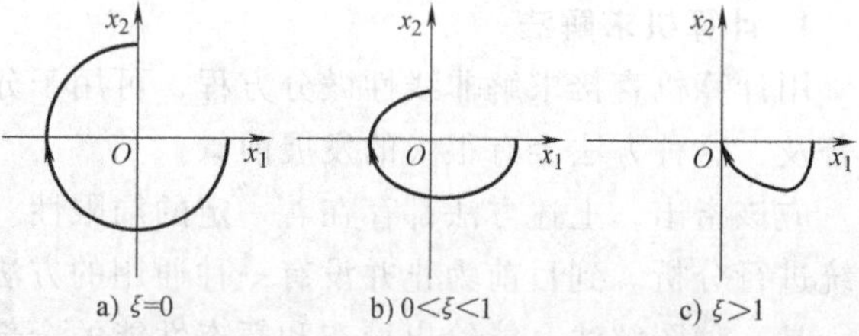

图 9.5 二阶系统的相轨迹

如果相点位于上半 $x-\dot{x}$ 平面，则随着时间增加，相点沿相轨迹向右运动，因为正速度（$\dot{x}>0$）相当于 x 值随时间增加。同样，如果相点位于下半 $x-\dot{x}$ 平面，则随着时间增加，相点沿相轨迹向左运动，因为负速度（$\dot{x}<0$）相当于 x 值随时间减小。因此，在 $x-\dot{x}$ 平面上，沿相轨迹的运动为顺时针方向。当相轨迹与 x 轴相交时，速度 $\dot{x}$ 等于零，即位置 x 不再随时间变化，故相轨迹将与 x 轴垂

直相交。

9.2.2 相轨迹的基本性质

1. 相轨迹上的每一点都有确定的斜率

式（9.5）的系统可以写作

$$\ddot{x} = \mathrm{d}\dot{x}/\mathrm{d}t = -f(x, \dot{x}) \tag{9.8}$$

式（9.8）等号两边同除以 $\dot{x} = \mathrm{d}x/\mathrm{d}t$，则有

$$\frac{\mathrm{d}\dot{x}}{\mathrm{d}x} = -\frac{f(x, \dot{x})}{\dot{x}} \tag{9.9}$$

若令 $x_1 = x$，$x_2 = \dot{x}$，则式（9.9）改写为

$$\frac{\mathrm{d}x_2}{\mathrm{d}x_1} = -\frac{f(x_1, x_2)}{x_2} \tag{9.10}$$

式（9.10）称为相轨迹的斜率方程。这表明相轨迹上每一个点都有自己相应的斜率，满足这个方程。

2. 相轨迹运动方向的确定

在相平面的上半平面，系统状态的相轨迹随着时间 t 的变化，沿 x_1 增大的方向运动，即向右运动；反之，在相平面下半平面，系统状态的相轨迹随着时间 t 的变化，沿 x_1 减小方向运动，即向左运动。

3. 相轨迹的奇点和普通点

由于每个微分方程式对于给定的初始条件只有唯一的解，即只有一条相轨迹，对于不同初始条件出发的相轨迹是不会相交的。只有同时满足 $x_2 = 0$，$\dot{x}_2 = f(x_1, x_2) = 0$ 的特殊点，由于该点相轨迹的斜率为 0/0，是一个不定值，因而通过该点的相轨迹就有无数多条，且它们的斜率也彼此不相等。该点称为奇点。由于奇点的速度和加速度为零，它一般表示系统的平衡状态。

在相平面上，除奇点以外其他点，叫作普通点。在普通点上，系统的速度和加速度不同时为零，因此普通点不是系统的平衡点。系统在普通点上的斜率是唯一的。

4. 相轨迹正交于 x_1 轴

因为在 x_1 轴上的所有点，其 x_2 总等于零，因而除去其中 $f(x_1, x_2) = 0$ 的奇点外，在其他点上的斜率为$\frac{\mathrm{d}x_2}{\mathrm{d}x_1} = \infty$，这表示相轨迹与相平面的横轴 x_1 是正交的。

9.2.3 相轨迹的绘制

应用相平面法分析非线性系统需要绘制相轨迹。在二阶系统的相平面分析中，相轨迹可以通过解析法、图解法或实验的方法进行绘制。本节介绍解析法和图解法。

1. 解析法

所谓解析法就是通过求解微分方程找出 $\dot{x}(t)$和 $x(t)$的关系，并在相平面上进行绘制。有两种方法可以用来解析并确定相轨迹的方程，第一种方法是直接积分找出 $\dot{x}(t)$和 $x(t)$的关系。但这种方法只适用于原微分方程可积的情况。第二种方法是先求出微分方程的解，消

去参变量 t，以获得相轨迹方程。

例 9.2 设有二阶微分方程 $\ddot{x}+\omega^2 x=0$，绘出其相轨迹。 (9.11)

解：因为 $\ddot{x}=\dot{x}\dfrac{\mathrm{d}\dot{x}}{\mathrm{d}x}$，由式（9.11）得

$$\dot{x}\frac{\mathrm{d}\dot{x}}{\mathrm{d}x}+\omega^2 x=0 \tag{9.12}$$

根据第一种解析法，对式（9.12）积分，得

$$\frac{\dot{x}^2}{\omega^2}+x^2=A^2 \tag{9.13}$$

式中，A 为常量，由初始条件确定。

根据第二种解析法，先求出微分方程的解：

$$x(t)=A\cos(\omega t+\alpha) \tag{9.14}$$

式中，A 和 α 为根据初始条件确定的常数。将式（9.14）对 t 微分，得

$$\dot{x}(t)=-A\omega\sin(\omega t+\alpha) \tag{9.15}$$

从式（9.14）和式（9.15）中消去 t，得到式（9.13）。绘出该方程描绘的系统在不同初始条件下的相轨迹，如图 9.6 所示。

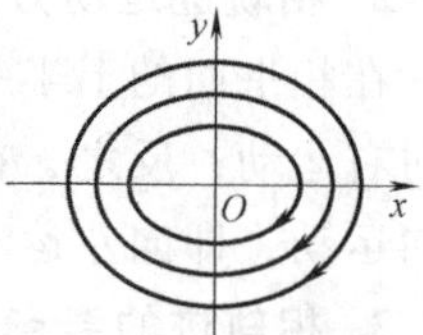

图 9.6 例 9.2 的相轨迹

例 9.3 设有二阶微分方程 $\ddot{x}=-M$ (9.16)

其初始条件为 $x(0)=x_0$，$\dot{x}(0)=0$。绘出其相轨迹。

解：因为 $\ddot{x}=\dot{x}\dfrac{\mathrm{d}\dot{x}}{\mathrm{d}x}$，由式（9.16）得

$$\dot{x}\frac{\mathrm{d}\dot{x}}{\mathrm{d}x}=-M \tag{9.17}$$

根据第一种解析法，对式（9.17）进行积分，得

$$\dot{x}^2=2(x_0-x)M \tag{9.18}$$

式（9-18）中积分常数是由已知初始条件确定的。式（9.18）表示一条通过 $(x_0,0)$ 点的相轨迹。

根据第二种解析法，求得 $\dot{x}(t)$ 和 $x(t)$ 的表达式为

$$\dot{x}(t)=-Mt \tag{9.19}$$

$$x(t)=-\frac{1}{2}Mt^2+x_0 \tag{9.20}$$

消去参变量 t，可求得式（9.18），如图 9.7 中曲线所示。

2. 图解法求相轨迹

图解法是一种不必解已知微分方程，而通过作图求相轨迹的方法。对于比较复杂的微分方程，难以进行求解，此时一般采用图解法。用图解法求相轨迹有多种方法，本节介绍等倾线法。

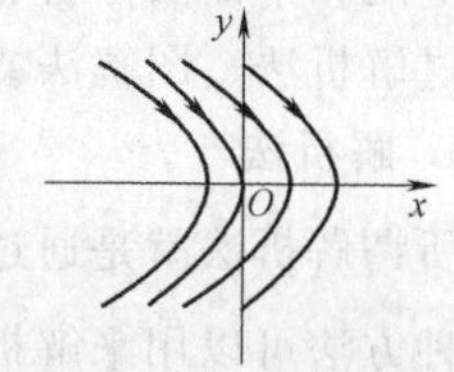

图 9.7 例 9.3 的相轨迹

已知二阶微分方程的一般表达式为

$$\ddot{x} = \frac{d\dot{x}}{dx}\dot{x} = f(x, \dot{x})$$

以 x 为自变量，$\dot{x}$ 为因变量，得

$$\frac{d\dot{x}}{dx} = -\frac{f(x, \dot{x})}{\dot{x}}$$

可知相平面上的点（x，$\dot{x}$）处的斜率。令$\frac{d\dot{x}}{dx}=\alpha$，则上式可改写为

$$\alpha\dot{x} = -f(x, \dot{x}) \tag{9.21}$$

式（9.21）表示相轨迹上斜率为常值 α 的各点的连线，此连线称为等倾斜线。将这些斜线连接起来便表示相轨迹通过等倾斜线时的方向，最终得到所求的相轨迹。

例 9.4 试用等倾斜线法绘制下列微分方程的相轨迹，其中 $0<\xi<1$。

$$\ddot{x} + 2\xi\omega_n\dot{x} + \omega_n^2 x = 0$$

解： 令 $x_1 = x$，$x_2 = \dot{x}$，则方程可以改写为

$$\begin{aligned} \dot{x}_1 &= x_2 \\ \dot{x}_2 &= -\omega_n^2 x_1 - 2\xi\omega_n x_2 \end{aligned} \tag{9.22}$$

令 $d\dot{x}/dx=\alpha$，得

$$\frac{dx_2}{dx_1} = \alpha = -\frac{\omega_n^2 x_1 + 2\xi\omega_n x_2}{x_2} \tag{9.23}$$

或写作

$$x_2 = -\frac{\omega_n^2}{2\xi\omega_n + \alpha}x_1 \tag{9.24}$$

式（9.24）即等倾线方程，即等正切 α 的轨迹，并且该方程是一个直线方程。对于线性二阶微分方程而言，等倾线是通过相平面原点的直线。

对于题中给定的系统，当 $\xi=0.5$ 和 $\omega=1$ 时，相轨迹如图 9.8 所示。起于点 A 的相轨迹可以通过以下方法进行绘制：当相轨迹被限定在相应于 $\alpha=-1$ 和 $\alpha=-1.1$ 的等倾线之间时，相轨迹的斜率近似等于$(-1-1.1)/2=-1.05$。因此，如果从 A 点画斜率为 -1.05 的直线，并且与 $\alpha=-1.1$ 对应的等倾线相交于 B 点，则直线 AB 就近似为相轨迹的一部分。同样，在 $\alpha=-1.1$ 和 $\alpha=-1.2$ 对应的等倾线所限定的区域内，通过 B 点的相轨迹具有的斜率约为$(-1.1-1.2)/2=-1.15$，与 $\alpha=-1.2$ 的等倾线相交于 C 点的直线 BC，也是相轨迹的一部分。C 点和 D 点之间的相轨迹斜率为 -1.25。用这种方法就可作出该方程的相轨迹。

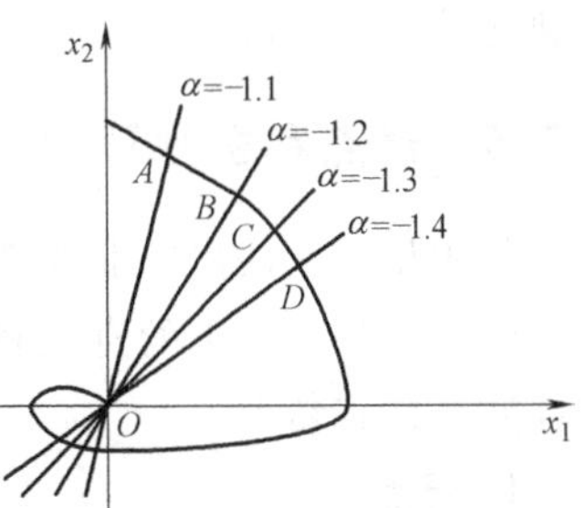

图 9.8　例 9.4 的相轨迹方程

对于等倾线法绘制相轨迹时，需要注意：

1）x 轴与 $\dot{x}$ 轴所选的比例尺应当一致，才能准确表示相轨迹切线的斜率。

2）相平面的上半平面 $\dot{x}>0$，故相轨迹应该是从左向右运动；而下半平面 $\dot{x}<0$，则相轨迹是从右向左运动。

3）除平衡点外，相轨迹与 x 轴都是垂直相交的，即在 x 轴处的斜率为无穷大。

4）合理利用相轨迹的对称性可以减少作图的工作量。

5）作图时等倾线的条数应该适当，过多和过少都不好；采用平均斜率的方法作相轨迹，可以提高作图的精确度。

9.2.4　由相平面图求时间解

相平面图是 $\dot{x}$ 作为 x 函数的图像，它虽然清楚地描述了系统全部的运动状态，但是不能给出与时间相关的信息。为了分析系统时域内的性能，还需要在相平面中作出系统过渡过程的曲线 $x(t)$。求时间解的过程，基本上是一种逐步求解过程，它有几种不同的方法。一旦相轨迹上标明了 t，则系统对时间的响应特性便显示出来了。

设系统的相轨迹如图 9.9 所示。对于小增量 Δx 和 Δt，可以近似地用 Δx 区间内 $\dot{x}$ 的平均值 $\dot{x}_{av}$来代替该区间 x 的平均速度，即有

$$\Delta t=\frac{\Delta x}{\dot{x}_{av}} \tag{9.25}$$

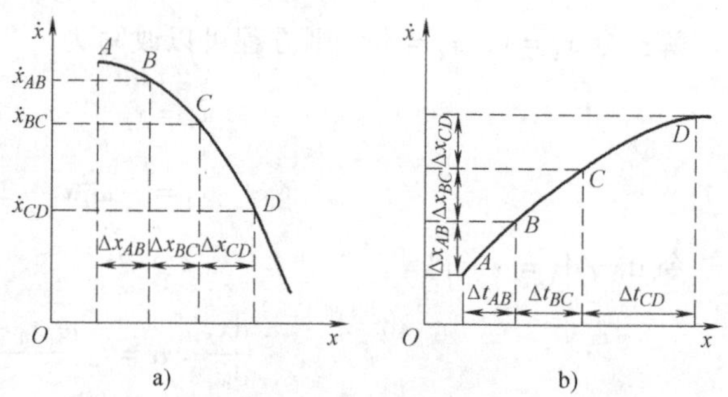

图 9.9　由相轨迹求时间解

相轨迹从 A 点运动到 B 点，位移增量 Δx_{AB}所需要的时间增量 $\Delta t_{AB}=\Delta x_{AB}/\dot{x}_{AB}$。同理，从 B 点运动到 C 点的时间 $\Delta t_{BC}=\Delta x_{BC}/\dot{x}_{BC}$。依此类推，可作出系统的时间解 $x(t)$，如图 9.9b 所示。

为了保证具有良好的准确度，位移增量 Δx 必须足够小，以便使 $\dot{x}$ 和 t 的增量变化也很小。但在计算过程中，为了减少工作量，在保证适当准确度的前提下，Δx 值的选取应根据相轨迹的形状而改变。

9.2.5　奇点和极限环

使用相平面法研究非线性系统，其重要的意义在于通过相轨迹确定微分方程所有解的性质。因此，相平面上的奇点和极限环是很重要的研究部分，它们对确定系统可能的运动状态和性质非常有帮助。

1. 奇点

对于二阶系统微分方程 $\ddot{x}=\frac{\mathrm{d}\dot{x}}{\mathrm{d}x}\dot{x}=f(x,\dot{x})$，在其相平面上满足 $x_2=0$ 且 $\dot{x}2=f(x_1,x_2)=0$ 的点称为奇点。奇点是相平面上的特殊点，在该点处有无穷多条相轨迹趋近或离开该点，相轨迹会在该点相交。在该点处，由于相变量的各阶导数为零，因此奇点实际上就是系统的平衡点。通常需要研究系统在奇点处的行为。

根据奇点的定义，一阶系统是没有奇点的。对于二阶系统 $\ddot{x}+2\xi\omega_n\dot{x}+\omega_n^2x=0$，其奇点是相平面的原点。该方程的特征根为

$$\lambda_{1,2}=-\xi\omega_n\pm\omega_n\sqrt{\xi^2-1}$$

奇点的特性和奇点附近相轨迹的行为主要取决于系统的特征根 λ_1、λ_2 在 s 平面上的位置。图 9.10 描述了特征根 λ_1、λ_2 在 s 平面上不同的分布情况对奇点的影响。

（1）焦点

当特征根 $\lambda_{1,2}=\sigma\pm j\omega$ 为一对具有负实部的共轭复根时，相轨迹的图形如图 9.10a 所示，相轨迹的奇点为稳定的焦点。反之，当特征根 $\lambda_{1,2}=\sigma\pm j\omega$ 为一对具有正实部的共轭复根时，此时相轨迹的图形如图 9.10b 所示，相轨迹的奇点为不稳定的焦点。

（2）节点

当特征根为两个不相等的负实数根 $\lambda_1=\sigma_1$，$\lambda_2=\sigma_2$ 时，相轨迹的图形如图 9.10c 所示，相轨迹的奇点称为稳定的节点。反之，当特征根为两个不相等的正实数根 $\lambda_1=\sigma_1$，$\lambda_2=\sigma_2$ 时，相轨迹的图形如图 9.10d 所示，相轨迹的奇点称为不稳定的节点。

（3）中心点

如果系统的特征值为一对共轭虚根 $\lambda_{1,2}=\pm j\omega$，其相轨迹是一簇圆，如图 9.10e 所示。由于坐标原点（奇点）周围的相轨迹是一簇封闭的曲线，故称这种奇点为中心点。

（4）鞍点

如果系统的特征根一个为正实数，一个为负实数。相轨迹如图 9.10f 所示。由该图可见，在特定的初始条件下，分隔线将相平面分隔为 4 个不同的运动区域，除了分隔线外，其余所有的相轨迹都将随着时间 t 的增长而远离奇点，故这种奇点称为鞍点。

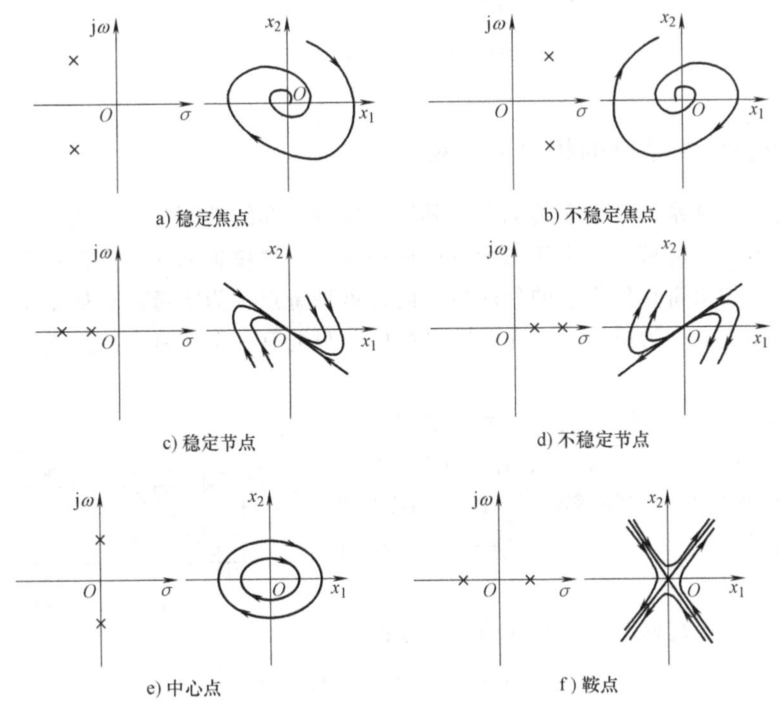

图 9.10　奇点的类型

2. 极限环

非线性系统的运动除了发散和收敛两种模式外，还有另一种自激振荡的运动模式。这种自激振荡在相平面上表现为一个孤立的封闭轨迹线——极限环。在相平面上，极限环是一种特殊的相轨迹，它将平面划分为具有不同运动特点的区域。极限环是非线性系统特有的现象，按其性质可分为三种类型：稳定、半稳定、不稳定极限环。

当$t\to\infty$时，如果起始于极限环内部或者外部的相轨迹均卷向极限环，则该极限环称为稳定的极限环，如图 9. 11a 所示。此时，若有微小的扰动使系统状态稍稍离开极限环，经过一定的时间后，系统状态能回到这个极限环。在极限环上，系统的运动状态为稳定周期的自激振荡。极限环内部的相轨迹发散至极限环，而极限环外的相轨迹均趋向于极限环。极限环内部为不稳定区，极限环外部为稳定区。

当$t\to\infty$时，如果起始于极限环内部或外部的相轨迹均卷离极限环，则该极限环称为不稳定的极限环，如图 9. 11b 所示。极限环内部是稳定区域，其相轨迹收敛至环内的奇点；而极限环外部是不稳定区域，其相轨迹发散至无穷远点。

当$t\to\infty$时，如果起始于极限环内（外）部的相轨迹卷向极限环，而起始于极限环外（内）部的相轨迹卷离极限环，则该极限环称为半稳定极限环，如图 9. 11c、d 所示。

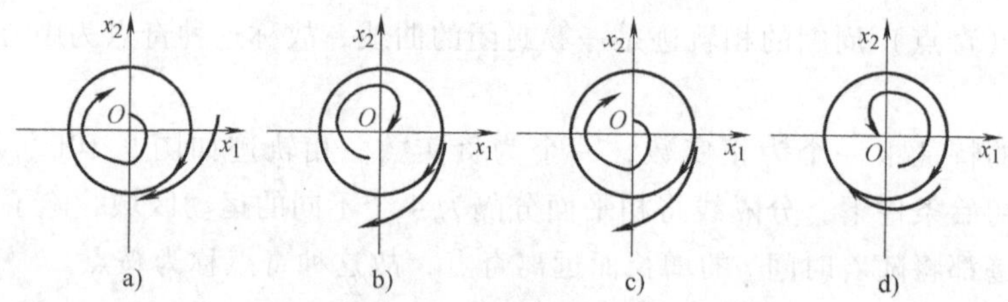

图 9. 11　极限环的类型

9. 2. 6　非线性控制系统的相平面分析

实际中的非线性系统在许多情况下，其线性部分和非线性部分可分离。这时，整个相平面可以划分成若干个区域，其中每一个分区域相应于一个单独的线性工作状态，每一个分区域有一个奇点。如果奇点位于它的分区域以内，这种奇点称为实奇点；如果奇点位于它的分区域以外，这种奇点称为虚奇点。在二阶系统中，只能有一个实奇点，而其他相邻的区域只有虚奇点。

例 9. 5　设具有饱和特性的非线性控制系统如图 9. 12 所示，其中 $T=1$，$K=4$，$e_0=0.2$，$M_0=0.2$。在系统初始状态为零的情况下，试分别作出当输入为阶跃信号 $r(t)=R$ 和速度信号 $r(t)=R+Vt$ 时的系统相平面图。

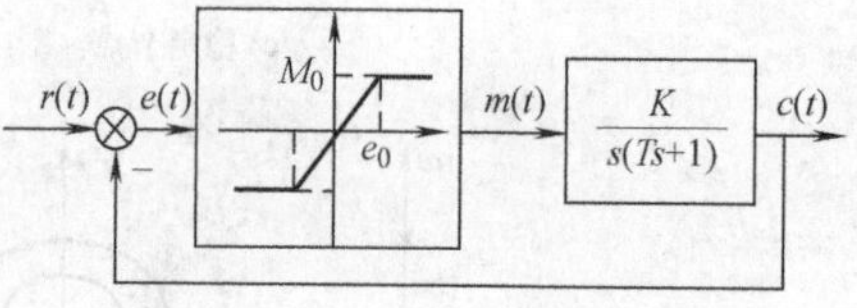

图 9. 12　非线性控制系统

解：首先根据系统列出连续部分的微分方程为

$$T\ddot{c}(t)+\dot{c}(t)=Km(t) \tag{9.26}$$

因为 $e(t)=r(t)-c(t)$，所以上述方程可以改写成

$$T\ddot{e}(t)+\dot{e}(t)+Km(t)=T\ddot{r}(t)+\dot{r}(t) \tag{9.27}$$

（1）阶跃信号输入

当输入信号是阶跃信号 $r(t)=R$ 时，其一阶和二阶微分都为零，即 $\ddot{r}(t)=\dot{r}(t)=0$。由式（9.27）可写出相应各区域上的线性方程。

当 $|e|<e_0$ 时，系统处于线性区域，其运动方程为

$$T\ddot{e}(t)+\dot{e}(t)+Ke(t)=0 \tag{9.28}$$

在线性区域，奇点位于相平面的原点。因为 $\ddot{e}=\dot{e}\dfrac{\mathrm{d}\dot{e}}{\mathrm{d}e}$，$\alpha=\dfrac{\mathrm{d}\dot{e}}{\mathrm{d}e}$，则式（9.28）所示的相轨迹等倾线方程为

$$\dot{e}=-\frac{Ke}{1+T\alpha} \tag{9.29}$$

当 $|e|>e_0$ 时，系统处在饱和区域，其运动方程为

$$T\ddot{e}(t)+\dot{e}(t)+KM=0 \qquad e>e_0 \tag{9.30}$$

$$T\ddot{e}(t)+\dot{e}(t)-KM=0 \qquad e<-e_0 \tag{9.31}$$

此时等倾线方程为

$$\dot{e}=-\frac{KM}{1+T\alpha} \qquad e>e_0 \tag{9.32}$$

$$\dot{e}=\frac{KM}{1+T\alpha} \qquad e<-e_0 \tag{9.33}$$

由式（9.32）和式（9.33）可知，在饱和区域没有奇点存在，相轨迹的等倾线都为一簇水平线。

由此得到系统在阶跃信号作用下的相轨迹，如图 9.13 所示。由此可知，具有饱和非线性的二阶系统，当输入信号为阶跃函数时，相轨迹收敛于稳定的节点或焦点——坐标原点。系统稳态误差为零。

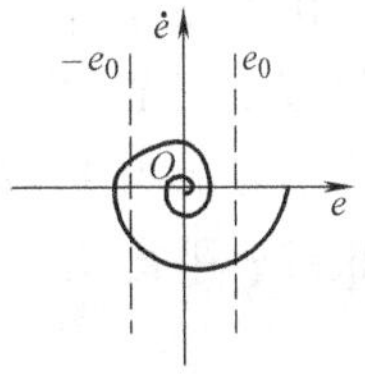

图 9.13　阶跃信号下的系统相轨迹

（2）斜坡输入

当输入信号为 $r(t)=R+Vt$ 时，其二阶微分为零，一阶微分为常数，即 $\ddot{r}(t)=0$，$\dot{r}(t)=V$。由式（9.27）可写出相应各区域上的线性方程。

当 $|e|<e_0$ 时，系统处于线性区域，其运动方程为

$$T\ddot{e}(t)+\dot{e}(t)+Ke(t)=V \tag{9.34}$$

由式（9.34）可知，在线性区域，奇点位于（V/K，0），可以是稳定焦点或稳定节点。奇点位置与 V、K 和 e 有关，因此可能落在线性区，成为实奇点，也可能落在饱和区，成为虚奇点。

当 $|e|>e_0$ 时，系统处在饱和区域，其运动方程为

$$T\ddot{e}(t)+\dot{e}(t)+KM=V \qquad e>e_0 \tag{9.35}$$

$$T\ddot{e}(t) + \dot{e}(t) - KM = V \qquad e < -e_0 \tag{9.36}$$

此时等倾线方程为

$$\dot{e} = \frac{V - KM}{1 + T\alpha} \qquad e > e_0 \tag{9.37}$$

$$\dot{e} = \frac{V + KM}{1 + T\alpha} \qquad e < -e_0 \tag{9.38}$$

由式（9.37）和式（9.38）可知，在饱和区域没有奇点存在。在正饱和区域，系统的相轨迹趋近于直线 $\dot{e} = V - KM$；而在负饱和区域，系统的相轨迹趋近于直线 $\dot{e} = V + KM$。由于系统的参数不同，这些渐近线在相平面上的位置是不同的，在不同的初始条件下，某个区域的相轨迹进入另一个区域的相轨迹的位置并不相同，图 9.14 示出了不同参数下的相轨迹的走向。从上面的相轨迹图可以看出，对于非线性系统，系统的稳定性和运动轨迹不仅与系统的参数有关，也与系统的初始状态有关。在图 9.14a 中，系统存在虚奇点；图 9.14b 中，系统存在实奇点；在图 9.14c 中，系统趋向于稳定时的误差不一定为零，误差数值的大小由线段 *OD* 决定，该值的大小与系统的初始条件有关。由此可知，非线性系统的稳态误差也与初始条件有关。

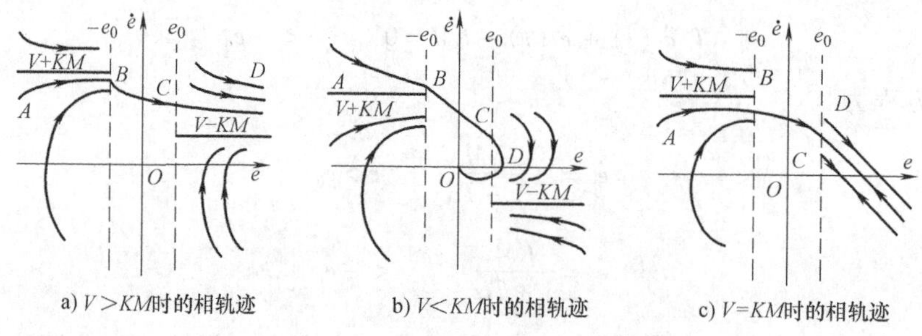

图 9.14　不同参数下相轨迹的走向

由上述分析可知，当输入为斜坡信号时，随着输入信号变化率 V 的大小不同，系统的相轨迹不完全相同，其稳态误差也有很大的差异。当 $V > KM$ 时，系统的输出不能跟踪斜坡输入信号。当 $V < KM$ 时，可以跟踪，但有稳态误差存在，值为 V/K。当 $V = KM$ 时，系统也能跟踪，平衡状态在轴上任意位置，具体数值由初始条件和时间常数确定。

9.3　描述函数法

9.3.1　描述函数的基本概念

描述函数法的基本思想是：在一定的假设条件下，将非线性环节在正弦信号作用下的输出，用一次谐波分量近似表达，并导出非线性环节的等效近似频率特性。这是将非线性系统等效为线性系统的一种研究方法，并将频率法引入到系统的分析中。

这种方法针对的是在无外作用的情况下，非线性系统的稳定性和自激振荡的问题。和相平面法不同，描述函数法不受系统阶次的约束，是一种近似的分析方法。

应用描述函数分析非线性系统，要求满足以下条件：

非线性系统可简化为一个非线性环节和一个线性环节串联的形式，且元件 N 不是时间 t 的函数，即非储能元件。

非线性元件 N 的特性是奇对称的，即 $f(e)=-f(-e)$。因此在正弦信号作用下，输出量的平均值等于零，没有恒定直流分量。

系统中的线性部分 $G(s)$ 具有良好的低通滤波特性。这个条件对一般控制系统来说是可以满足的，而且线性部分阶次越高，低通滤波特性越好。

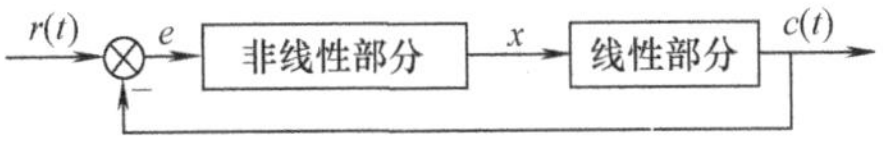

当图 9.15 中输入量为正弦函数 $e(t)=A\sin\omega t$ 时，其输出的傅里叶级数为

图 9.15　非线性控制系统

$$x(t) = A_0 + \sum_{k=0}^{\infty}(A_k \sin k\omega t + B_K \cos k\omega t) \tag{9.39}$$

忽略直流分量和高次谐波，得

$$x(t) = B_1\cos\omega t + A_1\sin\omega t = C_1\sin(\omega t+\varphi_1) \tag{9.40}$$

式中

$$B_1 = \frac{1}{\pi}\int_0^{2\pi} x\cos\omega t\mathrm{d}(\omega t),\ A_1 = \frac{1}{\pi}\int_0^{2\pi} x\sin\omega t\mathrm{d}(\omega t)$$

$$C_1 = \sqrt{A_1^2 + B_1^2},\ \varphi_1 = \arctan\frac{B_1}{A_1}$$

因此在非线性系统中，当输入为正弦信号时，其稳态输出可近似为与输入信号频率相同、幅值不同的正弦函数。元件的等效幅相特性可用输出的基波分量和输入正弦量的复数比来描述，即

$$N(A) = \frac{C_1}{A}\angle\varphi_1 = \frac{\sqrt{A_1^2+B_1^2}}{A}\angle\arctan\frac{B_1}{A_1} \tag{9.41}$$

式中，函数 $N(A)$ 称为该非线性元件的描述函数，它是一个与输入信号的幅值和频率相关的复数。用描述函数 $N(A)$ 代替非线性元件后，图 9.15 所示的非线性系统，可用图 9.16 来表示。这时线性系统中的频率法就可用来研究非线性系统的基本特性。

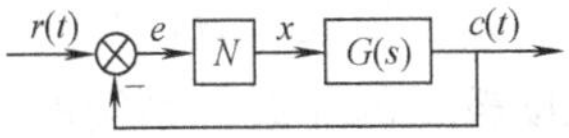

图 9.16　非线性系统等效为线性系统

$-\dfrac{1}{N(A)}$称为描述函数的负倒数特性。

9.3.2　典型非线性特性的描述函数

按照描述函数的定义，可求出不同典型非线性特性的描述函数及其负倒特性图，如表 9.1 所示。

表 9.1　常见典型非线性特性的描述函数及其负倒数特性图

非线性特性	描述函数 $N(A\geqslant a)$	负倒数特性 $-1/N(A)$
饱和特性	$N=\dfrac{2k}{\pi}\left[\arcsin\dfrac{a}{A}+\dfrac{a}{A}\sqrt{1-\left(\dfrac{a}{A}\right)^2}\right]$	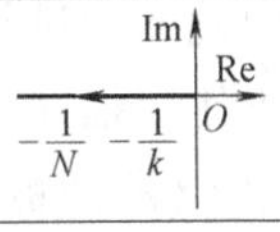 Im　Re　$-\dfrac{1}{N}$　$-\dfrac{1}{k}$　O

（续）

非线性特性	描述函数 $N(A \geqslant a)$	负倒数特性 $-1/N(A)$
死区特性	$N=\frac{2k}{\pi}\left[\frac{\pi}{2}-\arcsin\frac{a}{A}-\frac{a}{A}\sqrt{1-\left(\frac{a}{A}\right)^2}\right]$	Im Re O $-\frac{1}{N}$ $-\frac{1}{k}$
回环特性	$N=k\left\{\frac{1}{\pi}\left[\frac{\pi}{2}+\arcsin\left(1-\frac{2a}{A}\right)+2\left(1-\frac{2a}{A}\right)\sqrt{\frac{a}{A}\left(1-\frac{a}{A}\right)}\right]+\mathrm{j}\frac{4}{\pi}\frac{a}{A}\left(\frac{a}{A}-1\right)\right\}$	Im Re O $-\frac{1}{N}$ 1
理想继电器特性	$N=\frac{4b}{\pi A}$	Im Re O $-\frac{1}{N}$
死区 - 回环 继电器特性	$N=\frac{4a}{\pi A}\sqrt{1-\left(\frac{a}{A}\right)^2}$	$-\frac{\pi A}{2b}$ Im Re O $-\frac{1}{N}$
死区继电器特性	$N=\frac{4b}{\pi A}\sqrt{1-\left(\frac{a}{A}\right)^2}-\mathrm{j}\frac{4ba}{\pi A^2}$	Im O Re $-\frac{1}{N}$ $-\frac{\pi A}{4b}$
回环继电器特性	$N=\frac{2b}{\pi A}\left[\sqrt{1-\left(\frac{ma}{A}\right)^2}+\sqrt{1-\left(\frac{a}{A}\right)^2}\right]+\mathrm{j}\frac{2ba}{\pi A^2}(m-1)$	Im Re O $-\frac{1}{N}$

9.3.3　非线性控制系统的描述函数分析

由于描述函数法是将非线性系统等效为线性系统的一种研究方法，因此只适用于非线性程度较低的非线性系统的分析。它表示的是当非线性信号作用于非线性系统时，其输出信号的基波分量与输入的正弦信号间的关系，是一种类似于线性系统中表示输出、输入之间关系的推广。由于它不能全面表征系统的性能，只能近似用于分析系统的稳定性和自激振荡。

对于一个线性系统，若其开环稳定，即开环传递函数 $G(s)$ 的极点均在 s 平面的左半平面，此时系统的频率特性为

$$\Phi(\mathrm{j}\omega)=\frac{C(\mathrm{j}\omega)}{R(\mathrm{j}\omega)}=\frac{G(\mathrm{j}\omega)}{1+G(\mathrm{j}\omega)}$$

其闭环特征方程为

$$1+G(\mathrm{j}\omega)=0$$

由奈奎斯特判据知，当 $G(\mathrm{j}\omega)$ 的曲线不包围（-1，j0）时，系统稳定；反之，则不稳定。因此，尝试将这种思想引入到非线性系统的分析中。

当使用描述函数法描述非线性系统时，该系统可以简化为图 9.16 所示的近似线性模型。设图中 $G(s)$ 的极点均在 s 平面的左半平面，此时系统的频率特性为

$$\Phi(\mathrm{j}\omega)=\frac{C(\mathrm{j}\omega)}{R(\mathrm{j}\omega)}=\frac{N(A)G(\mathrm{j}\omega)}{1+N(A)G(\mathrm{j}\omega)}$$

其闭环特征方程为

$$1+N(A)G(\mathrm{j}\omega)=0$$

即

$$G(\mathrm{j}\omega)=-\frac{1}{N(A)}$$

将$-\dfrac{1}{N(A)}$称为非线性特性的负倒数描述函数（也称负倒特性）。根据连续系统中的奈奎斯特定理可知，在非线性系统中，判定一个系统稳定性的判据是：如果$-1/N(A)$不被$G(\mathrm{j}\omega)$包围，则系统稳定，如图9.17a所示；如果$-1/N(A)$被$G(\mathrm{j}\omega)$包围，则系统不稳定，如图9.17b所示。如果$-1/N(A)$与$G(\mathrm{j}\omega)$相交，如图9.17c所示。对于交点B，当扰动使工作点从B点移动到F点时，由于F点被$G(\mathrm{j}\omega)$曲线包围，系统不稳定，振荡幅值增加，促使工作点向B点移动；若扰动使系统工作点从B点移动到E点，由于E点没有被$G(\mathrm{j}\omega)$曲线所包围，系统稳定，振荡振幅减小，促使工作点向B点移动。由此可见，在交点B，系统将产生持续振荡。使用同样的方法分析交点A，则发现在A点处产生的自激振荡是不稳定的。

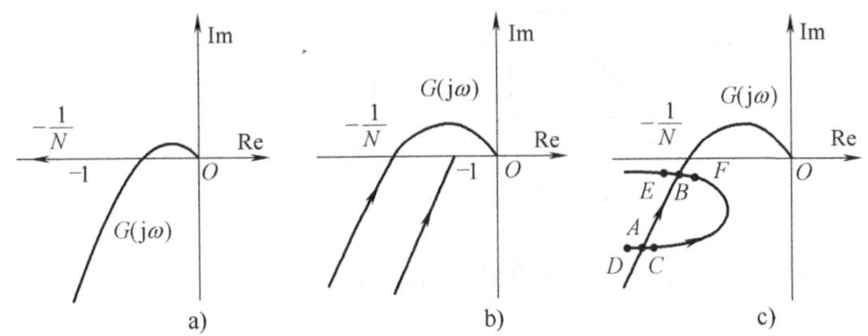

图9.17　用描述函数法分析非线性系统的稳定性

例9.6　非线性系统如图9.18所示，试用描述函数法分析周期运动的稳定性，并确定系统输出信号的振幅和频率（$b=1$，$a=0.2$）。

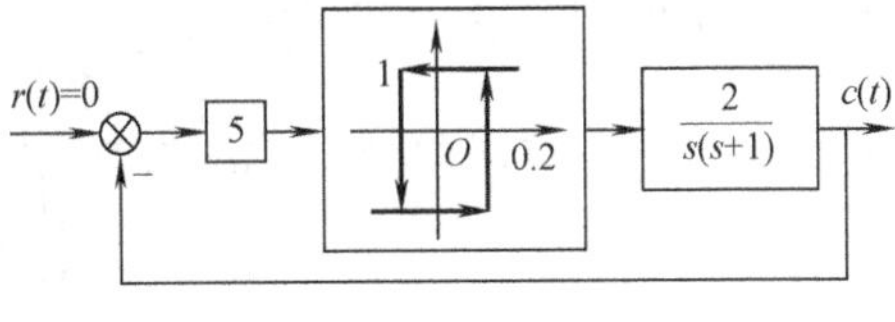

图9.18　例9.6的系统结构图

解：有滞环的继电特性的描述函数为

$$N(A)=\frac{4b}{\pi A}\sqrt{1-\left(\frac{a}{A}\right)^2}-\mathrm{j}\,\frac{4ba}{\pi A^2}$$

则负倒数描述函数为

$$-\frac{1}{N(A)}=-\frac{\pi A}{4b}\sqrt{1-\left(\frac{a}{A}\right)^2}-\mathrm{j}\,\frac{4ba}{\pi A^2}$$

可看出$-1/N(A)$的虚部与幅值A无关，其轨线是一条与实轴平行的直线，如图9.19所示。

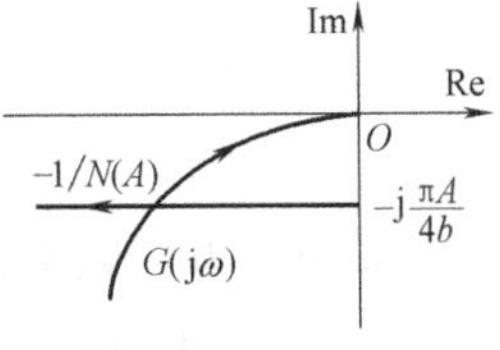

图9.19　例9.6的负倒数描述函数

线性部分的频率特性为

$$G(\mathrm{j}\omega)=\frac{10}{\mathrm{j}\omega(\mathrm{j}\omega+1)}=-\frac{10(\omega+\mathrm{j})}{\omega(\omega^2+1)}$$

由于 $-1/N(A)$ 由 $G(\mathrm{j}\omega)$ 内穿出走向 $G(\mathrm{j}\omega)$ 曲线外，所以存在稳定的自激振荡。令 $-1/N(A)=G(\mathrm{j}\omega)$，即可求得 $\omega=3.9$，$A=0.81$。输出的振幅为 $A/5=0.16$ 或用式 $AN(A)\,|G(\mathrm{j}3.9)|=0.16$ 计算。所以系统存在稳定的周期振荡，输出信号的振幅为 0.16，频率为 3.9。

9.4 案例分析与设计

在实际的电动机运行过程中经常存在一些非线性特性。图 9.20 是一个工作台运动控制系统的示意图。

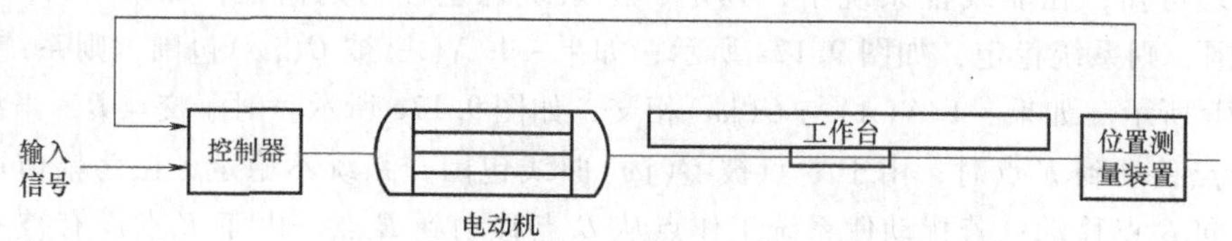

图 9.20 工作台运动控制系统的示意图

考虑电动机的非线性特性，得到其等效系统框图如图 9.21 所示。

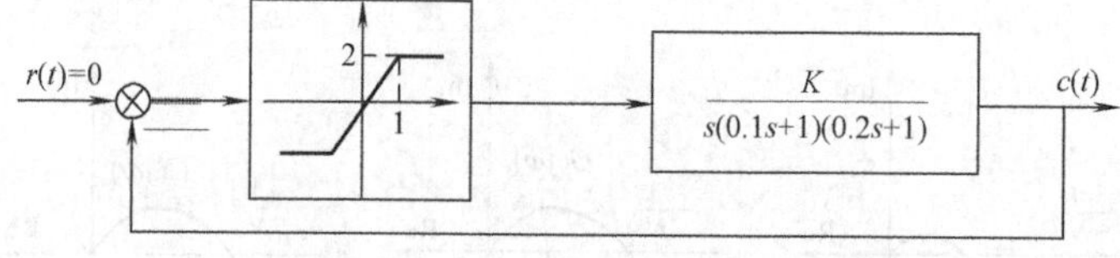

图 9.21 工作台运动控制系统的框图

该系统表现出来的饱和非线性特性的描述函数为

$$N(A)=\frac{2K}{\pi}\left[\arcsin\frac{a}{A}+\frac{a}{A}\sqrt{1-\left(\frac{a}{A}\right)^2}\right]\qquad(A\geqslant a)$$

其中 $K=2$，$a=1$，得

$$-\frac{1}{N(A)}=\frac{-\pi}{4\left[\arcsin\frac{1}{A}+\frac{1}{A}\sqrt{1-\left(\frac{1}{A}\right)^2}\right]}$$

当 $A=1$ 时，$-\frac{1}{N(A)}=-0.5$，当 $A\to+\infty$ 时，$-\frac{1}{N(A)}\to-\infty$。系统线性部分的频率特性为

$$G(\mathrm{j}\omega)=\frac{K[-0.3\omega-\mathrm{j}(1-0.02\omega^2)]}{\omega(0.004\omega^4-0.05\omega^2+1)}$$

令虚部为零得到频率特性与负实轴的焦点频率为 $\omega_x=7.07\mathrm{rad/s}$，代入得到频率曲线与负实轴的交点为 $-\frac{0.3K}{4.5}$。

若要求系统稳定工作，不出现振荡。由于 $G(s)$ 的极点均在 s 左半平面，故应使 $G(\mathrm{j}\omega)$ 曲线不包围 $-\dfrac{1}{N(A)}$ 曲线，于是得到

$$-\frac{0.3K}{4.5}\geqslant -0.5$$

因此，系统如果要稳定运行，则需要 $K\leqslant 7.5$。

9.5 本章小结

典型的非线性特性包括饱和特性、死区特性、滞环特性、继电特性。其主要的运动特性为稳定性、叠加原理的不适用性、自激振荡、对正弦输入信号的响应以及非线性系统的畸变。研究非线性系统的方法有相平面法、描述函数法、李雅普诺夫第二法和计算机求解法。

相轨迹是在不求出微分方程解的情况下，直接从方程的结构和特点来推断其解的形态，将系统的运动过程转化为相平面上一个移动的点，通过对轨迹的研究分析系统的运动规律。其基本性质有：相轨迹上的每一点都有确定的斜率、相轨迹运动方向的确定、相轨迹的奇点和普通点、相轨迹正交于 x_1 轴。相轨迹的绘制分为解析法和相解法求相轨迹两种。

描述函数法是在一定的假设条件下，将非线性环节在正弦信号作用下的输出，用一次谐波分量近似表达，并导出非线性环节的等效近似频率特性。这是将非线性系统等效为线性系统的一种研究方法，并将频率法引入到系统的分析中。

思考题与习题

9-1 试画出图 9.22a、b 所示的非线性环节串联或并联后的等效非线性特性。

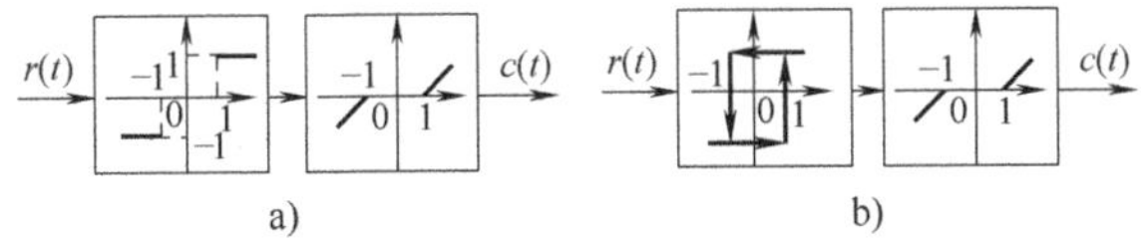

图 9.22 题 9-1 图

9-2 已知非线性系统的微分方程为 $\ddot{x}+2\dot{x}+6x+x^2=0$，试确定系统奇点的类型。

9-3 设系统微分方程为 $\ddot{x}+\omega^2x=0$，初始条件为 $x(0)=x_0$，$\dot{x}(0)=\ddot{x}_0$，求系统的相轨迹。

9-4 绘制 $T\ddot{x}+\dot{x}=M$ 的相轨迹，其中 $T>0$，$M>0$。

9-5 设非线性系统如图 9.23 所示。绘制起点为 $c(0)=c_0>1$，$\dot{c}(0)=c_0=0$ 的相轨迹。

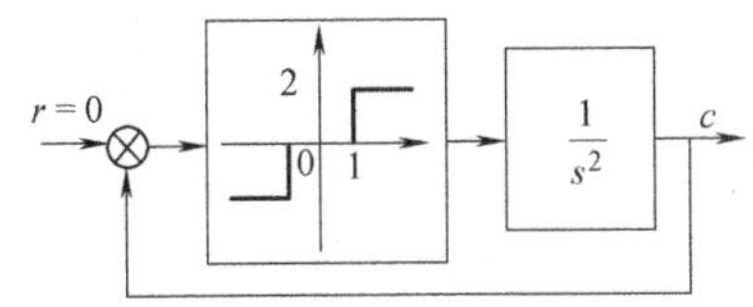

图 9.23 题 9-5 图

9-6 设非线性系统如图 9.24 所示，绘制 $\beta=0$、$\beta<0$ 和 $\beta>0$ 三种情况下的相轨迹。

9-7 求解图 9.25 所示非线性环节的描述函数。

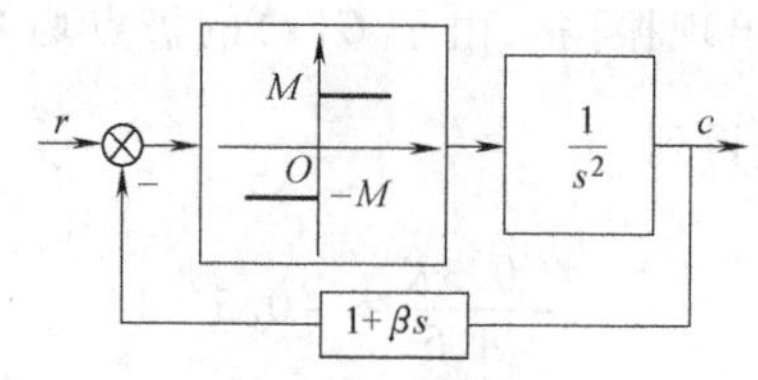

图 9.24　题 9-6 图

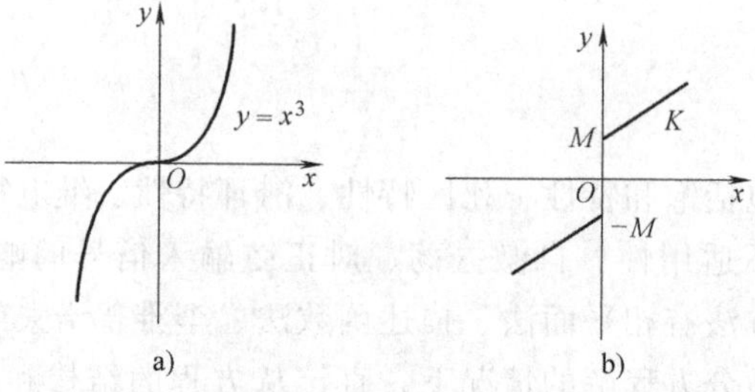

图 9.25　题 9-7 图

9-8　某非线性系统如图 9.26 所示，其中继电特性的描述函数为$\frac{4}{\pi A}$，$G(s)=\frac{K}{s(5s+1)(10s+1)}$。试确定该系统的稳定性，并求出当极限环振荡的幅值为 $A=\frac{1}{\pi}$时放大系数 K 与振荡角频率 ω 的数值。

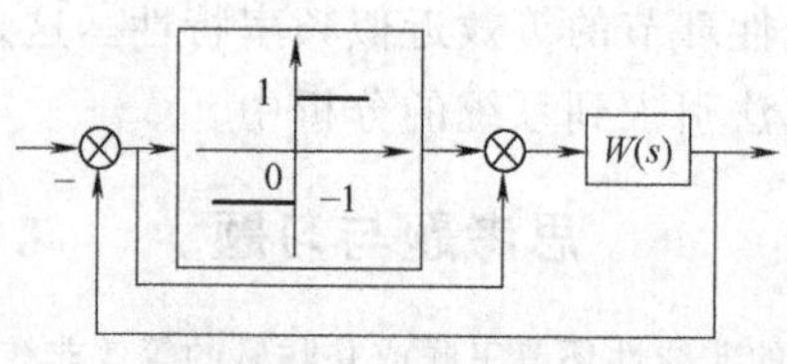

图 9.26　题 9-8 图

附　　录

附录 A　常见拉普拉斯变换及 z 变换表

序号	原函数 $f(t)$	拉普拉斯变换 $F(s)$	z 变换 $F(z)$
1	$\delta(t)$	1	1
2	$\delta(t-kT)$	e^{-kTs}	z^{-k}
3	$1(t)$	$\frac{1}{s}$	$\frac{z}{z-1}$
4	t	$\frac{1}{s^2}$	$\frac{Tz}{(z-1)^2}$
5	$\frac{1}{2!}t^2$	$\frac{1}{s^3}$	$\frac{T^2z(z+1)}{2!\ (z-1)^3}$
6	$e^{\alpha t}$	$\frac{1}{s-\alpha}$	$\frac{z}{z-e^{\alpha T}}$
7	$te^{\alpha t}$	$\frac{1}{(s-\alpha)^2}$	$\frac{Tze^{\alpha T}}{(z-e^{\alpha T})^2}$
8	$1-e^{\alpha t}$	$\frac{-\alpha}{s(s-\alpha)}$	$\frac{z(1-e^{\alpha T})}{(z-1)(z-e^{\alpha T})}$
9	$e^{\alpha t}-e^{\beta t}$	$\frac{\alpha-\beta}{(s-\alpha)(s-\beta)}$	$\frac{z(e^{\alpha T}-e^{\beta T})}{(z-e^{\alpha T})(z-e^{\beta T})}$
10	$\sin\omega t$	$\frac{\omega}{s^2+\omega^2}$	$\frac{z\sin\omega T}{z^2-2z\cos\omega T+1}$
11	$\cos\omega t$	$\frac{s}{s^2+\omega^2}$	$\frac{z(z-\cos\omega T)}{z^2-2z\cos\omega T+1}$
12	$e^{\alpha t}\sin\omega t$	$\frac{\omega}{(s-\alpha)^2+\omega^2}$	$\frac{ze^{\alpha T}\sin\omega T}{z^2-2ze^{\alpha T}\cos\omega T+e^{2\alpha T}}$
13	$e^{\alpha t}\cos\omega t$	$\frac{s-a}{(s-\alpha)^2+\omega^2}$	$\frac{z^2-ze^{\alpha T}\cos\omega T}{z^2-2ze^{\alpha T}\cos\omega T+e^{2\alpha T}}$

附录 B 控制理论中常用的中英文词组

artificial intelligence	人工智能
automatic control system	自动控制系统
automatic control	自动控制
best-first search	最佳优先搜索
black box	黑箱
block diagram	框图
bode diagram	伯德图
cascade compensation	串联补偿
cascade system	串级系统
classical control system	经典控制理论
characteristic locus	特征轨迹
closed loop	闭环
closed loop control system	闭环控制系统
closed loop gain	闭环增益
closed loop transfer function	闭环传递函数
closed loop pole	闭环极点
closed lop zero	闭环零点
complete controllability	完全可控性,完全能控性
complete observability	完全可观性,完全能观性
continuous control system	连续控制系统
control accuracy	控制精度
control engineering	控制工程
controlled plant	控制对象,被控对象
controlled variable	被控变量,受控变量
critical damping	临界阻尼
critical stability	临界稳定性
cross-over frequency	穿越频率,交越频率
cut-off frequency	截止频率
damped oscillation	阻尼振荡
damping constant	阻尼系数
damping ratio	阻尼比
dead band (zero)	死区
decentralized robust control	分散鲁棒控制
decoupled subsystem	解耦子系统
derivative controller	微分控制器
deviation signal	偏差信号

discrete control system	离散控制系统
discrete signal	离散信号
disturbance compensation	扰动补偿
disturbance decoupling	扰动解耦
dynamic control	动态控制
dynamic deviation	动态偏差
dynamic response	动态响应
error signal	误差信号
expert system	专家系统
feed forward control	前馈控制
feedback control	反馈控制
forward path	正向通道
frequency domain	频域分析
fuzzy control	模糊控制
initial condition	初始条件
integral controller	积分控制器
intelligence control	智能控制器
inverse z-transform	逆 z 变换
ladder diagram	梯形图
Laplace transform	拉普拉斯变换
limit cycle	极限环
linear control system theory	线性控制系统理论
linear time-invariant control system	线性定常控制系统
linear time-varying control system	线性时变控制系统
linearized model	线性化模型
magnitude-frequency characteristics	幅频特性
magnitude margin	幅值裕量
magnitude-phase characteristics	幅相特性
minimum phase system	最小相位系统
model reference adaptive control system	模型参考控制系统
modern control system	现代控制系统
multi loop control	多回路系统
neural network	神经网络
open loop control	开环系统
optimal control system	最优控制系统
proportional controller	比例(P)控制器
proportional plus integral plus derivative controller	PID 控制器
positive feedback	正反馈
root locus	根轨迹

sampled-data system	采样系统
sampled frequency	采样频率
state variable	状态变量
static characteristic	静态特性
steady state	稳态
step function	阶跃函数
time domain analysis	时域分析
transient deviation	瞬态偏差

参考文献

[1] 邹伯敏. 自动控制原理 [M]. 3 版. 北京：机械工业出版社，2011.

[2] 胡寿松. 自动控制原理 [M]. 7 版. 北京：科学出版社，2019.

[3] 胡涛松，孟浩，刘东星. 自动控制原理第 7 版：同步辅导及习题全解 [M]. 北京：中国水利水电出版社，2018.

[4] GOLNARAGHI F, KUO B C. Automatic Control Systems [M]. 10th ed. New York: Wiley & Sons, 2017.

[5] 梅晓榕. 自动控制原理 [M]. 4 版. 北京：科学出版社，2017.

[6] 徐国凯. 自动控制原理 [M]. 3 版. 北京：清华大学出版社，2017.

[7] 郑大钟. 线性系统理论 [M]. 2 版. 北京：清华大学出版社，2022.

[8] 王建辉，顾树生. 自动控制原理 [M]. 2 版. 北京：清华大学出版社，2014.

[9] 孙炳达. 自动控制原理 [M]. 5 版. 北京：机械工业出版社，2022.

[10] 徐薇莉，田作华. 自动控制理论与设计：新版 [M]. 上海：上海交通大学出版社，2007.

[11] 吴麒，王诗宓. 自动控制原理：上册 [M]. 2 版. 北京：清华大学出版社，2006.

[12] 吴麒，王诗宓. 自动控制原理：下册 [M]. 2 版. 北京：清华大学出版社，2006.

[13] 王军. 自动控制原理 [M]. 重庆：重庆大学出版社，2008.

[14] 李书臣. 自动控制原理知识要点及典型习题详解 [M]. 北京：化学工业出版社，2011.

[15] 绪方胜彦. 现代控制工程 [M]. 4 版. 北京：清华大学出版社，2006.

[16] 何德峰，俞立. 现代控制系统分析与设计：基于 MATLAB 的仿真与实现 [M]. 北京：清华大学出版社，2022.

[17] 魏克新，王云亮. MATLAB 语言与自动控制系统设计 [M]. 北京：机械工业出版社，2004.

[18] 任伟建. 自动控制原理知识要点与习题解析 [M]. 哈尔滨：哈尔滨工程大学出版社，2006.

[19] 王艳东，程鹏. 自动控制原理 [M]. 3 版. 北京：高等教育出版社，2021.

[20] 王划一，杨西侠. 自动控制原理 [M]. 3 版. 北京：国防工业出版社，2017.

[21] 杨平，翁思义，王志萍. 自动控制原理：理论篇 [M]. 3 版. 北京：中国电力出版社，2016.

[22] 晁勤. 自动控制原理 [M]. 5 版. 重庆：重庆大学出版社，2019.

[23] OGATA K. 现代控制工程：5 版 [M]. 卢伯英，佟明安，等译. 北京：电子工业出版社，2017.

[24] 肖建，于龙. 现代控制系统 [M]. 北京：清华大学出版社，2016.

[25] DORF R C, BISHOP R H. Modern Control Systems [M]. 13th ed. Upper Saddle River: Prentice Hall, 2016.

[26] FRANKLIN G F, POWELL J D, EMAMI-NAEINI A. 自动控制原理与设计 [M]. 6 版. 李中华，张雨浓，译. 北京：人民邮电出版社，2014.

参考文献